科学出版社"十四五"普通高等教育本科规划教材

森林经营规划学

张春雨　主　编

科　学　出　版　社

北　京

内 容 简 介

本书将森林经营原理与规划设计相结合，介绍国内外森林经营研究的基础理论与技术知识。全书包括上下两篇共十三章，上篇森林经营原理共六章，全面介绍国内外森林资源概况、森林的结构与优化、森林生长及模型模拟、林窗干扰与森林动态、森林可持续经营及模式、森林人工调控；下篇森林规划设计共七章，主要介绍森林区划、森林资源调查、森林资源价值核算、森林成熟与经营周期、森林收获量、森林经营规划及经营方案编制、森林认证。

本书可作为林学和生态学专业的本科生教材，同时可供农林、生态、资源、环境等相关专业的教学、科研、管理人员参考使用。

图书在版编目（CIP）数据

森林经营规划学 / 张春雨主编. —北京：科学出版社，2024.3
科学出版社"十四五"普通高等教育本科规划教材
ISBN 978-7-03-077680-8

Ⅰ. ①森… Ⅱ. ①张… Ⅲ. ①森林经营–经营管理–高等学校–教材
Ⅳ. ①S757.4

中国国家版本馆 CIP 数据核字（2023）第 247323 号

责任编辑：张静秋 韩书云 / 责任校对：严 娜
责任印制：张 伟 / 封面设计：无极书装

科学出版社 出版
北京东黄城根北街 16 号
邮政编码：100717
http://www.sciencep.com
北京厚诚则铭印刷科技有限公司印刷
科学出版社发行 各地新华书店经销
*
2024 年 3 月第 一 版 开本：787×1092 1/16
2024 年 3 月第一次印刷 印张：23 1/4
字数：630 000
定价：98.00 元
（如有印装质量问题，我社负责调换）

《森林经营规划学》编委会

主　　编	张春雨	北京林业大学
副 主 编	赵秀海	北京林业大学
	王　娟	北京林业大学
参　　编	陈贝贝	北京林业大学
	范春雨	北京林业大学
	高露双	北京林业大学
	耿　燕	北京林业大学
	郝珉辉	北京林业大学
	侯正阳	北京林业大学
	匡文浓	北京林业大学
	李晓格	北京林业大学
	刘伟国	西北农林科技大学
	孟京辉	北京林业大学
	王文杰	浙江农林大学
	闫　琰	西北农林科技大学
	杨　璐	中国林业科学研究院资源信息研究所
	张　颖	北京林业大学
	赵亚洲	北京农学院
	赵颖慧	东北林业大学

　　本书是林学学科核心课程"森林经营学"的专用教材，全面讲述了森林经营的各种基本原理及森林规划设计等内容，以森林资源的有效利用、可持续发展为主线，将森林经营原理和规划设计联系在一起。全书分成两部分，上篇以森林与环境的相互关系为基础，系统介绍了国内外森林资源概况，论述了森林的结构与优化、森林生长及模型模拟、林窗干扰与森林动态、森林可持续经营及模式，以及森林的人工调控等，深入探讨了森林经营的基本原理。下篇以林业经营实践为基础，讲述了森林区划、森林资源调查、森林资源价值核算、森林成熟与经营周期、森林收获量、森林经营规划及经营方案编制、森林认证等基础内容。因此，本书兼具理论性和技术性，同时具有指导性和实践性。

　　本书第一章由北京林业大学陈贝贝编写，第二章由北京林业大学赵秀海、中国林业科学研究院资源信息研究所杨璐编写，第三章由北京林业大学范春雨、浙江农林大学王文杰编写，第四章由北京林业大学王娟、北京农学院赵亚洲编写，第五章由北京林业大学张春雨编写，第六章由北京林业大学郝珉辉、西北农林科技大学刘伟国编写，第七章由北京林业大学孟京辉编写，第八章由西北农林科技大学闫琰、北京林业大学侯正阳编写，第九章由北京林业大学张颖和李晓格编写，第十章由北京林业大学耿燕编写，第十一章由北京林业大学范春雨、东北林业大学赵颖慧编写，第十二章由北京林业大学张春雨编写，第十三章由北京林业大学高露双和匡文浓编写。张春雨作为主编负责统稿、校稿工作。赵秀海、王娟作为副主编承担了校稿工作和部分内容的统稿工作。本书由北京林业大学教材建设项目资助。

　　由于编者的水平有限，书中疏漏之处在所难免，诚盼使用本书的师生、专家和学者提出批评与建议，以便再版时及时更正。

编　者

2024 年 3 月

目 录
Contents

《森林经营规划学》教学课件申请单

  凡使用本书作为所授课程配套教材的高校主讲教师，可通过以下两种方式之一获赠教学课件一份。

1. 关注微信公众号"科学 EDU"申请教学课件

扫上方二维码关注公众号→"教学服务"→"课件申请"

2. 填写以下表格后扫描或拍照发送至联系人邮箱

姓名：	职称：	职务：
手机：	学校及院系：	
本门课程名称：	本门课程选课人数：	
开课时间： □春季　　□秋季　　□春秋两季	选课学生专业：	
您对本书的评价及修改建议：		

联系人：张静秋 编辑　　　　电话：010-64004576　　　　邮箱：zhangjingqiu@mail.sciencep.com

上　篇
森林经营原理

第一章

国内外森林资源概况

◆ 第一节　森林及森林资源概念

随着人们认识的不断深化，特别是随着森林资源在人类生存和发展进程中作用的不断拓展，森林及森林资源概念的范围与内涵也在不断变化。

一、森林

目前，全世界范围内对森林的定义多达数百种。世界上许多国际组织和机构，以及不同的国家，甚至一个国家内部不同的地区，对森林的定义也有所不同。有关森林的定义，可主要划分为三类：一是基于行政的定义，指法律、法规、行政命令中规定的属于森林的地段，或某些行政部门管理的土地；二是基于土地利用的定义；三是基于土地覆盖的定义。

（一）国外森林的概念

从世界范围来看，孟加拉国、不丹、博茨瓦纳、中非等 18 个国家采用基于行政的定义；中国、印度等 61 个国家采用基于土地覆盖的定义；美国、加拿大、日本、澳大利亚、欧盟等 53 个国家和组织采用基于土地利用或土地覆盖结合土地利用的定义。联合国粮食及农业组织（FAO）等国际机构则主要采用土地覆盖、土地利用，或者土地覆盖与土地利用相结合的方式来定义森林。

早在 1958 年，联合国粮食及农业组织就提出：凡是生长着以任何大小林木为主体的植物群落，不论采伐与否，只要具有生产木材或其他林产品的能力，能影响气候和水文状况，或能庇护家畜和野兽的土地，均称为森林。

2000 年，联合国粮食及农业组织在世界森林资源评估过程中，第一次使用以土地覆盖为主、土地利用为辅的定义方式，对发展中国家和发达国家采用统一定义。其采纳的森林定义是：森林是指生长着林木的土地，树冠覆盖率应超过 10%（或与之相当的立木度），面积大于 0.5ha（1ha=1hm^2）；林木生长高度在成熟时至少能达到 5m；可以是多层树木的郁闭林，林下植物覆盖着大部分地面，也可以是植被连续覆盖的稀疏林，其林木的树冠覆盖率超过 10%；林木树冠覆盖率尚未达到 10%，或树高尚未达到 5m 的幼龄天然林和以林业为目的的营造的所有人工林。其他有林地是指长有林木的土地，其树冠覆盖率达到 5%~10%（或与之相当的立木度），且在成熟时能达到 5m 高；或林木成熟时虽不能达到 5m 高，但其树冠覆盖率超过 10%（或与之相当的立木度）；或类似这样的矮树林地和灌丛植被地。上述森林的定义在 1996 年于芬兰科特卡（Kotka）召开的国际会议上得到了专家的认同。

由于森林定义的变化，2000 年世界森林资源的总面积比 1995 年确定的总面积多出了 $4×10^8$ha。目前，《联合国生物多样性公约》（UNCBD）等国际公约或组织均采用这一定义。

（二）中国森林的概念

《中国自然资源丛书》中对森林的定义是：森林是以乔木（包括竹子）为主体，具有一定面积和密度的植被群落，并与周围环境构成有机的统一体。1997 年出版的《中国森林》（第 1 卷总论）中对森林的定义为：森林是以树木为主体所组成的地表生物群落，是地球表面自然历史长期发展的地理景观。2016 年出版的《林学名词》（第二版）中则将森林定义为：以乔木为主体所组成的具有一定面积、郁闭度达到 0.20 以上的地表木本植物群落。

我国在林业生产过程中，将森林定义为：面积大于 0.067ha，郁闭度不小于 0.20（林木树冠覆盖率不小于 20%）的林地，包括乔木林（含行数在 2 行以上且行距≤4m，或冠幅投影宽度在 10m 以上的防护林带/网）、红树林、竹林；林木树冠覆盖率暂未达到 20%，但保存率达到 80%（年均降水量 400mm 以下地区为 65%）以上地区，面积大于 0.067ha 的人工幼林；年均降水量 400mm 以下地区，或乔木垂直分布界线以上地区，或热带亚热带岩溶地区、干热河谷等生态环境脆弱地带，且覆盖率大于 30% 的灌木林；以及以获取经济效益为目的进行经营的灌木经济林。

（三）森林的概念

归纳目前国内外学者、机构对于森林的认识，可以将森林的概念总结为：森林是以乔木树种为主的具有一定面积和密度的木本植物群落，受环境的制约又影响（改造）环境，形成独特的（有区别的）生态系统整体。

要理解这个定义，必须理解以下 4 个方面的内容。

1. 以乔木树种为主　森林必须以乔木为主，这是人们的习惯标准，但不应是严格的本质性决定因素，因为不少灌木树种在不同地区或条件下可以生长得比某些乔木树种还高。因此可以理解为：乔木无疑可以组成森林，而灌木则往往构不成森林，这要看它们对外部环境的影响程度，以及建群作用明显与否。在森林资源调查等实践工作中，灌木算不算森林，尚未统一。

2. 具有一定面积　具有一定面积是一片林木对周围环境产生明显影响的前提。如果面积小、林木数量少，群落产生不了对环境的明显影响，则不能称为森林。

3. 具有一定密度　密度在森林内部结构和塑造林木等方面起到重要作用。一定密度和一定面积紧密相关，但是面积再大的果园也不能称为森林，其原因在于，稀疏的树木无法形成群体环境，对周围地区的影响不大。

4. 生态系统整体　这是以上三方面因素形成的综合指标。林木受到环境的制约，同时又影响着外界环境，这种相互作用不是更新造林时就具有的，在森林发育的不同时期也并不都是均衡的。环境决定了林木能否生存，幼苗或幼树对环境的影响能力很弱，只有郁闭成林，对环境的作用才逐渐明显。此时，森林更加稳定，生物量逐渐增加，食物链（网）更加完整，生态系统的功能加强，形成了有区别的、有独特特征的森林生态系统。

二、森林资源

森林资源是国家自然资源的重要组成部分，是林业和生态建设的物质基础，是森林资源管理和经营活动的主要对象。森林资源也是有生命的、可更新再生资源，具有多效益、多功能作用。

（一）森林资源的概念

森林与森林资源是两个密切相关又有所区别的概念。森林资源的概念涵盖了森林，在内容上又有所拓宽。随着人与森林关系的不断变化，人类生产、生活及生态环境建设与发展的需求在不断变化，森林资源的内涵也在不断地扩大。

就当前国内外对于森林资源的认识来看，森林资源通常被分为物质资源和非物质资源：物质资源包括林木资源、林地资源、野生生物资源；非物质资源则包括森林景观资源、生态效能资源和社会效能资源。从森林可持续经营与森林资源开发利用的角度来看，林木资源、林地资源、森林景观资源，以及依托于森林生态系统生存的野生生物资源是最主要或者主导资源，其中林地资源、林木资源和森林景观资源是森林资源最主要的组成部分。

《中华人民共和国森林法实施条例》规定："森林资源，包括森林、林木、林地以及依托森林、林木、林地生存的野生动物、植物和微生物。森林，包括乔木林和竹林。林木，包括树木和竹子。林地，包括郁闭度 0.2 以上的乔木林地以及竹林地、灌木林地、疏林地、采伐迹地、火烧迹地、未成林造林地、苗圃地和县级以上人民政府规划的宜林地。"以上规定，以行政法规形式明确了森林资源的内容。林木、林地资源是构成森林资源的主体，一般情况下所讲述的森林资源，如果没有特别说明，大部分是针对林木和林地资源而言的。

（二）中国森林资源基本内涵

国家林业局 2003 年颁布的《森林资源规划设计调查主要技术规定》（林资发〔2003〕61 号）和《国家森林资源连续清查主要技术规定》，对中国森林资源基本属性作了规定，反映了中国森林资源基本属性和内涵。

1. 森林起源　　森林起源可分为天然林和人工林。天然林是指由天然下种或萌生形成的森林、林木、灌木林。人工林是指由人工直播（条播或穴播）、植苗、分殖或扦插造林形成的森林、林木、灌木林。

2. 林地资源　　林地是用于培育、恢复和发展森林植被的土地。林地资源包括以下内容。

（1）有林地　　指连续面积大于 0.067ha、郁闭度在 0.20 以上、附着有森林植被的林地，包括乔木林、红树林和竹林。

（2）疏林地　　指由乔木树种组成，连续面积大于 0.067ha、郁闭度为 0.10～0.19 的林地。

（3）灌木林地　　指由灌木树种或因生境恶劣矮化成灌木型的乔木树种及胸径小于 2cm 的小杂竹丛组成，以经营灌木林为目的或起防护作用，连续面积大于 0.067ha、覆盖率在 30% 以上的林地。

（4）未成林造林地　　包括人工造林（包括植苗、穴播或条播、分殖造林）和飞播造林（包括模拟飞播）后不到成林年限，造林成效符合一定标准，分布均匀，尚未郁闭但有成林希望的林地，以及采取封山育林或人工促进天然更新后，不超过成林年限，天然更新等级中等以上，尚未郁闭但有成林希望的林地。

（5）苗圃地　　指固定的林木、花卉育苗用地，不包括母树林、种子园、采穗圃、种质基地等种子、种条生产用地，以及种子加工、储藏等设施用地。

（6）无立木林地　　包括采伐后保留木达不到疏林地标准，且尚未人工更新或天然更新达不到中等等级的林地；火灾后活立木达不到疏林地标准，且尚未人工更新或天然更新达不到中等等级的林地等。

（7）宜林地　　指经县级以上人民政府规划为林地的土地，主要包括未达到有林地、疏林地、灌木林地、未成林造林地标准，规划为林地的荒山、荒（海）滩、荒沟、荒地等，以及未达到有林地、疏林地、灌木林地、未成林造林地标准，造林可以成活，规划为林地的固定、半固定沙地（丘）、流动沙地（丘）、有明显沙化趋势的土地等。

（8）辅助生产林地　　指由森林经营单位或林业部门管理，直接为林业生产服务的工程设施与配套设施用地及其他有林地权属证明的土地。

在 2014～2018 年进行的第九次全国森林资源清查工作中，我国将林地定义为：用于培育、恢复和发展森林植被的土地，它根据土地的覆盖和利用状况来划定，包括乔木林地、竹林地、灌木林地、疏林地、未成林造林地、苗圃地、迹地和宜林地。根据国家林业和草原局审查出版的《中国森林资源报告（2014—2018）》，第九次全国森林资源清查时期，我国林地的总面积为 32 368.55 万公顷（由于缺少台湾省、香港特别行政区和澳门特别行政区森林资源分项数据，本章后续数据除特别注明外，均未包括台湾省、香港特别行政区和澳门特别行政区的数据）。

3. 林木资源　林木资源主要包括以下几类。

（1）乔木林　指由乔木（含因人工栽培而矮化的）树种组成的片林或林带。乔木林按照树种组成可分为纯林和混交林；按照起源可分为天然林和人工林；按照其生长、分布地段可分为林木、散生木和四旁树。

1）林木：指生长在有林地（不含竹林）和疏林地中的树木。

2）散生木：指生长在竹林、灌木林地、未成林地、无立木林地、宜林地、非林地上的树木（不包括四旁树），以及幼中龄林上层不同世代的高大树木（霸王木等）。

3）四旁树：指生长在非林地中村（宅）、路、水、田旁的树木。

（2）红树林　指生长在热带和亚热带海岸潮间带或海潮能够达到的河流入海口，由红树科植物及其他在形态和生态上具有相似群落特异点的科属植物组成的林地。

（3）竹林　指由胸径 2cm 以上的竹类植物组成的林地。

4. 森林景观资源　森林是陆地生态系统的主体，由森林地文、水文、生物、人文及天象等因素组成的多样性的森林风景资源，是我国珍贵的自然文化遗产，是满足人们精神文化需求的重要资源。森林景观资源主要是指森林资源及其环境要素中能对旅游者产生吸引力，可以为旅游业开发利用，并可产生相应的社会效益、经济效益和环境效益的各种物质和因素。

森林景观资源可以概括为 5 个类型，即地文资源、水文资源、生物资源、人文资源和天象资源。

（1）地文资源　包括典型地质构造、标准地层剖面、生物化石点、自然灾变遗迹、名山、火山熔岩景观、蚀余景观、奇特与象形山石、沙（砾石）地、沙（砾石）滩、岛屿、洞穴及其他地文景观。

（2）水文资源　包括风景河段、漂流河段、湖泊、瀑布、温泉、小溪、冰川及其他水文景观。

（3）生物资源　包括各种自然或人工栽植的森林、草原、草甸、古树名木、奇花异草、大众花木等植物景观；野生或人工培育的动物及其他生物资源和景观。

（4）人文资源　包括历史古迹、古今建筑、社会风情、地方产品、历史人物、历史成就及其他人文景观。

（5）天象资源　包括雪景、雨景、云海、朝晖、夕阳、蜃景、极光、雾凇、彩霞及其他天象景观。

◆ 第二节　世界森林资源

一、世界森林资源概况

联合国粮食及农业组织、联合国环境规划署 2020 年发布的《2020 年世界森林状况：森林、生物多样性与人类》报告显示，森林目前占全球土地面积的 30.8%，全球森林总面积为 40.6 亿公顷，人均约 0.5hm²，但森林并非均匀分布于全球各地。森林资源最多的 5 个国家（俄罗斯、巴西、加拿大、美国和中国）拥有世界一半以上的森林，森林资源排名前十的国家（俄罗斯、巴西、加拿大、美国、中国、刚果民主共和国、澳大利亚、印度尼西亚、秘鲁、印度）则共计拥有全球 2/3（67%）的森林。世界部分国家森林资源主要指标情况见表 1-1。

表 1-1　世界部分国家森林资源主要指标情况

国家	森林面积 /万公顷	森林覆盖率 /%	森林蓄积 /亿立方米	森林单位蓄积 /（m³/hm²）	天然林面积 /万公顷	人工林面积 /万公顷
全球	399 913.5	30.7	5 262.32	131.00	370 379.4	29 534.1
俄罗斯	81 493.1	49.8	814.88	100.00	79 509.0	1 984.1
巴西	49 353.8	59.0	967.45	196.00	48 580.2	773.6
加拿大	34 706.9	38.2	329.83	95.00	33 128.5	1 578.4
美国	31 009.5	33.8	406.99	131.00	28 373.1	2 636.4
中国	22 044.6	23.0	175.60	94.83	14 041.5	8 003.1
刚果民主共和国	15 257.8	67.3	351.15	230.00	15 251.8	60.0
澳大利亚	12 475.1	16.2	——	——	12 273.4	201.7
印度尼西亚	9 101.0	53.0	102.27	112.00	8 606.4	494.6
秘鲁	7 397.3	57.8	8.91	120.00	7 281.6	115.7
印度	7 068.2	23.8	51.67	73.00	5 865.1	1 203.1
瑞典	2 807.3	68.4	29.89	106.00	1 433.6	1 373.7
日本	2 495.8	68.5	——	——	1 468.8	1 027.0
加蓬	2 300.0	89.3	54.05	235.00	2 297.0	30.0
芬兰	2 221.8	73.1	23.20	104.00	1 544.3	677.5
喀麦隆	1 881.6	39.8	58.02	308.00	1 879.0	2.6
老挝	1 876.1	81.3	9.20	49.00	1 864.8	11.3
法国	1 698.9	31.0	29.35	173.00	1 502.2	196.7
圭亚那	1 652.6	84.0	29.91	181.00	1 652.6	0.0
苏里南	1 533.2	95.4	38.16	249.00	1 531.9	1.3
挪威	1 211.2	39.8	11.57	96.00	1 058.3	152.9
德国	1 141.9	32.8	36.63	321.00	612.4	529.5
新西兰	1 015.2	38.6	39.75	392.00	806.5	208.7
南非	924.1	7.6	6.70	73.00	747.8	176.3
奥地利	386.9	46.9	11.55	299.00	217.7	169.2
英国	314.4	13.0	6.52	207.00	——	——
瑞士	125.4	31.4	4.42	352.00	108.2	17.2

资料来源：根据《中国森林资源报告（2014—2018）》整理，与《2020 年世界森林状况：森林、生物多样性与人类》报告数据略有差异

　　《2020 年全球森林资源评估》将森林分为天然林（进一步细分为原始林与次生林）和人工林（进一步细分为人工造林与其他人工林）。在全球范围内，天然林占世界森林的 93%，其余 7% 由

人工林组成。森林生态系统为全球大多数陆地生物提供了庇护所,尤其是天然林中的原始林,是这些生态系统特有的一些物种的家园。目前,大约 1/3(34%)的世界森林是原始林(FAO,2020),原始林资源排名前三的国家(巴西、加拿大和俄罗斯)拥有其中的一半以上(占 61%)。FAO 将原始林定义为原生树种的天然再生林,没有明显人类活动的迹象,生态过程也没有受到明显干扰,有时也被称为老熟林。这些森林因其丰富的生物多样性、碳储存和其他生态系统服务(包括文化和遗产价值)而具有不可替代的价值。现在,这些森林大多在热带和亚寒带地区。

人工林作为世界森林资源的重要组成部分,其面积自 1990 年以来增加了 1.23 亿公顷,目前为 2.94 亿公顷。大约 45% 的人工林(或世界森林的 3%)是人工种植林,即集约经营的森林,主要由一种或两种树龄相当的本地或外来树种组成,以规则的间隔种植,并以木材生产为主要目的。其余 55% 的人工林,即"其他人工林",是指林分成熟时与天然林相似的森林,包括为恢复生态系统及保护土壤和水而造的森林。

在世界范围内有 5 个主要气候带:亚寒带、极地、温带、亚热带和热带。森林的最大部分(45%)位于热带地区,其次是亚寒带、温带和亚热带地区(图 1-1)。这些气候带又被进一步划分为陆地全球生态区,FAO(2020)根据 FAO 全球生态区图和 2015 年哥白尼全球土地覆盖数据等资料指出,热带雨林、热带湿润森林、热带山地系统、热带干旱林、热带灌木地带、热带沙漠、亚热带湿润森林、亚热带干旱森林、亚热带山地系统、亚热带草原、亚热带沙漠、温带海洋森林、温带大陆森林、温带山地系统、温带草原、温带沙漠、北方针叶林、北方苔原林地、北方山地系统、极地等 20 个

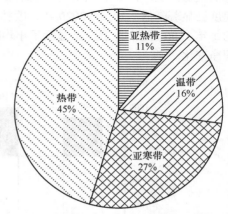

图 1-1　按气候区域划分的全球森林面积比例
本图只反映 4 个气候带的森林面积比例,所以总和不为 100%

陆地生态区包含一定的森林覆盖。大约一半的森林面积(49%)相对完整,而 9% 的森林则是严重破碎的,连通性较差或几乎没有连通性。热带雨林和北方针叶林的破碎度最低,而亚热带干旱森林和温带阔叶森林具有最高的破碎度。全世界约 80% 的森林斑块规模超过 100 万公顷。其余 20% 的森林遍布世界 3400 万个森林斑块之中,绝大多数斑块规模小于 $1000hm^2$。

二、世界森林资源变化

根据《2020 年世界森林状况:森林、生物多样性与人类》报告,世界森林占土地总面积的比例在 1990~2020 年从 32.5% 下降至 30.8%,森林净损失了 1.78 亿公顷。综合起来看,森林平均净损失量由 1990~2000 年的每年减少 784 万公顷,下降到 2010~2020 年每年减少 474 万公顷,下降了约 40%(表 1-2),这是森林面积在某些国家减少而在其他一些国家增加的结果(FAO,2020)。

表 1-2　世界森林面积年变化

时期	年净变化/(万公顷/年)	年净变化率/%
1990~2000 年	−784	−0.19
2000~2010 年	−517	−0.13
2010~2020 年	−474	−0.12

2010～2020年，非洲的森林面积净损失量最高，每年损失394万公顷。其次是南美洲，每年损失260万公顷。自1990年以来，非洲的森林面积净损失量增加了，而南美洲的损失量却大大减少，自2010年以来的损失量与前十年相比减少了一半以上。亚洲森林面积净增幅最高，其次是大洋洲和欧洲。自1990年以来的每个十年，欧洲和亚洲都呈现森林面积净增，然而这两个区域自2010年以来都呈现出增幅的明显放慢。

农业扩张仍然是毁林和森林退化及森林生物多样性丧失的主要驱动因素。森林的损失主要是由农业扩张引起的，而森林面积的增加则是由于森林的自然扩张（如在废弃的农田上）或者是通过再造林（包括通过辅助自然再生）或造林形成的。《2020年全球森林资源评估》首次要求各国不仅报告不同时间点的森林总面积，并使用这些数据报告森林面积净变化，还要求其提供有关毁林速度的信息，即森林转换为其他土地用途或树冠覆盖率永久性降至10%这一用于定义森林的最低阈值。自1990年以来，森林面积因毁林损失了4.2亿公顷，但是自2000年以来，毁林速度已显著降低。2015～2020年，毁林速度据估计为每年1000万公顷，低于20世纪90年代的每年1600万公顷。图1-2显示了年均毁林速度和森林扩张速度，二者结合起来反映了森林面积净变化。

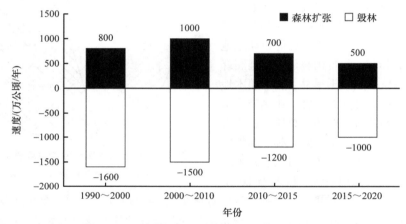

图1-2　1990～2020年全球森林扩张和毁林情况（FAO，2020）

横轴年份区间与原文献保持一致

FAO曾提出观点，认为世界森林资源主要变化趋势如下。

1）大多数发展中国家的森林采伐和森林退化将会继续，这种状况的逆转将取决于减少对土地直接和间接依赖的经济结构的转变。在大多数热带地区发展中国家，用于满足生活需要和商业性耕作的农业用地继续增加，因而森林将会继续减少。

2）亚太地区、欧洲和北美洲的森林将继续增加。不再使用矿物燃料而转向生物燃料的趋势变化将产生不同的影响：有些情况下将促使森林扩大，而其他情况下将导致森林继续退化。

3）气候变化有可能会加剧森林火灾、病虫害的发生频率和严重程度，也可能会改变森林生态系统。与此同时，对气候变化的关注还将使人们更加重视森林在碳保存和碳储存及替代矿物燃料方面所发挥的重要作用。

4）森林所具有的环境服务功能终将越来越多地得到估价。生物多样性保护、荒漠化和土地退化防治的重要性也将日渐突出。

5）森林的游憩用途日益受到关注，尤其是在发达国家和快速发展的发展中国家；同时需要改变森林管理的方法。

6）技术进步，如生物技术、材料技术（特别是工程用木材）的进步，将提高生产率、降低原材料消耗量。

7）对许多发展中国家来说，木材仍然是最重要的能源来源。攀升的油价和对气候变化的日益关注，也将促使发达国家和发展中国家木材燃料利用率增加。加快燃料转换技术的开发以提高能源效率，将特别有利于木材燃料利用率增加这一转变。

◆ 第三节　中国森林资源

一、中国森林资源概况

中国幅员辽阔，江河湖泊众多、山脉纵横交织，地形复杂多样，高纬差的南北疆域跨度及西高东低的地势走向，造就了中国丰富多样的气候类型和自然地理环境，从而孕育了生物种类繁多、植被类型多样的森林资源。森林资源为人类提供了丰厚的物质资源，而且具有固碳释氧、净化空气、涵养水源、保持水土、防风固沙、保护物种多样性、维护生态平衡等多种生态功能，还为大众提供绿色休闲、森林康养、观光游憩、生态科普等社会服务，是生产优质生态产品、构建优美生态环境最重要的物质基础。

2014～2018 年的第九次全国森林资源清查结果显示，我国森林资源总体上呈现数量持续增加、质量稳步提升、生态功能不断增强的良好发展态势，初步形成了国有林以公益林为主、集体林以商品林为主、木材供给以人工林为主的合理格局。

我国共有林地面积 32 368.55 万公顷。全国林地按地类分，乔木林地 17 988.85 万公顷，竹林地 641.16 万公顷，灌木林地 7384.96 万公顷，疏林地 342.18 万公顷，未成林造林地 699.14 万公顷，苗圃地 71.98 万公顷，迹地 242.49 万公顷，宜林地 4997.79 万公顷。全国林地各地类资源面积比例见图 1-3。

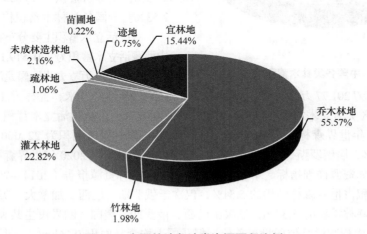

图1-3　中国林地各地类资源面积比例

我国森林面积总计 22 044.62 万公顷，森林覆盖率为 22.96%。全国活立木蓄积为 190.07 亿立方米，森林蓄积为 175.60 亿立方米。全国森林植被总生物量为 188.02 亿吨，总碳储量为 91.86 亿吨。年涵养水源量为 6289.50 亿立方米,年固土量为 87.48 亿吨,年滞尘量为 61.58 亿吨,年吸收大气污染物量为 0.40 亿吨,年固碳量为 4.34 亿吨,年释氧量为 10.29 亿吨。全国天然林的面积为 14 041.52 万公顷,天然林蓄积为 141.08 亿立方米;人工林面积为 8003.10 万公顷,人工林蓄积为 34.52 亿立方米。森林覆盖率超过 60% 的有福建、江西、台湾、广西,50%～60% 的有浙江、海南、云南、广东,30%～50% 的有湖南等 11 省(直辖市、特别行政区),10%～30% 的有安徽等 13 省(自治区、直辖市、特别行政区),不足 10% 的有青海、新疆。各省(自治区、直辖市、特别行政区)的森林覆盖率见表 1-3。

表 1-3　全国各省(自治区、直辖市、特别行政区)的森林覆盖率

分级/%	个数	森林覆盖率/%
≥60	4	福建 66.80、江西 61.16、台湾 60.71、广西 60.17
50～60	4	浙江 59.43、海南 57.36、云南 55.04、广东 53.52
40～50	7	湖南 49.69、黑龙江 43.78、北京 43.77、贵州 43.77、重庆 43.11、陕西 43.06、吉林 41.49
30～40	4	湖北 39.61、辽宁 39.24、四川 38.03、澳门 30.00
20～30	6	安徽 28.65、河北 26.78、香港 25.05、河南 24.14、内蒙古 22.10、山西 20.50
10～20	7	山东 17.51、江苏 15.20、上海 14.04、宁夏 12.63、西藏 12.14、天津 12.07、甘肃 11.33
<10	2	青海 5.82、新疆 4.87

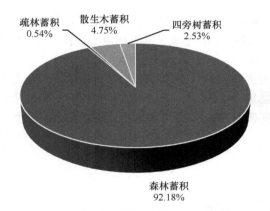

图 1-4　中国各类林木蓄积构成

林木蓄积是指在一定范围土地上现存活立木材积的总量,也称活立木蓄积,包括森林蓄积、疏林蓄积、散生木蓄积和四旁树蓄积。全国活立木蓄积为 1 850 509.80 万立方米,其中森林蓄积为 1 705 819.59 万立方米,占 92.18%;疏林蓄积 10 027.00 万立方米,占 0.54%;散生木蓄积为 87 803.41 万立方米,占 4.75%;四旁树蓄积为 46 859.80 万立方米,占 2.53%。全国各类林木蓄积构成见图 1-4。

我国活立木蓄积主要分布在西南和东北,其中西藏活立木蓄积为 230 519.15 万立方米,云南为 213 244.99 万立方米,黑龙江为 199 999.41 万立方米,四川为 197 201.77 万立方米,内蒙古为 166 271.98 万立方米,吉林为 105 368.45 万立方米,6 省(自治区)活立木蓄积合计 1 112 605.75 万立方米,占全国活立木蓄积的 60.12%。

根据《2020 年世界森林资源评估报告》分析,我国森林资源面积为 22 000 万公顷,约占世界森林面积的 5%,居俄罗斯、巴西、加拿大、美国之后。由于《2020 年世界森林资源评估报告》中未公布各国森林资源详细指标,本章主要参考《中国森林资源报告(2014—2018)》,该报告显示,我国森林面积占世界森林面积的 5.51%,仅次于俄罗斯、巴西、加拿大、美国,居第 5 位;森林蓄积占世界森林蓄积的 3.34%,仅次于巴西、俄罗斯、美国、刚果民主共和国、加拿大,居第 6 位;人工林面积则继续位居世界首位。但我国人均森林面积 0.16hm²,不足世界人均森林面积的 1/3;人均森林蓄积 12.35m³,仅约为世界人均森林蓄积的 1/6。说明我国森林资源总量位居世界前列,但人均占有量少。

二、中国森林数量和结构

中国地域广阔，森林类型丰富、结构多样。森林按照地类的不同可以分为乔木林、竹林、特殊灌木林（以下简称"特灌林"）等，按照起源又可以分为天然林和人工林。下文将重点介绍按地类、起源分类的森林数量和结构特征。

森林按林木所有权又可以分为国有林、集体林和个人所有林。全国森林面积中，国有林面积为 8274.01 万公顷，占 37.92%；集体林面积为 3874.24 万公顷，占 17.75%；个人所有林面积为 9673.80 万公顷，占 44.33%。全国森林蓄积中，国有林蓄积为 1 007 072.05 万立方米，占 59.04%；集体林为 254 703.34 万立方米，占 14.93%；个人所有林为 444 044.20 万立方米，占 26.03%。

森林还可按林种分为防护林、特种用途林、用材林、薪炭林和经济林 5 个林种。全国森林面积中，防护林面积为 10 081.92 万公顷，占 46.20%；特种用途林为 2280.40 万公顷，占 10.45%；用材林为 7242.35 万公顷，占 33.19%；薪炭林为 123.14 万公顷，占 0.56%；经济林为 2094.24 万公顷，占 9.60%。按照主导功能的不同，又可将防护林和特种用途林归为公益林，用材林、薪炭林和经济林归为商品林，全国公益林与商品林的面积之比为 57∶43。全国森林分林木所有权和林种的面积与蓄积见表 1-4。

表 1-4　全国森林分林木所有权和林种的面积与蓄积

项目		合计		天然林		人工林	
		面积/万公顷	蓄积/万立方米	面积/万公顷	蓄积/万立方米	面积/万公顷	蓄积/万立方米
合计		21 822.05	1 705 819.59	13 867.77	1 367 059.63	7 954.28	338 759.96
林木所有权	国有林	8 274.01	1 007 072.05	7 305.03	931 732.60	968.98	75 339.45
	集体林	3 874.24	254 703.34	2 557.91	190 484.91	1 316.33	64 218.43
	个人所有林	9 673.80	444 044.20	4 004.83	244 842.12	5 668.97	199 202.08
林种	防护林	10 081.92	881 806.90	7 635.59	765 487.64	2 446.33	116 319.26
	特种用途林	2 280.40	261 843.05	2 077.63	248 493.87	202.77	13 349.18
	用材林	7 242.35	541 532.54	3 977.10	347 456.59	3 265.25	194 075.95
	薪炭林	123.14	5 665.68	105.07	5 304.49	18.07	361.19
	经济林	2 094.24	14 971.42	72.38	317.04	2 021.86	14 654.38

（一）按地类分类

森林按照地类的不同，可以分为乔木林、竹林、特灌林等，其数量指标包括面积和蓄积。全国森林面积中，乔木林面积为 17 988.85 万公顷，占 82.43%；竹林面积为 641.16 万公顷，占 2.94%；特灌林面积为 3192.04 万公顷，占 14.63%。内蒙古、云南、黑龙江、四川、西藏、广西的森林面积较大，6 省（自治区）的森林面积合计 11 471.88 万公顷，占全国森林面积的 52.57%。西藏、云南、四川、黑龙江、内蒙古、吉林的森林蓄积较大，6 省（自治区）的森林蓄积合计 1 050 323.24 万立方米，占全国森林蓄积的 61.57%。

1. 乔木林　乔木林是森林资源的主体。全国乔木林的面积为 17 988.85 万公顷，蓄积为 1 705 819.59 万立方米。全国乔木林面积中，防护林 8880.43 万公顷，占 49.37%；特种用途林 1691.80 万公顷，占 9.41%；用材林 6803.36 万公顷，占 37.82%；薪炭林 123.14 万公顷，占 0.68%；经济林 490.12 万公顷，占 2.72%。全国乔木林蓄积中，防护林 881 806.90 万立方米，占 51.69%；特种用途林 261 843.05

万立方米，占 15.35%；用材林 541 532.54 万立方米，占 31.75%；薪炭林 5665.68 万立方米，占 0.33%；经济林 14 971.42 万立方米，占 0.88%。全国乔木林中，公益林与商品林的面积之比为 59：41，蓄积之比为 67：33。全国乔木林各林种面积和蓄积构成见图 1-5。

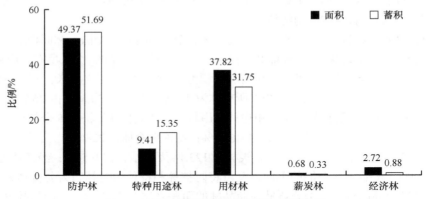

图 1-5　全国乔木林各林种面积和蓄积构成

全国乔木林面积中，幼龄林面积为 5877.54 万公顷，占 32.67%；中龄林为 5625.92 万公顷，占 31.27%；近熟林、成熟林和过熟林（简称"近成过熟林"）合计 6485.39 万公顷，占 36.06%。幼龄林和中龄林（简称"中幼林"）主要分布在黑龙江、云南、内蒙古、广西、江西、湖南、广东、四川，8 省（自治区）中幼林面积合计 6772.00 万公顷，占全国中幼林面积的 58.87%。近熟林、成熟林和过熟林主要分布在内蒙古、黑龙江、四川、西藏、云南、吉林，6 省（自治区）近熟林、成熟林、过熟林面积合计 4097.68 万公顷，占全国近熟林、成熟林和过熟林面积的 63.18%。全国乔木林分龄组面积和蓄积见表 1-5。

表 1-5　全国乔木林分龄组面积和蓄积

龄组	面积/万公顷	面积比例/%	蓄积/万立方米	蓄积比例/%
合计	17 988.85	100.00	1 705 819.59	100.00
幼龄林	5 877.54	32.67	213 913.86	12.54
中龄林	5 625.92	31.27	482 135.45	28.26
近熟林	2 861.33	15.91	351 428.80	20.60
成熟林	2 467.66	13.72	401 111.45	23.52
过熟林	1 156.40	6.43	257 230.03	15.08

全国乔木林面积中，针叶林 6183.35 万公顷，占 34.37%；针阔混交林 1420.59 万公顷，占 7.90%；阔叶林 10 384.91 万公顷，占 57.73%。全国乔木林蓄积中，针叶林 722 404.00 万立方米，占 42.35%；针阔混交林 124 148.27 万立方米，占 7.28%；阔叶林 859 267.32 万立方米，占 50.37%。

全国乔木林面积按优势树种（组）排名，位居前 10 位的为栎树林、杉木林、落叶松林、桦木林、杨树林、马尾松林、桉树林、云杉林、云南松林、柏木林，面积合计 8329.20 万公顷，占全国乔木林面积的 46.30%，蓄积合计 747 595.18 万立方米，占全国乔木林蓄积的 43.83%。全国乔木林主要优势树种（组）的面积和蓄积见表 1-6。

表 1-6　全国乔木林主要优势树种（组）的面积和蓄积

类型	面积/万公顷	面积比例/%	蓄积/万立方米	蓄积比例/%
合计	8 329.20	46.30	747 595.18	43.83
栎树林	1 656.26	9.21	141 832.30	8.32
杉木林	1 138.66	6.33	85 201.65	5.00
落叶松林	1 083.51	6.02	112 295.74	6.58
桦木林	1 038.34	5.77	92 285.35	5.41
杨树林	825.49	4.59	61 241.06	3.59
马尾松林	804.30	4.47	62 606.28	3.67
桉树林	546.74	3.04	21 562.90	1.26
云杉林	439.34	2.44	97 266.27	5.70
云南松林	425.74	2.37	50 100.92	2.94
柏木林	370.82	2.06	23 202.71	1.36

　　全国乔木林蓄积按组成树种（组）排名，位居前 10 位的为栎树、冷杉、桦木、云杉、杉木、落叶松、马尾松、杨树、云南松、山杨，蓄积合计 1 149 748.81 万立方米，占全国乔木林蓄积的 67.40%。全国乔木林主要组成树种（组）的蓄积见表 1-7。

表 1-7　全国乔木林主要组成树种（组）的蓄积

类型	蓄积/万立方米	蓄积比例/%
合计	1 149 748.81	67.40
栎树	246 692.71	14.46
冷杉	186 145.49	10.91
桦木	149 945.87	8.79
云杉	121 951.62	7.15
杉木	108 424.24	6.36
落叶松	108 287.01	6.35
马尾松	90 822.30	5.32
杨树	53 407.26	3.13
云南松	50 066.08	2.94
山杨	34 006.23	1.99

　　2. 竹林　　全国竹林面积 641.16 万公顷。其中毛竹林面积为 467.78 万公顷，占 72.96%；其他竹林面积为 173.38 万公顷，占 27.04%。

　　全国竹林面积按起源分，天然竹林 390.38 万公顷，占 60.89%；人工竹林 250.78 万公顷，占 39.11%。按林木所有权分，国有竹林 25.28 万公顷，占 3.94%；集体竹林 65.38 万公顷，占 10.20%；个人所有竹林 550.50 万公顷，占 85.86%。按林种分，防护林 178.30 万公顷，占 27.81%；特种用途林 22.42 万公顷，占 3.50%；用材林 438.99 万公顷，占 68.47%；经济林 1.45 万公顷，占 0.22%。

　　全国毛竹株数 141.25 亿株。其中毛竹林内的毛竹株数 113.60 亿株，占 80.42%；零散毛竹株数 27.65 亿株，占 19.58%。毛竹株数中，胸径在 7cm 以下的有 23.57 亿株，占 16.68%；7～11cm 的有 87.46 亿株，占 61.92%；11cm 以上的有 30.22 亿株，占 21.40%。全国毛竹株数与毛竹林面积见表 1-8。

表 1-8　全国毛竹株数与毛竹林面积

统计单位	毛竹株数/亿株	毛竹林	
		面积/万公顷	株数/亿株
全国	141.25	467.78	113.60
福建	32.97	107.95	26.89
江西	32.30	103.73	25.58
湖南	20.48	80.39	15.69
浙江	25.74	78.55	21.41
安徽	9.28	31.24	7.84
广东	5.09	17.27	4.04
广西	5.10	16.33	4.31
湖北	3.52	14.40	2.87
四川	3.27	7.26	2.19
贵州	1.53	6.08	1.34
江苏	1.01	2.64	0.93
重庆	0.60	1.29	0.34
河南	0.29	0.65	0.17
云南	0.05	—	—
上海	0.02	—	—

注：—表示无数据，余同

竹林主要分布在 17 省（自治区、直辖市），其中竹林面积在 30 万公顷以上的有福建、江西、浙江、湖南、四川、广东、安徽、广西等 8 省（自治区），面积合计 570.70 万公顷，占全国竹林面积的 89.01%。毛竹林主要分布在 13 省（自治区、直辖市），其中毛竹林面积在 70 万公顷以上的有福建、江西、湖南、浙江、4 省的毛竹林面积合计 370.62 万公顷，占全国毛竹林面积的 79.23%。

3. 特灌林　全国森林面积中，特灌林面积 3192.04 万公顷。按起源分，天然特灌林 1201.21 万公顷，占 37.63%（全国共有天然特灌林面积为 3524.47 万公顷，其中 2323.26 万公顷未计入全国森林面积）；人工特灌林 1990.83 万公顷，占 62.37%。按林木所有权分，国有特灌林 844.27 万公顷，占 26.45%；集体特灌林 465.88 万公顷，占 14.59%；个人所有特灌林 1881.89 万公顷，占 58.96%。按林种分，防护林 1023.19 万公顷，占 32.05%；特种用途林 566.18 万公顷，占 17.74%；经济林 1602.67 万公顷，占 50.21%。

（二）按起源分类

森林按照起源可以分为天然林和人工林。全国森林面积中，天然林的面积为 13 867.77 万公顷，占 63.55%；人工林面积为 7954.28 万公顷，占 36.45%。全国森林蓄积中，天然林的蓄积为 1 367 059.63 万立方米，占 80.14%；人工林的蓄积为 338 759.96 万立方米，占 19.86%。

1. 天然林　全国天然林面积 13 867.77 万公顷，主要分布在 30 省（自治区、直辖市）。其中乔木林 12 276.18 万公顷，占 88.52%；竹林 390.38 万公顷，占 2.82%；特灌林 1201.21 万公顷，占 8.66%。全国天然乔木林蓄积 1 367 059.63 万立方米，每公顷蓄积 111.36m³。内蒙古、黑龙江、云南、西藏、四川天然林面积较大，5 省（自治区）天然林面积合计 8181.22 万公顷，占全国天然林面积的 58.99%。各省（自治区、直辖市）天然林面积、蓄积分别见表 1-9 和表 1-10。

表 1-9　各省（自治区、直辖市）天然林面积

分级/万公顷	个数	天然林面积/万公顷
≥1500	3	内蒙古 2014.84、黑龙江 1747.20、云南 1598.48
1000～1500	2	西藏 1483.15、四川 1337.55
500～1000	7	广西 696.12、新疆 680.81、江西 652.32、吉林 608.93、陕西 576.31、湖南 551.07、湖北 538.85
100～500	12	贵州 455.58、福建 425.99、青海 400.65、甘肃 383.17、浙江 360.34、广东 330.47、重庆 259.04、辽宁 256.51、河北 239.15、安徽 162.94、河南 157.40、山西 153.46
<100	6	海南 54.09、北京 28.34、宁夏 22.05、山东 10.40、江苏 5.16、天津 0.66

表 1-10　各省（自治区、直辖市）天然林蓄积

分级/万立方米	个数	天然林蓄积/万立方米
≥50 000	6	西藏 228 012.36、云南 175 619.57、黑龙江 164 338.44、四川 160 652.53、内蒙古 138 796.24、吉林 89 573.66
30 000～50 000	5	陕西 43 453.48、福建 42 979.88、江西 36 772.18、广西 33 236.33、新疆 31 093.66
10 000～30 000	9	湖北 28 670.93、广东 25 137.74、湖南 22 650.91、贵州 22 596.63、甘肃 20 874.90、浙江 19 772.51、辽宁 18 262.95、重庆 15 390.65、安徽 10 499.91
<10 000	10	河南 9 336.94、山西 8 838.06、海南 7 691.04、河北 6 474.82、青海 4 288.94、北京 1 092.18、宁夏 384.42、山东 305.97、江苏 229.66、天津 32.14

（1）按林木所有权分　全国天然林面积中，国有林 7305.03 万公顷，占 52.68%；集体林 2557.91 万公顷，占 18.44%；个人所有林 4004.83 万公顷，占 28.88%。全国天然林蓄积中，国有林 931 732.60 万立方米，占 68.16%；集体林 190 484.91 万立方米，占 13.93%；个人所有林 244 842.12 万立方米，占 17.91%。

（2）按林种分　全国天然林面积中，防护林 7635.59 万公顷，占 55.06%；特种用途林 2077.63 万公顷，占 14.98%；用材林 3977.10 万公顷，占 28.68%；薪炭林 105.07 万公顷，占 0.76%；经济林 72.38 万公顷，占 0.52%。全国天然林中，公益林与商品林的面积之比为 70∶30。全国天然乔木林中，防护林比例较大，面积 6918.62 万公顷，占 56.36%；蓄积 765 487.64 万立方米，占 55.99%。

（3）按龄组分　全国天然乔木林中，幼龄林面积 3551.63 万公顷，蓄积 155 372.76 万立方米；中龄林面积 3929.12 万公顷，蓄积 370 690.91 万立方米；近熟林面积 2052.72 万公顷，蓄积 279 159.63 万立方米；成熟林面积 1808.85 万公顷，蓄积 329 110.44 万立方米；过熟林面积 933.86 万公顷，蓄积 232 725.89 万立方米。全国天然乔木林中，中幼林面积 7480.75 万公顷，占 60.94%，主要分布在黑龙江、云南、内蒙古、江西、湖北、广西、湖南，7 省（自治区）中幼龄天然乔木林面积合计 4355.20 万公顷，占全国中幼龄天然乔木林面积的 58.22%；近成过熟林面积 4795.43 万公顷，占 39.06%，主要分布在西藏、内蒙古、黑龙江、四川、云南、吉林、陕西，7 省（自治区）近成过熟天然乔木林面积合计 3801.99 万公顷，占全国近成过熟天然乔木林面积的 79.28%。

（4）按优势树种（组）分　全国天然乔木林面积中，针叶林 3556.62 万公顷，占 28.97%；针阔混交林 1033.23 万公顷，占 8.42%；阔叶林 7686.33 万公顷，占 62.61%。全国天然乔木林蓄积中，针叶林 535 775.95 万立方米，占 39.19%；针阔混交林 99 579.71 万立方米，占 7.29%；阔叶林 731 703.97 万立方米，占 53.52%。

全国分优势树种（组）的天然乔木林面积，排名居前 10 位的为栎树林、桦木林、落叶松林、马尾松林、云杉林、云南松林、冷杉林、柏木林、高山松林、杉木林，面积合计 5430.12 万公顷，占全国天然乔木林面积的 44.23%；蓄积合计 690 419.96 万立方米，占全国天然乔木林蓄积的 50.50%。

全国分组成树种（组）的天然乔木林蓄积，排名居前 10 位的为栎树、冷杉、桦木、云杉、落叶松、马尾松、云南松、山杨、杉木、椴树，蓄积合计 970 047.67 万立方米，占全国天然乔木林蓄积的 70.96%。

2. 人工林　全国人工林面积 7954.28 万公顷。其中乔木林 5712.67 万公顷，占 71.82%；竹林 250.78 万公顷，占 3.15%；特灌林 1990.83 万公顷，占 25.03%。全国人工乔木林蓄积 338 759.96 万立方米，每公顷蓄积 59.30m³。广西、广东、内蒙古、云南、四川、湖南人工林面积较大，6 省（自治区）人工林面积合计 3460.46 万公顷，占全国人工林面积的 43.50%。各省（自治区、直辖市）人工林面积、蓄积分别见表 1-11 和表 1-12。

表 1-11　各省（自治区、直辖市）人工林面积

分级/万公顷	个数	人工林面积/万公顷
≥400	6	广西 733.53、广东 615.51、内蒙古 600.01、云南 507.68、四川 502.22、湖南 501.51
300～400	5	福建 385.59、江西 368.70、贵州 315.45、辽宁 315.32、陕西 310.53
200～300	6	河北 263.54、山东 256.11、河南 245.78、浙江 244.65、黑龙江 243.26、安徽 232.91
100～200	7	湖北 197.42、吉林 175.94、山西 167.63、江苏 150.83、海南 140.40、甘肃 126.56、新疆 121.42
<100	7	重庆 95.93、宁夏 43.55、北京 43.48、青海 19.10、天津 12.98、上海 8.90、西藏 7.84

表 1-12　各省（自治区、直辖市）人工林蓄积

分级/万立方米	个数	人工林蓄积/万立方米
≥30 000	1	广西 34 516.12
20 000～30 000	5	福建 29 957.75、四川 25 446.47、云南 21 648.27、广东 21 617.35、黑龙江 20 365.65
10 000～20 000	8	湖南 18 064.82、贵州 16 586.27、内蒙古 13 907.88、江西 13 893.65、吉林 11 722.11、安徽 11 686.64、辽宁 11 486.23、河南 11 382.18
1 000～10 000	12	山东 8 855.52、浙江 8 342.16、新疆 8 127.84、湖北 7 836.98、海南 7 649.11、河北 7 263.16、江苏 6 814.82、重庆 5 287.53、陕西 4 413.22、甘肃 4 313.99、山西 4 085.31、北京 1 345.18
<1 000	5	青海 575.21、宁夏 450.76、上海 449.59、天津 428.13、西藏 242.06

（1）**按林木所有权分**　全国人工林面积中，国有林 968.98 万公顷，占 12.18%；集体林 1316.33 万公顷，占 16.55%；个人所有林 5668.97 万公顷，占 71.27%。全国人工林蓄积中，国有林 75 339.45 万立方米，占 22.24%；集体林 64 218.43 万立方米，占 18.96%；个人所有林 199 202.08 万立方米，占 58.80%。

（2）**按林种分**　全国人工林面积中，防护林 2446.33 万公顷，占 30.75%；特种用途林 202.77 万公顷，占 2.55%；用材林 3265.25 万公顷，占 41.05%；薪炭林 18.07 万公顷，占 0.23%；经济林 2021.86 万公顷，占 25.42%。全国人工林中，公益林与商品林的面积之比为 33∶67。全国人工乔木林中，用材林面积 3084.03 万公顷，占 53.99%；蓄积 194 075.95 万立方米，占 57.29%。

（3）**按龄组分**　全国人工乔木林中，幼龄林 2325.91 万公顷，占 40.72%；中龄林 1696.80 万公顷，占 29.70%；近熟林 808.61 万公顷，占 14.15%；成熟林 658.81 万公顷，占 11.53%；过熟林 222.54 万公顷，占 3.90%。广西、广东、云南、湖南、四川、江西中幼龄人工乔木林面积较大，

6 省（自治区）合计 1906.96 万公顷，占全国中幼龄人工乔木林面积的 47.40%。内蒙古、云南、四川、福建、广西、广东、黑龙江、湖南近成过熟人工乔木林面积较大，8 省（自治区）合计 913.86 万公顷，占全国近成过熟人工乔木林面积的 54.08%。

（4）按优势树种（组）分　　全国人工乔木林面积中，针叶林 2626.73 万公顷，占 45.98%；针阔混交林 387.36 万公顷，占 6.78%；阔叶林 2698.58 万公顷，占 47.24%。全国人工乔木林蓄积中，针叶林 186 628.05 万立方米，占 55.09%；针阔混交林 24 568.56 万立方米，占 7.25%；阔叶林 127 563.35 万立方米，占 37.66%。

全国分优势树种（组）的人工乔木林面积，排名居前 10 位的为杉木林、杨树林、桉树林、落叶松林、马尾松林、刺槐林、油松林、柏木林、橡胶林和湿地松林，面积合计 3635.88 万公顷，占全国人工乔木林面积的 63.65%；蓄积合计 231 954.73 万立方米，占全国人工乔木林蓄积的 68.47%。红松、水杉、红豆杉、水胡黄（水曲柳、胡桃楸、黄波罗的简称，下同）、樟木、楠木、檫木等珍贵树种面积 76.14 万公顷。

全国分组成树种（组）的人工乔木林蓄积，排名居前 10 位的为杉木、杨树、马尾松、桉树、落叶松、橡胶、栎树、柏木、油松、国外松，蓄积合计 248 448.98 万立方米，占全国人工乔木林蓄积的 73.34%。

三、中国森林资源的分布与特征

（一）中国森林资源的分布

受自然地理条件、人为活动、经济发展和自然灾害等因素的影响，中国森林资源分布不均衡。东北的大兴安岭、小兴安岭和长白山，西南的川西、川南、云南大部、西藏东南部，南方低山丘陵区，以及西北的秦岭、天山、阿尔泰山、祁连山、青海东南部等区域森林资源分布相对集中；而地域辽阔的西北其他地区、内蒙古中西部、西藏大部，以及人口稠密经济发达的华北、中原及长江下游地区、黄河下游地区，森林资源分布相对较少。

1. 按经济发展区域分布　　《中华人民共和国国民经济和社会发展第十一个五年规划纲要》将我国区域发展格局划分为东部地区、中部地区、西部大开发地区（简称"西部地区"）和东北地区。东部地区包括北京、天津、河北、上海、江苏、浙江、福建、山东、广东、海南 10 省（直辖市），中部地区包括山西、安徽、江西、河南、湖北、湖南 6 省，西部地区包括重庆、四川、贵州、云南、西藏、陕西、甘肃、青海、宁夏、新疆、内蒙古、广西 12 省（自治区、直辖市），东北地区包括辽宁、吉林、黑龙江 3 省。根据《中国森林资源报告（2014—2018）》，4 个经济区域中，森林覆盖率东北地区最高，达 42.39%；西部地区最低，仅为 19.40%。各经济区域森林资源分布情况见表 1-13，各省（自治区、直辖市、特别行政区）森林资源主要指标和排序见表 1-14。

表 1-13　各经济区域森林资源分布情况

统计单位	森林覆盖率/%	森林面积/万公顷	森林面积占全国比例/%	森林蓄积/万立方米	森林蓄积占全国比例/%
合计	—	24 145.31	100.00	1 705 819.59	100.00
东部地区	39.28	3 576.59	14.81	196 438.71	11.52
中部地区	38.29	3 929.99	16.28	183 718.51	10.77
西部地区	19.40	13 291.57	55.05	1 009 913.33	59.20
东北地区	42.39	3 347.16	13.86	315 749.04	18.51

注：表中合计森林面积包含未计入全国森林面积的 2323.26 万公顷特灌林

表1-14　全国各省（自治区、直辖市、特别行政区）森林资源主要指标和排序

统计单位	森林覆盖率		森林面积		森林蓄积		活立木蓄积		林地面积	
	数值/%	序号	数值/万公顷	序号	数值/万立方米	序号	数值/万立方米	序号	数值/万公顷	序号
全国	22.96	—	22 044.62	—	1 756 023.00	—	1 900 713.20	—	32 368.55	1
北京	43.77	10	71.82	28	2 437.36	28	3 000.81	28	107.10	30
天津	12.07	28	13.64	30	460.27	30	620.56	31	20.39	31
河北	26.78	19	502.69	19	13 737.98	23	15 920.34	23	775.64	18
山西	20.50	22	321.09	24	12 923.37	24	14 778.65	24	787.25	17
内蒙古	22.10	21	2 614.85	1	152 704.12	5	166 271.98	5	4 499.17	2
辽宁	39.24	16	571.83	17	29 749.18	16	30 888.53	17	735.92	19
吉林	41.49	14	784.87	13	101 295.77	6	105 368.45	6	904.79	14
黑龙江	43.78	9	1 990.46	3	184 704.09	4	199 999.41	3	2 453.77	5
上海	14.04	25	8.90	31	449.59	31	664.32	30	10.19	32
江苏	15.20	24	155.99	27	7 044.48	26	9 609.62	26	174.98	28
浙江	59.43	4	604.99	16	28 114.67	17	31 384.86	16	659.77	20
安徽	28.65	18	395.85	22	22 186.55	19	26 145.10	20	449.33	22
福建	66.80	1	811.58	11	72 937.63	7	79 711.29	7	924.40	13
江西	61.16	2	1 021.02	8	50 665.83	9	57 564.29	9	128.05	29
山东	17.51	23	266.51	25	9 161.49	25	13 040.49	25	349.34	24
河南	24.14	20	403.18	21	20 719.12	20	26 564.48	19	520.74	21
湖北	39.61	15	736.27	15	36 507.91	15	39 579.82	15	876.09	15
湖南	49.69	8	1 052.58	7	40 715.73	12	46 141.03	13	1 257.59	9
广东	53.52	7	945.98	9	46 755.09	11	50 063.49	11	1 080.29	10
广西	60.17	3	1 429.65	6	67 752.45	8	74 433.24	8	1 629.50	7
海南	57.36	5	194.49	26	15 340.15	22	16 347.14	22	217.50	26
重庆	43.11	12	354.97	23	20 678.18	21	24 412.17	21	421.71	23
四川	38.03	17	1 839.77	4	186 099.00	3	197 201.77	4	2 454.52	4
贵州	43.77	11	771.03	14	39 182.90	14	44 464.57	14	927.96	12
云南	55.04	6	2 106.16	2	197 265.84	2	213 244.99	2	2 599.44	3
西藏	12.14	27	1 490.99	5	228 254.42	1	230 519.15	1	1 798.19	6
陕西	43.06	13	886.84	10	47 866.70	10	51 023.42	10	330.71	25
甘肃	11.33	29	509.73	18	25 188.89	18	28 386.88	18	1 046.35	11
青海	5.82	30	419.75	20	4 864.15	27	5 556.86	27	819.16	16
宁夏	12.63	26	65.60	29	835.18	29	1 111.14	29	179.52	27
新疆	4.87	31	802.23	12	39 221.50	13	46 490.95	12	1 371.26	8
台湾	60.71		219.71		50 203.40		50 203.40		—	
香港	25.05	—	2.77	—	—		—		—	
澳门	30.00		0.09		—		—		—	

注：①台湾省数据来源于《台湾地区第四次森林资源调查统计资料（2013年）》；②香港特别行政区数据来源于《中国统计年鉴（2018）》；③澳门特别行政区数据来源于《澳门统计年鉴（2011）》

2. 按气候大区分布　　《中华人民共和国气候图集》中将全国分成湿润、亚湿润、亚干旱、干旱、极干旱 5 个气候大区。各气候大区中，森林面积和蓄积以湿润区最多，分别占全国森林面积和蓄积的 68.95% 和 78.80%，以极干旱区最少，仅占全国森林面积和蓄积的 1.73% 和 0.42%。各气候大区森林资源分布情况见表 1-15。

表 1-15　各气候大区森林资源分布情况

统计单位	森林覆盖率/%	森林面积/万公顷	面积比例/%	森林蓄积/万立方米	蓄积比例/%
合计	—	24 145.31	100.00	1 705 819.59	100.00
湿润区	50.82	16 648.71	68.95	1 344 213.30	78.80
亚湿润区	23.87	4 235.25	17.54	282 790.70	16.58
亚干旱区	10.98	2 194.30	9.09	62 541.06	3.67
干旱区	4.66	648.74	2.69	9 060.17	0.53
极干旱区	3.68	418.31	1.73	7 214.36	0.42

注：表中合计森林面积包含未计入全国森林面积的 2323.26 万公顷特灌林

各气候大区中，天然林面积以湿润区最多，极干旱区最少；人工林面积以湿润区最多，干旱区最少。各气候大区天然林和人工林面积如图 1-6 所示。

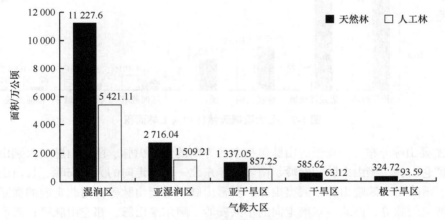

图 1-6　各气候大区天然林和人工林面积

3. 按主要流域分布　　中国十大流域中的长江、黑龙江、珠江、黄河、辽河、海河和淮河 7 个流域的土地面积占国土面积的近一半，森林面积 16 964.06 万公顷，占全国的 70.26%；森林蓄积 1 118 096.77 万立方米，占全国的 65.55%。其中，长江流域和黑龙江流域的森林面积蓄积约占全国的一半，珠江流域森林覆盖率最高，达 55.90%，长江流域森林蓄积最大，为 459 551.35 万立方米，占全国的 26.94%，而黄河、海河和淮河流域森林覆盖率均低于全国平均水平。七大流域森林资源分布情况见表 1-16。

长江流域和黑龙江流域的天然林较多，其面积为 8387.10 万公顷，占七大流域天然林面积的 75.51%，占全国天然林面积的 51.80%。长江流域和珠江流域的人工林较多，其面积为 3541.55 万公顷，占七大流域人工林面积的 60.47%，占全国人工林面积的 44.53%。天然林面积占流域森林面积比例最高的是黑龙江流域，达 89.25%，人工林面积占流域森林面积比例最高的是淮河流域，达 82.50%，海河和辽河流域也占 60% 以上。七大流域天然林和人工林面积如图 1-7 所示。

表 1-16   七大流域森林资源分布情况

统计单位	森林覆盖率/%	森林面积/万公顷	面积比例/%	森林蓄积/万立方米	蓄积比例/%
合计	—	16 964.06	70.26	1 118 096.77	65.55
长江流域	40.49	7 053.29	29.21	459 551.35	26.94
黄河流域	19.74	1 629.48	6.75	65 288.72	3.83
黑龙江流域	44.09	4 106.55	17.01	406 510.15	23.83
辽河流域	30.94	708.64	2.94	25 701.72	1.51
海河流域	19.62	516.79	2.14	14 026.05	0.82
淮河流域	17.42	471.17	1.95	24 549.21	1.44
珠江流域	55.90	2 478.14	10.26	122 469.57	7.18

注：表中"面积比例""蓄积比例"栏数据为各流域森林面积占 31 省（自治区、直辖市）森林面积、蓄积的百分比（不含台湾省、香港特别行政区和澳门特别行政区数据）

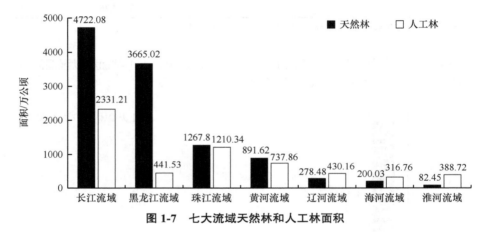

图 1-7   七大流域天然林和人工林面积

4. 按主要山脉分布   我国的山脉包括东西方向的天山山脉、阴山山脉、大别山山脉、大巴山脉、昆仑山脉、燕山山脉、秦岭、南岭等；东北—西南走向的大兴安岭、长白山脉、太行山、巫山、雪峰山、武陵山脉、武夷山脉、罗霄山脉、五指山脉等；南北走向的横断山脉、六盘山脉、贺兰山脉等；西北—东南走向的小兴安岭、阿尔泰山脉、祁连山脉等；弧形的喜马拉雅山脉等。

大兴安岭、长白山、横断山等 20 个山脉的面积占国土面积的 35.78%；森林面积 15 588.99 万公顷，占全国的 64.56%；森林蓄积 1 347 868.89 万立方米，占全国的 79.01%。其中，横断山、大兴安岭、长白山森林面积和蓄积较大，面积合计 6284.58 万公顷，占全国森林面积的 26.03%；蓄积合计 678 338.68 万立方米，占全国森林蓄积的 39.77%；天然林面积 5513.29 万公顷，占全国天然林面积的 34.05%；天然林蓄积 635 092.15 万立方米，占全国天然林蓄积的 46.46%。我国 20 个山脉的森林资源分布情况见表 1-17。

表 1-17   我国 20 个山脉的森林资源分布情况

山脉	森林覆盖率/%	森林面积/万公顷	面积比例/%	森林蓄积/万立方米	蓄积比例/%
合计	—	15 588.99	64.56	1 347 868.89	79.01
大兴安岭	67.15	2 080.28	8.62	177 070.27	10.38
小兴安岭	67.71	746.60	3.09	66 850.20	3.92

续表

山脉	森林覆盖率/%	森林面积/万公顷	面积比例/%	森林蓄积/万立方米	蓄积比例/%
长白山	62.52	1 680.14	6.96	185 542.27	10.88
阴山	14.47	94.52	0.39	1 001.57	0.06
燕山	50.93	387.59	1.61	11 461.06	0.67
太行山	22.75	269.07	1.11	9 657.51	0.57
秦岭—大巴山	53.80	1 084.68	4.49	69 566.02	4.08
桐柏山—大别山	37.94	327.79	1.36	13 985.69	0.82
天目山—怀玉山	65.96	504.31	2.09	27 899.55	1.64
武夷山—戴云山	68.27	1 211.58	5.02	91 701.01	5.38
罗霄山	63.15	459.94	1.90	21 914.74	1.28
南岭	63.00	1 177.50	4.88	60 640.46	3.55
雪峰山	64.08	621.19	2.57	38 422.16	2.25
武陵山	52.03	739.06	3.06	36 377.29	2.13
无量山—哀牢山	66.84	439.06	1.82	40 955.56	2.40
横断山	43.86	2 524.16	10.45	315 726.14	18.51
喜马拉雅山	20.95	805.08	3.33	145 413.08	8.52
祁连山	14.70	125.74	0.52	3 413.18	0.20
天山	6.97	199.60	0.83	20 165.51	1.18
阿尔泰山	23.26	111.10	0.46	10 105.62	0.59

注：表中"面积比例"和"蓄积比例"栏数据为各流域森林面积和森林蓄积分别占 31 省（自治区、直辖市）森林面积和森林蓄积的百分比（不含台湾省、香港特别行政区和澳门特别行政区数据）

5. 按主要林区分布　我国林区主要有东北内蒙古林区、东南低山丘陵林区、西南高山林区、西北高山林区和热带林区等五大林区。东北内蒙古林区地处黑龙江、吉林和内蒙古 3 省（自治区），包括大兴安岭、小兴安岭、完达山、张广才岭、长白山等山系，森林资源丰富，是中国森林资源主要集中分布区之一。东南低山丘陵林区包括江西、福建、浙江、安徽、湖北、湖南、广东、广西、贵州、四川等省（自治区）的全部或部分地区，是中国发展经济林和速生丰产用材林基地潜力最大的地区。西南高山林区位于中国西南边疆、青藏高原的东南部，包括西藏全部、四川和云南两省部分地区，该林区地形复杂，植物种类繁多，是最丰富、最独特的野生植物宝库。西北高山林区涉及新疆、甘肃、陕西 3 省（自治区），包括新疆天山、阿尔泰山，甘肃白龙江、祁连山等林区，陕西秦岭、巴山等林区。热带林区包括云南、广西、广东、海南、西藏等 5 省（自治区）的部分地区，热带季雨林是热带林区典型的森林类型，其他森林类型还有热带常绿阔叶林、热带雨林、红树林等。

五大林区的土地面积占全国国土面积的 40%，森林面积占全国的 69.63%，森林蓄积占全国的 88.20%。森林覆盖率以东北内蒙古林区最高，达 70.19%；以西南高山林区最低，仅 25.22%。森林面积以东南低山丘陵林区最多，达 6362.81 万公顷；以西北高山林区最少，仅 562.29 万公顷。森林蓄积以西南高山林区最多，达 567 189.33 万立方米；以西北高山林区最少，仅 64 298.32 万立方米。五大林区森林资源分布情况见表 1-18。

表 1-18   五大林区森林资源分布情况

林区	森林覆盖率/%	森林面积/万公顷	面积比例/%	森林蓄积/万立方米	蓄积比例/%
合计	—	16 811.87	69.63	1 504 555.06	88.20
东北内蒙古林区	70.19	3 759.84	15.57	396 395.25	23.24
东南低山丘陵林区	57.69	6 362.81	26.35	358 045.51	20.99
西南高山林区	25.22	4 754.20	19.69	567 189.33	33.25
西北高山林区	51.54	562.29	2.33	64 298.32	3.77
热带林区	50.68	1 372.73	5.69	118 626.65	6.95

注：表中"面积比例"和"蓄积比例"栏数据为各林区森林面积和森林蓄积分别占 31 省（自治区、直辖市）森林面积和森林蓄积的百分比（不含台湾省、香港特别行政区和澳门特别行政区数据）

　　五大林区的天然林面积合计 12 233.67 万公顷，占全国天然林面积的 75.56%。天然林蓄积 1 286 476.82 万立方米，占全国天然林蓄积的 94.11%。天然林面积以西南高山林区最多，达 4105.00 万公顷，占全国天然林面积的 25.35%。五大林区的人工林面积合计 4578.20 万公顷，占全国人工林面积的 57.56%，人工林蓄积为 218 078.24 万立方米，占全国人工林蓄积的 64.38%。人工林面积以东南低山丘陵林区最多，达 2888.84 万公顷，占全国人工林面积的 36.32%。五大林区天然林和人工林面积如图 1-8 所示。

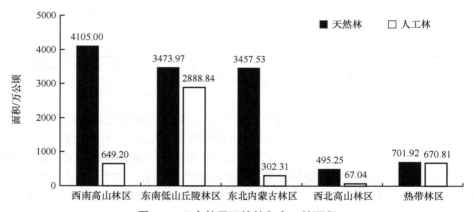

图 1-8   五大林区天然林和人工林面积

　　6. 按重点生态功能区分布　　根据《全国主体功能区规划》（国发〔2010〕46 号），国家重点生态功能区包括 25 个区域，分为水源涵养型、水土保持型、防风固沙型和生物多样性维护型 4 种类型。①水源涵养型生态功能区包括大小兴安岭森林生态功能区、长白山森林生态功能区、阿尔泰山地森林草原生态功能区、三江源草原草甸湿地生态功能区、若尔盖草原湿地生态功能区、甘南黄河重要水源补给生态功能区、祁连山冰川与水源涵养生态功能区、南岭山地森林及生物多样性生态功能区 8 个区域，总面积约 124 万平方千米，约占国土面积的 13.0%。②水土保持型生态功能区包括黄土高原丘陵沟壑水土保持生态功能区、大别山水土保持生态功能区、桂黔滇喀斯特石漠化防治生态功能区、三峡库区水土保持生态功能区 4 个区域，总面积约 25 万平方千米，约占国土面积的 2.6%。③防风固沙型生态功能区包括塔里木河荒漠化防治生态功能区、阿尔金草原荒漠化防治生态功能区、呼伦贝尔草原草甸生态功能区、科尔沁草原生态功能区、浑善达克沙漠化防治生态功能区、阴山北麓草原生态功能区 6 个区域，总面积约 121 万平方千米，约占国土面积的 12.6%。④生物多样性维护型生态功能区包括川滇森林及生物多样性生态功能区、秦巴生物多样性生态功能区、藏东南高原边缘森林生态功能区、藏西北羌塘高原荒漠生态功能区、三江平原湿地生态功能区、武陵山区生物多样性与水土保持生态功能区、海南岛中部山区热带雨林生态功能区 7 个区域，土地面积约 116 万平方千米，约占国土面积的 12.0%。

国家重点生态功能区森林面积占全国的 36.41%，森林蓄积占全国的 46.16%。4 类生态功能区中，森林面积和森林蓄积以水源涵养型生态功能区最多，分别占全国森林面积和森林蓄积的 17.67% 和 22.42%；以防风固沙型生态功能区最少，分别占全国森林面积和森林蓄积的 3.23% 和 0.98%。4 类生态功能区森林资源分布情况见表 1-19。

表 1-19　4 类生态功能区森林资源分布情况

生态功能区	森林覆盖率/%	森林面积/万公顷	面积比例/%	森林蓄积/万立方米	蓄积比例/%
合计	—	8 790.37	36.41	787 372.44	46.16
水源涵养型生态功能区	34.70	4 266.39	17.67	382 462.27	22.42
水土保持型生态功能区	36.13	893.34	3.70	36 902.20	2.16
防风固沙型生态功能区	6.77	780.50	3.23	16 619.03	0.98
生物多样性维护型生态功能区	25.15	2 850.14	11.81	351 388.94	20.60

注：表中"面积比例"和"蓄积比例"栏数据为各生态功能区森林面积和森林蓄积分别占 31 省（自治区、直辖市）森林面积和森林蓄积的百分比（不含台湾省、香港特别行政区和澳门特别行政区数据）

水源涵养型与生物多样性维护型生态功能区的天然林较多，其面积占 4 类生态功能区天然林面积的 86.79%，占全国天然林面积的 38.89%。4 类生态功能区天然林和人工林面积如图 1-9 所示。

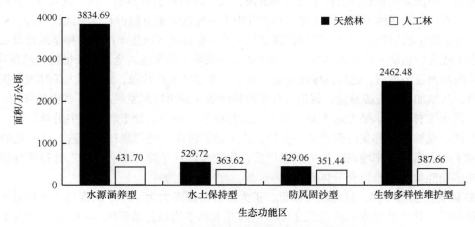

图 1-9　4 类生态功能区天然林和人工林面积

（二）中国森林资源的特征

从总体上看，中国森林资源呈现以下特点。

1. 森林类型多样，树种资源丰富，但地域分布不均衡　　中国地域广阔，自然气候条件复杂，植物种类繁多，森林类型多样，具有明显的地带性分布特征，由北向南，森林主要类型依次为针叶林、针阔混交林、落叶阔叶林、常绿阔叶林、季雨林和雨林。

中国的物种数约占世界总量的 10%，其生物多样性丰富程度在世界排第 8 位。有木本植物 8000 种，其中乔木树种 2000 余种，分别占世界的 54% 和 24%。银杏、水杉、红豆杉等都是世界珍贵树种，古老孑遗植物如水杉、银杏、银杉、水松、珙桐、香果树等，这些植物具有重要的科学价值。

中国也是世界上竹类资源最丰富的国家之一，有竹类 30 属 300 种以上，长江以南的亚热带地区是竹类分布中心，以毛竹分布最为广泛。中国栽培的经济竹有 50 种左右。中国经济树种资源也非常丰富，分布广，产量大，价值高。漆树、白蜡、油桐、乌桕、橡胶、栓皮栎、杜仲、茶、桑、肉桂等众多特用经济树种中，有些属于中国特产。还有众多的干鲜水果树种，从南到北均有分布。

中国森林资源地理分布极不均衡。从宏观来看，中国森林资源主要集中分布在东北内蒙古林区、西南高山林区、东南低山丘陵林区、西北高山林区和热带林区等五大林区，这五大林区的土地面积占全国国土面积的 40%，而森林面积却占全国的近 69.63%，森林蓄积占全国的 88.20%。然而，这些林区所在的有些省（自治区、直辖市）尽管森林资源绝对量很大，甚至处于全国的前列，但由于土地面积大，森林覆盖率则很小，有的省（自治区、直辖市）由于人口多，按人均占有量计算，则低于全国平均水平。

2. 森林资源绝对量大，但人均占有量小 中国森林资源在世界上具有相当重要的地位，森林面积居第 5 位，森林蓄积居第 6 位，均居世界前列。中国森林资源无论是森林面积还是森林蓄积，其绝对数值均非常可观，在世界上具有相当的地位，对于全球的经济、生态和社会的可持续发展与生物多样性保护发挥着越来越重要的作用。

中国人口众多，地区差异性大，局部生态环境恶化，提高人民生活和改善生态状况对森林资源的需求与日俱增，森林资源总量相对不足，人均占有量少，无论是人均森林面积还是人均森林蓄积，均远低于世界平均水平。

3. 人工林面积大，但经营水平不高，树种结构单一 自新中国成立以来，党和政府高度重视人工林资源的培育，采取了一系列政策与措施，有力地促进了造林绿化工作的开展。通过几十年的不懈努力，中国人工林建设取得了巨大的成绩，人工林面积居世界第一位。进入 21 世纪后，天然林保护工程、退耕还林工程、"三北"和长江中下游地区等重点防护林体系建设工程、京津风沙源治理工程、野生动植物保护及自然保护区建设工程、重点地区速生丰产用材林基地建设工程六大林业重点工程先后启动，以生态建设为主的林业发展战略全面实施，全民义务植树运动蓬勃发展，全民绿化的局面逐步形成，把造林绿化事业推向了一个新的发展阶段，为中国人工林发展提供了坚实的保障，对增加森林资源总量、促进森林资源持续快速健康协调发展产生了积极的作用。

但中国人工林经营水平普遍不高，加上人工林相当一部分仍处于幼龄和中龄林阶段，大部分省（自治区、直辖市）都集中营造某一树种，人工林树种单一的现象比较普遍。单一化的树种结构，造成了病虫害发生率增高，地力衰退严重，生物多样性下降，不利于人工林持续健康发展，人工林的多功能效益也难以充分体现。

4. 森林资源质量不高，林地利用率低，扩大森林资源潜力大 中国森林资源质量不高，单位面积蓄积低。乔木林是森林资源的主体，全国乔木林平均每公顷蓄积 94.83m³，相当于世界平均水平 130.7m³ 的 73%。为了综合评价森林资源质量，我国从森林资源连续清查调查的植被覆盖、森林结构、森林生产力、森林健康、森林干扰程度等方面选取指标，构建森林资源质量综合评价指标体系。采用层次分析法和专家咨询法计算森林质量综合评价指数，指数越高，表示森林质量越好。经综合评价，全国乔木林质量指数为 0.62，其中天然林为 0.64，优于人工林的 0.56；国有林为 0.67，优于集体林和个人所有林的 0.57。森林质量整体上处于中等水平，全国乔木林中质量"好"的面积为 3720.77 万公顷，占 20.68%；"中"的面积为 12 239.00 万公顷，占 68.04%；"差"的面积为 2029.08 万公顷，占 11.28%。

此外，我国森林面积占林地面积的比例仅为 68.10%，世界上一些林业发达国家的林地利用率一般都在 80% 以上，美国、德国、芬兰等国家更是超过了 90%，这是我国林业和世界上林业发达国家的差距所在，也是我国进一步扩大森林资源、提升森林质量的潜力所在。

四、中国森林资源变化及特点

（一）森林资源变化

新中国森林资源发展变化经历了过量消耗、治理恢复、快速增长的过程。新中国成立之初到20世纪70年代末，林业作为基础产业，从国家建设需要出发，其首要任务是生产木材，森林资源曾一度出现消耗量大于生长量的状况。在"普遍护林护山，大力造林育林，合理采伐利用"的方针指导下，森林资源总体上呈现缓慢、曲折的增长趋势。80年代以后，中共中央、国务院作出了《关于保护森林发展林业若干问题的决定》，坚持"以营林为基础，普遍护林，大力造林，采育结合，永续利用"的方针，森林资源保护和造林绿化工作得到了加强。90年代初，实现了森林面积、蓄积双增长，但生态环境恶化趋势没有得到根本扭转。

进入21世纪后，林业建设步入以生态建设为主的新时期，把森林资源保护与发展提升到维护国家生态安全、全面建成小康社会、实现经济社会可持续发展的战略高度，坚持"严格保护、积极发展、科学经营和持续利用"森林资源的基本方针，扎实推进了林业的各项改革，持续推进造林绿化，不断加强森林培育，严格控制森林消耗，深入推进天然林资源保护，森林资源保护发展取得了举世瞩目的成就，中国林业也实现了以木材生产为主向以生态建设为主的历史性转变。

党的十八大以来，中国步入了建设生态文明和美丽中国的新时代。在全面建成小康社会的决胜阶段，中国林业紧紧围绕"补齐生态短板"的中心任务，统筹山水林田湖草系统治理，通过实行最严格的生态保护制度，采取强有力的生态建设措施，科学谋划、扎实推进，集中力量解决制约林业可持续发展的突出问题，继续推进重大生态保护和修复工程，加大天然林保护力度，加强森林经营和管护，森林面积和蓄积持续增长，森林资源发展步入了数量增加、质量提升、功能增强的良好发展时期，为践行"两山"理论、全面开启林业现代化新征程、推动林业事业高质量发展奠定了坚实基础。

根据历次全国森林资源清查结果，中国森林资源近50年总体情况见表1-20。

表1-20　中国森林资源近50年总体情况

清查间隔期	森林面积/万公顷	森林覆盖率/%	森林蓄积/亿立方米	活立木蓄积/亿立方米
第一次（1973～1976）	12 186.00	12.70	86.56	95.32
第二次（1977～1981）	11 527.74	12.00	90.28	102.61
第三次（1984～1988）	12 465.28	12.98	91.41	105.72
第四次（1989～1993）	13 370.35	13.92	101.37	117.85
第五次（1994～1998）	15 894.09	16.55	112.67	124.88
第六次（1999～2003）	17 490.92	18.21	124.56	136.18
第七次（2004～2008）	19 545.22	20.36	137.21	149.13
第八次（2009～2013）	20 768.73	21.63	151.37	164.33
第九次（2014～2018）	22 044.62	22.96	175.60	190.07

1973～2018年开展的9次全国森林资源清查，结果翔实反映出中国森林资源发展变化的轨迹。自20世纪80年代末以来，中国森林面积和森林蓄积连续30年保持双增长，成为全球森林资源增长最多的国家，初步形成了国有林以公益林为主、集体林以商品林为主、木材供给以人工林为主的格局，森林资源的发展进入了良性轨道。

但是，中国依然是一个缺林少绿的国家，森林资源总量相对不足、质量不高、分布不均，森林生态系统功能脆弱的状况未得到根本改变。中国森林覆盖率为 22.96%，低于全球 30.7% 的平均水平，森林每公顷蓄积 94.83m³，只有世界平均水平（130.7m³）的 73%。陕西、甘肃、青海、宁夏、新疆 5 省（自治区）的土地面积占国土面积的 32%，森林覆盖率仅为 8.73%，森林资源十分稀少。

（二）森林资源变化特点

第九次全国森林资源清查结果表明：中国森林面积、蓄积持续增长，森林覆盖率稳步提升，森林结构有所改善，森林质量不断提高；天然林持续恢复，人工林稳步发展；生态状况趋向好转，生态服务能力增强。中国森林资源总体上呈现数量持续增加、质量稳步提高、功能不断增强的发展态势。第八次和第九次这两次清查间隔期内，森林资源变化呈现如下主要特点。

1. 森林面积稳步增长，森林蓄积快速增加　　全国森林面积净增 1275.89 万公顷，森林覆盖率提高 1.33 个百分点，继续保持增长态势。全国森林蓄积净增 24.23 亿立方米，呈现快速增长势头。

2. 森林结构有所改善，森林质量不断提高　　全国乔木林中，混交林面积比例提高 2.93 个百分点，珍贵树种面积增加 32.28%，中幼龄林低密度林分比例下降 6.41 个百分点。全国乔木林每公顷蓄积增加 5.04m³，达到 94.83m³，每公顷年均生长量增加 0.50m³，达到 4.73m³。

3. 林木采伐消耗量下降，森林蓄积和消长盈余持续扩大　　全国林木年均采伐消耗量 3.85 亿立方米，减少 650 万立方米。林木蓄积年均净生长量 7.76 亿立方米，增加 1.32 亿立方米。消长盈余 3.91 亿立方米，盈余增加 54.90%。

4. 商品林供给能力提升，公益林生态功能增强　　全国用材林可采资源蓄积净增 2.23 亿立方米，珍贵用材树种面积净增 15.97 万公顷。全国公益林总生物量净增 8.03 亿吨，总碳储量净增 3.25 亿吨，年涵养水源量净增 351.93 亿立方米，年固土量净增 4.08 亿吨，年保肥量净增 0.23 亿吨，年滞尘量净增 2.30 亿吨。

5. 天然林持续恢复，人工林稳步发展　　全国天然林面积净增 593.02 万公顷，蓄积净增 13.75 亿立方米。人工林面积净增 673.12 万公顷，蓄积净增 9.04 亿立方米。

五、中国森林资源保护发展目标与对策

（一）森林资源保护发展目标

根据新时期中国林业发展的指导思想和总体目标的要求，国家林业和草原局在《中国森林资源报告（2014—2018）》中提出的我国森林资源保护发展的具体目标如下。

到 2035 年，森林覆盖率达到 26%，森林蓄积达到 210 亿立方米，每公顷森林蓄积达到 105m³，乡村绿化覆盖率达到 38%，主要造林树种良种使用率达到 85%，初步实现林业现代化，生态状况根本好转，美丽中国目标基本实现。

到 21 世纪中叶，森林覆盖率达到世界平均水平，森林蓄积达到 265 亿立方米，每公顷森林蓄积达到 120m³，乡村绿化覆盖率达到 43%，主要造林树种良种使用率达到 100%。全面实现林业现代化，迈入林业发达国家行列，生态文明全面提升，实现人与自然和谐共生。

（二）森林资源保护发展对策

为实现我国森林资源保护发展目标，建成"天蓝、地绿、水清"的美丽中国，必须以新发展理念和绿水青山就是金山银山理念为统领，紧紧围绕建设生态文明，深入贯彻落实党的二十大精

神与习近平生态文明思想，按照山水林田湖草系统治理的要求，全面深化林业改革，加快推进国土绿化和生态修复进程，健全生态保护制度，严格森林资源监督管理，强化森林资源保护和科学经营，高质量、高水平推进林业现代化建设，为决胜全面建成小康社会、建设生态文明和美丽中国提供良好的生态保障。

1. 实施生态系统修复，提升生态服务功能 牢固树立绿色发展理念，坚持人与自然和谐共生，坚持保护优先、自然修复为主，自然修复与人工促进相结合，加大封山育林育草力度，加快森林生态系统保护修复步伐。按照《天然林保护修复制度方案》，尽快编制全国天然林保护修复中长期规划，落实全面保护、系统修复、用途管控、权责明确的天然林保护修复制度，加快培育健康、稳定、优质、高效的森林生态系统。

2. 推进大规模国土绿化，拓展生态发展空间 组织开展宜林地立地质量调查评价，划定森林发展空间。按照"宜乔则乔、宜灌则灌，乔灌草结合、人工与自然相结合"原则，科学制定林地保护利用、造林绿化等规划，探索总结森林植被恢复模式和机制，切实提高造林绿化成效。对干旱半干旱地区，以及立地条件差、造林难度大的地区，积极争取加大国家财政支持力度，提高造林投入标准，切实解决"造在何处、钱从何来，造什么、怎么造"的问题，持续推进大规模国土绿化。

3. 全面加强森林经营，精准提升森林质量 全面加强森林经营工作，将森林质量的提升放在更加重要的位置。通过制度创新加快建立符合我国林情的森林经营制度，确立森林经营方案的法律地位；通过机制创新，完善森林经营的投入、监测、激励机制，加强重点国有林区和国有林场的森林经营，积极引导经营大户、林业合作社等经营主体参与森林经营的积极性；通过科技创新加强森林经营科技示范和基础理论研究，科学编制并严格实施森林经营方案，不断提高森林经营工作的专业化水平。

4. 加大森林资源监管力度，确保森林资源安全 采取最严格的保护措施，制定最严格的保护制度，加大林地保护力度。加快推进新一轮林地保护利用规划编制工作，落实林地用途管制和林地定额管理制度。从严落实森林限额采伐与凭证采伐制度，坚持全覆盖、常态化开展森林督查，加大执法力度，坚决制止和惩处破坏生态环境的行为。

5. 建立监测评价体系，增强监测服务能力 根据《深化党和国家机构改革方案》总体要求，坚持森林资源连续清查制度，构建天空地相结合、国家和地方一盘棋的森林资源"一体化"监测评价体系，加强高新技术应用，建设国家和地方互联互通的森林资源保护管理大数据监测信息平台，实现全国森林资源"一张图"管理、"一个体系"监测、"一套数"评价，满足森林保护经营和决策管理的需要。

◆ 思 考 题

1. 什么是森林？可以从哪几个方面理解森林定义的基本内涵？
2. 什么是森林资源？
3. 世界森林资源的主要变化趋势有哪些？
4. 中国森林资源在世界森林资源的地位如何？
5. 中国森林资源有什么特征？
6. 中国森林资源保护发展目标与对策是什么？

◆ 主要参考文献

陈祥伟，胡海波. 2005. 林学概论[M]. 北京：中国林业出版社.

国家林业和草原局. 2019. 中国森林资源报告（2014—2018）[M]. 北京：中国林业出版社.

亢新刚. 2001. 森林资源经营管理[M]. 北京：中国林业出版社.

亢新刚. 2011. 森林经理学[M]. 4 版. 北京：中国林业出版社.

李际平. 2012. 森林资源与林业可持续发展[M]. 北京：中国林业出版社.

联合国粮食及农业组织，联合国环境规划署. 2020. 2020 年世界森林状况：森林、生物多样性与人类[M]. 罗马. https://doi.org/10.4060/ca8642zh[2023-04-20].

林学名词审定委员会. 2016. 林学名词[M]. 2 版. 北京：科学出版社.

马履一，彭祚登. 2020. 林学概论[M]. 北京：中国林业出版社.

叶彦辉. 2022. 森林资源调查与规划[M]. 北京：中国农业出版社.

《中国自然资源丛书》编辑委员会. 1995. 中国自然资源丛书·野生动植物卷[M]. 北京：中国环境科学出版社.

FAO（Food and Agriculture Organization of the United Nations）. 2020. Global Forest Resources Assessment 2020—Key Findings[M]. Rome. https://dol.org/10.4060/ca8753en[2023-04-20].

| 第二章 |

森林的结构与优化

◆ 第一节 林木分化、自然稀疏和林木分级

在森林生长发育过程中，林木对营养空间和生活物质的需求也不断增加，单位面积上林木个体的数量逐渐接近或达到环境所能支撑的最大值，林分的生长发育受到抑制，森林在群落内部便形成了为适应环境的自我调节机制。

一、林木分化

林木生长发育过程中，不同林木个体间由于遗传性和具有可塑性生长的适应机制，在形态和生活力等方面均存在明显的差异。由遗传性原因引起的差异在幼苗阶段即会表现；即使初期个体间差异不显著，但由于种间竞争和环境条件的影响，差异也会逐渐变得明显，这种现象称为林木分化。林木分化的影响因素主要有以下 4 类。

1. 树种　　阳性树种的林分分化强。林分分化的直接后果是一部分生长落后的林木衰亡，导致自然稀疏。

2. 林分密度　　不同密度的林分，其分化程度和分化结果差异很大。密度大，分化迅速，被压木多，优质木少，早期出现枯立木；反之，密度小，分化缓慢，优势木比例大，被压木比例小，早期没有或极少有枯立木。

3. 林龄　　一般林分在幼龄时期已开始分化，林分郁闭后，随着林分生长速度的加快，林木分化更为强烈，个体差异更为明显，到成熟阶段，分化又趋向平稳。

4. 立地条件　　有时初期个体间差异并不显著，但由于所处立地条件不同，差异逐渐明显。

二、自然稀疏

（一）自然稀疏的概念及影响因素

自然稀疏是植物群体的普遍现象。林木生长发育到一定阶段后，由于对营养物质的竞争，其在大小和生长势上会产生分化，最终某些生长落后的林木死亡。郁闭林分随着年龄的增加，单位面积活立木株数不断减少的现象，称为自然稀疏。

天然林形成过程中，初期种子萌发产生大量的幼苗；随着林龄的增加，幼树及活立木逐渐减少，到成熟龄时每公顷活立木株数只有 300～500 株，甚至不足 100 株，其余绝大多数林木因自然稀疏而枯死。人工林的初植密度每公顷有几千株，若任其自由发育，也会发生林木分化和自然稀疏。因此，无论是天然林还是人工林，最终有90%以上的林木在自然稀疏中枯死。但是，淘汰

的不一定都是形质差的，留下的也可能是经济价值低或干形不良的。在森林经营中，可以用人工稀疏代替自然稀疏达到主动降低林分密度的效果，给优良林木创造足够的营养空间，以改善林木的生长条件。

自然稀疏主要受到树种生物学特性、林分密度、发育阶段和土地条件等因素的影响，具体作用如下。

1. 树种的生物学特性不同，自然稀疏开始的时间不同　　白桦、落叶松、油松等喜光树种在全光条件下生长迅速，自然稀疏发生得早且强烈。云冷杉、白楠、红豆杉等耐荫树种虽在庇荫条件下能够正常发育，但生长较慢，自然稀疏开始的时间相对较晚。

2. 密集林分比稀疏林分自然稀疏现象出现得早　　林分密度非常低时，不发生自然稀疏。林分生长到充分密集时，才会产生因密度制约的死亡，发生自然稀疏。天然更新或人工林初植密度较大，个体间的竞争发生得早，自然稀疏开始得早，强度也相对大。例如，在中国林业科学研究院热带林业实验中心伏波实验场，初植密度 5000 株/公顷的马尾松林，在栽后 6 年出现自然稀疏，而初植密度 1667 株/公顷的马尾松林，栽后 9 年才出现自然稀疏。

3. 同一个林分处于不同生长发育阶段时，林木发生自然稀疏的强度不同　　林分郁闭后，树冠在同一水平面上相互衔接，竞争效应阻碍林木的生长。随着林分进一步发育，林木个体对光照、水分、养分的需求得不到充分满足，使得一些树木生长发育受阻，在竞争中处于劣势，生长不良或者死亡。一般幼龄林阶段林木分化和自然稀疏就已出现；中龄林阶段林木生长旺盛，自然稀疏也愈加强烈；近熟林阶段，自然稀疏开始逐渐缓慢。

4. 立地条件对自然稀疏也有很大影响　　在立地条件较好的地段上，林木幼龄时期生长快，林分郁闭早，自然稀疏发生得也早。相反，在立地条件中等或较差的地段上，林木生长缓慢，林分郁闭较晚，个体之间竞争尚不激烈，自然稀疏相对较迟且不剧烈。

（二）自然稀疏的发生机制

林木分化和自然稀疏现象是相伴发生的，都是林木间竞争关系发展的必然结果。随着林木间竞争的不断加剧，首先会产生林木分化现象，而分化程度的不断增加则导致林木自然稀疏的出现。一般来说，分化在前，稀疏在后，强烈的林木分化加速了林木的自然稀疏。

自然稀疏是植物个体竞争光而引起的。植物之间存在非对称竞争，导致植物相邻个体间的相互影响不成比例。当它们共同对光竞争时，高大个体对下层被压植物个体形成单方面遮光，最后导致小个体低于光补偿点而死亡。例如，生长 15 年的日本柳杉（*Cryptomeria japonica*）林的大小分布呈"L"形，随着林分的生长，小个体植物将逐渐死亡，这种趋势支持了非平衡竞争假说，并且与自然稀疏是对光的竞争的结论相一致。

在自然稀疏过程中，树木间激烈的生存竞争消耗了大量物质，贻误了树木快速生长的机会。无论天然林还是人工林，如不加以人为干预，任其自然发展，大量个体会被自然淘汰，从资源利用的角度看，被稀疏掉的树木纯属资源浪费。从自然选择的观点看，保留下来的最适个体，却不一定是最好的培育目标。利用抚育间伐的方法，以人为调节代替自然稀疏，不仅可以提高林分质量和缩短森林培育周期，还可以充分利用、抚育间伐材。在森林培育期，系统进行抚育间伐的林分，其抚育间伐材的总量可达到林分主伐材的 50%～100%。

三、林木分级

基于林木分化现象，按照树冠的位置和生长上的差异，将林木划分为不同类别，称为林木分

级。林木分级是根据林木分化情况将林木划分的等级，它
是调整林分结构的理论基础，也是确定间伐木和间伐强度
的定性定量依据。林木分级的方法很多，共同原则是力求
反映现实林木状况和发展方向，按照生物学和经济学观点
加以分级，既有科学依据，又便于生产。

图 2-1　克拉夫特林木分级

（一）克拉夫特林木分级法

1848 年，德国的布尔克哈特（Burckhardt）最早提出
林木分级法。他根据树高和树冠的发育状况，将林木区分
成 6 个等级。他学说的继承者克拉夫特（Kraft）于 1884 年
提出了林木生长分级法，将林木依生长的优劣分为两大组
共 5 个等级（图 2-1）：第一组为正常发育的林木；第二组
为生长落后的林木。树冠特性、相对高度和在周围邻接木
中的地位是进一步分级的主要依据。克拉夫特林木分级系统如下所示。

1. 第一组——正常发育的林木

Ⅰ级木（优势木）：树干最高，直径最粗，树冠很大且均匀，其树冠超出一般林冠层，受光
充分；在林分中数量很少，一般不超过总数的 5%。

Ⅱ级木（亚优势木）：树高和直径略次于Ⅰ级木，树冠较大，构成林冠层的主要部分，能得
到较充分的上方光线，侧方在一定程度上为Ⅰ级木所围绕。其在林分中约占总数的 30%。

Ⅲ级木（中等木）：在林冠层中占据从属地位，树高和直径均为中等大小，树冠比较狭窄，
位于林冠的下层，在林分中约占总数的 40%。

2. 第二组——生长落后的林木

Ⅳ级木（被压木）：树高和直径生长落后，树冠狭窄，侧方被压，通常是小径木，在林分中
占总数的 10%～20%。

Ⅳ$_a$级木：树冠狭窄，侧方被压，但枝条在主干上分布均匀，树冠能伸入林冠层中。

Ⅳ$_b$级木：树冠偏生，只有树冠的顶部才伸入林冠层，侧方和上方均受压制。

Ⅴ级木（濒死木和枯死木）：完全位于林冠下层，生长极落后，树冠稀疏而不规则，在林分
中占总数的 10%以下。

Ⅴ$_a$级木：由于生长所需光照等条件不能得到满足，为生长极落后的濒死木。

Ⅴ$_b$级木：枯死木。

在疏伐实践中，常简化这种分级法，不再划分亚级。该方法比较简单，符合疏伐的一般要求。
从各级木的区分来看，中等木和被压木、濒死木等的区别比较明确，并且易于和优势木、亚优势
木分开。但是，优势木和亚优势木之间的界线比较模糊。

疏伐中选择砍伐木和保留木，不仅要考虑树冠的相对地位和状况，而且要注意林木的健康状
况和干形质量。在同龄纯林中，林木生长级和树木健康状况的相关性是很高的，所以生长分级也
可作为健康状况和生活力的指标。以生长级为基础选择砍伐木与保留木时，还应注意到干形、质
量、缺陷及感染病虫害的情况。

克拉夫特林木分级法主要被应用于同龄纯林中，它客观反映了森林中林木分化和自然稀疏进
程，即优势木占据优势的生存空间，生长处于优先地位；中势木与上层树冠发生竞争，仅占据林
窗，有可能变为被压木；被压木居于林冠下层，上方全遭荫蔽，日久趋向死亡。克拉夫特林木分
级法的优点是简便易行，并能反映林木分化的基本特点，缺点是只考虑林木在林冠层中的地位，

没有顾及树干缺陷等形质特征。

（二）霍利林木分级法

1942 年，美国的霍利（Hawley）根据树冠的竞争状态制定了阔叶树的林木分级法（图 2-2），它与克拉夫特林木分级法类似，只是将里面的Ⅳ级木和Ⅴ级木合并，统称为被压木。霍利林木分级系统如下所示。

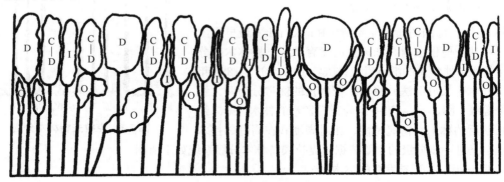

图 2-2　霍利林木分级

优势木（D）：树冠超出上层林冠的一般水平，充分接受上方光，部分地接受侧方光，树冠很发达，略受邻接木树冠的侧压。

亚优势木（C—D）：处于上层林冠的中间位置，上方光充足，也能受到部分侧方光照射，树冠中庸，但受侧压。

中庸木（I）：树高比前两级低，树冠处于由优势木和亚优势木形成的林冠层中，上方光少，没有侧方光，一般受侧压严重，形成窄小树冠。

被压木（O）：树冠完全在一般林冠层以下，没有上方或侧方的直射光线。

（三）三级林木分级法

根据林木培育的要求及其在林内所起的作用将其分为三级，较适用于天然混交林或次生林。三级林木分级系统如下所示。

Ⅰ级木（目标树或称保留木）：为在生长发育上最适宜经营要求的林木，是培育对象。一般保留木多处在林冠层的上部或中部，但在目的树种被压的情况下，也可从林冠的下部选择。

Ⅱ级木（有益木或称辅助木）：能促进保留木的天然整枝和形成良好的干形，并能起到保护和改良土壤的作用。当其妨碍培育木生长时，应逐次在间伐中伐掉。

Ⅲ级木（有害木或称砍伐木）：①妨碍保留木和有益木生长的林木；②干形弯曲、多枝杈、枯立、感染病虫害的林木；③受机械损害的林木。这些林木均应砍伐。

天然混交林中的林木多呈群团状分布，可按群团先划分植生组，在各个植生组中再划分出上述三级木。植生组是指生长位置比较接近，树冠之间有密切关系的一些林木。

三级林木分级法除了要反映林木分化的差异，还要考虑到森林演替规律、树种特性和经营上的要求。林木分级是进行定性间伐中选木的主要依据，也是定量间伐中确定适宜保留株数后决定间伐木的准则。

（四）河田林木分级法

A 级木：优势而形质良好。

B 级木：优势但形质有缺陷。

B̄ 级木：和 B 级木一样，但砍去后会造成天窗。

C 级木：普通优势木。

D 级木：和 C 级木一般高，梢头已经枯干处于濒死状态，干形恶劣。

E 级木：不论高矮，病虫害木及倒木、倾木、枯木等不算林分组成的部分。

河田林木分级法主要适用于天然阔叶杂木林的分级。

（五）寺崎林木分级法

20 世纪初，日本学者寺崎渡根据德国林业实验场联合会在 1902 年通过的什瓦帕赫分级法，参照日本落叶松单层林的具体情况，制定了一套林木分级的标准，首先将林木依林冠层的优劣区分为两大组，然后再根据树冠形态、树干缺陷分级（图 2-3）。具体划分标准如下所示。

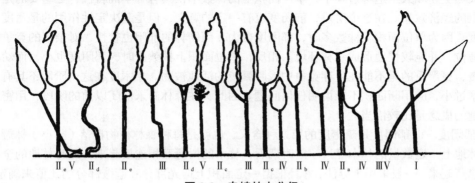

图 2-3　寺崎林木分级

1. 优势木——组成上层林冠的总称

Ⅰ级木：树冠、树干发育良好。

Ⅱ级木：树冠、树干有缺陷。其下分为：Ⅱ$_a$树冠发育过强，冠形扁平；Ⅱ$_b$树冠发育过弱，树干特别细长；Ⅱ$_c$树冠受压，没有发展余地；Ⅱ$_d$形态不良的上层木或分叉木；Ⅱ$_e$被害木。

2. 劣势木——组成下层林冠的总称

Ⅲ级木：树势减弱，生长迟缓，但树冠尚未被压，处于中间状态。

Ⅳ级木：树冠被压，但还有绿色树冠维持生活。

Ⅴ级木：衰弱木、倾倒木、枯立木。

寺崎林木分级法是日本广为应用的一种方法，克服了克拉夫特林木分级法、霍利林木分级法忽视树干形质分类的缺点，但分类等级较多，在应用中不够简便。

◆ 第二节　森林密度测度与密度效应

一、森林密度测度

（一）疏密度理论

在不同的生长发育阶段里，森林群落具有不同的特征，为了更好地了解这些群体的生长情况和特性，必须用不同的概念来描述，否则将无法掌握变化规律。在苏联，有疏密度、郁闭度和密度而无立木度概念。在德国、日本及其他各国,有立木度、郁闭度和密度而无疏密度概念。王业蘧认为不应把疏密度单独作为某一特性的专有定义,应根据森林发育的群体生态规律来论证疏密度学说。这样疏密度和密度、郁闭度、立木度就具有辩证统一的关系,同时后三者又构成疏密度学说的主要内容。

1. 密度　　密度是疏密度的第一种含义,是每种森林植物群落(林型)中单位面积上林木的株数。有人认为密度存在较大的缺点,在不同的林龄和不同的立地条件下难以比较。单位面积内林木株数相同时,其密度可能不同,地位级高的林地中林木的密度比地位级低的林地要大。同样,在幼龄林木较多的森林内,其密度要比老龄林的密度小。根据密度的定义,其在幼林郁闭前的森林天然更新或人工造林的工作中具有极其重要的意义,因为它就是株数。单位面积上株数的多少,就决定着森林环境条件形成的可能性和成林的速度。

在天然更新和人工造林过程中,单位面积上的株数不仅具有林学的特性,更重要的是具有生产实践上的经济意义。在这个阶段,郁闭度也有一定的意义,但是起决定性作用的是密度,而不是郁闭度。因为单位面积上株数多时,郁闭度也大,而幼林的郁闭也较快,对杂草的竞争能取得优势的地位,并能较快地形成森林环境。相反,单位面积上株数少时,郁闭度也小,而幼林的郁闭也较慢,更严重的是不能在生存竞争中战胜繁茂的活地被物。立木度在这个阶段不具有意义,因为林木过小,应用断面积不能说明任何问题。因此,在森林尚未郁闭以前的阶段,用密度来说明疏密度的概念是比较恰当的。

2. 郁闭度　　郁闭度是疏密度的第二种含义,也就是每种森林植物群落(林型)林冠闭锁的程度。林地上一定数量的林木经过一定时期后,林木的树冠互相连接起来,此时林地的全部面积被林冠遮蔽起来。一般采用十分法,并且根据一定面积上透光部分和遮蔽部分的比值来确定大小。树冠重合部分不计,所以郁闭度总值不会大于1。林冠的郁闭程度不仅具有生态意义,也具有经济意义。森林在幼林郁闭以后,一直到郁闭破坏时高生长停止以前的整个阶段,郁闭度起着重要的作用。这个时期是林木自然淘汰最激烈的阶段。任何一株林木被其他的林木所抑制,树冠得不到一定的空间进行生长和发育,林木将因高生长受到抑制而死亡。活立木都占有一定的营养空间和营养面积,而且是比较均匀地分布在林地上,形成具有环境条件的完整郁闭的森林。郁闭的存在带来了自然淘汰的可能性,没有郁闭的存在,单位面积上株数的减少是不可能的。林木的高生长停止以后,森林郁闭就开始逐渐被破坏,林木大量地进行直径生长。根据疏密度学说的理论,森林的生长发育过程主要分为两个时期:在高生长时期,森林的郁闭是完整的,林木自然淘汰激烈地进行,单位面积上林木死亡的株数比较多;在直径生长时期,森林的郁闭被破坏了,林木自然淘汰基本停止,单位面积上林木死亡的株数大大减少。

根据森林生长发育和自然淘汰理论,在郁闭度疏开之前,应该用树高和株数之间的关系表示林分的结构,说明高生长是自然淘汰的指标;在郁闭度疏开之后,用胸高断面积和株数之间的关系表示林分的结构,更合乎森林生长发育规律的本质。

林木在郁闭阶段,直径不能大量地生长,主要是林木高生长。因为直径生长只能随着高生长的增高而增大,而高生长的大小又主要取决于林分郁闭的情况。在这个时期,由于林木的断面积总和不够大,用立木度无法表达森林特性和经济条件。在抚育采伐过程中,用立木度确定抚育的采伐量也不够恰当。断面积处于次要的地位,不能完全反映森林的环境条件和郁闭度的密切关系。如果在林分内进行抚育工作时只根据材积情况而不根据群落特性,将会破坏郁闭,从而降低林木的高生长。所以在森林自然淘汰的时期,应该以郁闭度为主。

3. 立木度　　立木度是疏密度的第三种含义,表示现实林分胸高断面积的总和与收获量表中最高的胸高断面积总和之比。有人认为疏密度就是立木度,这在森林发育某一时期是正确的。如郁闭度破坏以后，高生长停止，而直径生长大量增长，立木度完全能表示其林分结构。以断面积总和为根据的立木度，在森林的成熟阶段具有重要意义，它既能说明森林生长发育过程中的阶段性，又能说明森林的经济意义。

在森林成熟阶段，密度的作用不大，因为在一定的环境条件下，单位面积上的株数是一定的。在这个阶段，郁闭虽已破坏，并不等于完全没有郁闭度。但是郁闭度相同，立木度可以不同；老龄林的立木度可以大于幼龄林的立木度，同时阴阳性不同的树种也具有不同的立木度。相反，立木度相同、地位级高的林分，其郁闭度将大于地位级低、生长条件和组成相同的林分。在成熟或过熟林的阶段，林木的树冠比较小和稀疏。在郁闭破坏的情况下，粗大的树干对于林地的更新有着绝对的影响。当然郁闭度在森林更新方面仍起着重要作用，也就是对于另一个森林的世代具有重要意义。

（二）其他密度指标

1. 叶面积指数 叶面积指数（LAI）又叫叶面积系数，是指一定土地面积上植物叶片总面积与土地面积之比。叶面积指数反映了植物叶面数量、冠层结构变化、植物群落生命活力及其环境效应，为植物冠层表面物质和能量交换的描述提供结构化的定量信息。用叶面积衡量密度很直观，因为它反映了遮阴程度和植物对可用三维空间的利用率。遗憾的是，叶面积指数是不稳定的，相较于断面积可以在很长一段时间内保持不变，由于降水量和土壤条件的变化，叶面积则在植被发育期间不断变化，因此并不适合作为森林密度的衡量标准。

叶面积或叶量与林分生产力关系密切。在非密闭林分内，林分生物量的增长与叶面积呈正相关。当林冠完全郁闭时，不论林分密度、林龄如何，其叶量则大致一定。在没有经过间伐的郁闭林分中，若林分密度不变，尽管林龄增加，但叶量几乎不变，则分配到每株林木的叶量有限且变化不大，必然影响单木的生长量。要提高单木生长量必须增加单株林木的叶量，通过间伐减少林木株数。抚育间伐后，郁闭度降低、叶量减少，但在郁闭度恢复中，单位面积叶量也恢复到原来的水准，单株林木上的叶量增加；林冠叶量垂直分布也有所改变，即林冠深度的增加。在生产实践中通过调整密度，给每株林木分配一定的叶量，这样才能从群体（单产）和个体（单材积）两个方面均获得好的结果。

2. 每公顷断面积 常见的密度测量方法是森林群落中所有树木的胸高断面积（断面积）之和。如果已知一株树的胸径（D，单位为 cm），则断面积（ba，单位为 m^2）的计算如下：

$$ba = \frac{\pi}{4} \times D^2$$

因此，n 株树的断面积（BA）为

$$BA = \frac{\pi}{40000} \times \sum_{i=1}^{n} D_i^2$$

为了比较不同群落的密度，断面积必须基于同一森林面积，通常的标准是 1ha。用森林中所有林木的总断面积除以森林面积，可以计算出林分的每公顷断面积。

每公顷断面积指标消除了株数密度的缺点，不论株数多少，每公顷胸高断面积大，则表明密度大。密度随年龄的增加而增加，当林地容纳量达到最大，即断面积达到最大时，胸高断面积无法再增加。所以用这个密度比较大小才有意义，能大致表征林分的疏密情况，是收获模型最常用的变量。该指标与立地质量有关，立地质量好，林分每公顷断面积大，立地质量差，林分每公顷断面积小。但由于分辨不出树木的大小、被压木还是优势木，林分断面积值仅着眼于直径和株数，忽略了形高。所以，断面积相同的林分材积并不一致，即使一致收获量也可能有差别。

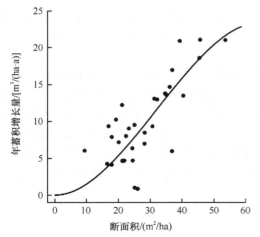

图 2-4　墨西哥西马德雷山脉森林断面积对年蓄积增长量的影响（Gadow et al., 2021）

密度对林分的生长具有显著的影响。森林生产不仅受单株生长的影响，还受初始密度的影响。图2-4是墨西哥西马德雷山脉森林中森林密度（每公顷的初始断面积）和生长量（年蓄积增长量）之间的关系。

由于蓄积是胸径、树高和株数的函数，有人提出将单位面积上的蓄积作为密度指标。该指标的不足是每公顷蓄积比较难测，与立地质量关系密切，因此不是一个良好的密度指标。

3. 相对密度　　将胸高断面积和二次平均直径结合到一起，便形成了相对密度。公式如下：

$$RD = BA / \sqrt{D_q}$$

式中，RD 为相对密度；BA 为林分单位面积上的断面积；D_q 为林分二次平均直径。

相对密度具有胸高断面积密度的优点，在生长关系分析、竞争水平描述、疏伐方案设计及林分模拟中是有用的。它与林龄和立地质量无内在联系。

4. 林分密度指数　　林分密度指数（SDI）是一种常用的森林密度测量方法，用以度量林分在标准平均胸径时所具有的单位面积上的株数。

基于每公顷树木株数与二次平均直径之间的关系，如果已知每公顷的断面积（G）和每公顷的树木数量（N），则可以计算二次平均直径（D_q）：

$$D_q = \sqrt{\frac{40000}{\pi} \times \frac{G}{N}}$$

计算林分密度指数时，Reineke（1933）将 N 和 D_q 之间的关系定义如下：

$$N = \beta_0 D_q^{\beta_1}$$

经推导，得

$$\log N = \beta_1 \log D_q + K$$

式中，D_q 为林分二次平均直径；β_0、β_1、K 为系数；N 为单位面积上的株数。

该方程也称为 Reineke 模型，用于估计每公顷的最大株数。

通过对各种树种的拟合，得出斜率 β_1 为 -1.605。林分密度指数是林分平均胸径和株数的综合指标。它不仅能表示林分株数的多少，也能反映树木的大小。即使常数 K 变化，其斜率变化相差也很小。

5. 尼尔森稀疏度　　在 Reineke 模型中，由于各个变量并不都是相同维数的，彼此之间的关系变得较为复杂。假设森林中树木的空间分布是规则的，那么树木之间的平均距离（L，单位为 m）可以用每公顷的株数（N）来估算：

$$L = \sqrt{\frac{10000}{N}} = \frac{100}{\sqrt{N}}$$

L 与 D_q 具有相同的维数，并且假定关系是线性的。因此，尼尔森（2006）建议利用以下关系来估算树木之间的最小距离：

$$L_{min} = a + bD_q$$

式中，L_{min} 为尼尔森林分稀疏度（m）；D_q 为林分二次平均直径；a、b 为经验参数。

6. 相对间距指数　相对间距指数也叫空间指数或相对空间指数，是应用于同龄人工林的一种简单密度测量方法。该指数通过单位面积株数和优势木平均高计算得到，其公式表述为

$$RS = \frac{\sqrt{\dfrac{10000}{N}}}{\overline{H}} = \frac{100}{\sqrt{N} \times \overline{H}}$$

式中，RS 为相对间距指数；N 为每公顷株数；$\overline{H}$ 为优势木平均高。

由于优势高不受密度变化的影响，这个指标对林分的抚育间伐具有较好的指导作用。其缺点是选择优势高的标准不便统一。方程中分子部分估计了相邻木之间的平均距离。当优势高保持不变时，森林密度随着每公顷株数的增加而增加，结果是当密度增加时，RS 值降低。

7. 树木面积比　1940 年，奇兹门和舒马克首先提出了树木面积比这一密度指标，并以二次抛物线表示。胸径为 D 的一株树占据的地面空间为 y，则有下列关系式：

$$y = b_0 + b_1 D + b_2 D^2$$

式中，b_0、b_1、b_2 为系数。

当林分上有 N 株树时，树木所占面积为

$$\sum_{i=1}^{N} y_i = N b_0 + b_1 \sum_{i=1}^{N} D_i + b_2 \sum_{i=1}^{N} D_i^2$$

树木面积比与林龄和立地质量无关，适用于同龄林或异龄林。这个指标比较简单，定义严密，与树木的营养空间结合紧密。其缺点是不能用于收获预估，并且测度指标不易获得。

8. 树冠竞争因子　树冠竞争因子（CCF）是一种密度测度方法，它假设森林密度随树冠覆盖率的增加而增加。可以用树冠竞争因子估计多树种混交林的密度，将其定义为最大树冠表面积与森林总面积的比值。除光、水、二氧化碳和矿物质以外，树木的生长主要受生长空间的影响。孤立木、边缘木或者林分在未郁闭前能够充分生长。对单株生长空间的研究很重要，但目前为止，空间范围的大小还无法测定。1961 年，Krajicek 等提出，树木若充分发育，其树冠直径（CD，单位为 m）和胸径（D，单位为 cm）存在线性关系：

$$CD = \alpha_0 + \alpha_1 D$$

参数 α_0 和 α_1 可以利用在没有竞争的情况下生长的单株树来估计。如果这些参数是已知的，则可以使用以下模型估计特定树种的单株个体的理论树冠投影面积（CS，单位为 m^2）：

$$CS = \pi \left(\frac{CD}{2} \right)^2 = \frac{\pi}{4} \cdot (\alpha_0 + \alpha_1 D)^2$$

森林密度等于其所有 n 株树的理论树冠投影面积的总和除以森林面积（A，单位为 m^2）。该森林树冠竞争因子（CCF）的计算公式为

$$CCF = \frac{1}{A} \sum_{i=1}^{n} CS_i$$

CCF 值越大表示林分密度越大，可用于林分生长和收获预估。必须考虑的一个事实是，模型基于理论最大树冠投影面积的估计值，而不是实际的树冠投影面积。因此，CCF 值可以大于 1。由于模型使用的是单株个体的测量值，树冠的实际扩展可能小于潜在扩展范围。CCF=1 表示森林区域完全被树冠覆盖，并假设所有个体都处于单株生长的状态。如果 CCF<1，则认为不存在竞争，因为估算的最大树冠投影面积的总和小于森林面积。

树冠竞争因子与林龄和立地质量无关，并且同时适用于同龄林和异龄林，是一个良好的密度指标。但也有学者指出树冠竞争因子只能说明树木对林地覆盖的程度，而不能反映密度状况。树冠竞争因子也无法真正代表实际竞争情况，很难说明大树与小树之间的相互影响。在耐荫树种较

多的情况下，树冠竞争因子较大，此时它是测量竞争的良好指标。

9. 点密度　　点密度（PD）也称为角规累计法。点密度能充分表示单株树木（中心木）同周围树木的竞争程度（图 2-5）。可用累计的竞争指数表示，公式可表达为

$$CI_i = \frac{1}{A_i} \sum_{j=1}^{n} a_j$$

式中，CI_i 为第 i 株中心木的竞争指数；A_i 为第 i 株中心木的竞争面积（或扩大面积）；a_j 为第 j 株竞争木与中心木的重叠面积；n 为竞争木的株数。

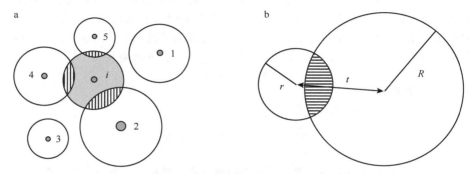

图 2-5　点密度定义中使用的树木竞争面积示意图
a. 阴影表示中心木 i 与竞争木之间竞争区的重叠面积；b. 计算重叠面积所需的变量，r、R 分别为两个竞争区的半径，
t 为中心木与竞争木之间的距离

点密度揭示单株树与周围环境的关系，它可以用来预测单株树的生长过程。此外，它还可用于树木死亡概率的预估和模拟过程中的林分天然更新。不过，有研究指出预测单株树的生长过程时，应用点密度的预测结果并不好于用其他密度指标，可能是微环境差异所致。

二、密度与林木材质的关系

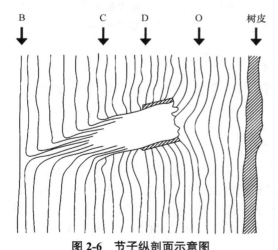

图 2-6　节子纵剖面示意图
B~C. 从枝条产生到生长停止；C~D. 从生长停止到死亡；
D~O. 从死亡到被包裹；B~O. 从枝条产生到被包裹

（一）节子

死亡的枝条被树木包裹起来形成的节疤称为树节，在用材中称为节子。枝条生长停止至死亡后，在未经人为干预的情况下，死亡的枝条经过一段时间逐渐萎缩形成不规则的断面残存于树干上，随着树干的不断生长，断面被树干包裹形成节子（图 2-6）。

林分密度对节子的直径和长度都有很大的影响，合理控制林分密度可以提高木材的质量和等级。不同密度的林分，对林木侧枝伸展及其粗度的作用有明显不同。不同密度的林分，自然整枝的早迟、高度和强度也不同，进而直接影响木材质量。

（二）自然整枝与人工整枝

自然整枝是指幼林郁闭后，由于生长空间受限

和可利用资源不足，林木的下部枝条因光照不足逐渐枯死脱落的现象。林分中林木树冠彼此互相衔接或交错形成林冠层，这种状态在林业上称作郁闭。林冠的郁闭状态可分为水平郁闭和垂直郁闭。林冠基本在同一水平面上相互衔接的状态称为水平郁闭，如单层林和同龄纯林的林冠；林冠在水平面上并不相互衔接，但在垂直面上构成郁闭状态的，称为垂直郁闭，如复层混交林和异龄林的树冠。

林冠下部由于光照不足，影响叶片的同化作用，造成营养缺乏，妨碍枝条生长；树冠枝条含水率由上至下递减，造成枝条萎缩，使枝条同树干的疏导组织失去联系，促使枝条逐渐枯萎。这是自然整枝产生的主要原因。

自然整枝也存在缺点。树木的自然整枝速度慢，树干上长期保留有枯枝和枝桩，引起树干和木材上产生多种缺陷，如死节、腐朽节、条状节、掌状节、树脂囊、水层和夹皮等。自然整枝后残留在树干上的节桩长短不齐，会形成较大的、形状不规整的节子，既增加了木材的缺陷，也降低了树木的生长量。鉴于自然整枝的缺陷，进行人工整枝是很有必要的。

人工整枝是指将树冠下部已经枯死或将要枯死的枝条人为去除，使林木形成通直的干形和正常的冠形，这是培育无节和少节干形的重要措施。人工整枝可以促进林木形成良好的干形，培育"无节良材"。很多树种只依靠自然整枝难以得到少节或无节的木材。节子破坏了木材的正常结构，使绕着节子的纤维离开垂直方向，降低了木材强度，增加了加工时的困难。在林木生长早期系统进行人工整枝，可大大减少木材中的节子（特别是死节），提高木材工艺价值。由于砍去了下部密生的枯死或濒死枝，减少了病虫害侵害的机会，改善了林内的通风透光状况，促进了林木生长，有利于森林防火等。

（三）疏伐与整枝

在林分未进入郁闭前，林木下部枝条枯死速率较低。当林分完全郁闭后，林木下部枝条枯死速率最快。当林分进入动态自疏过程后，枝条枯死速率再次降低。高密度林分在强烈的自然稀疏后，林分空间显著增加，营养空间增大，自然整枝强度会大幅度下降。

疏伐是在未成熟的林分中，为了促进留存木的生长而进行的采伐。疏伐由于砍伐部分林木，调整了立木密度，改善了林分结构，增加了保留木的营养空间，从而加速林木生长，特别是直径生长。经营目的要求林木自然整枝良好，需要保持较高的林分密度，甚至要求达到一定枝下高时才能疏伐。在森林经营过程中，应把早期的培养干形阶段与采用疏伐促进树冠扩展的阶段区分开。疏伐宜在林木生长量下降，尤其是胸径生长量明显下降时开始。

（四）密度与干形材质

尖削度是树木生长过程中其单位长度直径变化的参数，也是衡量木材质量的指标之一。它同样受到林分密度的影响，通常尖削度随林分密度的增加而变小。一般来说，密植林分中侧枝细、节疤小、自然整枝良好，干形通直饱满、长度大，材质优良；稀植的林分相反，侧枝发达，树干尖削度大，材质较低。森林经营中如疏伐强度过大，会引起干形和削度的较大变化，结果是有害的。因为，尖削度的加大会影响材种出材率，把这种原木加工成成材，在去皮时会增加废材比例。如果树干尖削度过大或顶部具有太大的枝丫，则不符合柱材的规格。

三、林木对扩大生长空间的响应

树木制造碳水化合物的数量，主要取决于树冠或叶面积的大小，以及树根养分和水分的多少，树木经抚育透光，扩大生长空间后，其主要反应是加速生长、疏伐休克、徒长枝。

（一）加速生长

一般来说，树木在解除压抑后，对林分平均树高的影响不显著，树高的生长主要取决于立地条件。在较好的立地上，林分密度对树高没有明显的影响。在贫瘠的土壤上，过密的林分会妨碍高生长，如进行适当的疏伐，则可提高林分高生长量。在混交林中，若主要树种处于林下层中，消除了上层次要树种的压制后，其高生长会显著增加。

加速生长通常是指密度过大的林分由于密度减少，直径生长突然增加。抚育采伐对直径生长的影响极为明显。树木经抚育透光、扩大生长空间后，直径生长速度迅速增加。尤其是，一些受压抑的林分通过抚育采伐，直径生长速度增加得更快。抚育采伐明显提高了林木的直径生长量，从而提高了单株断面积生长量，相应地提高了单株的材积生长量，其增长量显著地与抚育采伐强度呈正相关。抚育采伐强度加大虽能提高单株的材积生长量，但单位面积的株数减少了，所以单位面积材积生长量往往在中度抚育采伐的林分表现最高。

采伐扩大生长空间后，林分平均单株叶面积随着采伐强度的加大而增加，且采伐强度越大，单株叶面积增长幅度越大，但全林总叶面积以中等采伐强度的为最大。生长抚育与根系的关系，一般在纯林内随着林分密度的增加，林分根系过分密集有趋向集中于土壤表层的现象，极易发生风倒，抚育采伐后减少了林木株数，扩大了根系营养面积。有连根现象的林木，采伐后，保留木的根系吸收就格外地加大了。

（二）疏伐休克

在郁闭森林中，被压木上方及侧方处于庇荫环境中，叶片形成阴生叶，其抗蒸腾作用的能力较弱，以适应于在较弱的光照下进行光合作用。当树木从被压状态解放出来后，阴生叶突然暴露在强光之下，蒸腾作用过于旺盛，水分过度散失。对这个蒸发量更高、辐射更强的环境，阴生叶要进行及时调整。在林冠下，生长力不强的中性树种（如红松），就不能很快地适应这种环境变化。叶片呈现缺绿色或浅黄色，甚至脱落，同时高生长也受到抑制。在特殊情况下，解放被压木会引起树木死亡、生长量降低，这种现象称为疏伐休克。窄冠树木发生死亡，原因可能是疏伐后林木暴露，生境中温度突然升高，引起了呼吸作用的加强。如果呼吸作用的消耗很大，而光合作用又来不及补偿，获得的碳水化合物无法满足树木生长的需求，敏感树种就会生长不良、枯梢甚至死亡。

（三）徒长枝

当因疏伐扩大生长空间后，树干上的休眠芽或潜伏芽受光刺激而萌芽出的快速生长的枝条，称为徒长枝。徒长枝是阔叶林经营中常见的现象。

徒长枝生长迅速，占据空间大，消耗大量的水分和养分，会降低木材的质量。以疏伐方式扩大上层林木的生长空间，用下木或下层木为树干提供遮阴，可以避免或控制徒长枝的发生。

扩大生长空间，还能减弱天然整枝和促进大枝丫的形成，如果不用人工整枝加以补救，则会增加节子的大小和数量。若培育无节良材，应待天然整枝达到合乎要求的树干高度后，才能进行疏伐。

四、林分密度效应法则

（一）最后产量恒定法则

在相同的生境条件下，不论一个种群的最初植株密度大小如何，经过充足时间的生长，单位面积的干物质产量是恒定的，称为最后产量恒定法则。澳大利亚生态学家 Donald（1951）按不同播种密度种植地车轴草（*Trifolium subterraneum*），并不断观察其产量，发现第 62 天后产量与密度呈正相关，但到第 181 天以后产量与密度变得无关，即在较大播种密度范围内，其最终产量是相等的。以数学模型描述如下：

$$C = \overline{W} \times N$$

式中，C 为总产量；$\overline{W}$ 为平均单株重量；N 为植株密度。

"最后产量恒定"的原因：在高密度，或者说植株间距小、彼此靠近的情况下，植株之间竞争光、水、营养物质激烈，在有限的资源中，植株的生长率降低，个体变小（包括其中构件数减少），即

$$\overline{W} = \frac{C}{N}$$

或者

$$\log \overline{W} = -\log N + \log C$$

很多研究都证实了这个理论，如 Scaife 和 Jones（1976）的莴苣种植实验（图 2-7）。

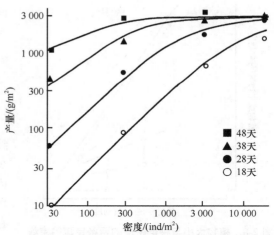

图 2-7　不同收获时间情况下莴苣产量与种植密度的关系（Scaife and Jones, 1976）

（二）Reineke 最大密度法则

在森林发育过程中，植物个体对可利用性资源及占有空间的需求越来越大。如果资源不足，就会导致植物个体间为争夺资源而竞争，最终引起个体死亡。在自疏阶段，植物株数会随着其大小的增加而减小，对于一定的植物大小，存在一个最大的密度。描述植物大小与种群最大密度之间关系的模型，称为最大密度法则。自稀疏规律和最大密度法则是林分密度管理的重要理论基础。

Reineke（1933）基于大量的林业实践与林业科学理论，通过对生长在美国西北部完满立木度的同龄林调查得到的数据分析结果，基于经验得出密度与平均胸径存在如下关系：

$$N = D_q^{\alpha}$$

密度与二次平均直径在双对数坐标上是一条直线，这就是最大密度线，关系式如下：

$$\ln N = k + a \times \ln D_q$$

式中，N 为单位面积株数；D_q 为林分二次平均直径；k 为最大密度线的截距；a 为最大密度线的斜率。

在完满立木度的不同树种组成林分中，它们的最大密度线具有相同的斜率（$a=-1.605$），并且与林龄和立地无关；而参数 k 则随树种的变化而变化。然而 Reineke 的这个林分密度法则只是经验性的，没有理论基础。

（三）–3/2 自疏法则

自疏导致密度与生物个体大小之间的关系在双对数图上具有典型的–3/2 斜率，这种关系称为–3/2 自疏法则，简称–3/2 法则。它被称为"植物生态学的唯一定理"，甚至称为"生态学第一基本法则"。

–3/2 法则是基于植物生长的几何相似理论，即假定植物在三维的 3 个方向生长速度成比例，因而需要满足以下两个假设：①仅当种群郁闭度超过 1 时才发生自然稀疏；②同一物种无论其生长阶段和生境条件如何，在生长过程中总保持相同的几何体。

Yoda（1963）在研究草本植物时，发现了一个与 Reineke 方程相似的植物大小和密度的关系，

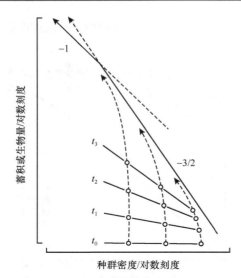

图 2-8 植物大小与种群密度的两条自疏约束线
（Norberg，1988）

虚线箭头表示个体种群的生长轨迹，从不同的初始种群密度，
向上接近斜率–3/2 的约束线；标记为 $t_0 \sim t_3$ 的连接线代表不
同初始密度的不同种群的相同年龄的数据点；斜率–1 的约束
线表示恒定产量

进而提出了著名的–3/2 法则。这个法则描述了郁闭的同龄林在自疏过程中平均重量（W）与密度之间的关系，从理论上解释了所观察到的植物大小与密度之间的动态关系，表达式为

$$W = k \times N^{-3/2}$$

转化为对数形式，方程变为

$$\ln W = k - \frac{3}{2}\ln N$$

图 2-8 描述了植物大小与种群密度的关系，直线的斜率都非常接近于–3/2。随着种群密度的减少，存活个体重量的增加超过了密度减少的损失。因此，在密度减少的情况下，整个种群的重量却增加了。–3/2 法则描述了随着植物密度的降低，存活植物的平均大小增加的方式。随着植物的生长，反映存活植物连续生长阶段的数据点沿着自疏曲线，从右下的高密度和小平均大小处向上和向左延伸到纵轴。斜率–3/2 和–1 的约束线描述了自疏定律，任何数据点都不会出现在其上方。当植物大小远低于这个约束线时，个体几乎没有因

竞争而死亡或生长量下降。因此，数据点通常沿着比约束线陡峭得多的轨迹上升。当接近约束线时，它们会弯曲并沿着约束线变化。这些生长轨迹的共同渐近线构成了自疏约束线，反映了个体生长和死亡率之间的动态平衡。

Kays 和 Harper（1974）将黑麦草（*Lolium perenne*）在每平方米 330～10 000 个种子的不同密度下播种，并在之后的 7 个月内分 5 次收获。研究表明，在最高播种密度的情况下首先出现自疏（图中直线开始向下侧倾弯，表示个体由于死亡而出现密度下降，即自疏现象）；播种密度较低时，自疏现象出现得较晚。黑麦草的"自疏线"斜率为–3/2（图 2-9）。

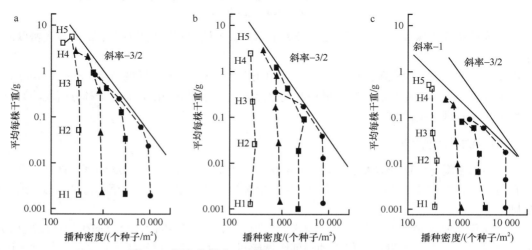

图 2-9 黑麦草的自疏实验（Kays and Harper，1974）

a. 全日照；b. 60%日照；c. 30%日照。H1～H5 表示不同收获期；不同形状的图例表示不同的播种密度

一般认为，最大密度线的斜率是随着种、立地质量和耐荫性而变的，它并不是一个定值。

1. 种与自疏斜率的关系　支持–3/2 法则的研究者认为自疏线的斜率为–3/2，并且用不同的植物验证了这个定律的正确性。然而最近研究表明其值不是–3/2，是随着种而变化的。

2. 立地质量对自疏线的影响　Zeide（1985，1987）发现立地质量影响自疏指数，对于不同立地生长的松树，立地条件好时斜率比较陡，条件差时就相对较平缓。Morris（2002）认为高肥力的种群在较低生物量生长时就开始稀疏，斜率较肥力低的同一种群陡。高肥力的种群将更多的生物量用于树冠的生长，加速了树种之间对光的竞争而导致植物死亡，而肥力较低的种群会将更多的生物量分配给根系，单位叶面积就会少，竞争也就会少。

3. 耐荫性对自疏线的影响　Weller（1987）发现阔叶树的斜率随着耐荫性的增加而减少，而针叶树随其耐荫性的增加而增加。Stoll 等（2002）认为针叶树的斜率比阔叶树的斜率大，原因是针叶树对光的竞争比阔叶树更平衡一些，主要是针叶树的耐荫性强于阔叶树，这就会降低密度依赖的死亡，从而导致在同样的密度下获得更多的生物量。

（四）–4/3 分形比例法则

West 等（1997）根据分形几何学在生物学界提出了一个分形比例模型，发现最大密度线的斜率指数不是–3/2 而应为–4/3，这就是–4/3 分形比例法则（或称代谢比例法则、WBE 模型）。

Enquist 等（1998，1999）利用分形比例模型，从生态系统的角度来研究植物大小与密度之间的比例关系。假定整个环境的资源为 Q_0，各个植物体对有限的资源进行分配，资源的使用率（Q）等于资源的供给率（R），即 $R=Q$。通过分析，可以得到：$Q \propto D^2$，$D \propto W^{3/8}$，其中 D 为胸径，W 为重量，进而得到：$Q \propto W^{3/4}$。

因而提出了 3 个假设条件：①植物在空间上竞争有限的资源；②资源使用率与质量的 3/4 次幂成比例；③植物一直生长直到资源不足。由此可以得到

$$R = Q = N_{\max} \overline{Q} \propto N_{\max} \overline{W}^{3/4}$$

式中，$\overline{Q}$ 为单个植物体的平均资源使用率；$\overline{W}$ 为植物个体的平均重量；$N_{\max}$ 为最大密度。

对于一个给定的林分，有限资源的供给是恒定的，因而 R 值不变，那么就可以得到

$$N_{\max} \propto \overline{W}^{-3/4}$$

即

$$\overline{W} = kN^{-3/4}$$

最大密度线的争论集中在斜率是否为一个定值，如果是定值，那么它是–3/2 还是–4/3？目前没有足够的证据证明是–3/2，还是–4/3 更准确，也没有充足的证据推翻它们。多数人倾向于认为其值是变化的，变化范围经验上是–2.33～–1.54，理论上是–3/2～–1。在自疏机制上，一致认为自疏是植物个体为竞争光而引起的，并且这种竞争不是绝对的对称性竞争（大植物和小植物之间的相互影响相同），而是不平衡的竞争，即大植物对小植物的影响起主要作用。Niklas 等（2003）发现植物体大小与植物密度之间的关系符合–4/3 分形比例法则（图 2-10）。

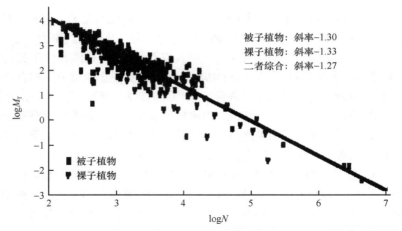

图 2-10　植物体大小（M_T）相对于植物密度（N）的缩放指数

◆◆ 第三节　森林群落结构及特征

一、森林的起源

森林起源也称林分起源或林分成因，是指森林的形成方式，即森林的繁殖方式。森林起源关系到森林的寿命、健康状况、生产力、培育目的和经营方式等，对不同起源的林分要采取不同的经营措施，确定不同的采伐年龄，以便达到合理经营、利用森林的目的。因此，了解林分起源具有重要的经营和经济意义。

确定林分起源的方法主要是通过访问和查阅造林档案获得，根据林木特征判断。人工林常具有较规则的株行距及树种组成比例和结构。天然林的林木空间分布则不具备这种特点，且林分内同一树种的年龄有时差别较大。

（一）按林分最初形成时的起源分类

根据起源于天然繁殖或人工种植，森林可分为天然林和人工林。天然林是指自然状态下通过母树萌芽更新或天然下种自然繁育更新形成的森林，树种大多为当地的乡土树种，对当地的环境、气候极为适宜，生长稳定，生态防护功能最佳。天然林又可分为原始林和次生林。原始林也称原生林，是从来未经人工采伐和培育的天然森林。次生林是原始林经过人为或自然的因素破坏之后，未经人为的合理经营，而借助自然的力量恢复起来的森林。人工林是由人工播种、栽植或扦插等造林方式生成树木所形成的森林。

（二）按林木的形成方式分类

根据繁殖方法的不同，天然林和人工林都可分为实生林或萌生林。实生林是由种子起源的林分，一般主干通直、生长高大，根系发育良好，寿命长，对不良因素的抗性大。萌生林是由插条、伐根萌芽、根蘖、压条或地下茎等繁殖的，总之是利用母株营养器官的一部分所形成的林分。萌生林在早期生长较快，但衰老早，病腐率也往往较高，对不良因素的抗性小，幼年常呈丛生状，不宜用来培育大径材。而实生林则与之相反。

在森林作业法中，森林被分成乔林、矮林、中林。其中，乔林为实生林，矮林为萌生林，中林上层为实生起源，下层为无性繁殖起源。

二、森林群落组成及数量特征

（一）种类组成的性质

在分析群落组成时，通常综合不同的分类观点和方法，一般主要按照各植物种类的优势度和所起作用将其分为以下几类。

1. 优势种（dominant species）与建群种（constructive species） 对群落（生物）结构和群落（物理）环境的形成有明显控制作用的植物种称为优势种。它们通常个体数量多、盖度大、生物量高，即优势度较大的植物种类。在苏联学派和英美学派的植被分类体系中，都强调优势种对群落环境的决定作用。群落的不同层次可以有各自的优势种。在森林群落中，乔木层、灌木层和草本层分别拥有各自的优势种。其中，乔木层的优势种通常称为建群种，它们常为耐荫种或中性种，早期可在林冠下更新，凭借高大的形体和较长的寿命，通过竞争，在演替的后期取胜。如果群落的建群种只有一个，则称为"单优群落"，如果具有两个或两个以上同等重要的建群种，则可称为"共优群落"。热带雨林几乎全部为共优群落，而北方森林和草原则多为单优群落，偶尔也存在共优群落。

2. 亚优势种（subdominant species） 亚优势种是指个体数量与作用都次于优势种，但在决定群落性质和控制群落环境方面仍起着一定作用的植物种。在复层群落中，它通常居于下层。

3. 伴生种（companion species） 伴生种为群落常见种类，它与优势种相伴存在，但不起主要作用。

4. 稀有种（rare species） 稀有种是指那些在群落中出现频率很低的植物种。其可能是由人类带入或随着某种条件的改变而新入侵到群落中，也可能由于种群本身稀少，是濒临灭绝的生物种。

因此，在森林群落中，不同植物种的地位和作用及对群落的贡献各不相同。如果去除优势种则必然导致群落性质和环境的变化，而若将非优势种去除，所引起的变化则会较小或不明显。

（二）种类组成的数量特征

1. 树种组成 林木的树种组成描述了森林中的林木是由哪些树种所组成的。在林业上，树种组成按林分中各乔木树种的株数、蓄积占林分总株数、蓄积的比例来计算。树种组成是以小班为单位，由树种简称、年龄及所占株数、蓄积的比例（称为组成系数）组成，用十分法表示。例如，30 年生人工红松纯林的组成式为 10 红（30）；一个混交林，总蓄积为 360m³，其中落叶松为 250m³，年龄 120 年，云杉为 110m³，年龄 100 年，则树种组成式为 7 落（120）3 云（100）。树种组成式的优点是可以同时反映林分中所包含的树种及各树种的比例。

2. 生物多样性 生物多样性是指各种生命形式的资源，包括地球上各种植物、动物、微生物，各个物种所拥有的基因、由生物与环境相互作用所形成的生态系统，以及与此相关的各种生态过程（陈灵芝，1994）。地球上有数以百万计的物种，这种物种水平上的多样化就是物种多样性；同时，在每个物种内部还存在着丰富的遗传变异，即遗传多样性；不同的物种通过有机的组合构成群落，并与环境相互作用形成多种多样的生态系统，这个层次的多样性称为生态系统多样性。可见，生物多样性的概念包含了多个层次的生命形式。遗传多样性是一切生物多样性的基础，而物种多样性则是生态学中研究最为广泛的多样性层次。

（1）**物种丰富度** 物种丰富度即物种的数目，是最简单实用的物种多样性测度方法。但是，由于物种数是随面积和个体数变化的，因此只有在面积或个体数相同时，比较不同群落的物种数才有意义。

有许多简单的物种丰富度指数试图补偿取样效果，如用物种丰富度除以样本中的总个体数，即 S/N。众所周知，两个物种丰富度指数是 Margalef 指数（D_{Mg}）（Clifford and Stephenson，1975）：

$$D_{Mg} = \frac{S-1}{\ln N}$$

还有 Menhinick 指数（D_{Mn}）（Whittaker，1977）：

$$D_{Mn} = \frac{S}{\sqrt{N}}$$

式中，S 为物种丰富度；N 为样本中的总个体数。

容易计算是 Margalef 指数和 Menhinick 指数最大的优点。例如，一个有 23 个种的鸟类样本，总个体数为 312，用 Margalef 指数估计的丰富度指数 D_{Mg}=3.83，而用 Menhinick 指数估计的丰富度指数 D_{Mn}=1.20。习惯约定，Margalef 指数的计算用 S-1 个种，而 Menhinick 指数用 S 个种计算。

尽管这两个指数试图矫正样本大小的影响，但仍然受到取样的强烈影响；它们是具有直观意义的指数，并且在生物多样性研究中扮演了重要角色。要注意的是，这些指数都假设物种数与面积、个体数之间为对数关系，但实际上可能并非如此。因此，在相同面积的基础上进行物种丰富度的比较才是最可靠的方法，在野外调查中应尽量保持样地面积一致。

（2）**信息统计量** Shannon 指数是经久不衰的多样性指数之一。因为多数评论者分析各种多样性方法的优点时没有强调 Shannon 指数的缺点，从而使得这种持久性更为明显。即使 Shannon 指数经不起时间的检验，但许多学者仍乐于采纳这一长久的、传统使用的测度。此外，由于 Shannon 指数源于信息理论，并与熵等概念有关，这可能也导致了其持久的吸引力。

Shannon 和 Wiener 分别独立地推导出这个函数，现在被称为 Shannon 指数或 Shannon 信息指数。Shannon 指数基于如下原理，即与密码或信息所含的信息一样，自然系统的多样性或信息能够度量。这个指数假设个体是随机地从无限大的群落中抽取，而且样本能代表所有种（Pielou，1975）。Shannon 指数（H'）的计算公式为

$$H' = -\sum p_i \ln p_i$$

式中，熵值 p_i 为第 i 个种的个体数占所有种总个体数的比例。样本 p_i 的实际值是未知的，但可用最大似然估计量 n_i/N 来估计（Pielou，1969）。由于用 n_i/N 估计 p_i 会有偏差，因此严格地讲，Shannon 指数应用下面的级数求得（Hutcheson，1970；Bowman et al.，1971）：

$$H' = -\sum p_i \ln p_i - \frac{S-1}{2N} + \frac{1 - \sum p_i^{-1}}{12N^2} + \frac{\sum \left(p_i^{-1} - p_i^{-2} \right)}{12N^3} + \cdots$$

实际上这个误差并不显著，这个级数第 2 项以后的各项实际上非常小。真正较大的误差源于样本不能包含群落所有种（Peet，1974），而且误差会随着物种在样本中所占比例的减少而增加。往往不知道集聚的实际物种丰富度，因此 Shannon 指数的无偏估计量并不存在（Lande，1996）。

通常，在方程中使用自然对数（$\log_e$，又可记为 ln）或 $\log_{10}$ 会使计算更简单，而且符合生态学逻辑。现在使用自然对数趋于标准化（Cronin and Raymo，1997）。重要的是，如果比较样本或不同研究的多样性，或用 Shannon 指数估计均匀度，则对数的底必须相同。

根据经验数据计算的 Shannon 指数一般为 1.55～3.55，很少超过 4。只有当样本中出现大量物种时，才会有较大的值。如果已知物种服从对数正态分布，要使 H'>5.0，就需要有 105 个种。

在大多数情况下，由于 Shannon 指数的使用受到很大限制，因而使得解释很困难。面对 $H'=2.35$ 和 $H'=2.47$ 时，很难确定这两个样本是有相似的多样性，还是完全不同。

（3）优势度指标　　信息统计量趋向于强调多样性的物种丰富度组分。另一种多样性指数侧重于最常见种的多度，通常称作优势度。最著名的优势度指数之一是辛普森（Simpson）指数，有时也称 Yule 指数。

Simpson（1949）给出了计算从无穷大的群落中随机抽取两个个体属于同一种的概率（D）的公式：

$$D = \sum p_i^2$$

式中，p_i 为第 i 个种的个体所占的比例。在有限群落中，Simpson 指数的形式如下：

$$D = \sum \frac{n_i(n_i-1)}{N(N-1)}$$

式中，n_i 为第 i 个种的个体数；N 为总个体数。

随着 D 增加，多样性减小。因此，Simpson 指数通常用 $1-D$ 或 $1/D$ 表示。Simpson 指数侧重于样本多度最大的种，对物种丰富度不太敏感。如果种数超过 10，关键种多度分布对决定指数的大小非常重要。可应用折刀法得到置信区间。

Simpson 指数是最有意义且稳健的多样性方法之一。本质上，它能得到物种多度分布的方差。因此，当用 Simpson 指数的补（$1-D$）或倒数（$1/D$）表示 Simpson 指数时，群落组成越均匀，它的值就越大。虽然 Simpson 指数的倒数（$1/D$）应用更广泛，但 Rosenzweig（1995）指出，它存在严重的方差问题并建议将其改为 $-\ln D$，这种变换易于解释并能够反映多样性，而且与样本大小无关。Lande（1996）注意到，如果用 $1/D$ 来度量一系列群落的总多样性，结果可能要低于这些群落的平均多样性，因此推荐使用 $1-D$。

（4）均匀度指标　　虽然 Simpson 指数强调优势度，而不是丰富度和多样性的组分，但严格地讲，它并不是纯粹的均匀度指数。然而另一种均匀度指数可以用 Simpson 指数的倒数除以样本的种数得到（Smith and Wilson，1996；Krebs，1999）：

$$E_{1/D} = \frac{1/D}{S}$$

指数取值为 0～1，而且对物种丰富度不敏感。通常记作 $1/D$，表示使用 Simpson 均匀度指数的倒数形式。

Shannon 指数不仅考虑了物种多度的均匀程度，还可以作为计算均匀度的另一种测度。如果所有种多度（abundance）相同，Shannon 指数就达到最大（$H_{\max}$），即 $H'=H_{\max}=\ln S$。因此，物种多样性观察值与最大值之间的比可用来测定均匀度（J'）：

$$J' = \frac{H'}{H_{\max}} = \frac{H'}{\ln S}$$

3. 物种的重要值　　多度是指物种个体数目多少，是对物种个体数目多少的一种估测指标，在群落野外调查时使用较多。密度是单位面积或单位空间内的个体数，以株或丛计数。在群落内分别计算各个种的密度，同时要知道该种植物在整个群落中的相对密度。一般对乔木、灌木和丛生草本以植株或株丛计数，根茎植物以地上枝条计数。

由下列公式计算每种植物的密度和相对密度。

$$D_i = \frac{n_i}{N} \times 100\%$$

$$R_i = \frac{D_i}{D_{\max}}$$

式中，D_i 为相对密度；n_i 为某种植物的个体数；N 为全部植物个体数；R_i 为某一物种的密度比；$D_{\max}$ 为群落中密度最高的物种密度。

种的多度并不能完全确定某物种是否在群落中占据优势地位，更不能说明它对于植物群落的环境所起作用的大小，而盖度（cover degree 或 coverage）却可以弥补这一不足。盖度是指植物地上部分垂直投影的面积占样地面积的百分比，即投影盖度，对于乔木层则可称为郁闭度。其可用百分比表示，也可用等级单位表示。基盖度是指植物基部的覆盖面积，又称显著度或优势度。对于植物为地径，由下式计算某一植物的相对基盖度。

$$\text{RC}_i = \frac{C_i}{C} \times 100\%$$

式中，RC_i 为相对基盖度；C_i 为某个植物种的基盖度；C 为全部植物种的基盖度总和。

对于森林群落，一般以树木的胸高断面积来计算盖度。森林群落中乔木的基盖度（胸高断面积）称为显著度。常采用下式计算某一树种的相对显著度。

$$\text{RP}_i = \frac{G_i}{G} \times 100\%$$

式中，RP_i 为相对显著度；G_i 为某个树种的断面积；G 为全部树种的总断面积。

多度与盖度等数量特征只能表明物种的个体数量，而不能表示它们在群落中的分布情况，而频度（frequency）则表明了这些种的个体在群落中分布的均匀程度。频度是指某个物种在调查范围内出现的频率或某物种在样本总体中出现的频率。其测定方法是在群落代表性地段上设置小样方，由下式计算频度，相对频度由公式计算。

$$F_i = \frac{n_i}{N} \times 100\%$$

$$\text{RF}_i = \frac{F_i}{F} \times 100\%$$

式中，F_i 为某一物种的频度；n_i 为某一物种出现的样方数；N 为样方总数；RF_i 为某一物种的相对频度；F 为所有物种的频度和。

重要值（importance value）是用来表示某个物种在群落中的地位和作用的综合指标，由于其计算简单，并直接表明了森林植物在群落中的优势度（dominance），近年来得到普遍采用。一般计算森林植物的重要值采用以下公式：

$$\text{IV}_i = \text{RD}_i + \text{RF}_i + \text{RC}_i$$

而树木的重要值则由以下公式计算：

$$\text{IV}_i = \text{RD}_i + \text{RF}_i + \text{RP}_i$$

式中，IV_i 为重要值；RD_i 为相对多度。全部种的重要值之和为 300。对于一个群落来讲，还可以计算每个种的相对重要值。相对重要值=每个种的重要值/300。此外，在草原等群落中，表示群落数量特征所采用的优势度，常以种的盖度、密度和重量综合（乘积）来表示。

三、林分年龄

林分年龄是研究林木生长量、制定各种经营措施及决定采伐年限的重要指标，是森林调查和经营中常用的一个因子。根据林分年龄可以把林分划分为同龄林和异龄林。绝对同龄林比较少见。因此，通常要用林木的平均年龄来表示林分年龄。林分年龄用年作为单位，有时也用龄级作为单位，龄级是指林木或林分的分级，通常是根据林木经营要求及树种生物学特性，按一定年数作为间距划分成若干个级别。每一龄级所包括的年数称为龄级期限，各龄级期限中值为该龄级平均年龄。针叶树和硬阔叶树以 20 年为一个龄级，软阔叶树和次生林以 10 年为一个龄级，速生树种可以 5 年或 2 年为一个龄级。用罗马数字Ⅰ、Ⅱ、Ⅲ、Ⅳ、Ⅴ等表示龄级的大小。

龄组是指根据主伐年龄龄级的不同，对林分或小班划分的年龄组别。其分为幼龄林、中龄林、近熟林、成熟林和过熟林 5 个龄组。幼龄林是森林生长发育的幼年阶段，通常指Ⅰ龄级或Ⅱ龄级的林分；中龄林也叫壮龄林，是指林龄为Ⅲ龄级至不超过Ⅳ龄级的林分；近熟林是生长速度下降，接近成熟利用的森林，通常指Ⅳ龄级的林分；成熟林是林木已达到完全成熟，可以采伐利用的林分，通常指林龄为Ⅴ、Ⅵ龄级的林分；过熟林是超过Ⅵ龄级的林分。

计算林分平均年龄，理论上要知道组成林分的各株树木的实际年龄。实践中测定林木的年龄，往往是在林分调查时与林木的胸径、树高测定同时进行。假设用 V_i、g_i、h_i、A_i 分别表示林分中第 i 株树的材积、胸高断面积、树高、年龄，并假设在林分中调查了 n 株树的年龄、胸径、树高，则林分平均年龄的计算有下列 3 种常规方法。

（一）算术平均法

用 n 株树的年龄（A_i）的算术平均数作为林分平均年龄，为了分析方便，记作 $\overline{A_1}$，计算公式为

$$\overline{A_1} = \frac{A_1 + A_2 + \cdots + A_n}{n} = \frac{\sum\limits_{i=1}^{n} A}{n}$$

（二）断面积加权平均法

用林木胸高断面积（g_i）和其年龄的加权平均来计算林分平均年龄，记作 $\overline{A_2}$，计算公式为

$$\overline{A_2} = \frac{A_1 g_1 + A_2 g_2 + \cdots + A_n g_n}{g_1 + g_2 + \cdots + g_n} = \frac{\sum\limits_{i=1}^{n} A_i g_i}{\sum\limits_{i=1}^{n} g_i}$$

断面积加权平均法不仅考虑到林木在年龄上的差别，也考虑到了不同年龄的林木在总断面积中所占比例的不同。

（三）材积加权平均法

用每株林木的材积（V_i）和其年龄进行加权平均也可得到林分平均年龄，记作 $\overline{A_3}$，计算公式为

$$\overline{A_3} = \frac{A_1 V_1 + A_2 V_2 + \cdots + A_n V_n}{V_1 + V_2 + \cdots + V_n} = \frac{\sum\limits_{i=1}^{n} A_i V_i}{\sum\limits_{i=1}^{n} V_i}$$

材积加权平均法是根据不同年龄的林木在林分总蓄积中所占比例的大小计算出来的，能够正确地反映林分年龄在林分蓄积上的平均水平。在理论上，材积加权平均法是最合适的林分平均年龄，但由于确定材积 V_i 比较困难，因此很少实际应用，而通常被算术平均法或断面积加权平均法代替，这显然会带来误差。

四、森林的空间结构特征

（一）森林的空间结构

森林的空间结构是森林生长过程的驱动因子，对森林未来的发展具有决定性作用。任何试图促进森林发展的干扰如间伐，均主要表现为改变森林空间结构。近年来，欧洲林业发达国家为把大面积生态经济效益低的针叶纯林转变为生物多样性和稳定性高的阔叶混交林，纷纷开展以择伐为主要措施的森林空间结构调整研究。而北美国家则注重森林空间结构分析，为森林生长和林分动态模拟提供依据。在德国，大面积针叶同龄纯林经营的生态效益和经济效益不理想。Hanewinkel等（2000）模拟欧洲云杉（*Picea abies*）从同龄纯林转变为异龄混交林，转变的主要措施是择伐劣质的优势或亚优势木；转变后的异龄混交林空间结构得到了明显改善，生物多样性提高。可见，森林类型转变不仅要改变树种组成，而且要关注空间结构。

（二）森林的垂直结构

1. 森林群落的成层性　　森林群落中的环境是异质的，这就使得对复杂生境具有不同的要求和适应性不同的植物种类错落有致地排列在一定的空间位置上，而且由于它们的生长和发育也具有时间和空间上的差异，因此森林群落具有明显的成层现象，这种空间上的垂直分化也就是所谓的垂直结构（图 2-11）。

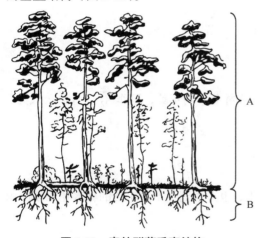

图 2-11　森林群落垂直结构
A. 地上成层现象；B. 地下成层现象

在森林群落中，上层乔木树种的林冠位于上层，向下光照强度递减，光质也有所不同，同时温、湿度也相应发生着变化。林内小气候的垂直梯度导致不同生态习性的植物分别处于不同的层次，形成了所谓的群落垂直结构。因此，成层现象就是森林群落中各种植物彼此之间为充分利用营养空间而形成的一种适应现象。成层现象是植物群落的基本特征之一，表现在地上和地下两个层次上。乔木的地上成层结构在林业上称为林相。从林相上划分，森林可分为单层林和复层林。

森林植物群落垂直结构的主要层次有乔木层、灌木层、草本层和地被层。

（1）乔木层　　乔木层具有高大的多年生木质树干，高度在 3m 以上，该层次通常按照层间高度差在 20%以上者再划分为主林层和次林层；它是构成森林产量的主体，也是经营利用森林的主要对象。根据数量特征、经济价值、功能等方面的差异，林木可分为以下几类。

1）对群落结构和群落环境的形成有明显控制作用的植物种称为优势种，它们通常是个体数量多、投影盖度大、生物量高、体积较大、生活能力较强的植物种类。群落的不同层次有各自的优势种，森林群落中乔木层、灌木层、草本层和地被层存在各自的优势种。优势树种是乔木层的优势种，是指森林群落中数量最多（或者蓄积最大）的乔木树种。它们在极大程度上决定着群落的结构、外貌、生产力、其他植物的种类和数量、动物区系、演替方向和规律及森林环境特点等。乔木层的优势种是优势层的优势种，也称为建群种。

2）主要树种是指人们经营的对象，又称目的树种，一般具有较大的经济价值，符合人们某种特殊需要的树种。在人工林中，主要树种往往也是优势树种，但在天然林中，主要树种与其他树种相比，不一定数量最多。

3）次要树种也称非目的树种，是林分中不符合特定经营目的要求，往往是经济价值低的树种（通常以木材价值为准）。在一般的次生林中，次要树种往往生长快、萌芽更新容易。值得注意的是次要树种并非一成不变，通常根据地区条件、市场需求等变化。

4）伴生树种也称辅佐树种，是指伴随主要树种生长，促使主要树种干材通直，抑制其萌条和侧枝生长，或在防风林带中增加林冠层厚和紧密度的树种。伴生树种往往是一些比主要树种耐荫的树种。

5）先锋树种是指首先占据生态环境恶劣的立地，常在裸地或无林地上天然更新、自然生长成林的树种。在原生裸地或某些迹地上，光照强、温差大、土层薄、水分贫乏，通过先锋树种的改造，生态环境逐渐趋向中生化，为后来的树种创造较适宜的生境条件，由于不耐荫蔽环境，在成林后被其他树种逐渐替代。其一般为更新能力强、竞争适应性强、耐干旱瘠薄的阳性树种，如马尾松、刺槐、火炬、白桦等。

（2）灌木层　　灌木层又称为下木层，是指森林中生长在林冠之下的大灌木和一些在当地条件下始终不能达到主林层高度的低矮乔木的总称。植株较矮小，高度多在 3m 以下，多从地面开始分枝。对弱光有较强的适应性，多数种类是耐荫的，或改变其形态以适应林内较弱的光照，利用散射光的能力强。灌木可庇护林地，抑制杂草生长，改良土壤，保持水土，促进林木自然整枝，增强森林的防护作用。在林冠疏开或森林采伐后，灌木大量滋生，影响天然更新，不利于幼苗、幼树生长。有些灌木还是主要树种病虫的中间寄主，应采取措施加以控制。其虽不是森林经营的主要对象，但有些灌木还具有重要的防护作用和较高的经济价值，可适当保护利用。

（3）草本层　　草本层主要由不具多年生地上茎的植物构成，包括草本植物，以及一些半灌木和匍匐状、垫状或丛状小灌木。其中往往存在经济价值高的植物种类，如人参、三七、绞股蓝、天麻、半夏、鱼腥草等中药材，生产上应因地制宜，开发、保护和科学利用这些植物资源。

（4）地被层　　地被层生长在林内最下层，由覆盖在地表的苔藓、地衣、真菌等非维管束植物构成。射入林内达到此层的光照只及入射光的 1%～5%，地被物在高度层次上居林内最下层，因此在郁闭状态下，森林中许多活地被物是耐荫的。

（5）层外植物　　层外植物不属于以上 4 个层次的典型划分。对于树干、树枝和枝叶上的藤本植物、寄生植物、附生植物、共生植物及腐生植物，由于很难将它们划分到某一层次中，因此通常将其称为层间植物或层外植物，如北五味子、山葡萄、猕猴桃、冬青、苔藓、地衣、雨林兰科植物等。层外植物的种类和数量反映了当地的温度、湿度、水分状况和林分的卫生状况。

1）藤本植物是层外植物中最多的一类，其植物体柔弱、细长，不能直立向上生长，必须匍匐地面或借助别的植物来伸展其枝、叶，以吸收充足的雨露、阳光。木质藤木的幼苗常呈灌木状，对阳光非常敏感，节间伸长很快，借助其他物体向上攀缘，然后迅速生长、不断增粗和伸长，到达树冠时大量分枝，形成膨大的藤冠封闭树冠的空隙。木质藤木强烈发育，严重影响阳性树种的幼苗更新。草质藤本通常分布于林缘、林窗、择伐迹地或溪边，有时也覆盖于次生林的树冠上。

2）寄生植物是一类以寄主为定居空间，并以吸收寄主养分为生的植物。其中有的还保留含叶绿素的器官，能进行光合作用，但水和无机盐类则依靠寄主供给，这类植物称半寄生植物，如桑寄生等。有的叶全退化，不能利用太阳光制造营养而营纯寄生生活，如菟丝子等。

3）附生植物附生于别种植株上，彼此在定居上紧密联系，但不进行营养物质交换。

4）共生植物是两种植物相互有利的共生关系，彼此有直接的营养物质交流，并对其双方生长有相互促进作用。大多数乔灌树种，如松属、杨属植物均有与真菌共生的外生菌根，借以扩大其吸收氮素和矿物质的面积。

5）腐生植物又称死物寄生植物，是由一类从腐朽的有机物中获得营养物的植物。腐生植物是自然界生态系统食物链中的分解者，对自然界生态系统的物质循环起着重要作用。

> 　　森林群落中的主要层次为乔木层，乔木层的种类组成和生长状况决定着林下的灌木层、草本层和地被层。一般寿命长、树体高大、喜光性强的占据上层，而寿命较短、树体较矮、比较耐荫的占据下层。即使在乔木层不能分为明显亚层的情况下，林业上还通常将同种林木，按照其树冠在整个乔木层中的地位进行分级。年龄阶段的差异可以使森林群落的层次复杂化。例如，森林群落的乔木树种，成熟阶段的个体处于乔木层中，而幼年阶段的个体则处于灌木层、草本层甚至地被层中。一般将处于幼年阶段的乔木层统称为更新层。
>
> 　　森林群落中地面以下的分层中通常乔木的根系最深，其次是灌木，草本植物再次之，苔藓、地衣等植物的根系最浅。以往对于群落地下分层的研究，多在草本植物间进行，主要包括植物根系分布的深度和幅度。
>
> 　　成层现象是群落中各种群之间及种群与环境之间相互竞争和相互选择的结果。它不仅缓解了植物之间争夺阳光、空间、水分和矿质营养（地下成层性）的矛盾，而且扩大了植物利用环境的范围，提高了同化作用的强度和效率。成层现象越复杂，说明群落结构越复杂，植物对环境的利用越充分，提供的有机物质越多。通常热带雨林群落的结构最为复杂，仅乔木层和灌木层就可分为 2～3 个层次。寒温带针叶林群落仅包括一个乔木层、一个灌木层和一个草本层。群落的层次性越明显、分层越多，群落中的动物种类也越多。

2. 森林垂直结构的测度

（1）Gini 指数　　是指所有个体间某一测定指标成对比较的差异绝对值的算术平均，其大小为 0～1，能够很好地表征森林群落的树高多样性（Weiner et al.，1984；Dixon et al.，1987；Latham et al.，1998）。Gini 指数是目前被成功应用于树高不均等性测度的极少数指标之一，用以量化样地中测定的全部乔木高度指标的不均匀性，即树高多样性。其计算公式为

$$G_c = \frac{1}{\sum_{i=1}^{n} X_i(n-1)} \sum_{i=1}^{n} (2i-n-1) X_i$$

式中，G_c 为 Gini 指数；X_i 为第 i 个个体的树高值；i 为林木按高度从小到大排列的顺序；n 为林木个体总数。

（2）树高变化系数　　也称垂直结构复杂性指数（Sokai and Rohlf，1981），主要用以描述森林群落垂直结构的复杂性程度。其计算公式为

$$CV = 100 \times (s.d. / \overline{X})$$

式中，CV 为树高变化系数；$\overline{X}$ 为树高的平均值；s.d. 为树高的标准偏差。

（三）森林的水平结构特征

广义上，水平结构是指森林中树木及其属性在空间的分布。该定义强调森林空间结构依赖于树木的空间位置，这是区别于非空间结构的主要标志。具体来讲，就是林木空间分布格局、树种混交和树木竞争（或树木大小空间排列）。空间结构指数描述树木及其属性在空间的分布特征，需要测定树木的位置坐标及其与相邻木的关系。林木空间分布格局被用来描述树木的空间分布形式，包括聚集分布、随机分布和规则分布（也称均匀分布、分散分布）。树种混交描述不同树种相互隔离状况，树木竞争描述不同大小树木的竞争态势。

1. 林木空间分布格局指数　　研究林木空间分布格局有助于理解森林建立、生长、死亡和更

新等生态过程，对森林经营具有十分重要的意义。林木空间分布格局反映初始格局、微环境差异、气候和光照、植物竞争及单株树木生长等综合作用的结果。常用的林木空间分布格局分析方法包括最近邻体分析和点格局分析。

（1）最近邻体分析　　用聚集指数（Clark et al.，1954）表示，即最近邻单株距离的平均值与随机分布下的期望平均距离之比，其公式为

$$R = \frac{1}{N} \sum_{i=1}^{N} r_i \bigg/ \left(\frac{1}{2} \sqrt{\frac{F}{N}} \right)$$

式中，R 为聚集指数；r_i 为第 i 株树木到其最近邻木的距离；N 为样地内树木株数；F 为样地面积。$R \in [0，2.149]$。若 $R > 1$，则林木有均匀分布的趋势；若 $R < 1$，则林木有聚集分布的趋势；若 $R = 1$，则林木有随机分布的趋势。

（2）点格局分析　　是把每株树木看成二维平面的一个点，以树木的点图为基础进行格局分析，也称 Ripley's K 函数分析（Ripley，1977）。它的优点是可以分析不同尺度下的格局。但 Ripley's K 函数计算复杂，还存在边缘矫正的理论问题，目前多用于学术研究。

2. 竞争指数　　树木竞争意味着有限资源不足以支持同一生存空间范围内 2 株或多株树木的充分生长。通常，用与距离有关的竞争指数定量描述树木竞争状况，可分为 3 类：①影响圈竞争指数；②生长空间竞争指数；③大小比竞争指数。影响圈就是树木冠幅充分伸展的圆形区域，影响圈竞争指数是根据影响圈及其重叠面积建立的。生长空间竞争指数是竞争树木之间连线的垂直平分线所生成的多边形的面积。大小比竞争指数则根据树木的大小比值确定。在这 3 类竞争指数中，大小比竞争指数计算最简便，而且结果比影响圈和生长空间竞争指数好，原因是其包含了反映树木生长状况的胸径因子。

在大小比竞争指数中，1974 年提出的 Hegyi 竞争指数被广泛应用。其计算公式为

$$I_{cI} = \sum_{j=1}^{n} \frac{d_j}{d_i \times L_{ij}}$$

式中，I_{cI} 为目标树 i 的竞争指数；L_{ij} 为目标树 i 与竞争木 j 之间的距离；d_i 为目标树 i 的胸径；d_j 为竞争木 j 的胸径；n 为竞争木株数。

Hegyi 竞争指数应用较广，但仍存在一些问题。该指数采用固定半径圆确定最近邻木，并作为竞争木，可能把非直接竞争者也同等地选为竞争木。实际上，树木主要受直接竞争者的影响。应用 Hegyi 竞争指数时，不同研究者采用不同的半径，也导致研究结果难以比较。

3. 混交度　　迄今为止，表示树种空间隔离程度的方法有多种。林学上常用的混交比仅说明林分中某一树种所占的比例，缺乏判知该树种在林分中的分布信息，更无法说明某一树种周围是否有其他树种。Fisher 等（1943）的物种多样性指数只是对物种丰富程度的度量，无法对物种间的分布做出判断。Pielou（1961）提出的分隔指数仅适用于树种的两两比较。为此，Gadow 等（1992）提出混交度的概念。混交度被定义为目标树 i 的 n 株最近邻木中，与目标树不属同种的个体所占的比例，用公式表示为

$$M_i = \frac{1}{n} \sum_{j=1}^{n} v_{ij}$$

式中，M_i 为目标树 i 的混交度；n 为最近邻木株数；v_{ij} 为离散变量，当目标树 i 与第 j 株最近邻木非同种时，$v_{ij}=1$，反之 $v_{ij}=0$。计算的混交度是以目标树为中心的局部混交度。对林分则计算平均混交度。

关于目标树的最近邻木株数 n 的取值尚有争议。Fueldner（1995）认为 $n=3$。惠刚盈和胡艳波

（2001）认为 $n=4$ 可以满足对混交林空间结构分析的要求。但 Pommerening（2006）认为 $n=4$ 有时并不是最佳的。实际上，如果 n 取值过大，会把非最近邻木也纳入计算范围，如果 n 取值过小，又不能兼顾目标树周围所有可能的树种相互隔离状况。现实森林中，目标树周围的最近邻木有多种分布情形，任何固定 n 值的方法都无法反映实际混交状况。

◆ 第四节　直径分布与结构优化

一、直径分布

林分直径分布是最基本的林分结构，经营措施的效果及林分生长与收获、质量与价值等都直接与林分直径分布相关。林分结构的调整手段是疏伐，以往的疏伐研究主要集中在林分密度的控制，但相同的密度可以对应不同的林分直径分布，必然有一个适宜的分布存在。直径分布是指林分内林木株数按直径大小的分配状态。同龄林林分多呈正态分布或 Weibull 分布，但也有例外情况。例如，同龄林也可以形成倒"J"形分布（Oliver and Larson，1996）。

复层异龄林是天然林的主体，某种意义上复层异龄林就是天然林的代名词，在森林经营中有着举足轻重的地位。理想异龄林的直径分布呈倒"J"形曲线，这种分布类型称为指数分布，可用指数方程 $y=k \times e^{-ax}$ 进行拟合。其中，y 为各径阶每公顷林木株数；x 为径阶；a、k 为特征常数。典型异龄林在倒"J"形分布的情况下，随着直径的增加，林木的数量下降，并且无须遵循更精确的负指数模型。倒"J"形代表了异龄林的可持续结构，常被用作确定龄级结构的诊断标准（Leak，1964）。Meyer（1943）指出负指数模式属于天然异龄林结构目标，是指导可持续林分结构的理想模型（O'Hara，1996）。

异龄林中有些林分的直径分布不呈指数分布，而呈偏倚的正态分布或其他形式的分布，并且这些分布曲线很难用某一指数方程正确描述。例如，Janowiak 等（2008）发现，密歇根州北部硬木异龄林包括了多种直径频率分布形态。Zenner（2005）发现，随着不常受干扰的海岸花旗松林分生长至成熟林结构，形成的旋转"S"形直径分布会转变为倒"J"形分布。此外，经常受到轻度干扰的林分也会形成倒"J"形分布。

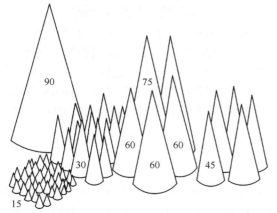

图 2-12　各龄级生长空间相等是"平衡林分"的一种解释
（O'Hara，2020）

图中各龄级或径级占据相等的面积，这需要幼龄林木的数量超过老龄林木

二、平衡林分与可持续性

Meyer（1943）提出的平衡林分概念是异龄林经营的核心，建立了负指数直径分布与随时间推移能够保持恒量材积的"原始"结构之间的方程关系。这个确保可持续性的标准通过持续保持结构恒定，并以均衡方式将经营水平保持在自然分配水平上。

同龄林的平衡性是指每个径级或龄级占据相等的面积（图 2-12）。相当于对单个林分的面积进行调控，将相同数量的生长空间分配至各龄级并假设每个龄级可以连续收获，保证随着时间的推移有稳定的林分结构和林木产量。

建立"平衡林分"是实现可持续经营的基础。O'Hara（2020）经过对西黄松（*Pinus ponderosa*）异龄林的模拟分析发现，负指数直径分布产生的材积量远少于其他结构，这是更多生长空间被分配给了小树所致。向大树分配更多生长空间的林分结构具有更高的可持续生产量。Donoso（2005）指出用树冠指数描述平衡结构不仅有较高的生产量，而且可以提供充分的更新。然而，人工构建平衡结构在满足经营目的方面并未显示出优于其他选择。

类似的概念还有"均衡林分"（equilibrium stand），用于描述结构及过程相对稳定的林分，以及满足预先设定目标的异龄林林分结构。例如，中欧林区的作业法采用了均衡直径分布，因为较高的立木度会导致更新减少，较低的立木度会导致生长量减少。

三、森林直径分布优化

（一）限径定株采伐

天然异龄林的成熟不是林分的成熟，而是林分中个体林木的相继成熟。限径定株采伐是指对成熟过熟林分实行低强度择伐时限制始采的径级，在对近熟林、中龄林或幼龄林进行抚育采伐时限定被伐除的株数（图 2-13）。这体现了对林木资源分年龄逐层全林的科学经营利用。对成熟林采取限制始采径级的择伐经营，在林木资源较好的情况下，各树种的始采径级应以数量成熟为标准，达不到始采径级标准且生长发育正常的林木不准采伐。对近熟林、中龄林、防护林的卫生伐或抚育间伐等作业，要将成熟和过熟木、病腐木、枯立木、风折木、风倒木、无生长前途的树木确定为定株采伐对象。

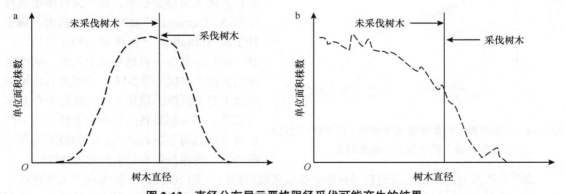

图 2-13 直径分布显示严格限径采伐可能产生的结果
传统径级采伐广泛应用于包括同龄林（a）和异龄林（b）的各类林分结构

限径采伐措施假定林分内老龄木被移除的同时幼树会生长至冠层，从而使异龄林结构得以持续。对于同龄林，优势木是基因更好的单木或速生树种。如果经营管理不当，往往在经济利益的驱使下采伐大树，而不是进行生态采伐作业。此时，采伐哪些树木或选取多大的直径限度，很大程度上取决于林木的适销性。对最优树木进行采伐，会降低林木材质并导致树种退化。

对异龄林重复采伐大于某直径标准的树木，或每次采伐都按可一定限度调节的直径标准施业，有助于提高效率。例如，对于龄级有明显差别且占据不同树冠层的单一树种林分，按直径限度采伐与单木择伐是极其类似的。如果保留有充足的优质蓄积生长量，按直径限度采伐可以取得成功。由于不会处理低于直径限度的径级，在包括多个耐荫树种的异龄林中，伐除大树可能阻碍不耐荫树种更新并大幅改变树种组成。另外，按直径限度过度采伐或过于频繁采伐可能对未来林分培育及结构造成不良影响。

美国缅因州开展了限径采伐和择伐比较研究，结果显示通过限径采伐获得大量材积的作业措施颇具吸引力，能够带来更高的初始经济效益。到了第三次收获作业时，所采伐林木的价值相当于择伐林木价值的数倍，限径采伐更利于次目标树种而非目标树种。因此，限径采伐在初期具有吸引力，但负面效应会随着时间的推移逐渐显现出来。作业措施的差别越来越明显，导致大树数量越来越少，限径采伐的劣势也越来越明显（Kenefic et al.，2005）。

限径采伐的替代性方法是伐除低于直径限度的林木。对美国西部以森林修复为目标的公有林，一直采取上限直径作业法，保留充足的大树是公有林经营的重点。由于只能采伐小树，该作业法常使经营变得无法进行（Stine et al.，2014）。

（二）普兰特择伐法

恒续林由德国林学家 A. Mller 于 1913 年首次提出，并于 1922 年在其经典著作《恒续林思想：内涵和意义》中进行了系统阐述。此后，恒续林理论一直在争论中发展和完善，直到 20 世纪中期才得到普遍接受。恒续林有 5 个显著特征：①禁止皆伐，采取择伐，确保林冠的永久覆盖和各生长因素的和谐；②重视培育乡土树种，确保森林生态系统的稳定；③促进混交林的形成，减少森林病虫害的发生；④采取天然更新，仅在不能实现天然更新的地方才进行人工更新；⑤保护野生动物的生存环境，特别是在林间保留部分枯木。普兰特林由法国林学家 A. Gurnaud 于 1878 年首次提出，瑞士林学家 H. Biolley 于 1880 年进行了应用，并在 1901 年将这一营林系统引入瑞士纳沙泰尔州的库韦林区（图 2-14）。普兰特林比恒续林要求更为严格，除具备恒续林的 5 个基本特征外，还必须具备另外两个条件：①天然更新丰富且每年进行择伐；②龄级结构尽可能均衡，确保每年木材生产的可持续性。

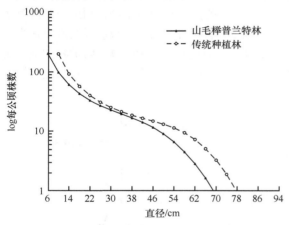

图 2-14   山毛榉普兰特林及传统种植林（即冷杉/云杉为主的林分）的均衡直径分布对比

该作业法致力于开发均衡的直径频率分布以实现可持续经营（Schütz，2006）。在"人为稳态"情形下，进界生长量与林木收获量和枯损量的总和相等。可持续性的实现途径是保持连续采伐周期内的林分结构不变，从而使材积收获量与生长量相当。理论上，普兰特择伐法采用负指数直径分布实现预期的均衡结构。均衡性通过从一个采伐周期至下个采伐周期，林分材积保持不变且生长量等同于收获量，进而实现长期可持续性（图 2-15）。在现实中，普兰特择伐结构有无数种变型，但均将单株择伐用于林木调控，从而实现包括所有径级和龄级的林分结构。

Schütz（2001）将普兰特择伐结构描述为通过持续调控蓄积生长量保持的结构。一旦生长蓄积超过均衡指标，就需要减少更新及小径级林木。而生长蓄积低于均衡指标时，需要降低总生长量和林木质量。Schütz（1997）证明，"S"形均衡关系由树木直径定期生长量的非线性增长和大径树木移除对剩余蓄积产生不成比例的较大影响引起。由于小径级树木的生长量较低，因此只有大量林木产生足够的径级增长时，相关径级的直径分布才急剧下降。随着树木生长至较大径级，枯损减少和径级增加导致株数减少的速度变慢。对大径级树木收获的增加导致分布急速下降。均

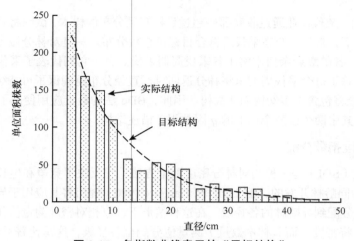

图 2-15 负指数曲线表示的"目标结构"
"实际结构"表示可处理为符合"目标结构"的林分

衡直径分布依据直径生长经验值、树木收获及树木枯损率计算。林分均衡断面积通过基于林分密度的生长量和更新存活率推算。可以根据相应的活立木蓄积，建立一组直径分布。然而，由于增加的蓄积生长量对更新及进界生长有负面影响，仅有少量曲线可以达到均衡。不同蓄积生长量通过定期清查和结构控制保持均衡，但这也导致了小、中、大径级木材的产量不同（O'Hara and Gersonde，2004）。

（三）BDq 法

断面积-最大直径-因数法（BDq 法）的基础是 q 因数或描绘了林分结构的负指数直径分布。该方法由 Meyer（1943）最早提出，他从欧洲引进了将负指数或倒"J"形直径分布作为异龄林目标结构的理念，将林分结构（直径分布）、生长空间分配和立木控制（最大直径、与目标分布的偏差）结合在一起。BDq 是指这种结构调控工具的 3 个参数：B 表示断面积；D 表示最大直径；q 表示 q 因数，q 因数是负指数分布的缩减商数。鉴于 q 因数对于林木调控的重要性，BDq 法也称为 q 因数法（O'Hara and Gersonde，2004）。对 q 因数定义如下：

$$q=n_i/n_{i+1}$$

式中，n_i 为第 i 个径级林木的数量；n_{i+1} 为第 $i+1$ 个径级林木的数量。一般而言，q 因数在 $1.0 \sim 2.0$ 变化。q 因数为 1.0 时直径的分布平缓，且各径级林木的数量相等。q 因数为 2.0 时负指数分布陡峭，幼树数量众多。

在半对数标度下，q 因数是一条直线。断面积 B 指曲线下方的面积；最大直径 D 指直径轴截距。数学上，最后两个参数并不必要，但它们使实施更加容易。在给定 q 因数时，参数 B 和 D 可以变化，即给定 q 因数所描述的林分具有一系列断面积水平或不同的最大直径。

理论上，BDq 法产生了一个平衡的林分，其中蓄积伐除量等于蓄积增长量，且每个大小级占据相同的增长空间（O'Hara，1996；Smith et al.，1997）。假设前提是负指数分布代表具有稳定收获水平的可持续结构。对由 q 因数反映的直径分布的下降进行调整是重新分配生长空间的合理方式。对断面积参数的调整可以增加或减少林分的总立木度。例如，在保持 q 因数不变时增加断面积将增加所有径级的林木数量，理论上也会增加新的大径级。最大直径项也可以调整，但可能引起总断面积的后续变化。断面积和最大直径是影响结构的重要参数，并且在实施中会超过 q 因数的重要性，或者具有连续的直径分布（Baker et al.，1996）。

应用 BDq 法时，疏伐作业通过收获那些超过目标直径分布的树木，试图将林分调整成目标直径分布。理想情况下，直径分布在采伐后符合目标负指数分布。一旦对林分做出调整（或符合目标负指数分布时），各龄级剩余树木将于各采伐周期采伐。由于它们代表了采伐周期的生长量，因此采伐这些树木并于每个采伐周期末将林分返回目标直径分布就确保了可持续性。除非 q 因数接近 1.0，不然林分将包含更多幼树而非大树。因此，BDq 法的最近应用使用了较低的 q 因数或分段的直径分布，其中两个或两个以上的 q 因数用于描述结构。

（四）林分密度指数分配

林分密度指数（SDI）是一种相对林分密度测量方法，它反映了竞争和生长空间占用情况。尽管 SDI 最初是为同龄林开发的，但 Long 和 Daniel（1990）提出将其应用于异龄林分，把同龄林相对密度测量值分配到异龄林的各径级。在这种情形下，以相对密度测量值作为对生长空间的占有率。由于需要将密度（而非林木数量）测量值分配至各径级，这是比普兰特择伐法或 BDq 法更为复杂的立木度控制方法。

将相对林分密度指数分配用于生长空间占有率，是否比林木数量分配更为有效。本质上，这是个相对密度测量值是否比绝对密度测量值在表示竞争或生长空间占有率方面更有效的问题。原则上，针对同龄林，采用相对密度测量产生的益处与绝对密度测量相同。相对密度测量以单位树木直径为权重，因此提供的密度指数更加独立于树木直径和林分发育阶段。对于同龄林，相对密度测量用来比较处于不同发育阶段的两个林分之间的竞争。如果按径级对异龄林进行立木度分配，采用相对密度测量值和绝对密度测量值的区别不大。但对较大的径级组合及在林分组成呈交替分布的情况下，相对密度测量具有优势。

图 2-16 是西黄松的林分密度指数、断面积和直径分布，其 q 因数为 1.5。在这个林分中，断面积和 SDI 都不是均匀分布在各径级中。因而，可持续的结构不一定具有相同的生长空间分配，也不需要具有平衡的直径结构。这与平衡结构要求的不同大小级中具有相等的生长空间分布的假设相反。

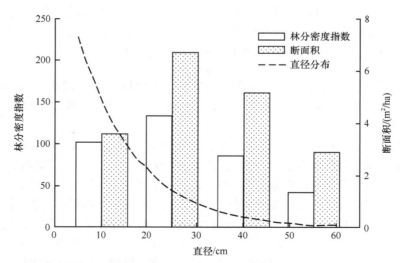

图 2-16　q 因数为 1.5 的西黄松林分密度指数、断面积和直径分布（Long and Daniel，1990）

为了确定应当向每个径级分配多少相对密度，Long 和 Daniel（1990）展示了基于 q 因数的直径分布将林分密度指数和断面积进行不均等分配的方法（图 2-17）。它的小树更少，大树更多，总的树木株数更少。尽管直径分布类似于负指数曲线，但它的斜率范围由 q 因数表示，为1.15~1.42。在上面的案例中，以 q 因数平衡设计的林分结构，实现了基于断面积和林分密度指数的生长空间占有率不均等分配（O'Hara and Gersonde，2004）。

同龄林林分中，林分密度指数的计算公式为

$$SDI = N \times \left(\frac{D_q}{25} \right)^{1.6}$$

式中，D_q 为林分二次平均直径（cm）；N 为每公顷林木数量。然而，在异龄林或非正态直径分布的任何林分中，针对单个林分组成，推荐采用加总方程。Long 和 Daniel（1990）建议：

$$SDI_c = \sum N_i \times \left(\frac{D_i}{25} \right)^{1.6}$$

式中，SDI_c 为单一成分的林分密度指数；N_i 为成分中的林木数量；D_i 为成分中第 i 株林木的中点值（cm）。

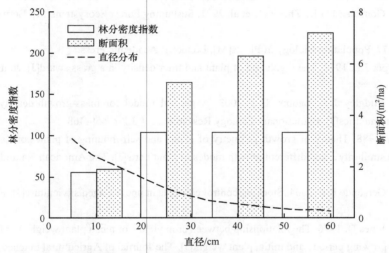

图 2-17　q 因数为 1.15~1.42 的西黄松林分密度指数、断面积及直径分布（O'Hara and Gersonde，2004）
该结构显示，3 个大径级的林分密度指数相等，但最小径级的林分密度指数较低。断面积与林分密度指数在各径级并非平均分布。
q 因数为 1.15~1.42，与每公顷株数相一致

◆ 思 考 题

1. 简述自然稀疏的概念、影响因素及发生机制。
2. 林木分级的主要方法包括哪些？
3. 森林密度测度的方法包括哪些？
4. 林木对扩大生长空间的响应方式有哪些？
5. 林分密度效应法则的主要内容是什么？
6. 森林水平结构及垂直结构的测度方法有哪些？
7. 简述森林直径分布优化方法。

◆ 主要参考文献

陈祥伟，胡海波. 2005. 林学概论[M]. 北京：中国林业出版社.

付立华，张建国，段爱国，等. 2008. 最大密度法则研究进展[J]. 植物生态学报，（2）：501-511.

韩飞，李凤日，梁明. 2010. 落叶松人工林林分密度对节子和干形的影响[J]. 东北林业大学学报，38（6）：4-8.

汤孟平. 2010. 森林空间结构研究现状与发展趋势[J]. 林业科学，46（1）：117-122.

王唯. 2021. 人工整枝的作用及技术要求[J]. 现代农村科技，（2）：41.

王业蘧. 1957. 根据森林生长发育理论论证疏密度学说[J]. 东北林学院学报，（00）：1-8.

朱教君，刘足根. 2004. 森林干扰生态研究[J]. 应用生态学报，（10）：1703-1710.

Magurran A E. 2011. 生物多样性测度[M]. 张峰主译. 北京：科学出版社.

O'Hara K L. 2020. 异龄林经营——营建复杂的林分结构[M]. 王宏，娄瑞娟译. 北京：中国林业出版社.

Gadow K V，González J G L，Zhang C，et al. 2021. Sustaining Forest Ecosystems[M]. Bern：Springer Nature Switzerland AG.

Harpers J. 1977. Population Biology of Plants[M]. London：Academic Press.

Kays S，Harper J L. 1974. The regulation of plant and tiller density in a grass sward[J]. Journal of Ecology，62：97-105.

Niklas K J，Midgley J J，Enquist B J. 2003. A general model for mass-growth-density relations across tree-dominated communities[J]. Evolutionary Ecology Research，5（3）：459-468.

Norberg R A. 1988. Theory of growth geometry of plants and self-thinning of plant populations：geometric similarity，elastic similarity，and different growth modes of plant parts[J]. The American Naturalist，131（2）：220-256.

O'Hara K L，Gersonde R F. 2004. Stocking control concepts in uneven-aged silviculture[J]. Forestry，77（2）：131-143.

Scaife M A，Jones D. 1976. The relationship between crop yield（or mean plant weight）of lettuce and plant density，length of growing period，and initial plant weight[J]. The Journal of Agricultural Science，86（1）：83-91.

Yoda K. 1963. Self-thinning in overcrowded pure stands under cultivated and natural conditions[J]. Journal of Biology of Osaka City University，（14）：107-129.

第三章

森林生长及模型模拟

◆ 第一节 森林生长

一、林分发育阶段

按照森林本身的特征和经营管理者的需要，将森林划分为若干个内部特征相同且与四周相邻部分有显著区别的小块森林，这些小块森林即林分。同龄林分中林木的年龄相差不超过一个龄级，而异龄林分中同时存在着许多处于不同发育阶段的林木。森林整个生长发育过程（即由形成到成熟所需时间）的长短因材种、所处环境和经营措施的不同而存在很大的差异。同一地区由同一树种组成的人工林要比天然林生长速度快数倍，成熟期早，发育时间短。森林起源和作业法的不同也会使发育期的长短产生很大差异。

（一）天然林生长发育阶段

尽管森林自形成到成熟在时间上差异很大，但往往都要经历几个基本的生长发育时期。对于天然林，根据林木生长发育的变化，林木间及林木与环境间相互关系的变化特点可概括为 6 个生长发育时期：森林形成时期（幼龄林）、森林速生时期（壮龄林）、森林成长时期（中龄林）、森林近熟时期（近熟林）、森林成熟时期（成熟林）和森林衰老时期（过熟林）。

1. 森林形成时期（幼龄林） 以发生干扰后的林分为例，在发生了大规模的干扰后，如皆伐等，林分内所有的大树都被摧毁，但是并不会完全破坏地面的草本、灌木、伐前更新的植株、埋藏的种子和根等。森林地面和土壤环境发生巨大的改变，蒸发蒸腾减少、枯枝落叶减少、土壤化学和生物学的过程发生改变。上层林木死亡释放的生长空间被新的植株通过种子、发芽等机制占据。受到干扰类型、竞争植被、种子可用性、微环境适宜性、动物取食等的影响，只有一定的个体可以在特定的区域生长，并在接下来的很长时间里占据优势地位。特定环境的筛选作用被称为"环境过滤"，林分的物种组成限制在那些可以"通过"环境筛选的物种。环境筛选包括干扰类型、小气候和土壤条件等，在林分初始阶段，植物生长存活受到的环境限制可能会发生改变。

从更新幼林至林分开始郁闭，形成幼林的阶段称为森林形成时期。幼树正在扎根生长，地上部分的生长尚缓，但逐年加快。每个植株在很大程度上单独和环境发生联系，易遭受不良环境的影响和杂草灌木的竞争。此时根系的生长对幼树的成长起着重要的作用。在幼龄林时期，森林的特征还不稳定。初期生长快的树种，树冠迅速扩大，形成郁闭，因而可能抑制、淘汰其他初期生长慢的树种。过密的杂草、灌木往往严重抑制幼树的生长。因此，林地管理及幼林抚育对促进幼林生长及调整林分的树种组成是非常必要的。幼树经过扎根期及对环境一段时间的适应后，生长加速，树冠相互衔接，林分即进入速生时期。

2. 森林速生时期（壮龄林）　　森林速生时期，林木的高度生长加快，并达到最旺盛时期。林分的高度在较短时期内迅速增加，使林分外貌基本定型。迅速的生长使林冠高度郁闭，林内光照显著变弱。在森林形成初期，植物在相对充足的空间里自由生长，不会因为与其他个体竞争而受到阻碍。在速生阶段，生长空间被占据之后，新的个体无法再成功进入生长时期。在个体大小或者生长模式上有竞争优势的植物能够延伸到其他植株占据的空间，减缓它们的生长速度或者直接致其死亡，这种情况发生的阶段称为"自然稀疏阶段"。针对纯林林分，在自然稀疏阶段，林分内每个植株都在不断生长，但是由于空间有限且个体之间存在固有差异等，总会有些树木个体比其他个体长得好，这些优势个体以遮蔽邻体树叶或物理上摩擦枝叶的方式抢夺阳光和空间。处于竞争劣势的个体不得不减少用于生长的光合产物，导致生长速度下降，林分内部出现分层现象。

这个时期的营林措施应保证林木高速生长的条件，特别是林木的高生长，通常在这一时期要进行首次疏伐以保证林分的适当密度和培养干形。

森林形成和速生时期是整个森林生长发育时期中最为关键的阶段。只有坚持和适时开展幼林抚育、透光抚育和多次疏伐，才能保证林分的形成并为整个培育期的森林经营工作打下良好的基础。

3. 森林成长时期（中龄林）　　经过森林速生时期后，森林外貌和结构大体定型，直径、树高生长旺盛。树冠生长也达到最旺盛阶段，具有最大的叶面积。随着直径的旺盛生长，材积生长加速，自然稀疏仍在进行，但比前期稍有缓和。通常进行比首次疏伐强度更大的疏伐。

4. 森林近熟时期（近熟林）　　林木的直径和材积生长已趋缓慢，自然稀疏明显减缓，开始开花结实，林分表现出一定程度的稳定性。通过进行间隔期较长的疏伐可以促进材积生长，培养大径级材。

5. 森林成熟时期（成熟林）　　林木高、径、材积生长均很缓慢，林木大量结实，林木在生物学和工艺要求上都已进入成熟阶段，自然稀疏基本停止；郁闭的林冠逐渐疏开。随着林冠层个体衰老，新的草本、灌木及其他木本植物会逐渐出现。这些下层林木出现在林分后期可能的原因是上层林木的死亡使得更多的光照可以到达林下层，也有可能是靠近地面的高浓度二氧化碳提高了植株的光合作用效率。也有一些物种的种子在土壤中休眠很多年，在林下再生阶段生长空间出现变化时才会萌发。随着树龄不断增大，成熟天然林林分内的上层林木因为各种原因如风害、病害的累积作用、干旱、虫害等而死亡。上层木死亡后，森林下层的林木会在林下再生阶段逐渐长到上层。上层木的死亡和下层木的生长不是外界因素造成的，而是林木自然更新生长的自发过程，这种状态可以称为"成熟"。

任何两个时期的过渡都是逐渐的，在从近熟到成熟天然林过渡的阶段，一部分上层木开始死亡，另一部分上层木变得虚弱，无法持续生长几十年，到上次干扰后残存的林木全部死亡，只剩下小规模干扰后形成的森林即进入成熟林阶段。成熟阶段通常具有的结构特征包括巨大的老龄活木、死亡立木、大量倒木、相对开放的林冠、多层叶面及多样的林下层，具有丰富的水平和垂直变化，大小树木一同生长在或独立或混杂的斑块中。这时森林应进行主伐利用和森林更新。

6. 森林衰老时期（过熟林）　　进入过熟阶段，林木已经衰老，结实能力和种子质量都已降低，生长几近停止或已停止，并发生枯梢等生理衰老象征，容易感染病害和发生心腐。对于用材林，不宜将森林保留到这个时期。

上面划分的 6 个森林生长发育时期，可粗略地根据龄组划分，一个发育时期相当于一个龄级，见表 3-1。

表 3-1　森林的生长发育时期与龄级的关系

森林的生长发育时期	相应的年龄				相应的龄级
	天然林		人工林		
	慢生树种	速生树种	慢生树种	速生树种	
形成时期（幼龄林）	20 年以前	10 年以前	10 年以前	5 年以前	Ⅰ
速生时期（壮龄期）	21～40	11～20	11～20	6～10	Ⅱ
成长时期（中龄林）	41～60	21～30	21～30	11～15	Ⅲ
近熟时期（近熟林）	61～80	31～40	31～40	16～20	Ⅳ
成熟时期（成熟林）	81～120	41～60	41～60	21～30	Ⅴ～Ⅵ
衰老时期（过熟林）	121 年及以后	61 年及以后	61 年及以后	31 年及以后	Ⅶ及以后

（二）人工林生长发育阶段

近年来世界各国人工林日益增多，特别是经过人工选种、育种和引进一些速生树种后，使森林的培育期大为缩短，如杂交杨树的大量推广，一般轮伐期只有 10～20 年，从澳大利亚引进的桉树轮伐期只有 4 年。如仍按上述的 6 个森林生长发育时期划分，在实践中已无必要。对于经营集约程度较高的人工速生用材林，可根据林分群体、个体的发育过程和相应的经营对策划分较少的阶段。

目前，日本将人工纯林的生长发育时期大体分为以下 3 个阶段。

1）个体的生长阶段：这是更新、造林后的树种与杂草、灌木及非目的树种的种间竞争开始阶段。为缓和目的树种与其他植物之间的竞争，以及促进目的树种的个体生长，应进行除草和割灌等抚育措施。

2）开始郁闭的阶段：由于生长速度加快，邻近林木间的树冠、枝叶相衔接，同种之间开始竞争阳光、水分、养分等，在此阶段由于林木生长速度快，逐渐出现自然整枝现象，林下的其他植物也逐渐变少而趋向消亡。这种状态标志着林分已进入郁闭阶段。在此阶段内应进行适时的首次间伐。

3）自然稀疏阶段：随着郁闭度逐渐加大，同种个体间竞争日益激化，出现林木分化和枯立木，于是产生自然稀疏过程，这说明林分已发展到最大密度，在这个阶段内要进行多次疏伐，以调整林分保持最适密度。

在欧洲（奥地利）把天然林分为下列不同的生长期：幼龄期、壮龄期、衰老期、枯萎期、更新期。这种分法与林分的自然生长进程相适应，森林抚育间伐要在幼龄期和壮龄期进行。

如果从蓄积变化的角度出发，可以将林分的生长发育分为 4 个阶段：①幼龄林阶段，在此阶段由于林木间尚未发生竞争，自然枯损量接近于零，因此林分的总蓄积在不断增加；②中龄林阶段，发生自然稀疏现象，但林分蓄积的正生长量仍大于自然枯损量，因而林分蓄积仍在增加；③近熟林阶段，随着竞争的增强，自然稀疏急速增加，此时林分蓄积的正生长量等于自然枯损量，反映出林分蓄积停滞不前；④成过熟林阶段，林分蓄积的正生长量小于自然枯损量，反映出林分蓄积在下降。

二、林分生长影响因素

林分生长与单木生长不同，单株树木年龄不断增大，直径、树高及材积也随之增加，在树木被采伐或者枯死之前材积一直单调增加，而林分在其生长过程中，活立木材积逐年增加，林分蓄积不断增大，但是另一方面，因自然稀疏或抚育间伐等原因，一部分树木发生死亡，减少了林分蓄积。因此，林分生长通常指的是林分的蓄积随着林龄的增加所发生的变化。组成林分全部树木的材积生长量和枯损量的代数和为林分蓄积生长量。林分的蓄积生长是衡量林地生产力的重要指标。实际上，蓄积是断面积和树高的函数，因此要想提高林分生产力，一定要将林分朝向有利于增加断面积和树高生长的方向。林分的生长主要受到林分所处发育阶段、年龄、立地质量、树种、密度、营林措施等因素的影响。相对于异龄林，同龄林结构简单，生长规律容易把握。

（一）年龄

树木个体断面积生长是年龄的函数（图 3-1），很显然，林分的生长与收获是林分年龄的函数，典型的林分收获曲线为"S"形。混交林的林分生长年龄结构复杂，因此在利用模型手段预测林分生长时通常采用年龄分布或者直接省去年龄，或采用胸径代替年龄的方法。

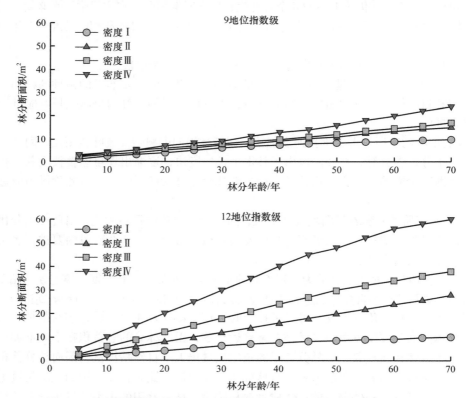

图 3-1 湖南省某栎类林分不同密度及立地质量下的林分断面积生长曲线

（二）立地质量

在研究林分生长时，立地质量是重要的影响因素。立地质量指的是某一立地上既定森林或者其他植被类型的生长潜力，与树种相关联并有高低之分。一般来说，立地质量好的林分比立地质量差的林分具有更高的林分生长量（图 3-2）。

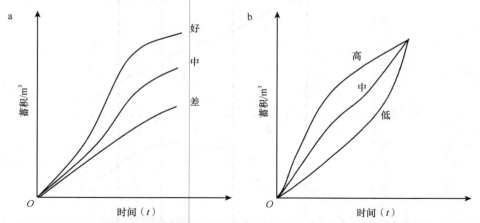

图 3-2　相同林分密度时不同立地质量林分的生长过程(a)及相同立地质量条件下不同密度林分的生长过程(b)

此外，树木的耐荫性对断面积有很大的影响，但一个树种的耐荫性不是一成不变的，随着年龄增加，可能由耐荫性的变成不耐荫性的，这些都说明了林分中还有许多遗传上的和立地质量上的差异影响着断面积的生长。

（三）密度

密度是影响林分生长的重要因素之一，在营林过程中密度是可以控制的，因此了解密度对林分生长的影响过程十分重要。随着林分密度的增加，在达到树木之间产生竞争的密度之前，单个林木的断面积也会首先随之增加，然而在树木之间开始竞争之后，株数增加，竞争加剧，林分水平的总断面积会增加，而单木平均断面积将会减少。最后，随着株数继续增加，林分整体和单木平均断面积都会减少。株数增加断面积的总和反而减少的原因，可能是光合产物减少，呼吸作用大于光合作用，而最主要的原因可能是根系发育不良，水分和养分供应不足。

具体来说，密度对林分生长的影响主要体现在对树高、胸径、材积等生长的影响上。一般来说，密度对树高的影响是最不显著的，特别是上层林木，因为林分上层高的差异主要源于立地条件不同。除了一些过稀或过密的林分，密度对林分平均高的影响也比较小。过稀的林分，林分平均直径较大，依此求得的林分平均高也会增大。过密的林分由于存在较多的被压木，林分平均高也会有所降低。林分过疏和过密，对高生长都不利。

密度对林分平均直径的影响是显著的。林分平均直径是以相应的平均胸高断面积的直径定义的。密度越大的林分，其林分平均直径越小，直径生长量也越小；反之，密度越小，则林分平均直径越大，直径生长量也越大。林分平均直径随株数的实际增加或减少，依树种而有不同，但是对每一树种来说，密度对直径的影响也是明显的。

密度对林分蓄积和材积生长的影响相对来说较为复杂，受到诸多因素的干扰，如林分年龄、立地条件等。Langsaeter（1941）描述了密度对材积生长的影响（用材积表示密度），见图 3-3。该图并没有给出实际数值，没有指定树种、年龄、立地质量等条件，目的是尝试从原理出发展示随着密度的增加，林分蓄积的年生长量和生长百分率如何变化，对森林经营中的密度调控具有一定的借鉴意义。

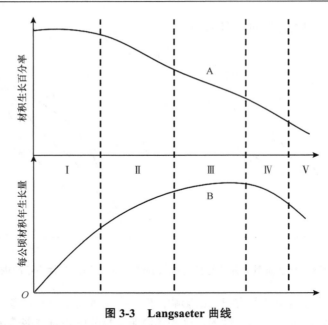

图 3-3　Langsaeter 曲线

表示随着每公顷材积的增加（横坐标）对年生长量（当年的生长）和生长百分率的影响

依照林分材积增加的情况，可把 Langsaeter 曲线分成 5 段。第 I 段表示树木之间的生长是互不相关的，该段中曲线 B 表示材积增长，年生长量也随之增加；曲线 A 表示材积增长，林分材积的生长量以几乎固定的百分数增加。第 II 段，由于树木之间开始竞争，生长速度降低，曲线 B 表示随着密度增加，年生长量继续增加，但生长速度减慢了；而曲线 A 随着林分材积的增加，材积生长的百分率降低。第 III 段，尽管林分的材积增加，但在这个阶段内生长速度非常缓慢（曲线 B）；林分材积生长百分率不断下降（曲线 A）。第 IV 段，随着林分材积的增加，年生长量（曲线 B）和生长百分率（曲线 A）都降低了。第 V 段，年生长量（曲线 B）和林分材积生长百分率（曲线 A）都迅速下降。

由于 Langsaeter 指出他的曲线只能适应于某种特定立地条件和年龄的情况，并且假定各个阶段的高生长都是相当稳定的，那么只能用增加株数的方法增加材积。然而，只有增加一株树木提高了总材积量时，才能算材积增加。图 3-4 表明只有在某一确定的密度（标准密度）之下，株数增加总的材积才能增加，超过了标准密度后，株数增加反而使总材积减少。标准密度随树种而异，也可能因立地质量和年龄而有不同，但是对于某一平均林分直径来说，标准密度是固定的。总体而言，在森林经营中对于林分密度的控制，要根据森林不同的培育目标及不同的发育阶段确定应保留的林分密度。

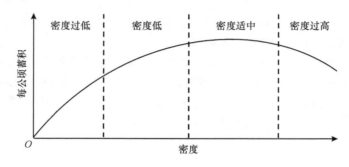

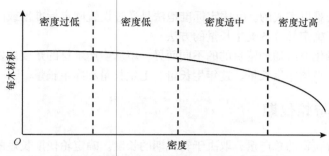

图 3-4　株数增加时每公顷蓄积和每木材积变化情况

三、森林经营与生长

当林业工作者针对林分采取经营管理时，主要关心的不是具体的措施对单木的影响，而是对整个林分蓄积、结构和生长将会产生多大的影响。一般来说，相对于未进行疏伐的林分，为控制林分密度而进行的疏伐活动会使林分总产量降低，但可以使商品材增加，但是在某些情况下，合理疏伐可以提高林分总产量。但是有些时候不同的立地质量和营林措施并不能显著改变林分的叶面积，如果出现立地质量下降，林分生产力降低，可能是由于养分和水分供应不足，降低了叶表面的光合效率。

国内外关于森林经营对林分结构、动态变化影响方面的研究已经有很多。Zhou 等（2013）总结了 1973～2011 年的 81 项相关研究结果，发现相对于对照样地，择伐能够显著提高保留木胸径生长量。基于中国东北地区不同采伐强度的 4 个 1ha 针阔混交林固定林地样地连续监测数据，分析了采伐 4 年后保留木个体的生长动态，发现择伐显著增加了树木的生长速度（Yue et al., 2022）。从原理上来说，异龄林中的主要树种经过抚育间伐和择伐，能够增加林冠大小，使更多的叶片表面接触光照，更好地促进生长。Xing 等（2018）利用加拿大阿尔伯塔省西北部的一项择伐实验数据分析了采伐强度、树种组成、地形因子等指标对保留木生长和存活动态的影响。结果显示：采伐强度过大，保留木的死亡率和生长量均会降低。采伐 5 年后，不同树种的存活率和生长速率对采伐强度的响应存在明显差异，但整体的趋势均在提高。

◆ 第二节　林分生长的量化

一定间隔期内树木各种调查因子所发生的变化称为生长，变化的量即生长量。生长量是时间（ t ）的函数，时间的间隔可以是一年、五年、十年甚至更长，通常以年为时间单位。生长量可以作为评定立地质量及经营措施效果的指标，正确分析研究并掌握林分的生长规律对于改善林木生长状况、提高生长量具有一定的促进作用，在林业生产实践中有重要意义。

测定林分生长量的方法很多，但基本可以区分为临时标准地法和固定标准地法两类。①临时标准地法又称为一次调查法。它是通过设置临时标准地（或者随机样地），用一次测得的树木直径生长量和林分直径分布预估未来林分蓄积生长量（净增加量）。用此类方法测定林分蓄积生长量，其理论误差一般在±10%范围内。实践中，由于测量误差较大，蓄积生长量的推定误差在±20%左右，有时会更高些。为研究森林生长过程和进行森林生长动态分析，尤其是对于林分枯损量的测定，是一次调查法难以完成的。②固定标准地法是通过设置固定标准地或固定样地，重复测定各项调查因子，从而确定林分各类生长量的方法。

对林分生长的量化方法随经营目的的不同而异，单从生产木材的角度出发，主要包括一个轮伐期内的总收获量、平均年生长量、连年生长量、毛生长量和净生长量。

一、生长量与轮伐期

在某一林地上所获得的总产量，取决于轮伐期的长度。确定轮伐期长短的生物学基础是平均年生长量的最高值。最常用的可供选择的方法是用年龄确定轮伐期，该年龄就是年生长速度（考虑自然的或经济的条件）开始下降到某一可接受的程度，即下降到 5%～6% 的时候。如果林分一直长势良好，平均年生长量的最高点就要推迟，轮伐期就要延长。然而，如果轮伐期的长度是由达到某一平均林分直径所需要的时间来决定，那么轮伐期就要缩短。

二、毛生长量和净生长量

毛生长量（gross growth）也称粗生长量（Z_{gr}），它是林分中全部林木在间隔期内生长的总材积。在任何两次测定的间隔期内，都存在着由于自然竞争而死亡的树木。在两次测定之间会出现数值之差，这一差值就称为这一时期的净生长量（net growth），它是毛生长量减去其间枯损量以后生长的总材积（Z_{ne}）。

净生长量由两部分组成：一部分是从以前测定过的树木上新长出来的材积，另一部分是由于树木生长超过了最小直径的界线，是首次被检尺的树木（进界生长）。由于受枯死木材积的影响，这一时期的净材积比实际生长量要低。毛生长量的测定才是这一时期的实际生长量。

关于林分生长量的量化还涉及以下概念：①净增加量（net increase），记作 Δ，是期末材积（V_b）和期初材积（V_a）两次调查的材积差，即 $\Delta = V_b - V_a$；②枯损量（mortality），记作 M，指调查期间因各种自然原因而死亡的林木材积；③采伐量（cuting amount of woods），记作 C，指抚育间伐的林木材积；④进界生长量（ingrowth），记作 I，指起初调查时未达到起测最低径阶标准的幼树，在期末调查时已经进入检尺范围之内，这部分林木的材积称为进界生长量。由上述定义，林分各种生长量之间的关系可以用如下公式表达。

林分生长量包含进界生长量：

$$\Delta = V_b - V_a$$
$$Z_{ne} = \Delta + C = V_b - V_a + C$$
$$Z_{gr} = Z_{ne} + M = V_b - V_a + C + M$$

林分生长量中不包含进界生长量：

$$\Delta = V_b - V_a - I$$
$$Z_{ne} = \Delta + C = V_b - V_a - I + C$$
$$Z_{gr} = Z_{ne} + M = V_b - V_a - I + C + M$$

从上述两组公式可以看出，林分的总生长量实际上是两类林木生长量的总和：一类是在期初和期末两次调查时都被测定过的林木，即活立木在整个调查期间的生长量 $V_b - V_a - I$，这类林木在森林经营过程中称为保留木；另一类是在间隔期内，由于林分内林木株数减少而损失的材积量 $C+M$。这类林木在期初和期末两次调查间隔期内只生长了一段时间，而不是全过程，但也有相应的生长量存在。

三、加速生长量

加速生长在林业上有特殊的含义：它指的是树木在解除竞争压抑之后，由于没有及时采取措施，林木的生长速度明显增加。树高的加速生长出现在下层林木和密度过高的林分中，经过解放伐之后，这些林木有能力对解放做出反应。不过，即使树高生长加速得很快，但比起直径生长的变化还不是那么引人注目。一般来说，加速生长指的是立木度过大的林分由于密度减少，其直径生长突然增加。

加速生长与增加叶面的光照、叶面积的增大和根密度的增加有关，并且还与水分和营养物质的利用有关。加速生长也存在特殊情况，在解除林木受压之后，并不是立即做出生长加速的反应，需要一段时间才能增大树冠和根的表面积，用以增加年轮的宽度。这一现象产生的原因，一方面可能是由于树木已经占据了优势地位，另一方面也可能是因为根系发育不良和活树冠的比例比较低，所以对营林措施不产生任何反应。在庇荫处，树冠得到了发育，当这样的树木被解放时，阴性叶突然暴露在强光之下，面对这一新的环境，阴性叶一定要进行调整。在林冠下，活力不强的中性树种就不能很快地应对这种变化。叶子呈现缺绿色或浅黄色，同时高生长也受到抑制。在特殊的情况下，解放了被压木甚至会引起树木死亡。在解放之后，树木生长降低，这种现象被称为"疏伐休克"（thinning shock）。

不同的树种对解除了受压的情况后的反应不同。一般阴性树种比阳性树种反应得更快、更显著。在竞争激烈的条件下，阳性树种有它们自己的一套完整的限制生长的模式，由于枝序减少到一定程度，芽也不能发育，从而发展出一种特殊的树形结构，即树冠上几乎没有生长点，新的树冠也不能形成。但是有些阳性树种解放之后生长得也很出色，不仅在密闭的林分中长得很好，而且疏伐后生长得更迅速。加速生长的能力，一般会随年龄增长有所降低，但是有些树种却保持得很久。例如，200多年生的北美黄杉和红杉还有加速生长的能力。

◆ 第三节　林分生长模型研究

林分生长模型就是基于和林分生长密切相关的因子采用生物统计学方法构建的数学模型。一般表达式为

$$Y=f(A, SI, SD)$$

式中，Y 为林分每公顷的生长量；A 为林分年龄；SI 为立地质量指标；SD 为林分密度指标。

尽管上述形式没有考虑森林经营措施，但经营措施是通过对模型中的变量如立地质量（如施肥）和林分密度（如间伐）的调整而间接体现的。这一过程可以通过在模型中加入附加的输入变量，如造林密度、间伐方式及施肥对立地质量的影响等，适当调整模型的信息。在不同的模型中不同的变量表示方法和形式有所不同，使得模型的结构形式及复杂程度有所不同，但几乎所有的林分生长模型都是以立地质量、生长发育阶段和林分密度（或表征林分竞争程度的测度指标）为模型的已知变量。森林经营者利用这些模型，依据可控变量（林龄、林分密度及立地质量）进行决策，通过获得有关收获量的信息，进一步进行营林措施的选择，如间伐时间、间伐强度、间伐量、间隔期、间伐次数及采伐年龄等。

林分生长模型的分类方法很多，如根据使用目的、模型结构、反映对象等进行分类，不同分类方法的主要区别在于分类的原则和依据，但最终所分的类别都基本相似，具有代表性的分类方

法有 3 种：一是 Munro（1974）基于制作模型原理的分类；二是 Abvery 和 Burkhart（1983）基于模型预估结果的分类；三是 Davis（1987）基于模型模拟情况的分类。其中以第二种分类方法的应用最为广泛，它将林分生长和收获模型分为以下 3 类。

一、全林分生长模型

全林分生长模型描述的是全林分总量（如断面积、蓄积）及平均单株木的生长过程（如平均直径的生长过程）的生长模型。该模型的研究对象是整个林分的平均水平，将林分的生长动态作为林分年龄、密度等林分特征因子，立地条件等环境因子及经营措施等变量的函数，评价林分整体的生长和收获状况。全林分生长模型在国内外众多模型中应用最为广泛，根据对林分密度处理方式的差异，可以将全林分生长模型细分为与密度有关的林分生长模型和与密度无关的林分生长模型，与密度有关的模型又叫作可变密度生长模型，与密度无关的模型又叫作固定密度生长模型，它们根据是否将林分密度作为模型中的自变量进行划分。

（一）固定密度生长模型

传统的林分收获量表属于与密度无关的模型。收获量表是根据林分生长的规律，反映林分各主要调查因子生长过程的数表，也叫作生长过程表，该表反映了蓄积、胸径、树高和株数密度等林分特征因子随着林分年龄变化的过程，对预估林分生长、控制林分密度及确定主伐时间具有重要的指导意义。第一个林分收获量表由德国林学家 Paulsen 根据当地的主要树种制作而成。收获量表分为正常收获量表、经验收获量表和可变密度收获量表。前两种收获量表是与密度无关的传统收获量表。其中，正常收获量表是特定立地下，生境资源被充分利用时的林分生长和年龄的关系数表；而经验收获量表则是现实林分平均生长状况的数表。由于林分的生长受许多复杂因子的交互作用，编制同龄纯林的收获量表更容易一些。早期应用人工林的收获量表比较广泛，主要是根据林龄来预测某一经营方案的收获量，用来反映正常（或理想）林分的生长过程，但是在现实中很难找到这类林分，一般只能建立仅适用于反映调查地区林分水平的经验收获量表。针对异龄混交林来说，要考虑到每一个混交树种和立地条件，所以很难编制针对异龄混交林相对准确的生长预测表。随着计算机模型模拟技术的不断提升，多种生长预估模型也在一定程度上解决了这一问题。

（二）可变密度生长模型

在现实林分的生长发育过程中，林分密度在不断变化，某个林分在不同年龄下的林分密度在不断变化，因此相对于固定密度生长模型，可变密度生长模型优势明显。以林分密度为主要自变量，反映平均单株木或林分总体的生长量和收获量动态的模型称为可变密度的全林分模型。该类模型可以预估各种密度林分的生长过程，是合理经营林分的有效工具。可变密度收获预估模型主要用于现实收获量的直接预测，建模所需的数据一般取自临时标准地资料。根据建模方法的不同，该类模型可划分为以下两种。

1. 基于多元回归技术的经验方程　20 世纪 30 年代，许多学者最早采用多元回归的方法建立可变密度收获模型。他们提出林分收获量为林龄倒数的函数，且最先加入林分密度因子来预测林分收获。例如，Machinney 和 Chaiken 在 1939 年首次建立的火炬松天然林可变密度收获预估模型为

$$\ln M = b_0 + b_1 t^{-1} + b_2 \text{SI} + b_3 \text{SDI} + b_4 C$$

式中，M 为单位面积林分蓄积收获量；t 为林分年龄；SI 为地位指数（立地指数）；SDI 为 Reineke

林分密度指数；C 为火炬松组成系数（火炬松断面积与林分断面积之比）；b_0、b_1、b_2、b_3、b_4 为模型待估参数。

这一研究开创了定量分析林分生长和收获量的先河，类似的研究方法沿用至今，之后应用多元回归技术预测林分生长或收获量的研究层出不穷。这类可变密度生长模型的基础模型为 Schumacher 蓄积收获曲线（Schumacher，1939）：

$$M = \alpha_0 e^{-\alpha_1/t}$$

$$\text{或} \quad \ln M = \alpha_0 - \frac{\alpha_1}{t}$$

基于上式构造的可变密度收获模型的一般形式为

$$\ln M = \beta_0 + \beta_1 t^{-1} + \beta_2 f(\text{SI}) + \beta_3 f(\text{SD})$$

上几式中，M 为单位面积林分蓄积收获量；t 为林分年龄；$f(\text{SI})$ 为地位指数 SI 的函数；$f(\text{SD})$ 为林分密度 SD 的函数；α_0、α_1、β_0、β_1、β_2、β_3 为模型参数。

该模型被称为 Schumacher 蓄积收获模型。迄今为止，许多学者采用这一模型形式，构建了不同地区不同树种的全林分可变密度收获模型。例如，

美国火炬松天然林

$$\ln M = 2.8837 - 21.236 t^{-1} + 0.0014441 \text{SI} + 0.95064 \ln G$$

大兴安岭兴安落叶松天然林

$$\ln M = 0.7402 - 14.14 t^{-1} + 0.04523 \text{SI} + 1.185 \ln G$$

台湾二叶松人工林

$$\ln M = 2.8897614 - 5.31486 t^{-1} + 0.004749 \text{SI} + 0.0062714 \ln G$$

式中，G 为林分断面积。

这类 Schumacher 蓄积收获模型的共性如下。

一是将林分收获量的对数 $\ln M$ 作为响应变量，将林龄的倒数作为预测变量，林分蓄积随着年龄 t 的增大而增大，呈典型的"S"形。收获曲线的基本形状由 Schumacher 蓄积收获曲线的参数 α_1 决定。

二是通过再参数化的方法，将 Schumacher 蓄积收获曲线的对数渐近参数 α_0 作为地位指数 SI 和林分密度 SD 的函数，从而得出下面的收获模型。

$$\alpha_0 = \beta_0 + \beta_2 f(\text{SI}) + \beta_3 f(\text{SD})$$

基于 Schumacher 蓄积收获曲线可知，林分蓄积连年生长量 $\left(\dfrac{\mathrm{d}M}{\mathrm{d}t}\right)$ 达到最大时的林分年龄为 $t_{Z_{\max}} = \beta_1/2$。如果 Schumacher 蓄积收获模型中的 $f(\text{SD})$ 与年龄和立地质量无关，则各树种 Schumacher 蓄积收获模型的 $t_{Z_{\max}}$ 与立地和林分密度无关，这显然与实际情况不符。因此，很多学者开始不断修正该模型，典型的案例是 Langdon（1961）为湿地松建立的收获方程和 Vimmerstedt（1962）发表的白松人工林收获方程，其一般形式为

$$\ln M = \beta_0 + \beta_1 t^{-1} + \beta_2 f(\text{SI}) + \beta_3 f\left(\frac{\text{SI}}{t}\right) + \beta_4 f\left(\frac{\text{SD}}{t}\right)$$

式中，$f\left(\dfrac{\text{SI}}{t}\right)$ 是 $\dfrac{\text{SI}}{t}$ 的函数；$f\left(\dfrac{\text{SD}}{t}\right)$ 是 $\dfrac{\text{SD}}{t}$ 的函数；β_4 为模型参数。

由于模型中包含了 $\dfrac{\text{SI}}{t}$ 和 $\dfrac{\text{SD}}{t}$ 两个变量，模型所反映的生长规律符合实际，即林分材积连年生

长量达到最大时年龄与立地质量和密度有关。

一部分模型将林分收获量作为断面积 G 和林分优势木平均高 H_T 的函数，这类公式一般被称为林分蓄积公式，一般形式为

$$M = b_1 G \times H_T$$

式中，b_1 为模型待估参数。

实际上，林分蓄积方程中的 $H_T = f(t, \text{SI})$，因此这类方程间接体现了 $M = f(t, \text{SI}, \text{SD})$ 的关系。

2. 基于理论生长方程的林分收获模型　　树木理论生长方程的建立过程是根据树木的生物学特征做出某种假设，建立微分方程或微积分方程，求解后代入其初始条件或边界条件，从而获得该微（积）分方程的特解。这类方程的特点是具有很好的解析性和适用性，参数可以独立验证，并可以做出生物学解释，在理论上能够对未来的生长趋势进行预测。20 世纪 70 年代开始，逐渐有学者考虑将树木理论生长方程中的参数与林分密度、单木竞争等因素联系起来，将林分密度指标引入理论生长方程中建立林分生长和收获预估模型，预估不同密度林分的生长过程。

以理查德方程（Richard equation）为例说明利用这种方法的基本思路，理查德方程的基本形式为

$$y = A(1 - e^{-kt})^b$$

式中，y 为各种调查因子（如胸径、树高、蓄积等）的生长量；A 为渐近参数；k 为与生长速率有关的参数；b 为形状参数。

分析各参数 A、k、b 与地位指数 SI 和林分密度 SD 之间的关系并建立函数关系，如最大值参数与立地指数有关，生长速率参数主要受到林分密度的影响等，最后根据所建立的函数关系，采用再次参数化的方法引入地位指数和林分密度变量构造林分的生长收获模型。许多学者运用理论生长方程建立了不同树种的模型。胥辉（2001）以 Richard 方程和 Logistic 模型为基础构建了林分蓄积生长模型，并得出在其研究中 Logistic 模型更为合适。张子强等（2008）运用 Richard 方程建立了落叶松的林分模型；李春明和唐守亚（2010）利用 Schumacher 和 Richard 方程模拟了杉木林分断面积的变化；刘平等（2010）构建了油松人工林林分断面积 Korf 生长模型。

除了林分密度等数值变量，林分起源等类别型变量可以通过在相关的生长模型中添加哑变量的方法引入。王少杰等（2016）在 Richard 模型的基础上，考虑林分起源的差异，在模型中引入哑变量，建立北京地区不同林分起源相容性油松林分生长模型，结果表明含哑变量的油松生长模型对油松林分生长模型的拟合效果较好，并且在人工林的拟合效果要高于天然林。有学者在建模过程中还进一步考虑了间伐的影响。例如，Bailey 和 Ware（1983）在模型中加入一个表示间伐的自变量来预估林分的断面积。

全球气候变化是当今世界讨论的热点话题，全球变暖对于森林生长和生态系统功能的影响引起了林业工作者的广泛关注，以往的林分生长模型大都是在稳定的气候条件下建立起来的，没有考虑气候变化的影响，在实际应用上存在精度较低等问题。为了体现全球气候变化对林木生长的影响，一些学者在传统的生长模型中引入温度、降水等气候因子，建立了对气候敏感的生长模型，结合未来气候变化的预测数据，就可以用来模拟未来森林资源的动态变化，从而完善可适用全球变化条件下的森林管理措施（Lei et al.，2016）。

（三）相容性林分生长和收获模型

由于林分密度对林分生长的影响相对复杂，很难找到一个形式简单的模型进行准确描述。20

世纪 60 年代,人们开始发现分开建立生长模型和收获模型会导致二者预测的收获量不一致。针对这一问题,Clutter(1963)提出了生长和收获模型相容性观点,并建立了相容性林分生长和收获模型系统。相容性的基本思想就是林分生长量的积累应等于林分收获量,因此这类模型常采用先拟合含林分密度自变量的林分收获量方程,再一次导出相应的林分生长量方程,或者先根据林分密度预估林分生长量,再对生长量方程进行积分求出林分收获量方程。

随着全林分模型研究的不断深入,在模型系统中同时包含林分生长模型和收获模型,可以保证模型预估的林分生长量和收获量的一致性。比较标志性的研究结果是 Sullivan 和 Clutter 在1972 年基于 Schumacher 生长方程,对林分生长和收获模型相容性特点进行改善,建立了生长量模型和收获量模型在数量上保持一致的相容性林分生长和收获预估模型系统。具体建模方法为:先将期初的林分蓄积作为因变量,期初林分的年龄、地位指数和林分断面积作为自变量,建立林分收获模型。再对年龄求导,得到与收获模型保持一致的生长模型。利用固定标准地的复测数据对生长模型进行拟合,求出各个参数值。将生长量模型积分得到相应的收获量模型。这种方法的特点就是生长量模型和收获量模型之间的相容性及未来与现在的收获模型之间的统一性得到了保证。

一般的回归模型在估计参数时都假设自变量不存在误差,因变量观测值含有误差,来源包括抽样误差、观测误差等,但是某些自变量的观测值实际上也是含有各种各样不同的误差的,这种随机误差统称为度量误差。当自变量和因变量都含有度量误差时,传统的回归模型参数估计方法就会出现问题,针对这类模型参数估计不能采用普通的最小二乘法,而应采用二步或三步最小二乘法。在构建林分生长和收获模型时,经常要用到联立方程组。在模型参数估计时,为了避免联立方程组中各方程间随机误差的相关性,还可以采用似不相关回归法和广义矩估计。传统的回归模型往往假定误差是独立同分布的,而现实的观测数据很难满足这一假设条件,进而对估计结果产生一定的影响。以往所建立的生长收获模型很好地反映了林分总体的平均生长状况,但忽略了个体和样地之间的差异。此外,固定样地多次观测数据或同一观测对象不同部位或不同角度的多次测量数据不符合模型独立性假设,需要考虑时间或者空间的自相关性。混合效应模型能够在很大程度上弥补这些方面的不足,提高参数估计的准确性和可靠性。近年来,在森林生长和收获预估中非线性混合效应模型已被广泛使用,Fang 等(2001)基于样地随机效应、异方差及时间序列的相关性,采用线性混合模型模拟了美国湿地松林分断面积在不同施肥、采伐、燃烧条件下的生长过程差异,并证明了线性混合效应模型的模拟精度较高。李春明(2009)在考虑密度效应与样地效应影响的基础上建立了非线性混合效应模型,用来研究不同初值密度条件下杉木林分断面积的生长差异,较好地解释了杉木林分断面积受到不同初值密度的影响,符利勇等(2015)以杉木为研究对象,利用两种非线性混合效应模型分析其胸径生长量,并和传统的非线性回归模型进行对比,结果表明,传统回归模型的拟合精度低于两水平的非线性混合模型精度。

(四)全林整体生长模型系统

在相容性林分生长和收获模型系统的基础上,唐守正对 20 世纪 90 年代以前林分生长模型的发展过程进行了总结,他指出混交林生长模型的研究应该将整个林分当成一个整体,而不应该作为孤立的部分,整体模拟可以减少混交林林分内部复杂结构的影响。全林整体模型实际上是描述林分主要调查因子及其相互关系生长过程的方程组(唐守正等,1993),由此形成的"全林整体模型理论"解决了多年来林业生产各类生长模型不相容而造成的各种林业数表相互矛盾的问题。

全林整体生长模型主要利用地位指数 SI 和林分密度指数 SDI 作为描述林分立地条件和林分密度测度的指标。林分的主要调查因子考虑：每公顷断面积 G、林分平均胸径 D_g、每公顷株数 N、林分平均高 H、优势高 H_T、形高 F_H、蓄积 M。该模型系统由 3 个基本函数和 5 个统计模型构成。基本函数关系包括林分断面积 G 计算公式、林分密度指数 SDI 计算公式及林分蓄积量 M 的计算公式，5 个统计模型包括不同类型的断面积生长方程、林分优势高 H_T 生长曲线、现实林分自然稀疏模型、平均高 H 预估模型和形高 F_H 与平均高 H 之间的关系模型。基于全林分模型系统中的函数关系和模型可以推导出其他林分因子的估计值，从而由林分的初始状态直接预估未受干扰林分的生长过程。

以吴兆飞等（2019）构建的东北地区主要森林类型的林分生长模型为例，简要介绍建模过程：以 Sullivan 和 Clutter 在 1972 年构建的相容性生长收获模型为基础模型，在该系统中，首先基于 Schumacher 蓄积收获曲线构造的可变密度收获模型，利用立地条件、林分年龄和林分断面积密度预测林分的蓄积（Schumacher，1939）。通过林分年龄、初始阶段林分断面积密度和立地条件预测未来林分断面积密度，通过上述两个方程联立得到未来林分蓄积预测模型。

$$\ln V_1 = a_0 + a_1 SI + a_2 t_1^{-1} + a_3 \ln G_1$$

$$\ln G_2 = \left(\frac{t_1}{t_2}\right)\ln G_1 + b_0\left(1 - \frac{t_1}{t_2}\right) + b_1 SI\left(1 - \frac{t_1}{t_2}\right)$$

$$\ln V_2 = \ln V_1 + c_0\left(t_2^{-1} - t_1^{-1}\right) + c_1\left(\ln G_2 - \ln G_1\right)$$

式中，a、b、c 分别为 3 个方程的系数；SI 为立地指数；t_1 和 t_2 分别为现在和未来的林分年龄；V_1 和 V_2 分别为现在和未来的林分蓄积；G_1 和 G_2 分别为现在和未来的林分断面积密度。

以某一个特定年龄下优势木的平均高度表示立地质量，反映林分的立地条件不断拓展模型形式。将生长季平均温度（GST）和生长季总降水（GSP）引入扩展模型，探究气候因子对模型优度的影响（表 3-2）。

表 3-2　本研究中建立的基础模型和扩展模型

模型	模型形式
[M_0] 基础模型	$\ln V_1 = a_0 + a_1 t_1^{-1} + a_2 \ln G_1$
	$\ln G_2 = \left(\dfrac{t_1}{t_2}\right)\ln G_1 + b_0\left(1 - \dfrac{t_1}{t_2}\right)$
[M_1] 基础模型&林分优势高	$\ln V_1 = a_0 + a_1 H_{dom} + a_2 t_1^{-1} + a_3 \ln G_1$
	$\ln G_2 = \left(\dfrac{t_1}{t_2}\right)\ln G_1 + b_0\left(1 - \dfrac{t_1}{t_2}\right) + b_1 H_{dom}\left(1 - \dfrac{t_1}{t_2}\right)$
[M_2] 基础模型&气候因子	$\ln V_1 = a_0 + a_1 t_1^{-1} + a_2 \ln G_1$
	$\ln G_2 = \left(\dfrac{t_1}{t_2}\right)\ln G_1 + b_0\left(1 - \dfrac{t_1}{t_2}\right) + \left(b_1 GST + b_2 GSP\right)\left(1 - \dfrac{t_1}{t_2}\right)$
[M_3] 基础模型&林分优势高&气候因子	$\ln V_1 = a_0 + a_1 H_{dom} + a_2 t_1^{-1} + a_3 \ln G_1$
	$\ln G_2 = \left(\dfrac{t_1}{t_2}\right)\ln G_1 + b_0\left(1 - \dfrac{t_1}{t_2}\right) + \left(b_1 H_{dom} + b_2 GST + b_3 GSP\right)\left(1 - \dfrac{t_1}{t_2}\right)$

注：a、b 分别为方程的参数；H_{dom} 为林分的优势高；t_1 和 t_2 分别为现在和未来的林分年龄；V_1 为现在的林分蓄积；G_1 和 G_2 分别为现在和未来的林分断面积密度；GST 和 GSP 分别为生长季的平均温度和总降水

使用 R 语言 systemfit 包中的似乎无关回归方法（seemingly unrelated regression，SUR）用于模型构建。选择了标准偏差（$\bar{E}$）、均方根误差（RMSE）和模型评价效率（MEF）3 个模型优

度评价指标进行模型检验与比较，并从 3 个扩展模型中选出最优模型：

$$\overline{E} = \frac{\sum_{i=1}^{n}(y_i - \hat{y}_i)}{n}$$

$$RMSE = \sqrt{\frac{\sum_{i=1}^{n}(y_i - \hat{y}_i)^2}{n-p}}$$

$$MEF = 1 - \frac{(n-1)\sum_{i=1}^{n}(y_i - \hat{y}_i)^2}{(n-p)\sum_{i=1}^{n}(y_i - \overline{y}_i)^2}$$

式中，y_i、$\hat{y}_i$ 和 $\overline{y}_i$ 分别为预测变量的真实值、预测值和真实值的平均值；n 为样本数量；p 为方程参数的个数。

通过在传统模型中引入气候因子，不同程度上提高了各森林类型生长模型的预测能力，最优模型中同时包含林分优势高和气候因子，与基础模型相比，RMSE 平均降低了 13%。最优模型的独立样本检验和敏感性分析结果也表明了其较好的预测优度，通过在传统模型中引入气候因子，提高了模型的预测能力，可用于估计特定气候条件下不同森林类型森林资源的生长动态。该模型形式相对简单、使用方便，不仅解决了区域气候差异对森林生产力的影响，而且为全球变化条件下林分生长模型的构建提供了理论支持（表 3-3）。

表 3-3 东北地区不同森林类型最优模型的参数估计值

森林类型	所有林型	阔叶混交林	针阔混交林	蒙古栎林	落叶松林	白桦林
调查点数	384	192	30	92	37	33
株数	30 135	15 284	2 748	7 097	2 314	2 692
a_0	1.395 7***	1.407 9***	1.762 8***	1.322 6***	1.921 5***	1.509 9***
a_1	0.015 1***	0.012 0***	0.010 0**	−0.003 8ns	0.001 9*	0.017 0***
a_2	−2.088 6***	−2.283 0***	−4.140 6***	−0.715 7*	−1.247 0**	−1.708 3*
a_3	1.104 9***	1.118 0***	1.050 0***	1.212 2***	1.074 7***	1.017 3***
b_0	1.141 8***	3.095 8***	6.163 2***	0.585 8ns	−0.989 2ns	3.826 8*
b_1	0.083 7***	0.082 0***	0.074 1***	0.126 1***	0.041 0***	−0.025 0ns
b_2	0.016 8ns	−0.037 7*	−0.125 0**	−0.001 0ns	0.096 0*	−0.035 6ns
b_3	0.001 8***	0.000 1ns	−0.002 2**	0.002 5***	0.006 9**	0.002 2ns

注：***表示 $P<0.001$，**表示 $P<0.01$，*表示 $P<0.05$，ns 表示不显著

二、径阶分布模型

径阶分布模型是林分生长和收获研究的重要组成部分，这类模型是以林分调查因子和直径分布为变量来预估林分结构和生长收获的动态变化。在径阶模型中，胸径是预测生长量最重要的变量，一方面，林木个体直径在实际调查过程中相对容易获得，并且可以较好地反映树木生长情况，所以极大地减小了外业调查的难度，可提高工作效率；另一方面，单木蓄积及其经济

价值受到林木直径大小的影响，在森林经营管理过程中考虑不同径级大小乔木在生产生活中的实际应用，有利于更好地发挥其经济效益。林分中林木的径级分布状况是重要的林分结构信息，相较林分生长模型提供的信息，径阶分布模型提供的信息更为全面，可以掌握整个林分树木径阶的分布状态，尤其是在同龄林中。为了制定合理的材种培育目标、分析评价间伐效果等，不仅需要掌握全林分的总体蓄积，也需要掌握全林分各个径阶的材积分布状况，这在森林经营管理策略的制定过程中具有重要的应用价值。

根据研究方法的不同，径阶分布模型分为矩阵模型、直径分布模型等多种分支。

（一）矩阵模型

Leslie（1945）利用年龄结构的矩阵模型预测了动物种群动态变化，Usher（1966）首次在异龄林中应用此方法进行异龄林生长动态分析。矩阵模型结构简单，易于理解，因此应用较为广泛。它的基本形式如下：

$$\begin{bmatrix} x_1(t+1) \\ x_2(t+1) \\ \vdots \\ x_m(t+1) \end{bmatrix} = \begin{pmatrix} a_{11} & a_{12} & a_{13} & \dots & a_{1m} \\ a_{21} & a_{22} & 0 & \dots & 0 \\ \vdots & \vdots & \vdots & & \vdots \\ a_{m1} & a_{m2} & \dots & \dots & a_{mm} \end{pmatrix} \begin{bmatrix} x_1(t) \\ x_2(t) \\ \vdots \\ x_m(t) \end{bmatrix}$$

式中，$x_i(t+1)$ 为 t 年时，第 i 个径阶的林木株数；a_{ij} 为第 t 年时，由 j 径阶转移到 i 径阶的概率，第一行表示进界生长。转移概率 a_{ij} 与林龄、林分密度和立地条件有关（唐守正等，1993）。

矩阵模型的关键是转移概率矩阵的确定，包括进阶生长、进界生长、枯损和保留过程。较为常用的概率确定方法有两种：①转移概率，期初为第 i 径阶到期末上升到第 j（$j>i$）径阶的株数除以期初第 i 径阶的株数，称第 i 径阶到第 j 径阶的转移概率。各径阶内每株树是否上升到另一径阶取决于其所处径阶内的位置和生长量。其中生长量可通过生长子模型计算。采用此法的要求是用于建模的样地中各径阶有足够的株数，才能较精确地估计出各径阶的转移概率。②移动因子 R，利用第 i 径阶单位分期内直径生长量除以径阶宽度，用移动因子的数值估计上升的径阶及相应的上升比例，若 $R>1$，则小数部分表示上升一个径阶的株数比例，其余保留在原径阶；若 $1<R<2$，则小数部分表示上升两个径阶的株数比例，其余部分上升一个径阶。这种方法是在假设径阶内林木分布呈均匀分布的条件下得出的，在实际中可以根据各径阶内林木分布方式对 R 进行修正。

更具体地，如果考虑采伐和多树种的情况下，模型的形式可以写为如下形式：

$$Y_{t+1} = G_t(Y_t - H_t) + I_t$$

式中，$Y_{t+1}=[y_{s,\ i,\ t+1}]$，$s=1$，$\cdots$，$m$（$m$ 为树种组个数），$i=1$，$\cdots$，n（n 为径阶数），$y_{s,\ i,\ t+1}$ 为 s 树种组 $t+1$ 时刻 i 径阶的单位面积株数；$Y_t=[y_{s,\ i,\ t}]$，$y_{s,\ i,\ t}$ 为 s 树种组 t 时刻 i 径阶的单位面积株数；$H_t=[H_{s,\ i,\ t}]$，$H_{s,\ i,\ t}$ 为 s 树种组 t 时刻 i 径阶的单位面积采伐株数，当 H_t 为 0 时，为自然生长；G_t 为 t 时刻到 $t+1$ 时刻的径阶转移概率矩阵，即

$$G_t = \begin{pmatrix} G_{1t} & & & \\ & G_{2t} & & \\ & & \cdots & \\ & & & G_{mt} \end{pmatrix}$$

$$G_{st} = \begin{pmatrix} a_{s,1,t} & 0 & 0 & 0 \\ b_{s,1,t} & a_{s,2,t} & 0 & 0 \\ 0 & \vdots & \vdots & \vdots \\ 0 & 0 & b_{s,n-1,t} & a_{s,n,t} \end{pmatrix}$$

式中，$a_{s,n,t}$ 为第 s 树种组 n 径阶在 $t+1$ 时刻保留在原径阶内的概率，即保留率；$b_{s,n-1,t}$ 为第 s 树种组 $n-1$ 径阶在 $t+1$ 时刻向上生长到第 i 径阶的概率，即进阶率。

$$I_t = \begin{bmatrix} I_{1t} \\ I_{2t} \\ \vdots \\ I_{mt} \end{bmatrix}, \quad 且 \ I_{st} = \begin{bmatrix} i_{st} \\ 0 \\ \vdots \\ 0 \end{bmatrix}$$

式中，I_{st} 为 s 树种的径阶向量；i_{st} 为 s 树种组从 t 时刻到 $t+1$ 时刻进入起测径阶的株数。

最初的转移矩阵中的概率为常数，与时间和林分现实状态无关，这类矩阵为"时齐"矩阵，但是大多数情况下，转移矩阵并不是时齐的。随着研究的不断加深，开始将转移概率表示为可测林分因子的函数，这一类模型也称为非线性矩阵模型。关于转移概率模型的自变量大致可概括为林分密度、立地因子、径阶因子、物种和结构多样性指数等。

Solomon 等（1986）把生长量表示为林分密度的函数，改进了转移株数和枯损株数作为固定概率的问题。曾伟生和于政中（1991）提出了直接用直径生长量来估计异龄林林分生长矩阵中的转移概率。此外，考虑采伐的矩阵模型也在广泛应用，Hao 等（2005）建立了长白山区混交异龄林的矩阵生长模型并确定了最优择伐方案。Liang 等（2005）把树种多样性和结构多样性引入转移概率模型。向玮（2011）以吉林省汪清林业局金沟岭林场落叶松云冷杉林为研究对象，建立多树种（组）非线性矩阵生长模型用于林分生长预测和多目标经营模拟。

实际上，矩阵模型的形式和性质类似于马尔可夫过程模型，很多学者将直径分布看成随机变量的分布，利用马尔可夫过程模拟径级结构随时间的变化过程，预测林分未来的直径分布和收获量。这类模型也可称为随机过程模型，在应用过程中，这类模型的缺点主要体现在不便于利用以往的林分调查资料，很难反映营林措施，在建模时为了简化做了很多不符合实际的假设。因此随机过程模型仅能作为一种理论尝试，实际中很难加以利用。

（二）直径分布模型

林分内各个径阶的材积分布状态能够为森林经营管理决策的制定提供科学依据。在同龄林中广泛采用以直径分布模型为基础研建林分生长和收获模型的方法。这个方法的实现过程是首先利用直径分布函数提供林木相对频数，估计林分单位面积各径阶林木株数。依据林分年龄、林分密度及地位指数，选用树高-直径曲线，计算出林分各径阶林木平均高。然后利用立木材积方程、削度方程或材种出材量方程，计算出径阶单株平均材积，再乘以径阶林木株数，求出各径阶材积，各径阶材积之和为林分材积收获量。同龄林分和异龄林分的典型直径分布是不同的，当前普遍认为 Weibull 和 β 分布具有较大的灵活性和适应性，对于呈现单峰山状曲线和倒"J"形曲线的直径分布拟合效果较好。应用这两种直径分布的林分生长收获模型已经较为成熟。不同于同龄林分，异龄林分的年龄没有实际意义，所以直径分布函数的参数估计不应该使用林分年龄，可以用间隔期（如 t 年）代替建立参数动态估计方程，其他的方法与同龄林基本相同。

值得注意的是，唐守正等将这一类基于直径分布预测林分生长收获的方法划分到全林分生长模型中可变密度生长模型的隐式模型中，即以平均直径为基础的直径分布模型，而按模型模拟结果分类的方法，多数研究将此类归属于径阶分布模型，虽然分类结果不同，但二者的实质是一致的。无论是全林分生长模型还是径阶分布模型，都可以分为对现实林分生长和收获的预测及对未来林分生长和收获的预测。相比较而言，现实林分生长和收获的预测方法较为简单，而未来林分生长和收获的预测方法需要考虑林分密度的变化，所以要更加复杂。

1. 现实林分收获量的间接预测   利用径阶分布模型进行现实林分生长和收获预测的一般步骤如下：首先在已知林分单位面积林木株数的条件下，利用适宜的直径分布模型估计出林分单位面积上各个径阶的林木株数，依据已有的树高-胸径曲线计算出各径阶林木平均高。然后使用相应的立木材积表或材积方程及材种出材率表或材种出材率方程计算出相应的径阶材积及材种出材量，汇总后即可求得林分总材积和各径阶材种出材量。实际操作时需要考虑林分的地位指数或地位指数级，并以此作为选择材积表和出材率表的依据。应用这一方法的关键在于选择合适的径阶分布模型，首先需要假设林分的直径分布可以视为具有 2~4 个参数的某一种分布的概率密度函数，如正态分布、Weibull 分布、β 分布等，之后估计出径阶分布模型的参数。根据参数估计方法的不同，基于径阶分布模型进行现实林分生长和收获量间接预测的方法可以分为参数预估模型（parameter prediction model）和参数回收模型（parameter recovery model）。

以三参数的 Weibull 分布函数为例演示参数预估模型和参数回收模型的建模过程。Weibull 分布函数可以很好地描述同龄林和异龄林的直径分布，其概率密度函数为

$$f(x) = \begin{cases} 0 & x \leqslant a \\ \dfrac{b}{c}\left(\dfrac{x-a}{b}\right)^{c-1} \mathrm{e}^{-\left(\frac{x-a}{b}\right)^{c}} & x > a, \ b > 0, \ c > 0 \end{cases}$$

式中，x 为胸径；a 为位置参数，代表直径分布最小径阶的下限值，$a=D_{\min}$；b 为尺度参数；c 为形状参数。

（1）参数预估模型   参数预估模型是将用来描述林分直径分布的概率密度函数的参数作为林分调查因子如年龄、地位指数、优势木高和每公顷株数等的函数，通过多元回归技术建立参数预测方程，用这些林分变量来预测现实林分的林分结构和收获量。

假设从总体中设置 m 个临时标准地，调查了林分年龄 t、平均直径 D_g、平均树高 H、优势木平均高 H_T、地位指数 SI、每公顷林分断面积 G、每公顷株数 N、每公顷蓄积 M 和直径分布等数据。首先可以用 Weibull 分布拟合每一块标准地的直径分布，求得 Weibull 分布参数。

采用多元回归技术建立 Weibull 分布的参数预估方程：

$$a = f_1(t, \ N, \ \text{SI或}H_T)$$
$$b = f_2(t, \ N, \ \text{SI或}H_T)$$
$$c = f_3(t, \ N, \ \text{SI或}H_T)$$

利用上述公式预估各个林分的直径分布，并建立树高曲线 $H=f(D)$（D 为胸径），结合二元材积公式 $V=f(D, H)$ 计算各径阶材积。

将各径阶材积合计为林分蓄积：

$$Y_{ij} = N_t \int_{D_{L_j}}^{D_{U_j}} g_i(x) \, f(x, \ \theta_t) \, \mathrm{d}x$$

式中，Y_{ij} 为第 j 径阶胸径函数 $g_i(x)$ 所定义的林分变量单位面积值；i 为函数标志；N_t 为 t 时刻的林分每公顷株数；x 为胸径函数所对应的林分变量，如断面积、材积等；D_{U_j}、D_{L_j} 为第 j 径阶的下限和上限；$f(x, \ \theta_t)$ 为 t 时刻林分直径分布的概率密度函数。刘健等（1999）利用参数预估模型基于 Weibull 分布模型预测了天然针阔混交林的直径结构，发现直径分布在某些径阶株数变

化过多或过少时，采用参数预估模型预测的结果为一平滑的分布曲线，这种情况与实际不相符，因此有必要做出某种修正。参数预估模型的主要缺点在于过分依赖假定的分布类型，因林分直径分布受许多随机因素的影响，其形状变化多样，因此由林分调查因子估计分布参数的模型的精度较低，与全林分生长模型的相容性差。

（2）参数回收模型　　唐守正等将参数回收法定义为运用显式模型得到的平均直径和平均直径与参数的关系反求参数的方法。参数回收法假定林分直径服从某个分布函数，在确定的林分条件下，由林分的算术平均直径 $\overline{D}$、平方平均直径 D_g、最小直径 D_{min} 和分布函数的参数之间的关系采用矩解法"回收"求解相应的概率密度函数参数，得到林分的直径分布，并结合立木材积方程和材种出材率模型预估林分收获量和出材量。

以三参数 Weibull 分布函数采用参数回收模型（PRM）求解参数 b、c 的方法如下：分布函数的一阶原点距 $E(x)$ 为林分的算术平均直径 $\overline{D}$，而二阶原点距 $E(x^2)$ 为林分的平均断面积所对应的平均直径 D_g 的平方值，对于 Weibull 分布函数有

$$E(x)=\int_a^\infty xf(x,\ \theta)\ \mathrm{d}x=a+b\Gamma\left(1+\frac{1}{c}\right)$$

$$E(x^2)=\int_a^\infty x^2f(x,\ \theta)\ \mathrm{d}x=b^2\Gamma\left(1+\frac{2}{c}\right)+2ab\Gamma\left(1+\frac{1}{c}\right)+a^2$$

$$即\ \overline{D}=a+b\Gamma\left(1+\frac{1}{c}\right)$$

$$D_g^2=\int_a^\infty x^2f(x,\ \theta)\ \mathrm{d}x=b^2\Gamma\left(1+\frac{2}{c}\right)+2ab\Gamma\left(1+\frac{1}{c}\right)+a^2$$

$$或\ G=\frac{\pi}{4000}\left[Nb^2\Gamma\left(1+\frac{2}{c}\right)+2ab\Gamma\left(1+\frac{1}{c}\right)+a^2\right]$$

式中，x 为胸径；θ 为与时间有关的参数；G 为断面积。

联立方程式，由林分 $\overline{D}$ 和 D_g 值反复迭代可求得尺度参数 b 和形状参数 c。位置参数 $a=D_{min}$，则作为林分调查因子的函数：

$$a=f_1(t,\ N,\ \mathrm{SI},\ H_T)$$

杨锦昌等（2003）采用参数回收技术建立直径分布收获模型，保证了林分变量间的一致性，实现了两类模型间的相互兼容。

2. 未来林分收获量的间接预测　　以径阶分布模型为基础的未来林分生长和收获间接预测方法与现实林分生长和收获间接预测方法相比要复杂些，它不仅要求建立径阶分布模型的参数动态预测模型，同时还要求建立林分密度模型或方程。这是未来与现实林分生长和收获预测方法的区别之处，同时也是影响未来林分生长和收获预测方法质量的重要因素。为了实现未来林分生长和收获的间接预测，任何径阶分布模型法都要依据林分调查因子的数值，如林分年龄、地位指数、林分密度、平均直径、优势木平均高等，预测径阶分布模型的参数、未来林分密度及径阶林木平均高。

（1）参数预估模型　　基于径阶分布模型的参数预估法预测未来林分生长和收获量的核心是：①预测未来林分林木平均高和优势木平均高；②预测期年龄时林分存活木株数及林木株数按径阶分布状态。当有适用的地位指数方程时，则任何年龄时的林分优势木平均高可由地位指数推定。而未来 t 时刻的林木株数，则需要采用固定标准地复测数据所建立的林木枯损方程来预估。

（2）参数回收模型　　径阶分布模型中的参数回收方法预测林分未来生长和收获量的关键是

预测未来林分存活株数 N 和林分断面积 G。未来林分的林木株数可以采用林木枯损模型进行预估，而未来林分断面积 G 则需要采用林分断面积生长方程来预估。

三、单木生长模型

单木生长模型是林分生长模型的一个重要组成部分，其与全林分生长模型或者径阶分布模型的主要区别在于：全林分生长模型或者径阶分布模型的预测变量是林分或者径阶统计量，而单木生长模型中至少有些预测变量是单株树木的统计量。构建单木生长模型是指将单株林木胸径、胸高断面积、生物量和蓄积等单木生长量作为因变量，以竞争强度、气候条件等各类生物和非生物因子作为自变量，利用数学方法拟合得到具有一定形式的数学表达式，用以描述单株树木生长过程。随着生理生态学理论和方法的不断发展，以及计算机模拟技术和算法优化在林分生长模型系统中的应用，单木生长模型研究也取得了较大的进展。与其他两类模型相比，单木生长模型的优势在于它不仅可以在单木水平上评价林木的生长状况和潜力，还可以讨论森林经营之后保留木未来的生长趋势，结合计算机模拟技术，可以为择伐树种的选择提供技术支撑，对于合理地制定森林经营管理措施，以及根据不同树种经济和生态效益的发挥而进行针对性保护，此类模型有深厚的实践价值和应用前景。

因为单木生长模型是以林分中各单株林木与其相邻木之间的竞争关系为基础的，所以影响模型拟合优度的一个重要因素是模型中竞争强度指标的选择，根据单木生长模型中是否包含与邻域范围内竞争木相关的竞争因子，单木生长模型可以分为与距离无关模型和与距离有关模型两类（Burkhart and Tomé，2012）。

（一）与距离无关的单木生长模型

与距离无关的单木生长模型是将林分生长量作为林分因子（年龄、立地及林分密度等）和林木大小的函数，对不同林木逐一或按照径阶进行生长模拟以预估林分未来结果和收获量的生长模型。与距离无关的单木生长模型所选择的竞争指标与距离没有关系，不需要考虑林分内部林木之间的相对位置及对象木与其周围竞争木的相互作用，主要结合林分水平的竞争因子建立模型。此类模型认为林分内部个体木在空间上为均匀分布，认为树木竞争状态与树木自身的竞争能力及林分水平竞争强度密切相关，胸径相同的个体具有相同的生长规律，即遵循相同的数学方程表达式。竞争指标主要包括林分水平竞争指标和单木水平竞争指标，林分水平竞争指标反映目标个体木生长过程中受到的林分平均竞争压力，主要用胸高断面积密度、林分密度指数、株密度来表达；单木水平竞争指标描述目标个体局部环境状况，如相邻竞争木对目标个体木生长的影响，可以利用胸径、断面积等生物因子的各种组合，如大于目标个体木的竞争木胸高断面积之和、目标个体木胸径和林分平均胸径比值等因子来表示，这些因子也不考虑单木个体之间的空间距离，因此降低了外业调查工作量。但是由于没有考虑目标个体木邻域范围内竞争木对其生长的影响，因此在精确度上具有一定的限制。与距离无关的单木生长模型，由于建模所用的数学方法和模拟对象等的不同，在其模型结构和组成上有很大差异。但典型的与距离无关的单木生长模型包括 3 个基本组成部分：①直径生长部分；②树高生长部分（或者用树高曲线由直径预估树高）；③单木枯损率的预估，枯损率可以随机导出或用枯损概率函数预估。

（二）与距离有关的单木生长模型

与距离有关的单木生长模型是以与距离有关的竞争指标为基础来模拟林分内个体树木的生

长，并认为林木的生长不仅取决于其自身的生长潜力，还取决于其周围竞争木的竞争能力。模型所选择的竞争指标考虑林木之间的相对位置，认为竞争木竞争能力的大小取决于竞争木的大小及竞争木与对象木之间的距离。因此，林木的生长可以表示为林木的潜在生长量（即不受其他林木竞争的条件下所能达到的生长量）和竞争指数的函数，即

$$\frac{\mathrm{d}D_i}{\mathrm{d}t} = f\left[\left(\frac{\mathrm{d}D}{\mathrm{d}t}\right)_{\max},\ \mathrm{CI}_i\right]$$

$$\mathrm{CI}_i = f_i\left[D_i,\ D_j, (\mathrm{DIST})_{ij},\ \mathrm{SD},\ \mathrm{SI}\right]$$

式中，$\frac{\mathrm{d}D_i}{\mathrm{d}t}$ 为林分中第 i 株林木（对象木）的直径生长量；$\left(\frac{\mathrm{d}D}{\mathrm{d}t}\right)_{\max}$ 为该林分的单株木所能达到的直径潜在生长量，常以相同立地、年龄条件下自由树的直径生长量表示；CI_i 为第 i 株对象木的竞争指数；D_i 为第 i 株对象木的直径；D_j 为第 i 株对象木周围第 j 株竞争木的直径；$(\mathrm{DIST})_{ij}$ 为第 i 株对象木与第 j 株竞争木之间的距离；SD 为林分密度；SI 为地位指数。

与距离有关的单木生长模型包括：①竞争指标的构造和计算；②胸径生长方程的建立；③枯损木的判断；④树高、材积方程及其他一些辅助方程。其共同的模型结构为：①要输入初始的林木及林分特征因子，确定每株树的定位坐标；②单木生长是林木大小、立地质量和受相邻木竞争压力大小的函数；③竞争指标为竞争木大小及其距离的函数；④林木的枯损概率是竞争和其他单木因子的函数。

与距离有关的单木生长模型不仅考虑了树木生理状况和立地质量对单木生长的影响，而且将对象木邻域范围内影响单木生长竞争因子量化，所以还可以反映森林经营对特定对象木生长的影响，体现了不同对象木周围环境变化的差异，比林分断面积密度等因子的影响更加具有针对性，因此包含的信息更加全面，精度较高。但是在构建此类模型时，需要大量的单株树木位置资料，获取林木个体间的空间距离信息增加了外业调查难度，费时、费力等特点限制了此类模型的推广应用。

与距离有关和无关的这两类单木生长模型在预估精度上的差别主要体现在所选取的竞争指标对生长估计值的准确程度，但是这两类竞争指标的优劣尚无定论。从理论上讲，与距离有关的竞争指标从对象木和竞争木之间的关系及林木在林地上的空间分布格局两个方面进行了考虑，有可能更准确地反映林木竞争状况，因此，与距离有关的单木生长模型在预估生长和收获时应该比与距离无关的模型更加准确。但是许多研究的结果也表明，这种优势并不是始终存在的，在计算直径生长时与距离有关的单木竞争指标很少只用初始胸径的函数指标。与距离无关的单木生长模型的预估能力并不一定因为少了空间格局信息而降低，而这类模型更便于与全林分生长模型和径阶分布模型连接，这一点也说明了与距离无关的单木生长模型的应用潜力。

单木生长模型常用的建模方法主要有潜在生长量修正法、回归估计法和生长分析法。

1）利用潜在生长量修正法建立单木生长模型的基本思路是首先确定林木的潜在生长量，即建立疏开木即在林分中无竞争压力的优势木的潜在生长函数，进一步计算每株林木所受的竞争压力，即单木竞争指数，利用单木竞争指数所表示的修正函数对潜在生长量进行调整和修正，得到林木的实际生长量。采用这种方法建立单木生长模型的关键在于建立树木的潜在生长方程及对潜在生长量进行修正的修正函数。从理论上讲，林木潜在生长函数应该由疏开木的生长过程来确定。理想的疏开木定义为：始终在无竞争和无外界压力干扰下生长的林木，包括林分中始终自由生长的优势木和空旷地中生长的孤立木。由于疏开木难以确定，有些研究者建议用优势木的生长过程代替林木的潜在生长过程。修正函数的合适与否主要取决于林木竞争指标的选择是否合理，修正函数的数值为 0～1。这种方法构造的模型具有结构清晰的优点，只要正确选择疏开木，且构造的

竞争指标能够充分、有效地反映林木生长变异，一般都能获得良好的预测效果。因此，这种方法是构造单木生长模型的常用方法。

2）回归估计法是利用多元回归方法直接建立林木生长量与其林木大小、林木竞争状态和所处立地条件等因子之间的回归方程，用公式可表示为

$$\frac{\mathrm{d}D_i}{\mathrm{d}t} = f(D_i, \ \mathrm{SI}, \ t, \ \mathrm{CI}_i, \ \cdots)$$

式中，SI 为地位指数；t 为林分年龄。

采用这种方法建立的单木生长模型比较简单，模型的精度和预测能力取决于引入回归模型中的各自变量与林木生长相关性的强弱，但是模型的预估能力过分地依赖于建模的样木数据，模型的适应性差，方程的形式因研究对象的不同而异，方程的参数没有具体的生物学意义。

3）生长分析法是根据林木生长假设，把林分密度指标和林木竞争指标引入单木生长模型来模拟林分的生长。通常采用理论生长方程作为基础模型，通过分析其参数与林分密度和单木竞争之间的关系来构造单木生长模型。这种方法的优点是不依赖于疏开木的生长，若理论生长模型选择合理，可以得到良好的预测效果，但是这种方法建立的模型结构复杂，模型参数求解比较困难，因此很少有人采用该方法建立单木生长模型。

近几十年，随着数学统计分析研究的不断深入和计算机模拟技术在林业生产和实践中的应用，单木生长模型的理论和方法也逐渐完善，得到了以单木作为预测单位的林分生长预测系统（赵丽丽，2011；张海平，2017）。我国关于天然林或人工林单木生长的研究都已比较常见，马武等（2015）基于汪清林业局的复测数据建立了蒙古栎天然林的单木枯死模型、树高胸径模型和直径生长量模型，证明了单木初始状态的胸径和竞争状况是影响蒙古栎单木生长的主要因素，立地状况对单木生长的影响并不明显。此外，一些学者还分别针对白桦、桤木、油松、闽楠等树种建立了单木生长模型，不同树种的建模结果也存在不同程度的差异，这可能受到树木生理特性、研究区域及研究方法的影响（伍小敏等，2018；曹梦等，2019）。

近年来，由于全球变化，气候对于林木生长影响的研究受到了大家的关注（Piao et al.，2013），气候变化主要体现在温度升高和降水的再分配，水热条件是调控森林生态系统初级生产力的关键因素，水热条件的变化会显著影响森林的生长过程（刘世荣等，1998；Ruiz-Benito et al.，2014），可以通过影响植物生理特性直接影响林木生长，因此开展不同温度和降水条件下单木生长模型的研究具有重要的现实意义。一些学者研究了区域尺度下气候差异对落叶松、白桦等树种生长的影响，进一步证实了树木生长对气候变化的敏感性反应，解决了区域间气候差异对一些树种单木生长的影响（Zeng et al.，2017）。

生态学中通常将不同的森林生长模型归类为经验模型和过程模型，我们先前介绍的全林分生长模型、径级分布模型和单木生长模型均属于经验模型。20 世纪 80 年代，基于树木生长过程机制进行模型构建的技术开始出现并受到广泛关注。与经验模型相比，过程模型可以表示树木生长中关键的机制过程，如光合作用、呼吸作用、氮循环、碳平衡、水平衡等，它克服了经验模型的不足，可以考虑环境因子和一些人为干扰对森林生长的影响。在林业中常应用的动态过程模型主要包括林隙动态模型、BIOME-BGC（the forest-bio-geo-chemical）、Cenw（the carbon, energy, nutrients, and water）、BALANCE、CROBAS（CROwn BASe）、3-PG（physiological principles in predicting growth）等。

实际上林隙动态模型是另一种形式的单木生长模型，可以模拟林分或更大森林单位内小斑块的发展动态。这类模型通常以单木为模拟单位，单木汇总起来可代表林分发展状况。林隙是影响森林动态的重要结构要素，林隙更新模型对于模拟林隙效应、提高对林隙动态的理解至关重要，这些模

型可以模拟各种动态过程,对林分和生态系统水平的分析有很高的实用价值,然而鉴于林隙尺度上作业的局限性和模型应用的数据要求,林隙更新模型很少在经营中应用。以 3-PG 模型为例,它是基于关键生理学过程发展的异速生长模型,主要以气温、降雨量、霜冻天数等气候因子作为输入变量,模拟树木生长的光合作用、碳平衡、水平衡、凋落物分解等过程,预测树木各器官生物量、林分蓄积、平均胸径等。我国学者将该模型应用到不同树种的生长模拟中,如中国东北长白落叶松(*Larix olgensis*;Xie et al.,2017)的生长模拟。Forrester 和 Tang(2016)还进一步开发了混交林的3-PG 模型。

总之,过程模型的关键应用是研究科学假设、评估气候和环境因子对植物的影响、评价新环境中外来物种的生长和阐述基本的生理学原理等。过程模型没有统计学的假设,所需数据不需满足独立、正态分布和方差齐性等性质。该类模型不仅可以预测林分胸径、树高和生物量等,还可以用于预测特定经营措施和气候变化条件下的林分动态。但是过程模型的缺点是:结构复杂,存在不确定性,一些参数数值通过现今的技术手段仍无法获取,一些关键性的输入变量和模型参数对预测变量的影响非常灵敏,输入数据数量较多,计算耗费时间较长(薛海连,2021)。

思 考 题

1. 林分生长的特点是什么?
2. 简述林分发育阶段及其特征。
3. 影响林分生长的主要因素有哪些?
4. 简述林分生长量的种类及各生长量的关系。
5. 简述森林生长模型的种类及各自的特点。

主要参考文献

曹梦,潘萍,欧阳勋志,等.2019. 基于哑变量的闽楠天然次生林单木胸径和树高生长模型研究[J]. 北京林业大学学报,41(5):88-96.

符利勇,唐守正,张会儒,等.2015. 基于多水平非线性混合效应蒙古栎林单木断面积模型[J]. 林业科学研究,28(1):23-31.

李春明.2009. 利用非线性混合模型进行杉木林分断面积生长模拟研究[J]. 北京林业大学学报,31(1):44-49.

李春明,唐守正.2010. 基于非线性混合模型的落叶松云冷杉林分断面积模型[J]. 林业科学,46(7):106-113.

刘健,陈平留,郭育坚,等.1999. 闽北天然针阔混交林林分结构生长动态预测研究[J]. 华东森林经理,3:39-42.

刘平,王玉涛,马履一,等. 2010. 油松人工林林分生长过程动态预测及检验[J]. 东北林业大学学报,(1):40-43.

刘世荣,郭泉水,王兵.1998. 中国森林生产力对气候变化响应的预测研究[J]. 生态学报,(5):32-37.

马武,雷相东,徐光,等. 2015. 蒙古栎天然林单木生长模型研究——Ⅰ.直径生长量模型[J]. 西北农林科技大学学报(自然科学版),43(2):99-105.

孟宪宇.2006. 测树学[M]. 3 版. 北京:中国林业出版社.

唐守正，李希菲，孟昭和. 1993. 林分生长模型研究的进展[J]. 林业科学研究，6（6）：672-679.

王少杰，邓华锋，黄国胜，等. 2016. 基于哑变量的油松人工林和天然林生长模型[J]. 森林与环境学报，36（3）：325-331.

伍小敏，徐春，杨汉波，等. 2018. 四川桤木天然林和人工林的单木生长模型研究[J]. 四川林业科技，39（4）：8-11.

向玮. 2011. 落叶松云冷杉林矩阵生长模型及多目标经营模拟[J]. 林业科学，47（6）：77-87.

胥辉. 2001. 思茅松天然次生林林分生长模型的研究[J]. 云南林业科技，2：13-16.

薛海连. 2021. 基于过程模型的森林生长模拟与经营优化[M]. 咸阳：西北农林科技大学博士学位论文.

杨锦昌，江希钿，许煌灿，等. 2003. 马尾松人工林直径分布收获模型及其应用研究[J]. 林业科学研究，16（5）：581-587.

曾伟生，于政中. 1991. 异龄林的生长动态研究[J]. 林业科学，27（3）：194-197.

张海平. 2017. 基于气象因子的天然白桦林单木胸径生长模型的研究[D]. 哈尔滨：东北林业大学硕士学位论文.

张子强，王小昆，熊妮娜，等. 2008. 北京落叶松人工林全林分模型研建[J]. 河北林果研究，23（1）：22-25.

赵丽丽. 2011. 小兴安岭地区天然林林分生长模型[D]. 哈尔滨：东北林业大学硕士学位论文.

Abvery T E，Burkhart H E. 1983. Forest Measurement[M]. 3rd ed. New York：McGraw-Hill Book Company.

Bailey R L，Ware K D. 1983. Compatible basal area growth and yield model for thinned and unthinned stands[J]. Canadian Journal of Forest Research，（13）：563-571.

Burkhart H E，Tomé M. 2012. Modeling Forest Trees and Stands[M]. New York：Springer Science & Business Media.

Clutter J L. 1963. Compatible growth and yield model for loblolly pine[J]. Forest Science，9（3）：354-371.

Davis L S，Johnson K N. 1987. Forest Management[M]. New York：McGraw-Hill Book Company.

Fang Z，Bailey R L，Shiver B D. 2001. A multivariate simultaneous prediction system for stand growth and yield with fixed and random effects[J]. Forest Science，47（4）：550-562.

Forrester D I，Tang X. 2016. Analyzing the spatial and temporal dynamics of species interactions in mixed-species forests and the effects of stand density using the 3-PG model[J]. Ecological Modelling，319：233-254.

Hao Q Y，Meng F R，Zhou Y P，et al. 2005. A transition matrix growth model for uneven-aged mixed-species forests in the Changbai Mountains，northeastern China[J]. New Forests，29（3）：221-232.

Langsaeter A. 1941. Om tynning i enaldret gran-og furuskog（About thinning in even-aged stands of spruce，fir and pine）[J]. Meddel. F. D. Norske Skogsforsoksvesen，8：131-216.

Lei X，Yu L，Hong L. 2016. Climate-sensitive integrated stand growth model（CS-ISGM）of Changbai larch（*Larix olgensis*）plantations[J]. Forest Ecology and Management，376：265-275.

Leslie P H. 1945. On the use of matrices in population mathematics[J]. Biometrika，（33）：183-212.

Liang J J，Buongiorno J，Monserud R A. 2005. Growth and yield of all-aged Douglas-fir-western hemlock forest stands：a matrix model with stand diversity effects[J]. Canadian Journal of Forest Research，35：2368-2381.

Munro D D. 1974. Forest growth models—a prognosis[A]. *In*：Growth models for tree and stand simulation[C]. Stockholm.

Ruiz-Benito P，Madrigal-González J，Ratcliffe S，et al. 2014. Stand structure and recent climate change constrain stand basal area change in European forests：a comparison across boreal，temperate，and mediterranean biomes[J]. Ecosystems，17（8）：1439-1454.

Schumacher F X. 1939. A new growth curve and its application to timber yield studies[J]. Journal of Forestry，37（10）：819-820.

Solomon D S, Hosemer J R, Hayslett H T. 1986. A two-stage matrix model for predicting growth of forest stands in the northeast[J]. Canadian Journal of Forest Research, （16）: 521-528.

Sullivan A D, Clutter J L. 1972. A simultaneous growth and yield model for loblolly pine[J]. Forest Science, 18（1）: 76-86.

Usher M B. 1966. A matrix approach to the management of renewable resources, with special reference to selection forests-two extensions[J]. Journal of Applied Ecology, 3（2）: 355-367.

Xie Y, Wang H, Lei X. 2017. Application of the 3-PG model to predict growth of *Larix olgensis* plantations in northeastern China[J]. Forest Ecology and Management, 406: 208-218.

Xing D, Nielsen S E, Macdonald S E, et al. 2018. Survival and growth of residual trees in a variable retention harvest experiment in a boreal mixedwood forest[J]. Forest Ecology and Management, 411: 187-194.

Zeng W, Duo H, Lei X, et al. 2017. Individual tree biomass equations and growth models sensitive to climate variables for *Larix* spp. in China[J]. European Journal of Forest Research, 136（2）: 233-249.

Zhou D, Zhao S Q, Liu S, et al. 2013. A meta-analysis on the impacts of partial cutting on forest structure and carbon storage[J]. Biogeosciences, 10（6）: 3691-3703.

| 第四章 |

林窗干扰与森林动态

◆ 第一节 森 林 干 扰

一、森林干扰的基本概念

（一）干扰与干扰生态

1. 干扰 随着人们对自然认识的深入和社会发展的需要，干扰有不同的定义。White 经过对干扰的内涵进行分析后指出：任何群落和生态系统都是动态变化和空间异质的，干扰是天然群落结构和动态时空异质性的主要来源。Pickett 等则把干扰定义为使生态系统、群落或物种结构遭受破坏，使基质和物理环境的有效性发生显著变化的一种离散性事件。对于人类生产活动，一般不称为干扰，这是因为在人们的想象中，干扰总是与破坏联系在一起的，但对于自然生态系统来说，人类的一切行为均是干扰。

2. 干扰生态 干扰生态已成为当代生态学研究的活跃领域，干扰生态学是以研究影响生态系统自然干扰事件为主的科学，重点研究影响生态系统结构与功能的自然现象，开发能够预测长期或景观水平的经营管理活动对自然干扰发生频度、强度影响的模型。对于森林生态系统而言，重点研究自然干扰在森林生态系统可持续经营中的地位和意义，为森林资源的保护、森林生态系统的可持续经营提供必要的信息和策略。从干扰生态学的角度出发，森林生态系统的演替不一定要朝着固定的方向发展，相反，它强调随机性和非预定性。随着干扰生态学的发展，生态学家发现自然生态系统展示了植被变化的多个途径及常常有多个稳定的状态，而不是一个共同的演替顶极。自然干扰在影响物种的相似性和演替途径中起到了重要作用，因此，根据自然干扰的作用关心人类干扰对生态系统的影响也是必不可少的。

（二）森林干扰类型划分

森林干扰从不同的角度可有不同的划分方法（表 4-1），按干扰起因分为自然干扰和人为干扰。

1. 自然干扰 森林中常见的自然干扰有生物性与非生物性之分，火、风、雪、洪水、土壤侵蚀、地滑、山崩、冰川、火山活动等属于非生物性自然干扰，动物危害和病虫害等则属于生物性自然干扰；其中研究较多的是森林火灾和风倒、雪害等干扰。

2. 人为干扰 自人类社会出现以后，除自然干扰以外，又增加了人为干扰，其影响远远超过了自然干扰，因为人为干扰彻底改变了原来的森林景观。人类对森林的干扰多种多样，主要包括毁林、采伐、修枝、砍伐下木、扫除枯落物、放牧、采集果实、开矿、旅游、工业污染等。随着人类社会和经济的高速发展，一些新的人为干扰不断出现，干扰强度也会日益增大。就人为干扰而言，按其性质分为破坏性干扰和增益性干扰。破坏性干扰多是指导致森林结构破坏、生态平衡失调和生态功能退化的行为，这些人为干扰有时甚至是毁灭性的。增益性干扰则是指促进森林生态系统正向演替的人为活动，如合理采伐、人工更新和低产、低效林分改造等。

表 4-1　森林干扰的主要类型及其生态意义（朱教君和刘足根，2004）

划分依据	干扰种类	具体表现方式	生态意义
干扰起因	自然干扰	火灾、地震、病虫害等	森林生态系统结构破坏，甚至消失
	人类干扰	毁林、采伐、抚育、放牧、采集、开矿、旅游、工业污染	破坏森林生态系统自然生态过程
干扰来源	内部干扰	倒木、机械摩擦、种间竞争、他感作用	对生态系统演替起到重要的作用
	外部干扰	强烈的外界干扰及人为砍伐、放牧	打破自然生态系统演替过程
干扰性质	破坏性干扰	乱砍滥伐等	森林正常结构被破坏、平衡失调和功能退化
	增益性干扰	合理采伐、人工更新	促进发育和繁衍，延续生态功能的发挥
干扰传播特征	局部干扰	倒木、择伐	生态系统能正常演替或危害性小
	跨边界干扰	强烈气候干扰、传染性病虫害	影响生态系统正常演替
干扰机制	物理干扰	机械运输木材	破坏生态系统结构，影响正常演替
	化学干扰	土壤侵蚀、酸雨、臭氧	同物理干扰
	生物干扰	病虫害暴发、外来种入侵	同物理干扰
干扰程度	可恢复干扰	虫害、砍伐、火灾	逐步演替后，有可能得到恢复
	不可恢复干扰	人为修建水库和建筑物等	永久性破坏

（三）森林干扰特征描述

在森林生态系统中，干扰特征由干扰类型决定，一般用干扰频率、恢复速率、干扰事件影响的空间范围、形状及景观范围等说明干扰特征。另外，也有应用一般干扰特征进行组合形成时间参数（干扰频率/恢复频率）和空间参数（干扰影响范围/景观范围），以描述森林干扰的特征。研究表明，认识干扰特征必须以一定的尺度为前提，因为干扰是在自然条件下存在的普遍现象，生态系统内中小尺度的干扰可以被大尺度的系统消化，大尺度的干扰往往掩盖小尺度的干扰事件。描述干扰特征的一个重要概念是干扰状况（表 4-2），正确理解这些概念，有利于加深对干扰的认识。

表 4-2　描述干扰特征的概念及其含义（朱教君和刘足根，2004）

主要项目	定义
分布	空间分布，包括与地理的、地形的、环境的及群落梯度的关系
频度	在一个时间段内发生的平均次数
重发间隔	频度的倒数，两次扰动之间的平均次数
周转期限	将整个研究区域扰动一遍所需的平均时间
预期性	重发间隔方差的反函数
面积或大小	每个时间段中的面积，每个时间段、每次干扰类型的总面积
强度值	每次每单位面积上该事件的物理力（对火因素来说，指每个时间段、每单位面积所释放的热量）
严重程度	对有机体、群落或生态系统的影响
协同效应	其他扰动对该事件的效应（如干旱会提高火的作用强度，昆虫伤害会提高植物对风暴的敏感性）

二、主要森林干扰类型

（一）火干扰

火是最活跃的生态因子之一，经常作用于森林生态系统，其干扰作用具有双重性。一方面，高强度火突然释放大量能量，导致森林生态系统内各种生物死亡，破坏了森林生态系统的平衡；同时，由于高强度火灾发生后与其他因素的协同作用，易遭受病虫的危害，加速森林生态系统的破坏。高强度火的作用会使低价值的树种取代珍贵树种；萌生树种取代实生树种；生产力低的林分取代生产力高的林分。另一方面，低强度、小面积的火或局部火的作用，有利于改善森林环境，对维持森林生态系统的平衡、促进森林进展演替具有积极作用。因此，火可以作为加速森林演替的工具和手段。由于火干扰的偶发性及人为不可控性，有关火干扰发生的过程研究目前国内外报道得较少；但火干扰后有关森林生态系统的生态过程的研究则较多。

（二）风干扰

风干扰是森林干扰中最常见的一种，已有研究表明，风害折断林木顶枝或疏开林冠，改变林内光照，使林分内土壤温度昼夜变幅加大，形成的风倒木对林地土壤和风倒木范围的植被产生明显影响，从而引起小尺度的生境异质性；环境因子的改变导致林冠层树种更新格局发生变化。关于风干扰过程的研究比较多，自20世纪90年代初至今在国际林业研究组织联盟已召开3次有关风干扰国际研讨会，从风害产生的原因、机制，到风对森林造成的危害，对树木的生长、形态及森林生态的影响等进行了全面研究。有关风干扰过程的基本结论认为，风干扰是在大的气候条件作用下受海拔、地形、地势和林型等共同作用产生的。

（三）病虫害干扰

病虫害是一种重要的干扰，常引起林木损伤与死亡。例如，松毛虫专以松树的针叶为食，当虫害暴发严重时，受害松树的针叶会被松毛虫取食殆尽，使树木的光合作用能力彻底丧失，最终导致死亡。但病虫害在森林演替、物质循环和能量流动、食物来源、创造野生动物生境等方面都做出了积极的贡献，而且在森林生态系统发展中，对于生物多样性、土壤肥力、森林的稳定性等方面起着重要的作用。

（四）抚育和采伐干扰

抚育是人类对森林生态系统的一种经营性干扰，一般包括整地、施肥、灌溉、除草、林地清理、整枝和间伐等。这些人为干扰的目的是改善土壤的物理性质和养分状况，促进养分的循环和利用，增加林地的光照条件，最终是为了提高林地和森林的生产力，以及防止有危害的自然干扰发生。目前，以抚育为主的人为干扰多数是在人工林生态系统中进行的，而对于天然林生态系统，这种干扰的过程、结果等目前尚不清楚。

森林采伐是人类为获得木材而进行的一种森林经营活动，这种干扰不可避免地会对森林生态系统产生较大的扰动。由于林木的采伐，植被破坏，以及人、畜、机械和木材在林地上运行，集运材道路和贮木场等土木工程，使林地土遭受到不同程度的损害。大量具有生产能力的土壤将流失，养分、水分、空气在土壤中的传输受阻，土壤中菌根和微生物的活动受到限制，从而引起地力衰退。决定土壤破坏程度的最主要因素是采伐强度、集运材方式，以及所使用的机械设备类型。采伐干扰方式对森林生态系统的影响很大，采伐可促进林木生长发育、改善林分组分、更新恢复、动植物多样性的维护和合理开发利用，以及保障环境与美学效益等。

　　另外，森林中常见的其他干扰方式还有污染、林内生物采集、采樵、狩猎和捕捞等。随着人类社会的发展，人为干扰也在不断地出现新的方式，如旅游、探险活动等，这些干扰也都对森林生态系统造成了不同程度的影响。

三、干扰对森林生态系统的影响

（一）干扰对森林更新及演替的影响

　　自然干扰被认为是生态系统的正常行为，森林生态系统通常受自然干扰的作用，影响森林环境，使森林结构和功能发生改变，进而成为森林生态系统演替/变化的驱动力之一。已有的研究表明，受自然干扰后的林地可以进行更新，因此，自然干扰在维持植被组成、演替过程和加速改变植被组成等方面具有无可替代的作用。掌握森林干扰和演替的生态过程、森林建群种的种群动态及它们相互的生态过程是森林生态系统可持续经营的前提。干扰程度也影响森林更新、演替。极端类型的干扰（冰川活动、滑坡、严重侵蚀、大面积严重火灾等）发生后，森林冠层、树木个体、土壤表层结构、土壤营养及其他理化性质等都发生强烈变化，从而改变森林的物种结构；而较弱度的干扰（风倒、疏伐、突发性病虫害等）则可能促进多个树种、多种机制的更新。不同火干扰强度对森林更新影响的研究表明，低强度火干扰可以丰富森林更新的内容，但不能使更多的上层林木消失；高强度火干扰虽然可以使上层林木消失，但同时也使种子库受损；而中强度火干扰对更新最有利，在消除上层木的同时促进了更新。侯向阳等对长白山风干扰迹地后的森林更新与恢复研究表明，风干扰迹地的土壤水分及碳、氮、有机质含量有所降低，耐荫树种优势度趋于降低，阳性树种优势度逐年增加。

（二）干扰对物种多样性的影响

　　干扰对生物多样性的变化很重要，因为干扰影响了森林生态系统的结构和功能，进而决定生境镶嵌性的特征，影响森林建群种的种群动态。很多研究表明，中度的干扰可增加森林生态系统的总体生物多样性，例如，风害 14 年后的松林和橡胶林生物多样性的变化，表明维管植物物种丰富度大幅度增加；北方森林小尺度异质性研究表明，干扰使林内土壤中的无脊椎动物多样性增加。对山地梣树（ash）森林皆伐干扰和自然火灾干扰后的生物多样性进行比较，森林皆伐后很多对后续植被发育起关键作用的生物遗留物均已消失，而自然火灾却可以很完整地把对后续植被发育起关键作用的生物保留下来，这有利于保护山地森林生态系统的生物多样性。另外，干扰的出现及干扰之间的间隔也是影响森林生态系统生物多样性变化程度的主要因子。

（三）干扰对森林生态系统稳定性的影响

　　干扰是生态系统空间异质性产生的主要来源，是决定生态系统组成和结构的主要外部动力。由于干扰影响树木个体，形成不同大小的斑块，改变原来的格局结构，从而影响树种之间的竞争和树木的生长环境。干扰一般使森林生态系统发生以下变化：在斑块范围内引起优势树种或个体死亡，造成格局结构和生境发生变化，限制了某些植物的生物量，从而为某些树种创造了新的生态位，维持生物地球化学循环。多数强烈的自然干扰和人为干扰会破坏森林现存结构，打破已有的生态平衡、改变生态功能，从而引起生态系统稳定性下降。但中度干扰或弱度干扰可以增加生态系统的生物多样性，常有利于生态系统稳定性的提高。

四、自然干扰与人为干扰的比较

掌握自然干扰与人为干扰的关系对培育森林具有重要的意义,目前该方面的研究多集中在营林实验中。通过观测长期和短期营林效果发现,人为经营干扰不是改变森林功能,而是维持其状况,并认为通过营林技术和模拟森林自然变化过程可以提高森林的自然性和生物多样性。原木搬运干扰对林内生物多样性影响的研究表明,在自然干扰方式弹性范围内,原木搬运对生物多样性的影响最小,但这需要搬运原木的操作产生的干扰在空间尺度包括林分水平和景观水平上与自然干扰达到高度的一致性。自然干扰后林地残留生物特征的类型、数量和空间分布特点的研究表明,自然干扰林地残留物对后续植被的发育起关键作用,如果能够区分人为干扰事件如原木搬运与自然干扰后林地残留物的差异,并修正营林系统使其与自然干扰方式一致,那么就可以更好地保护生物多样性。

森林经营者在设计营林系统时,要从生态与经济角度综合考虑天然林的发育过程,包括很好地理解天然林的自然干扰过程及其生物遗留物,如自然干扰后活立木、木桩、原木的结构等,因为天然林的结构发育远比传统林学家认为的复杂得多,而且自然干扰产生的结构遗留将成为林分发展、演替、构成物种多样性等的关键因素。在实际营林操作时最主要的困难是按自然干扰的原理,确定需要保留管理目标的结构种类、数量和空间格局。因此,在进行人为干扰的同时,如何根据自然干扰原理利用人为干扰引导森林管理,掌握自然干扰和人类干扰的关系是十分重要的。

(一)自然干扰和人为干扰的区别

如以人为干扰中木材生产与自然干扰中火灾为例,自然干扰和人为干扰的主要区别可以归纳总结如下:第一,木材采伐的周期比自然干扰短,短期森林轮作的结果是过熟林的结构类型和森林的特征没有足够的时间去发展;第二,自然干扰和人为干扰的空间布局不同,如森林火灾覆盖面积较大,但在其影响范围内,燃烧仅形成一些斑块或保留完整,即自然干扰(火、风),通常比人为干扰(木材采伐)产生不同类型的异质性;第三,自然干扰后,更多的有机质被保存下来,风灾后出现了枯立木,火灾留下了大量燃烧的树木,而采伐作业后土壤的化学特性发生了变化,如土壤中的总碳量、总氮量下降,C/N 值下降,土壤酸性增加,pH 和置换酸度降低,阳离子交换量降低等;第四,火灾后的炭木是许多物种生长发育需要的生境,而人为干扰很难产生类似环境;第五,采伐迹地与自然干扰林地有不同的树种更新。一般认为低强度、小面积的火或局部火没有烧毁原有物种,容易使一些喜光植物得以侵入,增加了森林物种的多样性,有利于维持和促进森林生态系统的平衡与稳定,促进森林正向演替。与传统的营林方法相比,自然干扰造成的格局和过程在时间和空间上展示出更大的变异性,且留下的遗迹(枯立木或倒木)直接影响干扰后森林发展的格局,因而倾向于形成更复杂的森林类型。另外,自然干扰方式的时空异质性也影响森林中林木年龄结构的变化,决定着枯死物的分布。

皆伐作为一种人为干扰限制了大径级原木回归到原林地,对森林地表会产生负面影响,这与自然干扰发生后广泛清除枯立木的做法是相似的。对皆伐林地从两个尺度上模拟自然干扰的时空效应,得到的基本结论认为,在林分尺度的皆伐样地上,应尽量保留更多的树种,在区域景观尺度上,应创造类似自然干扰的不同年龄林分的镶嵌。

(二)自然干扰与森林经营管理

目前,已有越来越多的森林经营者与生态学家共同关注火、飓风、龙卷风和病虫害等干扰型的灾难,并通过研究使之成为未来营林学参考的可能模型。因此,明确自然干扰过程对完成木材收获和维持森林生态完整性的双重目标是大有裨益的。Ratcliffe 等认为，模拟天然林生态系统自然干扰过程和天然林结构组成的特征，并建立相应的干扰标准是可能的；在英国北方森林中，已采纳了以一些受过自然干扰的森林遗迹为模板的经营思想。在干扰生态框架中考虑人类对森林的利用将为我们提供森林可持续经营的一个基础模型。如果把森林经营管理活动看作是不同强度的干扰计划，考虑森林生态系统和自然干扰动态的等级性将有助于森林可持续经营。任何一种经营管理行为都或多或少地影响森林的生境特征，进而影响到生物多样性、生态系统结构等。Mitchell 等在研究中指出，了解自然干扰动态对维持森林生态系统生物多样性和木材生产十分重要，因为经营森林的最主要目标之一就是维持生物多样性和生态功能，即使对于以生产木材为主的森林也是如此，其中，使生物多样性持续的最好的经营森林方法之一就是应用自然干扰原理指导营林实践。Franklin 等认为，生物遗迹是自然干扰的核心部分，即创造和保留生物遗迹是维持林分组成的关键结构因素，因此提出了结构保留营林方法，即维持大径级枯立木、原木和衰老树木，通过这些结构因素，可维持许多生物有机体和生态过程。对用材林采伐作业，应以为下一代林分或次生林的天然演替创造条件为前提，如创造较适宜的环境，使许多树种在这种微生境（尤其是有粗枝落叶和阔叶树种的环境）中得到发育。像自然干扰方式那样改变营林体系中的采伐方式，就是利用自然干扰原理经营森林的方法。

（三）人为干扰与森林经营

干扰最主要的作用之一就是改变资源的有限性，因此将干扰状况与树种特性紧密结合起来，是全面认识森林结构的变化规律、确定森林群落与环境因子相互作用的重要基础。森林资源的管理目标之一是维持和提高生物多样性，而生物多样性主要依赖于尺度相关的管理体系，因此，根据接近自然的营林原理，严格坚持保护、管理与利用森林相联系对森林经营是十分重要的。而人为干扰方式是人为调控森林生态系统，如对需要天然更新的林分，利用干扰的正效应，尽量使天然更新种群能够顺利完成，并积极创造有利于天然更新种群生长发育所需的环境，利用自然的力量使森林逐渐过渡到种群结构合理、生态稳定的人工-天然林状态，实现系统各种功能合理、高效地发挥。一般认为，在局部和区域尺度上，自然干扰决定森林动态和树种的多样性，但人为干扰更有助于控制热带低地和山区雨林的更新动态、结构和植物种类组成。

人类干扰应以自然干扰为模板并与之相适应，在林业生产中经常采用的小面积皆伐、择伐其实就是以风倒、林火等自然干扰为模板进行的。但是，由于人类取走了树木地上部分生物量，而使这种作用方式的生态效果与自然干扰存在一定的差异，但无疑这种做法对森林群落的影响要远远小于大面积皆伐作业。尤其是作为森林最重要的管理技术的择伐，在森林可持续发展中是必要的，因为择伐可创造林隙或林窗，对许多林型的群落动态发展起到关键性作用。尤其在不同森林物种共存和更新中，择伐在创造和填充林窗过程中被认为起到了非常重要的作用。

◆ 第二节 森林的林窗动态

一、森林动态

（一）森林群落演替与发育

1. 群落演替 自 20 世纪以来，演替成为生态学中最重要而又具争议的基本概念之一。而群落演替又称为生态演替，是指群落经过一定的历史发展时期，由一种类型转变为另一种类型的顺序过程，也就是在一定区域内群落的发展替代过程。有关演替方面的学说更是层出不穷，如Clements（1921）的单元顶极配置假说、Tansley（1935）的多元顶极学说、Whittaker（1953）的顶极配置学说，以及Pickett等（1985）的等级演替理论等。

总的来说，关于群落演替存在着两种观点，即平衡论和非平衡论。Pickett等提出的等级演替理论将演替原因和机制的等级概念框架划分为3个不同层次，较详细地分析了演替的原因，综合考虑了大部分因素，强调了一种非平衡的观点。不管是平衡论，还是非平衡论，关键在于研究的规模问题，较大规模的群落组成是平衡的，较小规模的群落组成可能是非平衡的。然而，干扰和生境异质性作为群落演替更新的重要生态动力则是肯定的。

2. 森林生长循环　　森林总是处于发展变化之中，将干扰状况与树木生物学特征结合在一起，就形成了森林群落的动态变化过程。在森林群落中，存在着由干扰所驱动的森林循环或称森林生长循环。这一过程大致划分为3个阶段，即林窗阶段、建立阶段和成熟阶段。根据这种划分，森林群落被认为是空间上处于不同发育阶段的斑块镶嵌体，这种斑块镶嵌体处于不断的动态变化之中。因此，在整个森林景观中就形成了一种此起彼伏的斑块动态过程。森林植被被看作是一个镶嵌体，其镶嵌单位在空间上构成镶嵌群落、镶嵌生态系统等静态镶嵌，在时间上则构成镶嵌季节相、镶嵌更新和镶嵌演替等动态演替。因此，森林成为一个空间上异质、时间上变动的"流动镶嵌体"。这种森林循环的理论摆脱了以往把森林群落当作匀质性实体的观点。森林中由自然的和人为的干扰所形成的林隙，构成了森林景观中的镶嵌体。尽管人们对这种林隙的特征、动态机制等还有争议，但都认为它在维持森林群落的组成结构和生物多样性方面有着重要的作用。

（二）干扰的时空尺度

从生态学意义上来说，尺度是指所研究的生物系统面积的大小，即空间尺度，或是动态的时间隔离，即时间尺度。时空尺度通常可确定为最小尺度、最大尺度和最适尺度，低于最小尺度和大于最大尺度的镶嵌单位则是另一异质性的镶嵌单位。时空尺度对于不同的等级系统或客观实体是不同的。传统的森林生态学理论将其研究的对象分为个体、种群、群落与生态系统，并相应产生了研究各级水平的理论与方法。现代生态学研究开始重视生态系统空间格局的尺度和异质性，提出了以空间异质性为基础的等级理论。这些理论将复杂的景观分解为不同时空尺度的亚系统，而亚系统的集合又可以在更高一级水平上来解释系统的功能。在景观生态学中关注的是空间异质性的原因与结果，而非空间尺度的具体范围。但是，空间异质性的程度如何却依赖于尺度。20世纪90年代初，S. A. Levin在论述生态学的格局与尺度的问题时指出："事实上每个生态系统在空间、时间和组织尺度上，都表现出异质性、变异性和斑块化。"对于不同的生态系统，要选择相应的最适尺度来研究。在不同的等级系统中，林窗则是研究森林景观格局和动态的一个重要的空间尺度，是个体、种群、群落和景观生态学研究的基本时空动态单位。

干扰是自然界普遍存在的现象之一，其作为森林群落发展的内在生态动力，已受到诸多学者的重视。最初引起人们重视的是大规模的灾害性干扰，如森林火灾、台风或地震等引起的森林中大量树木的死亡或大面积树木倒伏。根据干扰产生的林隙的大小，可以将其分为粗尺度干扰（coarse-scale disturbance）与细尺度干扰（fine-scale disturbance）。林隙为0.1～100 000ha的称为粗尺度干扰，0.1ha以下的称为细尺度干扰，它们又分别称为大尺度干扰与小尺度干扰，二者并非是独立的，而是互有影响。大尺度干扰的发生会减少小尺度干扰（如林窗）发生的频率；小尺度干扰的大面积不断发生，也会导致大尺度干扰的产生。由一株树或几株树所形成的林窗面积通常为25～1000m²，所以林窗是一种小尺度干扰。而对于野火、风与火山爆发等自然灾害引起的干扰，则属于大尺度干扰。

无论是小尺度干扰还是大尺度干扰，对森林群落的常规更新都起着重要的作用。干扰所形成的林窗导致了森林循环或森林生长循环，它是植物群落形成与维持的驱动力，并且使植物群落成为不同发育阶段斑块的镶嵌体。干扰通过对个体的综合影响，使种群的年龄结构、大小和遗传结构随之改变，而且生活史特征与干扰方式的连锁反应可能导致群落对干扰反应的进化。干扰也会影响群落的丰富度、优势度和结构，进而对景观的结构和功能产生影响。干扰是景观异质性的主要来源。它可以改变资源和环境的质与量，以及所占据空间的大小、形状和分布。干扰的这些作用都决定了演替的非平衡性。总的来说，对于干扰状况，尤其在林窗方面的研究，有助于进一步探讨林窗的形成规律，揭示森林循环的动态规律与生物多样性维持的机制。

二、林窗

（一）林窗的概念及形成原因

1. 林窗的概念　英国生态学家 A. S. Watt 首先提出林窗（gap）的概念，它主要是指森林群落中林龄较大的树木死亡或偶然性因素（如干旱、台风、火灾等）导致成熟阶段优势树种的死亡，从而在林冠层造成空隙的现象。通常意义的林窗，是指一株或数株冠层树木死亡或折倒后在森林内形成的小空间，也称为中小尺度林窗，其面积一般小于 0.1ha。一个林分中，这类林窗面积的大小变化很大，其分布近似正态分布或偏态分布。中小尺度林窗的面积不但与树冠和树径的大小呈正相关，而且与倒伏方式有关，当一株折倒的冠层树木以多米诺方式压倒其附近的树后，所造成的林窗为最大，而当一株树以直立的姿态死亡且慢慢倒伏时，所造成的林窗较小。最小的林窗则由树枝的折断造成。林窗的概念还可扩展为大尺度林窗，主要由大范围干扰事件（如大型火灾、台风、人工皆伐等）造成，其面积差异很大，为 0.1～100 000ha。

Runkle 经过深入研究后，对林窗的概念进行了扩充，并将林窗的定义分为两类：①林隙（canopy gap），指直接处于林冠层空隙下的土地面积或空间（狭义的林窗）；②扩展林窗（expanded gap），指由林隙周围树木的树干所围成的土地面积或空间，它包括了林隙及其边缘到周围树木树干基部所围成的面积或空间部分（广义的林窗）。但 Spies 等指出，从森林景观角度上，林窗产生的大小有广阔的范围，可由单个树枝或单株树的死亡到由灾难性的野火所产生的成百上千公顷的空地或空隙。对林窗的不同定义是不同学者从不同的研究角度采取不同尺度造成的。但总体来看，其内涵基本一致。

2. 林窗的形成原因　形成林窗的因素很多，不同的树种、年龄、海拔、气候带，其林分内林窗的成因不同。木材性质是树木死亡方式的重要控制因素，根拔的树木一般具有致密而坚硬的木质结构，树干不高但较粗壮；死于根腐的树木一般材质较软；死于折断的树木一般材质差且树干较高。同一林窗内，形成林窗的树木（gap-maker）的死亡在时间上常常不一致，死亡方式也有异（图 4-1 和图 4-2）。在成过熟林内，各树种冠层树木的死亡以根拔折断和直立死亡为主。老熟林中的绝大多数林窗是由两株或两株以上的树木死亡所致，而在中成熟林中则以一株树木死亡的林窗为主。低海拔（1000m 以下），林窗大多由病害引起；高海拔（1000m 以上），林窗则很少由病害引起，多数起因于长期的风胁迫。此外，害虫、寄生植物、雷电也都是林窗形成的因素。形成林窗树木的死亡不是单一因素而是由多种因素共同作用的结果。美国科罗拉多州成过熟的亚高山落基山冷杉（*Abies lasiocarpa*）和银云杉（*Picea engelmannii*）林，树木大多为向东折倒，推断强劲的西风是引起树木折倒的主要原因，风折倒在冷杉和云杉林中分别占 69.7% 和 82.4%，而根拔所占比例则相对较少，这说明大多数树木在倒伏之前已死亡或已染病虫害。

图 4-1　黑龙江凉水阔叶红松林倒木形成的林窗

图 4-2　虫害导致长白山自然保护区红松大面积死亡

（二）林窗的特征

1. 林窗的形状　　林窗的形状是不规则的。从水平面看，林窗有圆形、椭圆形、多边形和浑圆形等，但总体来说，近似于椭圆形；从垂直剖面看，林窗像一个倒圆锥体，越往上开敞度越大，向下则逐渐变小，如果考虑到更新树种，则林窗的垂直剖面近似于鼓形。一般采用椭圆形的计算公式来计算林窗的面积，长轴表示林窗的方向。

2. 林窗的大小　　林窗的大小通常用其面积来衡量，它不仅可反映林窗内微环境因子的变动，还可提供林窗内更新所能利用的空间资源。如上所述，研究者一般把林窗范围确定为 $4\sim1000\text{m}^2$，因小于 4m^2 的间隙很难与林分中的枝叶间隙区分开；而大于 1000m^2 的范围则一般当作林中空地处理。在温带森林群落中，林窗大小为 40～130m^2；在热带森林中则为 80～700m^2。

3. 林窗的年龄　　林窗的年龄是指从林窗刚刚形成年份到对林窗进行研究年份的时间间隔。林窗形成年龄的长短直接影响林窗内的更新状况及其与周围林分结构的差异，也决定着林窗在森林循环中的地位。在不同的森林中，林窗的年龄有很大的差异，林窗形成时间的季节性可能对林窗的更新、树种种子的散播与萌发是一种选择力量。

4. 林窗的分布　　林窗的空间分布是指林窗在不同空间上的分配与组合规律。对于林窗的空间分布格局，不同学者因选择的研究地不同而有不同的结果，如聚集分布、Poisson 分布（随机分布）、均匀分布等。林窗不仅在同一林型中有不同的空间变化规律，在不同的地域或地理纬度上也有很大的差异。

三、林窗对森林生境的影响

（一）光环境变化

林窗最直接、最重要的作用是引起生境中光照的增加。林窗不但增加了光到达森林下层的持续时间，而且增加了生境内的光照强度，林窗内的光照强度明显大于林下。林窗是介于林冠和全光环境的一个中间类型，它既有林冠环境条件下的特性，又有光照强度较高、土壤有机质分解较快的特点。其环境相对较为复杂，空间异质性较大，从而引起林下植被的多样性指数也较高。林窗地面光照水平的提高，不仅在林窗垂直投影下方的地面，而且可扩展到林窗外部到林缘。林窗的大小对光环境的影响很大：一天的光照时间内，大林窗中心比小林窗或郁闭层受到更多的光照。在大林窗中，不仅光照水平比小林窗和林下的高，而且光合有效辐射所占的比例也大。在哥斯达黎加的研究表明，一般林下的光合有效辐射是全光照的 1%～2%，而在 200m^2 的林窗中心则为 9%，在 400m^2 的林窗中则为 20%～35%，即光照强度是大林窗＞小林窗＞林下。在林窗中光斑（sunfleck）的现象比较明显，光斑是指从林隙透射下来的直射太阳光，这些直射光时间短，连续几秒钟至几分钟，强度较高。光斑在时间上和水平空间上呈聚集式分布，目前对其研究较多。不同森林中林窗光环境的主要差异在很大程度上是林分高度与地理纬度的函数。在同一类型的森林中，不同地理区域内的纬度差异也会导致林窗光状况的不同，如在温带的林窗最大初始光强低于热带林窗。而同一林窗中，由于一年中太阳高度角的不同而导致不同时期光环境不同。它随季节、时间的变化而变化。林窗的方向不同，也会影响林窗的光照分布。例如，南北向的林窗与东西向的林窗内光环境明显不同，南北向的林窗光照水平大于东西向的。

（二）水热条件变化

林窗一方面改变了生境光照的条件，另一方面也改变了水热条件。林窗内的温度一般比林下的高，而且变动幅度也大。林窗内与林下湿度的差异也较大。一般来说，林窗内的空气湿度较低，而土壤表面的蒸发量较大，但到距地表数厘米的土壤下层后，林窗内土壤的湿度就较林下的高。因为林下树木根系的水分吸收较大。在南京紫金山次生林林窗的研究中发现，林窗内大气温、湿度的日变化比其空间变化更明显，并且林窗与林下的温、湿度差异明显，且群落的温、湿度时序变化均呈单峰型。林窗的形成也会影响土壤的理化性质。林窗内各种微环境土壤中渗出的营养水平无明显差异，但是枯倒木腐烂释放的养分可以作为树木生长所需的营养库。在紫金山次生林林窗内晴天时中心带、边缘带和林下的土壤水分分别为 9.8%、12.0% 和 12.4%，阴雨天则分别为25.2%、19.4% 和 17.8%。林窗大小、季节的不同也会造成林窗内土壤特征的变化与不同，引起林窗内土壤养分状况与资源有效性的改变。

（三）微地形变化

随着林窗的形成，树倒掘坑、倒丘、倒坑的现象时常出现，造成了林窗内微地形环境发生相应的变化。此外，同一生境中不同林窗的土壤基质也存在差异，从而增加了森林中微地形的多样性。林窗中的倒木主要是林窗形成木，对林窗微地形的形成及树种更新也起着重要的作用。总之，森林生境因林窗的形状、大小、纬度、位置及季节等变化的影响而表现出不同的特点，尤其是林窗内的小气候。在林窗内，光照、大气温度、大气湿度、土壤水分和土壤元素均有明显的空间变化。

四、林窗对森林树种的影响

（一）林窗微环境变化与树种组成

林窗中的光变化对森林树种的影响较大，而且不同的树种对林窗特征也有不同的反应。Miles 的林窗实验性研究表明，林窗内植物存在明显的异质性。Whitmore 将物种划分为两类不同的生态物种（ecological groups of species），即先锋树种（pioneer species）与顶极树种（climax species）[或称为非先锋树种（non-pioneer species）]，它们具有不同的个体或种群生态学特征。先锋树种的种子仅在林窗空地萌发生长，其幼苗不能生长于林冠树荫下（图 4-3）。而顶极树种的种子可在森林林冠下萌发，其幼苗可在森林林冠树荫下生长。对耐荫顶极树种的影响主要表现在使其幼苗从受压制状态释放出来。对于不耐荫的先锋树种的影响是促进其种子萌发和幼苗定居。许多在森林底层保持长期休眠的、小的需光种子，直到林窗形成后才能开始萌发。因此，林窗提供的光照是不耐荫树种更新所必需的条件。Canham 指出林窗中的耐荫树种在形态、生理方面受到限制，不同耐荫性树种对林窗的反应也不相同。Martinet-Ramos 等指出 Whitmore 的两分法（先锋/顶极树种）框架在区别具不同生活史的物种时是适用的，而当考虑种群内的变动性时，这种严格的区分令人困惑。他还指出，这种框架与生态和进化的分类方式相比较为简化。但是大部分学者采用了 Whitmore 的两分法，而且树种对林窗反应的两大类生态物种的原则已成为众多研究者的一个基本研究方法。

彩图

图 4-3　先锋树种白桦在林窗空地上的更新

（二）林窗特征与树种组成

林窗大小也会引起森林树种组成的差异，并且影响非耐荫树种和耐荫树种的比例。吴刚在长白山红松阔叶混交林的研究中指出，林窗形成后阳性先锋树种首先侵入，出现频度较高，占据较宽的生态位。随着林窗年龄的增加，树种间的竞争逐渐增大，阳性树种的生长逐渐受到限制，阴性树种逐渐增多。林窗大小与树种出现频度呈负相关：更新乔木出现频度为 7.27%，更新灌木出现频度为 21.02%。林窗内的草本植物种类多样性和均匀度指数均高于林冠下生长的草本层。在林窗内，不同树种对林窗产生的正负反应也不相同。随着林窗形成年龄的增加，不同树种的不同个体在对林窗资源的利用和竞争中造成了各自生态位的分化，树种的特征也会随之改变。在林窗的较早期，灌木最为繁茂，而在发育时期，中小乔木树种最繁茂，林窗发育晚期，大乔木最为繁茂，每个树种的具体最适时期各有差别。林窗内树种的数量变化（更新密度）一般大于其在非林窗林分下的密度，树种更新密度随林窗大小的变化呈现出单峰型的反应。

总之，当林窗形成后，林窗内的环境条件发生了较大的变化，不同树种对此做出不同的反应。前期更新的树木个体在生长和结构上表现出一定的反应，林窗土壤种子库中或新侵入树种的种子逐渐萌发生长，有些树木的根茎也会产生无性系分株（ramet）侵入林窗。随着林窗年龄的增加，树种生态位分化，林窗不断被填充，最后进入林冠层的只有少数树种的少数个体。可见，林窗的发生发展过程就是不同树种的更新与填充过程。林窗的形状、大小、年龄与分布的不同，对森林树种产生的影响也不同。在大小不同的林窗底层，物种的相对生长率与存活率也不同。

五、林窗在森林群落更新中的作用

所有的森林都存在由干扰启动的循环，这个循环可人为地划分为林窗期（gap phase）、建造期（building phase）和成熟期（maturation phase），而林窗则是这个循环的驱动因素。林分内的种子萌发定居主要与植被生物量有关，而与植被的组成关系不大，当生物量减少（主要是冠层植物的破坏）时，才会发生明显的种子萌发补充和定居。树木种类尽管很多，仍可区分为两组：一组称为顶极组（climax group）或耐荫组，其种子能在林冠遮阴条件下萌发，幼苗幼树可在林冠条件下定居；另一组称为先锋组（pioneer group），其种子只能在林窗内萌发，故其幼苗不能在林冠遮阴条件下定居，只有发生林窗后才可能出现顶极组树木的定居，而先锋组树木的更新则只有在大林窗事件（如火灾、采伐等）发生后才可能进行。

林窗内植物的来源有两个途径：一是由林窗外种子的扩散进入；二是在林窗干扰前就已经存在的植物（包括土壤中的种子、幼苗、幼树及干扰之后幸存下来的树木）。对不同地区来说，干扰方式和强度的不同导致这两类树种的比例不同：非洲新几内亚的干扰主要为气旋风、地震、火山喷发和周期性的火灾，其森林镶嵌结构的尺度大，故多以先锋树种占优势，而在拉丁美洲的苏里南，较少发生大规模的干扰，其森林以细小尺度的镶嵌和耐荫树种为主。对同一地区而言，这两组树木的多度则取决于林窗大小变化对森林镶嵌结构和多样性的潜在影响。

林冠层以下光照以远红外光为主，这种光会阻止喜光树种萌发，使这类植物种子的萌发限定在林窗形成后。因此，对绝大多数植被类型来说，新的树木定居是一种与林窗事件有关的随机过程，只有在遭受火灾、风倒等干扰并形成林窗的地方才会发生新的树木的补充，这一过程被称为林窗期替代（gap phase replacement）。许多森林类型都要经历林窗期替代过程。绝大多数幼树要达到林冠层均须经历两次以上的林窗事件。

在热带森林中，一般认为先锋树种只在林窗内萌发、定居和生长，顶极树种则主要在遮阴下萌发和定居，并在成熟时通过林窗产生生长释放而达到林冠层。但这种观点忽略了种群统计的变异性。在大林窗条件下，热带雨林有时会出现先锋树种和非先锋树种的同时进入，从而产生更多的树种小漂移（subtle shift）。先锋树种由于生长快而首先进入林冠层，然后再逐渐被顶极树种取代，不过从景观的尺度来看，尽管其构成的各种斑块的植物组成不同，但整个景观的植物区系组成是稳定的。对于接近稳定平衡的森林而言，林窗期替代并不发生树种组成的改变，而是维持优势树种相对多度的稳定性。

林窗的形成对林内更新树种的组成有显著影响，并且林窗的大小与各树种单位面积中幼苗的数量呈显著正相关。美国俄勒冈州的 Cascades，在森林采伐后 1～5 年，该采伐迹地上各种杂灌木可增加近 9 种。Costa Rica 热带山地雨林中，林窗面积越大，幼苗密度也越大，两者相关系数可达 0.79。Brokaw 在调查热带林窗时则发现：在林窗形成后 1～10 年树种的总数量变化不大，但耐荫树种的数量在林窗形成初期显著增多，随后缓慢下降；先锋树种的数量（在林窗形成前为零）在林窗形成初期缓慢增加，其后则迅速下降。在小林窗（由 1 株栎树死亡造成）和大林窗（由至少 5 株林冠相遮的栎树死亡造成）之间，种的丰度无明显差异，但与未受林窗干扰的对照区相比则明显增大。

林窗内更新幼苗的种类和数量还与树倒方式有关，直立死亡或树干中上部折断形成的林窗对土壤无干扰，这类林窗内先锋树种的幼苗幼树相对明显减少；由根拔形成的林窗，会在其基部形成土墩和小坑，在这些微小地段，先锋树种的幼苗和幼树的数量、多度都较大。在不同类型森林中，由根拔引起的小坑和土墩在林中所占的面积很不相同，因而其林窗内原生树种和先锋树种的分布比例也不相同。

林窗的大小对林下树木的更新有较大影响。林窗形成后，原存于土壤中的种子或进入林窗早的种子比后进入林窗的种子有更多的萌发生长优势，而高的幼苗幼树又比矮的有优势，大林窗内幼树的生长要快于小林窗中幼树的生长。因而土埋种子或散落种子起源的幼苗与幸存幼苗幼树相比很少能够占据林窗的重要组成部分。在面积大于 200m^2 的林窗内，先锋树种的平均高生长要大于原生树种（primary species）。随着林窗年龄的增大，树木的高生长和断面积也增大，且各树种对林窗的反应行为不一致。Brokaw 调查了热带森林内 3 种主要先锋树种在林窗期替代的行为，发现这 3 种先锋树种只有在 100m^2 以上的林窗内才会出现。对于较小尺度的林窗，如我国长白山森林群落内的枯倒木在其林窗内的更替以云杉幼苗的出现为主。林窗的大小还影响林冠层树种的多样性。在树倒速率较低的林内，主要形成孤立的小林窗，光照水平相对较低，其冠层以耐荫树种为主；在树倒速率较高的林内，主要形成相互重叠的小林窗，冠层中则以次耐荫树种为多。小林窗内的更新可以维持现存林冠层的树种组成不变，在该老熟林内，趋向于树种的自我更新。

林窗的大小对植被反应的方式有显著影响。较小的林窗（直径为周围树高的 1/4～1/2）主要由周围树木的侧枝生长填补；中等大小的林窗（直径为周围树高的 1/2～1 倍），主要由原来存在于林冠下的后更新代（advanced generation）的释放（growth release）来填补；较大的林窗（直径为周围树高的 1 至数倍），其填补可以是后更新代的生长释放，也可以是新的树种的定居。各种耐荫树种对林窗的反应不尽相同，有的在郁闭的林冠下缓慢而持续地生长，对周期性的林窗没有强烈反应，而有的则在林窗形成后因为生长环境的光照增加，出现明显的生长加快。

◆ 第三节　林窗动态模型

一、林窗范式

林窗范式（gap paradigm）是从森林树种组成、结构角度探讨森林动态机制的理论，其主要内容是 Whitmore（1975，1982，1989）提出的二分模型理论，该模型的核心是把森林二分成"林窗或非林窗"（gap or non-gap），认为森林动态是先锋树种和顶极树种之间的动态变化。该模型在 20 世纪 80 年代初期曾广泛为人们所接受。其基本观点是：第一，根据多数热带树种的种子萌发和幼苗定居对光反应的不同将森林树种二分为不耐荫先锋树种（shade-intolerance pioneer species）和耐荫顶极树种（shade-tolerance climax species）。前者的种子只能在空地上萌发，因此它们的幼苗仅能在林窗形成后出现；后者的种子能在郁闭林下萌发，对光反应有极耐荫和不大耐荫的等级之分。而且大多数先锋树种通常产生多而小且易散布的种子，增加侵入林窗的概率，其生长速度快，增大了填充林窗的机会；大多数顶极树种常常产生少而大且贮存有大量营养的种子，保证了低光照下萌发和幼苗定居。第二，先锋树种仅在大林窗中更新，当先锋树种的成熟植株进入衰退阶段，小林窗开始发生，而小林窗又因定居在下层的顶极树种的生长而郁闭；下一次更新循环将由顶极树种组成。但是，由于顶极树种从创造林窗的干扰中存活下来，或林窗树木残体根蘖的原因，有时先锋树种和顶极树种会同时生长在同一个大林窗中，先锋树种生长快，首先进入冠层，接着被生长慢的顶极树种取代。

根据林窗范式二分模型，林窗相是森林更新循环中最重要的一环，它决定着植物区系的组成和森林更新的格局。Lieberman 等（1989）对 Whitmore 的林窗范式二分模型提出强烈非议，反对把森林看作林窗或非林窗这样犹如硬干酪（swiss cheese）中干酪和孔隙的两种界线分明的类型，而是认为林窗和非林窗都是异质性的，森林中林窗大小、林冠层厚度及叶密度都是变化的，森林结构异质性是植物群丛动态历史发展的结果，也是新的干扰将发生的环境，森林群落连续体应基于整个森林，而不是林窗。

二、森林动态林窗模型

（一）林窗模型的概念

森林的格局与过程（后又发展成森林循环动态理论）是英国生态学家 Watt（1947）提出的，他曾对森林动态理论作了较经典的论述，这一理论的中心内容是森林的动态反应可被描述成一种循环："森林总是处于不断的发展过程中，森林内随着一棵大树死亡，在林中形成林窗，在林窗空地上林木的更新率增加，生长加快，森林形成，林冠郁闭，林窗消失，在以前的林窗附近成熟林中大树又死亡，形成循环"。外部环境因子也影响着森林的动态变化过程，表现在对森林的作用，决定了森林中林木的存在方式和保存时间。所以林窗是森林更新和生长的一个过程。Watt（1947）、Bray 和 Curtis（1957）及林窗现象最早的观察者 Jones（1945）指出：成熟的森林生态系统就是无数林窗较为固定动态平衡的反映，许多树种在成熟林中存在与否，很大程度上取决于对林窗中环境状况的适应程度。根据森林林窗动态变化的原理，Botkin 等（1972）利用生长模型的建模方法，建立了以树木个体为基础的模型，这种模型已用于许多森林动态演替的研究中，称为林窗模型。

　　林窗模型通过模拟某一林窗大小面积林地上各树种的更新、生长和死亡来重现森林的变化过程。在模拟生长中，首先计算林木的最优生长，最优生长由于环境资源条件的限制而减少，减少的量用取值在 0~1 的函数表示。更新表示为受光照和微立地影响的随机函数。死亡过程分为两种：一种是与树种寿命相关的死亡，它与种的遗传特性有关，在一定条件下所有健康的树木都有死亡的可能性，这种可能性表示为呈指数分布的概率函数；另一种是生长状况不好的树木死亡概率增大，生长状况用直径生长量或生长效率表示。

　　林窗模型中假设树木生长的环境资源条件在模拟林窗内均匀分布，林木间通过利用资源间接竞争，个体的竞争地位取决于自身对林窗环境的适应状况。影响树木生长的环境条件包括两部分：其一为林地上的其他树木对目的树木生长的限制，这部分环境条件如果定量化可表示为植物的密度状况；其二为非生物因素，这部分因素由光照、大气降水、土壤水分、温度和养分状况等组成。

　　综合来说，林窗模型的建模过程包括两方面：一是森林中各树种本身的生物学特征模型化；二是影响树种生长的环境因素模型化。最早的林窗模型用来模拟木本植物占优势的北美落叶阔叶林群落，以后便用于各种森林类型，从北方针叶林到热带雨林都有，近来也把这种个体模拟的方法应用到以生活型中草本植物占优势的生态系统中。

（二）林窗模型的发展方向

1. 生长过程的计算更加详细真实　　林窗模型发展到今天已有了许多改进，第一代林窗模型以 JABOWA 和 FORET 为代表，生长方程的结构比较简单，影响生长的环境因子较少。最近发展的林窗模型如 FORSKA 和 FORSKAL 等，环境因子函数计算过程详细，树木生长方程的结构更接近于实际。另外，由于计算机技术的进步，模型程序的计算容量增大，同时模拟样地个数增多，缩短模型重复运行时间，可消除由于模型中包括随机函数产生的误差，结果更加真实。FORSKA林窗模型采用了不同的生长、更新和死亡过程方程，对林窗模型作了较大的改进，是林窗模型最新发展的代表，表 4-3 是早期和近期发展的林窗模型的比较。

表 4-3　早期林窗模型（以 **FORET** 为代表）与近期林窗模型（以 **FORSKA** 为代表）比较

过程	FORET	FORSKA
单木叶面积方程	$L = cD^2$	幼树叶面积 $L = cD^2$
叶年生长率（ΔL）	$\Delta L = 2cD \cdot \Delta D$	$\Delta L = 2cD \cdot \Delta D - t \cdot L$
林冠层高 h 处的光强	$I(h) = I_0 \exp\left[-K \int \mathrm{LA}(h)\, \mathrm{d}h\right]$	同左
光反应方程	$r(Ih) = a\{1 - \exp[-b(I-d)]\}$	$P(h) = \dfrac{KI \cdot h - C}{KI \cdot h + A - C}$
生长方程	$\dfrac{\mathrm{d}(D^2H)}{\mathrm{d}t} = R \cdot \mathrm{LA}\left(1 - \dfrac{DH}{D_{\max} \cdot H_{\max}}\right)$	$\dfrac{\mathrm{d}(D^2H)}{\mathrm{d}t} = S_{\mathrm{L}}[\gamma P(h) - \delta H]\mathrm{d}h$
树高和直径的关系	$H = 1.3 + b_2 D - b_3 D^2$	$H = 1.3 + (H_{\max} - 1.3)\left[1 - \exp\left(-\dfrac{SD}{H_{\max} - 1.3}\right)\right]$
密度竞争方程	$\mathrm{DF} = 1 - \dfrac{\mathrm{SBIOS}}{\mathrm{SOILQ}}$	同左
更新函数	以平均年更新数为数学期望的均匀分布函数	以平均年更新数为数学期望的泊松分布函数
正常死亡函数	$P = 1 - (1-\varepsilon)^n$	同左

续表

过程	FORET	FORSKA
受压死亡率	$P=0.368$	$P = \dfrac{U_1}{1+\left(\dfrac{E_{rel}}{\theta}\right)^{\rho}}$

注：L 为单木叶面积；D 为胸径；ΔD 为直径年生长量；t 为边材向心材的年转化率；$I(h)$ 为林冠层高 h 处的光强；I_0 为林冠上部的光强；R 为生长系数；LA 为样地中林冠层高 h 处的叶面积指数；K 为林分的消光系数；$r(Ih)$ 为光合速率指数；I 为光强；$P(h)$ 为光反应函数；C 为光补偿点；A 为光半饱和点；D^2H 为材积指数；H 为树高；D_{max} 为树种的最大胸径；H_{max} 为树种的最大树高；S_L 为叶密度；SBIOS 为样地的生物量；SOILQ 为样地的最大生物量；P 为树木死亡概率；ε 为树木年死亡率；n 为树木年龄；U_1 为树木平均受压死亡率；E_{rel} 为树木活力指数；θ 为受压死亡阈值；ρ 为死亡曲线斜率；DF. 竞争指数；SD. 林分平均胸径；a，b，b_2，b_3，c，d，γ，δ 为常数

2. 考虑模拟单元内树木的空间位置　　早期发展的林窗模型不考虑树木个体的空间位置，难以精确计算林木个体的竞争状态，近年来包括树木空间位置的林窗模型也已出现。空间定位的林窗模型与非空间定位林窗模型的差异在于，由于明确考虑了树木的空间位置，改变了竞争函数计算，可较详细地模拟林分竞争过程。

现有两类空间定位的林窗模型：一类以 ZELIG 为代表，这种模型把大样地分成小栅格，计算竞争指数时考虑邻接栅格，首先模拟单个栅格上植被动态过程，相加形成整个样地上的植被动态，由于这类模型的空间特性，它实际是一种形式上的森林动态地理信息系统模型；另一类以 SPACE 为代表，是完全定位的空间林窗模型，每株树在样地水平空间上有确定的位置，竞争指数计算比较复杂，这类模型能模拟林窗范围内林分的水平和垂直结构，ZELIG 和 SPACE 模型的主要差别是模拟时叶面积和生物量计算的不同（ZELIG 模型用栅格内树木的叶面积或生物量加上与之边邻接的 4 个方格叶或生物量面积的一半，再加上与之四角邻接栅格叶面积或生物量的 1/4；SPACE 模型计算以树木为中心、10m 为半径圆内的叶面积或生物量）。虽然空间模型的计算过程更复杂，输出内容更具体，但在模拟效果上并不优于非空间定位的林窗模型。

3. 考虑树木的生理生态学过程　　在林窗模型中加入了光合作用、呼吸作用和水分循环等树木的生理过程。这些过程与林窗模型中林木生长、环境影响等进行耦合能解释环境变化时森林反应的原因，因而被广泛用于全球变化研究中。这类模型最典型的是 HYBRID，它把 ZELIG 模型同 FOREST-BGC 及 PGEN 相结合形成了一个杂合性的模型。

三、林窗模型的假设及过程模拟

林窗模型通过描述树木个体的生长、死亡和更新过程来预测森林演替过程中树种组成、结构及功能的变化，可为森林的合理经营和管理提供科学依据。林窗模型因其参数易于获得和估计，结构灵活而开放，便于研究者根据需要进行相应的修改，使其在世界各地的许多森林类型中得到了广泛的应用。在过去的 30 多年里，林窗模型的假设、结构和生长方程等各方面都得到了许多改进和完善。

（一）林窗模型中的假设

由于森林生态系统的复杂性，很难对其动态过程进行准确的模拟。再加上人们计算能力的限制，因此要想模拟森林的动态过程，必须对森林生态系统做出适当的假设使其简化。Botkin 等主要对森林生态系统做了如下 4 个假设，然而这些假设一直面临着挑战，甚至已被新的假设所取代。

第一，将森林看成是由许多不同年龄和演替阶段的斑块组成。这一假设已被大量的研究证实。

斑块大小一般取决于林冠层优势木倒下时形成的林窗面积，通常为 $100 \sim 1000 m^2$。

　　第二，斑块内具有水平均一性，即不考虑树木在斑块内的位置。目前几乎所有的林窗模型都仍保留这一假设。虽然斑块内的实际情况并非如此，但从模拟的角度来看这一假设又具有一定的合理性。首先，在未郁闭的斑块内缺乏大树，都是一些小树，这些小树的具体位置及其树冠对整个斑块并没有太大的影响；其次，若斑块内有一株或几株大树，那么小树主要受这一株或几株大树树冠的影响，小树之间的相互作用较弱，因此如何安排它们之间的相对位置并不重要；最后，随着树木的生长，斑块内最终由一株大树占据绝对优势，其树冠将覆盖整个斑块，使得这个假设逐渐趋于合理。

　　第三，假设每株树木的叶子均匀分布在树干顶部一层。虽有研究表明树木吸收的 CO_2 中 70% 以上是由树冠上部朝阳的叶片所吸收的，但不可否认这一假设与实际明显不符。FORSKA 模型最先引入了树冠长度和叶面积两个稳定变量，将树冠看成圆柱形，这样就向现实迈进了一大步。更加强调光竞争对树木生长影响的 SILSILVA 模型将树冠处理成三维结构，但需要的参数过多，而且不易获得，因此很难广泛应用。

　　第四，森林的演替过程可由其中的任一斑块独立描述，即不考虑斑块间的相互作用，将森林看成由这些独立斑块组成的嵌合体。实际上，森林内各邻近的斑块之间有着相互遮阴、水分和养分的流动及种子的扩散等多种联系。Urban 第一个在 ZELIG 模型中考虑了斑块间的水平相互作用，即邻近斑块间的相互遮阴。FORGRA 模型考虑了斑块间的种子扩散。虽然随着计算能力的提高，考虑斑块间相互作用成为现实，但目前对斑块间相互作用的模拟还很不完善。

　　上述 4 个基本假设将原本十分复杂的森林生态系统大大简化，为建立模拟森林长期演替动态的林窗模型奠定了基础。虽然这些假设存在一些与实际情况不符的地方，但这些瑕疵并未对林窗模型的应用产生重要影响。随着林窗模型研究的不断深入，这些假设将毫无疑问地朝着越来越合理的方向发展。

（二）林窗模型对树木生长过程的模拟

　　在林窗模型中，树木的生长过程无疑是人们最关心的问题。因此，在过去的 30 多年里，人们不断地对树木生长方程进行改进和完善，同时对影响树木生长的环境因子进行更加全面和准确的分析。

　　1. 树木最优生长方程　　Botkin 等根据树木的光合和呼吸作用建立了第一个用于林窗模型的树木最优生长方程：

$$\frac{\mathrm{d}(DH^2)}{\mathrm{d}t} = R \times L \left(1 - \frac{DH}{D_{max} H_{max}} \right)$$

式中，R 为生长系数，表示树木在没有环境压力、竞争和非光合组织呼吸消耗的情况下，单位时间内每增加一个单位叶面积所产生的树木体积的增加量 $[cm^3/(cm^2 \cdot 年)]$；L 为叶面积（cm^2）；D 为胸径（cm）；H 为树高（cm）；D_{max} 为某树种的最大胸径（cm）；H_{max} 为某树种的最大树高（cm）；t 为时间（年）。

　　由该方程可以看出，单株树木材积的增长与树木光合组织（叶面积）的数量成正比，而与树木活的非光合组织（DH）的数量成反比。当树木趋于其最大生理寿命（胸径和树高都达到最大值）时，树木活的非光合组织的呼吸消耗速率等于叶片光合速率，此时树木的生长速率等于 0。现在许多林窗模型还在沿用这个生长方程或对其稍作修改。

　　由于高纬度地区的太阳高度角较小，Leemans 和 Prentice 考虑了树冠的垂直结构。因此，他们根据树冠垂直结构理论，并综合了描述边心材转换的管道模型理论，在 FORGRA 模型中

建立了一个不同的树木最优生长方程:

$$\frac{d\,(DH^2)}{dt} = \int_B^H S_L(yp_z - \partial_z)\,d_z$$

式中, B 为枝下高(cm); S_L 为叶面积密度, 用来描述叶片在树冠垂直高度上的分布状况(m^2/m); y 为树种生长参数, 表示树木在没有环境压力、竞争和非光合组织呼吸消耗的情况下, 单位时间内单位树冠高度所产生的叶面积[$cm^2/(m\cdot 年)$]; p_z 为描述光强对树木生长影响的比例系数, 无量纲; ∂_z 为边材维持成本, 表示树木非光合组织的呼吸消耗, 在生长方程中具体化为单位时间单位面积边材造成的叶面积减少的量[$cm^2/(m\cdot 年)$]。

Botkin 等基于树木光合和呼吸现象建立的第一个树木最优生长方程, 实际上是一系列异速生长方程的集合, 并没有考虑树木的生理过程, 但这反映了林窗模型的建模宗旨, 即用最简单的方程来表达复杂的实际现象。Leemans 和 Prentice 建立的树木最优生长方程考虑了一些简单的生理过程, 如光合作用采用光响应曲线来模拟。还有一些基于生理过程的林窗模型, 如 FIREBGC 和 4C, 对光合和呼吸模拟得更详细一些。然而, 向以年为步长的生长方程中加入以天甚至小时为单位的生理过程, 还有许多细节值得考虑和完善。树木最优生长方程是林窗模型的核心内容之一, 直接关系到模型模拟结果的好坏。今后, 还应加强对生长方程的改进, 并对已有的生长方程进行系统的比较分析。

2. 影响树木生长的环境因子　　树木的现实生长状态受树种的遗传特征和生存环境两个方面控制, 上述的树木最优生长方程只反映了树种的遗传特征, 下面介绍林窗模型中对光照、温度、水分和 CO_2 等重要环境因子的处理方法。

（1）光照　　为了计算树木对光的竞争, 我们需要知道每株树木的高度。为此, Botkin 等在其 JABOWA 模型中引入树高与胸径的异速生长方程。Leemans 和 Prentice 在其 FORSKA 模型中采用了更加合理的渐近线型方程, 这个方程克服了原抛物线型方程中树高停止增加时树木直径也不再增加的弊病。其实, 在任何现实的森林中, 并不是所有的树木都遵从同一种 H-D 关系。叶面积指数（LAI）也是模拟光竞争必需的指标之一, JABOWA 模型中应用一个简单的异速生长方程, 根据树木胸径大小来计算 LAI。知道了树高和 LAI 后, 通过比尔-朗伯定律（Beer-Lambert law）模拟光在林冠层中的传播, 便可计算出森林中任一高度处的光强。目前, 大部分林窗模型都采用了这种处理方法。

（2）温度　　在陆地生态系统中, 温度是控制植物扩散、生长、分布和更新的最重要因子, 但是我们目前仍不清楚树木年生长与温度因子的关系, 甚至还不知道哪些温度变量（年积温、最高温和最低温等）对树木生长的影响较大。JABOWA 模型应用二次对称抛物线方程来表达树木胸径生长对温度的响应。这种方法存在两个明显的弱点: 第一, 年积温达最大值时, 树木的生长反而为 0, 这与实际情况明显不符; 第二, 用现有的树木分布区来估算积温参数, 去模拟树木的潜在分布, 显然不合理。但是由于生长与温度数量关系的缺乏, 这种方法仍在一些模型中被广泛应用。当然, 也有其他的方法来取代它, 如渐近线方程克服了抛物线方程的第一个弱点。Bugmann 在其 For-Clim 模型中对抛物线和渐近线两种温度函数进行了系统分析, 发现在当前的气候条件下两种温度函数对模型模拟结果的差别不大, 但是在气候变化情景下存在明显差别。

（3）水分　　JABOWA 模型是为了模拟美国北部硬阔叶林, 由于那里水分条件较好, 因而模型只考虑简单的土壤干旱对树木生长的影响。随着林窗模型应用范围的扩大, 土壤水分的效应模拟有了较大的发展。Priestley-Taylor 公式及基于 Penman-Monteith 法则的能量平衡法的应用取代了 JABOWA 模型中的 Thornthwaite 法。此外, 还有许多表征干旱发生和干旱胁迫的指数被用于模拟生长季土壤水分对树木年生长的影响。这些不同的土壤水分模拟公式和干旱指数尽管在当前的气候条件下对模型模拟结果的差别不大，但是在气候变化情景下存在明显差别。

（4）CO_2　　全球气候变化研究的兴起也引起了林窗模型研究者的浓厚兴趣。由于林窗模型中的树木生长方程以年为时间步长，要想在模型中模拟大气 CO_2 浓度增加对树木生长的影响，几乎是不可能的事情。但是，随着林窗模型越来越重视机制性研究，添加了大量的生理过程模块（如光合、呼吸和蒸腾过程），使得模拟 CO_2 浓度对森林动态的长期影响成为可能。有两种方法可将 CO_2 浓度升高对植物生长的影响纳入林窗模型中：一种是直接修改最优生长方程；另一种是在原来的生长方程中加入一个用于描述 CO_2 效应的变量。第二种方法相对比较简单，CO_2 浓度升高将使树木体积生长增加，而由试验结果给出增加的比例。在幼树上的试验证实，CO_2 浓度增加对叶-径异速生长关系没有影响。此外，在郁闭的林分中，CO_2 浓度增加使树木基径面积增加，但叶面积指数没有同时增加。因此，在林窗模型中不要强加一个固定的 CO_2 效应，而是将叶-径异速生长关系作为 CO_2 的函数，这样就可以根据不同的反应进行灵活的修改。

上述 4 个树木生长限制因子必须同时考虑，才可从树木最优生长方程中获得其实际生长量。在 JABOWA 模型及其后来的许多模型中，环境因子的综合效应采用乘积式。当考虑的环境因子（g）较多时，用这种简单的乘积式可能导致综合效应值（f）偏低。后来的一些模型根据李比希法则采用了最小因子法。虽然这种方法不会造成人为低值的出现，但是只用一个因子来解释所有环境因子对树木生长的综合影响，显然忽视了各种环境因子间的补偿作用。Bugmann 综合了上述两种方法，但是至今仍没有对这些不同的方法进行系统评估。

（三）林窗模型对树木死亡过程的模拟

由于树木寿命很长，每年的死亡概率很低，因此森林中树木死亡过程很难模拟。Botkin 等人为设定了两种树木死亡过程，即固有死亡率和受压死亡率。后来的许多模型又加入了各种干扰（林火、风害和皆伐等）导致的死亡。传统的固有死亡率计算假定只有小部分树木（通常为 1% 或 2%）可存活至该树种的最大年龄。这种死亡率只与树种的遗传特征有关，又可称为树木的内禀死亡率。在缺乏文献记载资料时，树种的最大年龄定义起来有些困难。Leemans 和 Prentice 根据耐荫树种的寿命通常比不耐荫树种的寿命长，将树木的内禀死亡率看成树种耐荫性的函数，并取得了较好的模拟效果。

目前几乎所有的林窗模型都包含树木受压死亡率，但是对受压的界定存在一些差别。在早期的 JABOWA 模型中，当树木的直径生长低于某一设定的临界值（0.01cm/年）时，树木的死亡率便增加。FORENA 模型将上述方法做了较详细的改进，首先，树木直径生长连续 3 年低于某一设定的临界值时，才认为其受压死亡率增加。有研究表明，仅仅 1 年的受压，树木的死亡率很少增加。另外，分别设定不同树种直径生长的临界值。因为不同树种对胁迫环境（如遮阴和干旱等）的忍耐能力显然不同，并且设定该树种当年直径最大生长量的 10% 来作为受压与否的临界值，不再采用固定的 0.01cm。后来的许多模型都采用了这种方法。

现在的许多模型考虑了多种干扰（如林火、皆伐、风暴和病虫害等）导致的树木死亡。第一代加入外因干扰导致树木死亡的林窗模型，对干扰的处理非常简单，即当干扰发生时，被模拟的林分斑块上的每株树都死亡，很少关心干扰的强度及不同树种和个体大小对干扰的不同反应，后来的林窗模型进行了很多改进。Keane 等将一个林火模型与林窗模型进行了链接，模拟了全部的林火效应对森林演替的影响。Miller 和 Urban 在 ZELIG 模型中采用细胞自动控制法模拟了林火的扩散过程。全球气候变暖将导致一些极端天气（如高温和冰雹等）事件出现频率增加，这些极端天气将对森林产生重要影响。林窗模型应尽快考虑这些极端天气干扰导致的树木死亡。

在目前缺乏与树木死亡有关的生理和环境数据的前提下，林窗模型对树木死亡过程的模拟还比较好。但是，从生理机制上模拟树木内部因子和环境条件与其死亡过程的关系，才是林窗模型未来的发展方向。影响树木死亡的内部因子（如年龄和树高）应该由那些与树木死亡关系更密切的因子（如直径和生物量）来代替。与此同时，对这些导致树木死亡的内部因子及环境因子，不应再综合为一个随机函数。此外，林窗模型的步长也应缩短至天或周以模拟一些短期现象，如霜冻和风倒对树木造成的直接死亡。

（四）林窗模型对树木更新过程的模拟

树木的更新过程通常包括种子生产、扩散、萌发和幼苗生长直到幼树的成功建立。早期的林窗模型直接在模拟的样地内随机加入一定数量的幼树，以简化原本非常复杂的更新过程。加入幼树的数量和种类由一些"过滤"因子（如温度、土壤水分和林地表面光照等）进行控制，这种方法最大的好处是便于计算和模拟。

由种子到幼树成功更新这一过程非常复杂，自然界有很多因子控制着这一过程，而我们对其中的控制机制知道得还很少，因此还很难在林窗模型中进行机制性模拟。在过去的 30 多年里，很多林窗模型仍采用上述那种简化的处理方法。近年来，树木的更新过程逐渐引起了林窗模型研究者的重视，一些模型对更新过程做了重要改进。Lexer 和 Hönninger 在 PICUS 模型中，将种子产量作为母树大小、树种和叶面积的函数。还有一些林窗模型包含了种子的扩散过程，这相对于传统模型中种源无限的假设是一个显著改进。但是，引入种子扩散这一概念必须同时考虑斑块间的相互作用，否则种子扩散效应也就得不到真正的体现。Skyes 等最先在林窗模型中考虑了冬季适当的冰冻有利于提高种子发芽的数量。4C 模型还考虑了林地表面光照对种子萌发的影响。最近，改进的 ForClim 模型中详细模拟了幼苗的生长过程。

虽然人们对更新过程的模拟做了许多改进，但是由于树木更新过程的复杂性及试验数据的缺乏，目前还很难在林窗模型中实现机制性模拟。全球气候变化已被越来越多的研究所证实，气候变化将对树木更新的各个阶段（如开花、授粉、种子萌发和幼苗生长等）都产生重要影响。若将林窗模型应用于全球气候变化研究，就必须对树木更新过程进行更加详细的模拟。此外，现在的林窗模型对更新的模拟都集中在小尺度上（斑块内），若要考虑树种的迁移过程，需要对种子扩散过程进行很好的模拟。

◆ 第四节　林窗与森林经营

一、林窗对森林树种的作用

（一）对耐荫顶极树种的影响

林窗对耐荫顶极树种的影响主要表现在促使其幼苗从受抑制状态释放出来。大多数自然更新的森林树种幼苗是耐荫的，但在无林窗的条件下幼苗生长受抑制，只有当光照增加到一定的程度才能释放出来并生长到成年植株。在北美 Cascade 山脉老龄针叶林中，耐荫物种只有在林窗提供光照的情况下才能到达冠层。例如，太平洋东岸落叶林中的一些最耐荫的树种，尽管能在没有林窗的生境中生长，但最后还是需要一个或几个小林窗才能生长到冠层。

林窗光体系测量表明，森林底层由林窗引起光照增加的面积，比林窗投影面积大得多。例如，北纬 44°、树高 25m 的底层，半径为 5m 的林窗（面积＞85m²），在整个生长季节＞500m² 的范围能通过林窗接收到至少增加 1%的光照。尽管通过林窗所增加的 1%～2%光照，可能不会引起非耐荫树种的反应，但足以引起底层耐荫树种［如糖槭（*Acer saccharinum*）］的迅速释放。

因此，根据林窗垂直投影面积，明显低估了林窗引起的耐荫树种被释放的频度。非林窗的冠层下，大多数幼苗能利用附近的一个或几个林窗所增加的光照而到达冠层，就是因为森林底层的耐荫树种会对林冠层某处的小林窗渗透进来的漫射光发生反应。

（二）对不耐荫先锋树种的影响

林窗可促进不耐荫树种的种子萌发和幼苗定居，许多在森林底层保持长期休眠的、小的需光种子，直到林窗形成后才开始萌发。在 Los Tuxtlas 热带雨林中，不耐荫树种主要在林窗中萌发；广东鼎湖山郁闭森林群落中的锥栗（*Castanopsis chinensis*）、木荷（*Schima superba*）等先锋树种的幼苗，也只有在较多透入光照的森林空隙（林窗）处才能见到，在荫蔽的地方极其少见。

林窗对许多森林树种生长为成年植株是必要的，有些不耐荫树种的幼苗还必须在较大的林窗中才能生长到成年植株，如太平洋东岸的花旗松（*Pseudotsuga menziesi*）在小于 700～1000m² 的林窗中不能到达冠层。不耐荫树种依赖于大林窗，是由于大林窗能提供足够的光照强度、充分的生长空间，确保幼苗长高至冠层之前，林窗不因周围植株的侧向生长而郁闭。因此，林窗提供的光照是不耐荫树种更新所必要的条件。

（三）对森林群落物种多样性的影响

林窗的形成导致微环境的变化，使林下植物种类及其数量发生变化，从而影响森林树种的组成。同时，林窗的大小、发育期也会影响林窗植被的物种多样性，特别是影响林窗中心区域的物种多样性。林窗的不断形成，边缘效应机制的制约，使得林窗成为保持和恢复森林群落物种多样性的具体地段和主要场所。

二、林窗对植物侵入与定居的影响

植物群落的更新除了取决于植物繁殖或传播体，尤其是种子的有无和数量，还在很大程度上取决于群落内部的环境条件或植被发育的反馈效应。而林窗对森林更新的作用主要是影响植物的侵入和定居。

（一）林窗与植物的侵入

林窗入侵种，或是散布进去的，或是形成林窗前已经存在于种子库中，或是干扰中幸存下来的幼苗及毁坏后的树桩的萌蘖。在热带雨林中，林木的种子大多数是周期性产生的，多数依赖于林窗的存在种子才能萌发、幼苗才能定居的树种，都有休眠的种子或具有耐荫的幼苗。林窗形成前，热带雨林木本植物个体在某种程度上已经存在森林底层，并一直生活到林窗形成。因此，林窗发生时间与种子大小、耐荫幼苗存活时间之间的关系，决定林窗被哪种树种入侵。

林窗发生地与种子源的距离，以及种子散布机制，决定哪一树种能到达林窗。林窗距种子源越近，种子传入林窗的可能性越大，但不是所有种子都会在林窗附近形成，因此种子散布机制也是重要的。研究表明，新林窗的形成对种子到达、存活于林窗及幼苗生长到成年植株起着重要作用。

（二）林窗与植物的定居

林窗对许多森林树种的定居和生长到成年植株是必要的。林窗内异质性的环境对种子萌发和幼苗定居则起了选择作用。

林窗大小也会引起微气候、根系间竞争及内生菌根感染的变化。林窗与非林窗的森林底层相比，有较少的病原体和树枝残体，并且新林窗为食果动物提供的资源较少，也是鸟类栖息、蝙蝠飞行的危险境地，因而降低了种子和幼苗在林窗中的死亡率。因此，定居在林窗中的幼苗通常比森林底层的多得多。

倒树产生的林窗对森林群落的更新有极大的影响。在哥斯达黎加，约75%的树种其种子萌发和幼苗达到成年植株要依赖林窗。对澳大利亚女王岛及非洲西部雨林的研究也得出近乎相同的结论。生物统计的资料显示，当植物发生在林窗中或林窗附近时，有较大的生长率、较强的存活力和较高的繁殖率。

越来越多的证据显示，林窗特征（如林窗大小、年龄、方位、维持时间、微生境变化等）与种子特性（如种子休眠、大小、传播方式、寿命等）及其他生物和非生物因素的相互作用，决定树种能否到达、存活于林窗中和生长到成年植株，从而最终决定群落的更新水平。

三、林窗理论在森林经营上的应用

林窗研究不仅具有重要的理论意义，而且具有重要的实用价值。一些森林的经营活动与林窗动态有着直接的关系，特别是异龄林的经营。在异龄林经营实践中，常常是每隔一定时期，在每个林分中采一株或一组林木。臧润国等指出在对海南热带山地雨林进行采伐时，应以择伐为主。因为在山地雨林中，林分的自然更新方式是以形成林窗的小型树冠干扰为主，而合理的择伐与树冠干扰相类似。考虑到采伐的经济价值，择伐应在大树枯倒的前几年进行，只有在少量地段可进行面积不超过0.25ha的小面积皆伐。在次生林改造过程中，对林内形成的大小不等的林窗运用斑块状造林技术，可使林窗内的目的树种生长发育迅速，并促进周围次生林木的生长。运用林窗边缘效应可以为混交林的种群结构重建及选择最佳的林木择伐面积和强度提供科学依据，因为维持一定的林窗效应强度和边缘区面积，有利于森林物种多样性的保护和林木更新。Hartshorn在秘鲁东部的Palcazu河谷地区进行了热带雨林的带状采伐经营试验，运用了Palcazu森林经营模式。这种模式综合考虑了生态、经济和社会因素在生产中的作用，主要是以对热带森林资源持续开发利用为目的。

林窗理论对森林经营，特别是异龄林分的经营有重要的实践意义，林窗理论已被应用于热带和温带森林经营中。在秘鲁的亚马孙河流域，根据新热带森林动态中林窗的作用，实施采伐带交替带状皆伐经营，从而达到促进森林更新、维持森林发展的目的。总之，对于森林的经营，在进行干预时，应以自然的林窗特征和干扰规律为基础，综合考虑各方面的因素及实施经营措施的可行性。同时，应尽量模拟林窗干扰的自然规律，对森林进行科学的管理，既实现对森林的可持续经营，又达到维持和保护生物多样性的目的。

◆ 思 考 题

1. 森林干扰的概念及主要类型有哪些？

2. 自然干扰与人为干扰有什么区别？

3. 森林生长循环过程包括什么？

4. 林窗的主要特征是什么？

5. 林窗如何影响森林生境及树种？

6. 林窗在森林群落更新中的作用有哪些？

7. 简述森林动态林窗模型。

8. 林窗在森林群落更新中的作用有哪些？

9. 简述林窗理论在森林经营中的应用。

◆ 主要参考文献

霍常富，赵晓敏，鲁旭阳，等. 2009. 林窗模型研究进展[J]. 世界林业研究，22（6）：43-48.

梁晓东，叶万辉. 2001. 林窗研究进展[J]. 热带亚热带植物学报，9（4）：355-364.

王家华，李建东. 2006. 林窗研究进展[J]. 世界林业研究，19（1）：27-30.

夏冰，邓飞，贺善安. 1997. 林窗研究进展[J]. 植物资源与环境，6（4）：50-57.

昝启杰，李鸣光，张志权，等. 1997. 林窗及其在森林动态中的作用[J]. 植物学通报，14（增刊）：18-24.

朱教君，刘足根. 2004. 森林干扰生态研究[J]. 应用生态学报，15（10）：1703-1710.

| 第五章 |

森林可持续经营及模式

◆ 第一节 森林可持续经营

一、森林可持续经营思想的提出

1980 年起，热带林业行动计划（TEAP）、国际热带木材协定（ITTA）、濒危野生动植物种国际贸易公约（CITES）等陆续制定，开始致力于调整林业政策，保持热带林可持续经营。1992 年在巴西里约热内卢召开联合国环境与发展大会（简称"里约会议"），突出了森林毁坏和减少对全球环境带来的严重影响与危害，强调了保护和发展森林的重要性。人们已经认识到森林的可持续发展是世界可持续发展的重要基础。

里约会议形成的《21 世纪议程》，提出防止土地和水资源退化与空气污染，保护森林和生物多样性的行动项目方案，强调可持续发展会战胜贫困和环境退化；讲述了"防止毁林"的森林问题，包括 4 个方案领域，第一个就是"实现所有类型的森林、林地树木的多种作用功能的可持续性"。《联合国防治荒漠化公约》和《生物多样性公约》都指出了全球森林的破坏、森林面积的减少是导致生物多样性衰退和土地荒漠化的主要原因，恢复和发展森林是保护生物多样性和防治土地荒漠化的重要措施。几乎所有国家都表示了对全球森林保护的关注，欧洲联盟、加拿大等发达国家或地区一致提出希望达成《森林公约》，而发展中国家基本持反对态度，担心发达国家以此限制发展中国家发展和合理利用森林资源，因而会议最后仅达成了《关于森林问题的原则声明》。其指出"森林对经济发展和维护各种形式的生命是重要的""应该认识到各种森林在地方、国家、区域和淡水资源方面的作用，作为生物多样性和丰富的生物资源库，以及产生生物技术产品的基因材料和光合作用的来源"，强调了森林的不可替代性。

二、森林可持续经营的概念及要素

（一）森林可持续性的概念

森林可持续性是指森林生态系统，特别是其中林地的生产潜力和森林生物多样性，不随时间而下降的状态。Poore 认为，可持续性是指自然资源在长期和短期内，能持续地提供产品及服务功能，以满足社会需求的状态。保持森林的可持续性，是任何森林经营战略的核心。Lan Armitage 指出，可持续性是森林经营的一个基本原则，森林经营的精髓是保持可持续性。

森林的可持续性有具体的标准和指标可以衡量，大致可分为弱可持续性和强可持续性两种水平。

森林的弱可持续性通常是指以下一些资源状态：①森林资源不足，需要充实国土森林生态大系统；②森林质量较差，需要培育森林生态系统和培养森林生物多样性；③国家尚存在或多或少的贫困人口，直接用于物质生产的人工林及经济林的比例相对较大，天然林也处于较大经济压力之下；④国家关于森林的法律法规及其执行处于健全的过程之中。

森林经营活动的外部性具有跨越时空的特性。对一处流域的森林的采伐无论如何也会对当地的生态带来危害，但当采取适当措施注意保护生态环境时，本流域的采伐活动不一定会对流域外的生态造成危害，此时仍然是可持续的。森林的强可持续性，需要具备以下一些基本条件：①存在足够规模的森林生态系统；②森林生物多样性处于稳定和自我丰富的趋势中；③森林大部分为永久性森林，经济社会发展不再主要依靠森林采伐积累财富，并有可能对森林和环境建设投入较多的资金；④国家有关森林的法律法规及其执行行之有效。

森林的弱可持续性和强可持续性都不排斥森林采伐，也都需要森林抚育。合理的森林抚育会加强可持续性。工业人工林应该按照商业规律运作，只能在生产性森林中进行弱干扰式的采伐和科学的森林抚育，被划为保护区的森林不能开展任何采伐和抚育。森林的自我恢复能力虽然超出人们的想象，但只有经过较长的一段时间后，才能对森林经营的可持续性做出准确评价。

（二）森林可持续经营的概念

森林可持续经营（sustainable forest management，SFM）的概念，国内外有多种解释。

《关于森林问题的原则声明》：森林资源和林地应当可持续地经营以保障当代和下一代人们的社会、经济、生态、文化和精神的需求。这些需求是森林产品和服务，如木材、木材产品、水、食物、饲料、药品、燃料、庇荫、就业、休憩、野生动物生境、景观多样性、碳库和自然保护区，以及其他森林产品。应该采用适宜的措施来保护森林免遭污染的有害影响，如源于大气的污染、火、病虫害等，以保持森林的多种价值。

《热带森林可持续经营》（联合国粮食及农业组织）：最广义地讲，森林经营是有关森林保护和利用方面，在一个技术含义和政策性可接受的整个土地利用规划框架内，处理行政的、经济的、社会的、法规的、技术的问题。

《赫尔辛基行动，欧洲森林保护部长会议》：可持续经营表示森林和林地的管理与利用处于以下途径和方式，即保持它们的生物多样性、生产力、更新能力、活力，以及现在、将来在地方、国际和全球水平上潜在地实现有关生态、经济和社会的功能，而且不产生对其他生态系统的危害。

国际热带木材组织（ITTO）：可持续森林经营是经营永久性的林地过程以达到一个或更多的明确的专门经营目标，考虑到期望森林产品和服务的持续"流"，而无过度地减少其固有价值和未来的生产力，无过度地对物理和社会环境产生影响。

《蒙特利尔进程》：可持续森林经营术语用于表述当森林为当代和下一代的利益提供环境、经济、社会和文化机会时，保持和增进森林生态系统健康的补偿性目标。

加拿大标准协会：森林可持续经营是在为当代人和后代人的利益提供生态、经济、社会和文化的机会的同时，为保持和增进长期的森林健康而经营。

尽管森林可持续经营有各种解释，但其基本内涵是一致的。首先，森林可持续经营的总目标是通过对现实和潜在森林生态系统的科学管理、合理经营，维持森林生态系统的健康和活力，维护生物多样性及其生态过程，以此来满足社会经济发展过程中对森林产品及其环境服务功能的需求，保障和促进社会、经济、资源和环境的持续协调发展。其次，从内容上讲，森林可持续经营是一种包含行政、经济、法律、社会、科技等手段的行为；从技术上讲，森林可持续经营是各种森林经营方案的编制和实施，从而调控森林目的产品的收获和永续利用，并且维持和提高森林的各种环境功能。

（三）森林可持续经营的要素

国际著名森林经营专家 Poore 认为，森林的可持续经营，本质上是把握住以下要素以实现森林的可持续状态。

1. 有一定数量和质量的森林资源是可持续经营的基础　　没有森林资源就谈不上森林可持续经营，如果不能明确森林是否永久存在，森林可持续经营也无法实施。国家必须掌握自己的森林究竟有多少，摸清森林现状是一个基本的问题，同时对未来一个时期内的林业需求做出评估，以便按国家长期利益的需要，确定哪些地区的森林必须永久保留以提供长期的服务，并将这些森林建设成森林保护区。在森林的数量与质量上造成的失误，必将影响对各种水平上的森林可持续性的评价。

2. 把握森林可持续经营的国家水平和地区水平之间的关系　　实施森林可持续经营有两个基本条件。首先，国家的所有森林能得到强有力的保障（如法律、制度等），使其免受不合理的干扰，并且不同经营目标的森林分类的比例是平衡的；其次，国家森林的每个经营单元均实施了可持续的经营方案，并按不同类型分类经营。前者说明，在对森林的利用上，应该有一个在充分考虑了社会与环境发展和把握了林产品与服务需求的基础上制定的国家战略，并且这个战略应该是国家发展计划和土地利用规划的一个组成部分。后者说明，只有所有单位的森林实现可持续经营，才能构成国家森林的可持续经营。

3. 森林可持续经营必须为社会提供产品　　不为社会提供任何产品的森林经营是不可持续的。森林要满足社会的林业需求，这一点决定了社会对森林可持续经营的可接受性。但是，不同的时间与地点，社会对森林可持续经营目标的要求不同。由于林业生产周期较长和社会需求的动态变化，在森林可持续经营的过程中，最重要的是保留森林能适应变化了的需求的能力。

4. 建立并完善森林可持续经营的制度环境　　广义的制度概念，决定着经营森林的能力。制度保障，包括法律法规、资金来源、教育培训、经营动机、顾问机制、信息支撑、社区参与、检查手段、灵活调整、激励措施等方面。例如，信息支撑和灵活调整：国家森林，甚至到每块独立的森林，其可持续经营必须有足够的信息支撑，在此基础上做出经营决策。

三、森林可持续经营活动的国际组织运作框架进程

目前，森林可持续经营活动的开展大致可分为国际性的和国家性的，国家性的活动往往受国际活动的指导，甚至受到一定的约束。

（一）国际活动运作框架

1992 年成立的联合国环境与发展委员会是联合国为了关于世界环境与发展问题（含可持续发展问题）而由国家政府首脑参加的一个最高决策机构。由于它不可能经常召开，因而成立了联合国可持续发展委员会，以贯彻落实会议所签订的公约和推动各项工作的完成。

联合国可持续发展委员会专门为林业可持续发展成立了政府间森林问题工作组。

在联合国可持续发展委员会领导下，开展了以下森林可持续经营的国际性活动：一是森林可持续经营的标准与指标体系研制，二是有关的试验活动，三是可持续木材生产的认证制度的研讨和建立。三者都有国际性的活动（由国际组织、政府集团或非法规约束的国家自愿结合来进行的）和国家性的活动两类。

参与森林可持续经营活动的国际组织是联合国经济及社会理事会，主要在推动《关于森林问题的原则声明》的落实和发展上起作用。1996 年 9 月 9 日至 20 日在日内瓦、1997 年 4 月 25 日

在纽约召开的政府间森林问题工作组第 3 次、第 4 次会议上，形成了一个落实实施该声明的报告，内容是：①在国家和国际水平上（包括审查部门和跨部门关系）实施有关森林决议的情况；②财政援助和技术转让的国际合作；③为森林可持续经营的科学研究、森林评估和发展标准与指标；④与森林产品和服务有关的贸易和环境；⑤国际组织、多边制度和文书，包括适宜的法律机能；⑥政府间森林问题工作组 4 次会议报告的采纳；⑦组织和其他事宜。

（二）国际标准与指标进程

标准是指用于评价可持续森林经营的条件或过程的类目。标准是由一系列定期监测以评价变化的相关指标所表示的特征。指标是标准的某一方面的度量（测量），可以测量或描述的定量或定性变量，并可定期地观测变化的趋势。国际森林可持续经营的标准与指标进程如下。

1）世界自然基金会于 1992 年提出了 4 个方面的指标，即森林本质特征、森林健康、环境效益、社会和经济价值，它偏重森林的质量指标。1995 年又提出了可持续经营标准和指标量化的报告。

2）森林管理委员会在 1994 年 6 月提出了天然林经营的原则和标准，其中包括 9 个原则和若干个标准。

3）国际热带木材组织在 1989 年对热带木材生产提出《ITTO 热带天然林可持续经营指南》，共 41 条原则。

4）赫尔辛基进程：这是由"欧洲森林保护首次部长会议"（1990 年在法国斯特拉斯堡召开）从酸雨对欧洲森林的危害和以森林为背景的敏感环境问题出发，提出欧洲共同行动框架而发展起来的。

5）蒙特利尔进程：1993 年 9 月在加拿大蒙特利尔召开了"温带和北方森林可持续发展"专家研讨会。当时参加会议的有欧洲安全与合作会议的 40 个国家。

6）亚马孙进程：这是作为亚马孙合作协议的组织形式，针对拉丁美洲亚马孙热带雨林国家的，包括玻利维亚、巴西、哥伦比亚、秘鲁、苏里南和委内瑞拉。

7）国际林业研究中心于 1996 年在调查研究的基础上，为热带林可持续经营试验示范项目提出了一个标准与指标体系，有较强的实用性。

8）其他：还有中美洲、干旱非洲等进程，一般都有其特殊的地区性。

联合国粮食及农业组织等国际组织对国际标准与指标进程的协调。联合国粮食及农业组织一直为森林可持续经营起着指导作用，为协调林业行动提供全球论坛。

四、中国森林可持续经营的历史

自 1992 年里约会议以来，我国开始转变森林经营的思路，进一步认识到将可持续概念运用到森林经营中的重要性，开始一步步制定强有力的法律法规，推动我国森林可持续经营的发展，我国森林可持续经营主要经历了探索起步、规范实施、完善发展、深化提升 4 个阶段。

（一）探索起步阶段：1992～2000 年

探索起步阶段主要是学习国际上先进的经营模式，开始制定森林可持续经营基础的标准、计划、指南、准则，为我国森林可持续经营打好坚实的基础。

自 1992 年里约会议以来，我国开始在森林问题上坚持可持续发展的原则，积极开展国际的交流与合作，成立了中国森林可持续发展研究中心，积极参加国际讨论。

1995 年，制定了《中国 21 世纪议程——林业行动计划》，阐述了林业可持续发展的战略思想和战略目标。

1995 年开始研究制定国家水平的森林可持续经营标准与指标体系，并于 2002 年 10 月发布并实施了《中国森林可持续经营标准与指标》，启动了国家水平的森林可持续经营标准与指标体系研究制定工作。1997～2000 年，在黑龙江省伊春市、甘肃省张掖市、江西省分宜县进行了亚国家水平指标体系的研制。2000 年，作为亚太区域示范林项目的参与国，参与了示范林水平的森林可持续经营标准与指标的制定和验证。

森林可持续经营理念开始在中国传播，森林可持续经营实践开始加速。例如，在中国东部经济相对发达地区、水蚀和林业有害生物等危害比较严重的地区，通过实施"留阔补阔、留阔补针、补植补造、林冠下造林"等经营措施，增加针阔叶混交林面积比例，增强森林抗灾减灾能力，提高了森林生态系统的稳定性。

（二）规范实施阶段：2001～2007 年

21 世纪，中国林业发展进入由木材生产为主向生态建设为主转变的阶段。我国政府进一步认识到林业在经济社会可持续发展中的重要地位和作用，制定了强有力的法律法规，严格执行森林限额采伐制度，建立各级政府保护森林资源任期目标责任制，推进实施森林生态效益补偿制度，逐步实行林业分类经营。

2002 年，国家林业局颁布了《中国森林可持续经营标准与指标》。同时，我国完成了"中国可持续发展林业战略研究"，为中国森林可持续经营提供了理论和战略支撑。

2003 年，颁布《中共中央国务院关于加快林业发展的决定》，提出了解决林业发展的体制、机制和政策等问题的对策，逐步理顺林业的生产关系。

2004 年，国家林业局印发了《全国森林资源经营管理分区施策导则》，制定了《国家森林可持续经营试验示范点建设工作方案》，决定用 20～25 年甚至更长的时间（如一个轮伐期），建立长期性的、具有全局意义的森林可持续经营试验示范区。

2005 年，编制并发布了《中国森林可持续经营指南》，从宏观上明确中国森林可持续经营实践的基本要求和重点领域，确立中国森林可持续经营目标模式和途径。

2006 年，国家林业局下发《森林经营方案编制与实施纲要》《县级森林可持续经营规划编制指南》《森林经营方案编制及实施规范》《全国森林可持续经营实施纲要》《简明森林经营方案编制技术规程》等一系列指导性文件，推动了森林资源可持续经营管理工作。

2007 年，我国森林认证最高议事机构中国森林认证委员会正式成立，标志着我国森林认证体系发展成熟；同年，发布了《中国森林认证森林经营》及《中国森林认证产销监管链》两部认证标准。

（三）完善发展阶段：2008～2012 年

结合前两个阶段我国森林可持续经营的实践，进一步完善我国森林可持续经营的政策体系，使其更能够和我国森林经营实践状况相适应。

2009 年，中央林业工作会议明确了一系列重大政策措施，并要求建立森林抚育补贴制度、开展中央财政森林抚育补贴试点，以推动森林可持续经营。为此，国家林业局启动了中央财政森林抚育补贴试点，出台了《森林抚育补贴试点管理办法》《森林抚育作业设计规定》《森林抚育检查验收办法》和《中央财政森林抚育补贴政策成效监测实施办法（试行）》。

2010 年 10 月，国家林业局发布了《关于加快推进森林认证工作的指导意见》，进一步明确了中国森林认证工作的方向、工作原则和主要任务，同时开展了森林认证审核试点。

2011 年，根据社会经济发展、生态环境建设和对保护中国森林的现实需求，结合森林资源分布、结构状况，以及中国森林可持续经营的现实基础，国家林业局选择 200 个森林经营单位作为森林经营方案编制实施示范点。

2012 年，国家林业局在各类森林经营试点示范的基础上，确定了 15 个森林经营样板基地和 12 个履行《适用于所有类型森林不具法律约束力的文书》的示范基地。

（四）深化提升阶段：2013 年至今

森林经营加大了对森林质量的关注，森林经营坚持质量优先，并在这一阶段开展了森林质量精准提升工程。

2013 年，《中国森林可持续经营国家报告》出版，该报告是首次综合反映新时期中国森林可持续经营进展的国别报告。同年 11 月，国家林业局印发了《林业专业合作社示范章程（示范文本）》。

2014 年 9 月，国家林业局印发《森林抚育作业设计规定》和《森林抚育检查验收办法》（林造发〔2014〕140 号）。

2016 年，习近平总书记在中央财经领导小组第十二次会议上强调加强重点林业工程建设，实施新一轮退耕还林。

2019 年，中共中央办公厅、国务院办公厅印发了《天然林保护修复制度方案》。国家林业和草原局印发了《关于全面加强森林经营工作的意见》，指导各地科学开展森林经营工作。

2023 年，国家林业和草原局发布《全国森林可持续经营试点实施方案（2023—2025 年）》，提出打造一批森林可持续经营的试点示范单位。到 2025 年，试点单位初步形成以森林经营方案为核心的森林可持续经营决策机制。

我国森林可持续经营取得了很大的进展，制定了不同层次的政策方针，同时各地方单位结合实际，针对不同类型的森林、不同的管理体制及不同的森林经营水平，探索、实践和建立了形式多样的经营管理模式，逐渐形成了中国特色的森林可持续经营框架模式。

五、森林可持续经营模式

在森林可持续经营模式机制的框架下，根据不同目标，实践模式也不尽相同。在单目标和多目标经营模式下，皆可实现森林的可持续经营（图 5-1）。

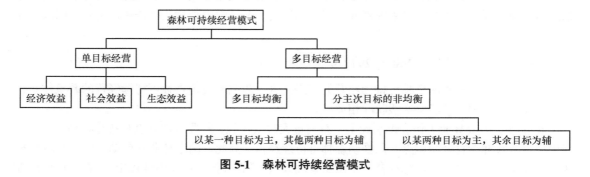

图 5-1 森林可持续经营模式

（一）单目标可持续经营模式

森林资源按照单目标经营模式，可以分为以经济效益（木材产出）为目标的森林经营模式、以社会效益为目标的森林经营模式和以生态效益为目标的森林经营模式。在单目标经营模式下，应不以过度损害或破坏其他两种目标的效益为代价，合理开发利用森林资源，使其发挥森林生态系统的各种功能。例如，过去以木材产出为目标的经营模式过度损害了森林资源，影响后世的生存环境和对资源的利用，这是一种短期获利的经营模式，缺乏持续性。

（二）多目标可持续经营模式

多目标经营模式可以分为多目标均衡和分主次目标的非均衡两种模式。

1. 多目标均衡经营模式　　根据森林的多功能性来实现森林经济效益、社会效益和生态效益的统一。在对森林资源的经营管理过程中，要同时实现经济效益、社会效益和生态效益最大化，不能损害任何效益，要共同促进三者的发展，以此满足人们的需求。通过不断利用科研成果，推广适合各区域应用的技术，调整和制定森林经营管理的相关政策和措施，充分考虑综合效益的统一。

2. 分主次目标的非均衡经营模式　　重点发展经济效益、社会效益和生态效益的主要目标，但不能忽略次要目标，不能以损害次要目标来实现主要目标，次要目标也要纳入整个森林经营过程中。

无论是单目标经营还是多目标经营，都应按照森林可持续经营模式机制进行，森林经营主体、政府、市场、社会组织在森林资源经营过程中协调发展，提高资源配置的效率，遵循一定的经营理念、经营方式和森林经营方案，遵守法律法规，在采用高质量的科学技术等多要素的共同作用下，维持森林生态系统的稳定发展，满足当代人和未来世代对森林的需求。

（三）常见的森林可持续经营模式

为了实现森林可持续经营，各国纷纷发展森林可持续经营的模式，并开展大量的森林可持续经营实践活动。目前，已经逐步形成多种森林可持续经营模式，如近自然森林经营、森林生态系统经营等，这些经营模式将在下文介绍。

◆ 第二节　近自然森林经营

一、近自然森林经营的概念及主要特征

（一）近自然森林经营的概念

20 世纪初，德国少数林业局和一些私有林主开始了近自然森林经营实践。1950 年，成立了适应自然林业协会（ANW）。20 世纪 70~80 年代，德国各林业企业为向近自然林业过渡进行了生长模拟，为后来的林业路线转变做好准备。1989 年由 10 个欧洲国家林业工作者发起创立了欧洲近自然思想林业工作者联谊会（PROSILVA）。

20 世纪 90 年代中期，德国政府正式宣告放弃人工林经营方式，采纳近自然林业理论，并制定了相关方针，朝着恢复天然林方向转变。1989 年德国各州农业部部长会议提出了"适当的森林经营"。

近自然森林经营是一种顺应自然的计划和森林管理模式，其是基于由森林自然更新到稳定的顶极群落这样一个完整的森林发育演替过程来计划和设计各项经营活动的，优化森林的结构和功能，永续利用与森林相关的各种自然力，不断优化森林经营过程，从而使受到人为干扰的森林逐

步恢复到近自然状态的一种森林经营模式。近自然森林经营措施要充分重视乡土树种、天然更新措施，培育异龄、混交、复层结构，使森林经营目标逐步向多功能森林——恒续林演变。近自然森林经营理念不仅适用于人工林，也适用于天然次生林。

（二）近自然森林经营的目标

近自然森林经营的目标是：人与自然和谐共处，全面发挥森林功能，加速提高森林质量，积聚财富、惠及民生。

（三）近自然森林经营的主要特征

近自然森林经营的主要特征是：采用整体途径进行森林经营（经营一个生态系统而不只是林木）；维持森林环境，避免皆伐；单株择伐，保持蓄积；利用自然过程（如天然更新和天然整枝）；适地适树，珍惜地力；发展本地物种；放弃同龄林和单纯林；通过水平和垂直结构的调整达到最适宜的生物多样性。

二、近自然森林经营的由来

（一）对于法正林基本原则的反思

一直到 19 世纪后期，德国人还沉浸在法正林成功的喜悦中，为给人类找到木材可持续供给的科学方法而欢欣鼓舞。即使有人曾经提到森林的多样性问题，也由于在技术上和经济效益上无法说服人们接受其观点和认识而不被重视。

完全按照森林管理者的理念进行"科学"安排违反了自然规律，这是近自然森林经营理念质疑法正林的基点之一。基于法正林单一树种的基本原则经营的人工林到 19 世纪后期出现了问题，如病虫害蔓延迅速，树木出现严重的风倒和断顶等。法正林理论的另一个问题是环境问题。对某一林龄的某一片林地进行皆伐作业，其后虽然可以更新，但在树苗长成前为了防止采伐迹地上野草入侵，还要整地和除草，会造成水土流失。从 1850 年起，就有德国林主开始改变皆伐方式，采用间伐和小面积皆伐及楔形伞伐作业，以减少采伐的环境问题。

（二）加耶尔的混交林论述

加耶尔（Johann Christian Karl Gayer，1822—1907）在 1868 年和 1880 年分别完成了《森林利用》和《造林学》著作。1886 年加耶尔的著作《经营混交林的理由，特别是对森林作为避难所和群组经济的关注》，提出了比较完整的类似于近自然森林经营的混交林经营思想。尽管加耶尔提出了混交林经营的思想，而且这个思想后来成为近自然森林经营的基石之一，但这样的思想还远不是理论，更没有经过实践的验证。

三、实施近自然森林经营的现实需要

（一）降低生态风险的需求

德国 1/3 左右的面积覆盖着森林，然而根据《周日世界》（2006 年）的森林报告，2005 年德国有 29% 的森林面积遭到严重损坏，而橡树的情况尤其严峻。2005 年被损坏橡树的比例由 2004 年的 45% 上升至 51%。该报告指出，由于土壤中所含酸性物质的提高，吸收了这些物质的树木的抵抗力进一步下降。另外，气候变化也给森林和林业管理带来了新的挑战。以山毛榉类林木为例，在经历了 2003 年的炎夏之后，遭严重损坏的山毛榉由原先的 25% 飙升至 55%。而现在仍有 44%

的山毛榉的树冠有明显损伤。相似的情况也在奥地利、捷克、丹麦、法国等其他欧洲国家中出现，给各国林业带来了巨大的经济损失。

（二）适应气候变化的需求

从 20 世纪 80 年代初期开始，欧洲一些地区的森林也出现退化现象，同时伴随着土壤酸化和营养退化，尤其在东欧和斯堪的纳维亚半岛这种趋势更加严重。同时由全球变暖导致的气候变化对森林生态系统造成了潜在的影响，尤其对以欧洲云杉为主的生态系统的影响更为严重。这种变化的结果很难估计，但不可忽视的是温度的上升伴随着蒸发量上升和降水量下降，从而导致病虫害致病率上升。

（三）满足社会发展的需求

在过去几十年中，尤其是在 1992 年以来，在可持续发展方面更强调经济和环境的协调发展，在保持当代经济发展的同时不能影响子孙后代对资源和环境的发展要求，成为可持续发展概念的核心。随着经济的发展和生活水平的提高，人们的观念在发生转变，更加重视环境的质量，由原来的单纯追求经济效益为主过渡到主张经济和环境的协调发展。

四、近自然森林经营的理论基础

（一）森林演替及生境管理

近自然森林经营追求与立地条件的和谐性，尊重生态规律及其内在变化，而不是强制性地保持人为一致性。在实践操作上，近自然森林经营更趋向于运用自然更新原则，建立混交林，使森林逐渐成熟化。当然，砍伐老树、种植幼树会给森林经营者带来大的经济效益，这也是大量幼龄林分存在的重要原因。但从野生动物角度，相对较老的森林要比幼龄林更有价值。一个成熟的森林，有不同林龄的树木，从幼苗到老树，并且重要的是还有枯立木，枯立木能够为昆虫和幼虫提供藏身及食物储藏的地方，能够提供与活立木相同的生态位。所以与形式整齐的幼龄林相比，成熟林的年龄结构更加复杂，并且能够容纳更多的生物种。因此，保护主义者更偏重对成熟林的保护。

大面积的森林生境比小面积生境组合能容纳更多的生物种。为了保护一些特殊种群，大面积式经营要比以小面积网络斑块式经营更有效。生境的破坏及破碎化是种群数量下降并濒临灭绝的重要原因之一，尤其在森林中进行农业耕作，两个森林斑块被非林地斑块隔开，从而使森林景观被高度破碎化。

（二）遗传多样性

遗传多样性是演替的基础，也是种群对环境变化和其他压力的适应性反应。与异型杂交相比，种群近亲繁殖，生产力将会下降，对环境的适应能力也会降低，并且更容易趋于灭绝。种内遗传多样性的丧失使物种对环境变化的适应能力降低。遗传学理论建议，异型杂交必须避免种群隔离带来的负面影响，森林经营者优先选择乡土树种进行种植，并坚持分区模式来保护地方基因组，但同时也应种植一些非乡土树种来提高遗传多样性。更重要的是应当种植一些稀有种、濒临灭绝种，并为之建立适宜的生境。

（三）生物多样性及生态系统功能

虽然生态系统平衡与物种多样性之间的关系还不太明了，但生物多样性对生态系统的恢复、抗干扰及可变性发挥着重要的作用。遗憾的是，目前还没有在小斑块到整个景观的不同尺度上开展工作；有限的一点比较明确的研究也是在结构比较简单的草地上开展的，而不是在复杂的森林内。为了确保生态系统的可持续性，需要采取经营措施，从时间和空间上来模拟自然干扰，从而维持景观尺度及林分尺度上的结构多样性，保护区域物种的生态位。这就意味着经营者需要考虑森林的林龄、林型、空间结构，并与整个景观相结合。

（四）保留地

保留地有助于维持生态系统的平衡。经营系统中的保留地有助于将有机物扩散到周边环境中，从而促进森林的再更新。这一点对那些传播能力比较弱的种子特别重要，包括那些参与土壤过程的种子。

（五）近自然干扰

近自然干扰并不是简单地重复自然过程，而是在经营的林分及景观区内，创造一个近似于自然干扰产生的生态过程。因此，我们必须对未干扰地区、经常受自然干扰地区及森林经营地区长时间段的生态过程有一个深入的了解。

五、近自然森林经营的活动、观点及原则

（一）天然林工作小组及其研究活动

1950 年，Willy Wobst 组织了一个天然林工作小组——适应自然林业协会（ANW）。最初只有46 人参加。ANW 最关心的是森林的稳定性和活力。经过近 100 年的时间，人们认识到单一树种存在稳定性差和抗性弱、容易感染病虫害等问题。研究表明，到了人工林第 2 代和第 3 代，木材产量出现下降，在普鲁士平均下降 10%，在拜恩下降 25%，在萨克森下降 33%。此外，1935～1951年一些林区 44% 的欧洲云杉面临风倒和病虫害威胁。ANW 发现，要想实现木材产量最大化，必须从技术上采用基于生物和生态原则的造林方法而不是仅仅讲求造林技术，唯一的途径就是效仿自然，培育与管理接近自然状态的森林。

（二）近自然森林经营基本观点

近自然森林经营与法正林经营在森林树种组成上存在根本差异。采用法正林经营，人类能够通过技术和科学经营措施实现木材的持续性产出，只有按照一般农业经营的方式，遵循单一树种原则才能获得满意的经济效益和经营效率。而近自然森林经营，自然因素的多样性和动态性决定了森林经营活动是一个与森林生长各种因素相关联的过程。前者因为其有思想体系、技术体系和明确的结果，而且已经在农业领域被证明是有效的，在林业领域也产生了震撼性的效果，被公认为一种科学。而近自然森林培育直到 20 世纪 80 年代也没有提供一个科学的方程式和抽象的学说。近自然森林经营研究者经过 30 多年摸索得出的结论是，近自然森林培育和管理要凭经验和森林培育者的直觉。因此，很难让那些有影响的学者将近自然森林经营列入科学的范畴。近自然森林经营体系缺乏足够的实验和证据支持，还需要经过很长时间才能对近自然森林经营做出优劣判断，并提出明确的技术措施和操作标准。

（三）近自然森林经营基本原则

近自然森林经营有着丰富的内涵，它代表了以一种接近自然的方式去经营森林，因此要充分考虑到生物多样性的丧失、老树及生态过程等因素。这种森林经营策略的存在已有几十年到一个

世纪之久，并且也有不同的名字，如 close to nature forestry，但它被真正采纳也只是近期的事。

近自然森林经营意味着人工经营将从传统的单纯注重木材经济效益的方式，过渡为能全面地、均衡地评价森林对社会贡献的方式。或者从不同尺度上（从林分尺度到景观尺度）对自然干扰的模拟。近自然森林经营代表希望更真实地模拟自然，或者利用不同经营措施去模拟植被覆盖，如向原始植被转化、利用自然更新、择伐的应用、保留枯立木等。但近自然森林经营不是万能的，在不同的地方，为了能满足最佳的需求组合所采用的措施也应不同。

虽然近自然森林经营仍没有明确的定义，内涵也仍比较含糊，但其主要原则是比较明确的。根据欧洲近自然森林经营的经验，尤其是德国黑森林的经验，以及 Rheinland-Pfalz 为林业管理部门编写的应用手册，近自然森林经营的原则主要包括以下几项。

1. 树种组成　森林应由乡土树种组成或至少由适合立地条件的树种组成。

2. 森林结构　森林应保持生态平衡和适度的生物多样性，目标为混交林、异龄林，且垂直结构具有多样性。

3. 森林经营　应用自我调节机制经营。

4. 调节森林环境　通过调节上层林冠、避免皆伐，采用小面积皆伐或择伐等措施调节森林环境。

5. 立木蓄积（个体）　想提高林分蓄积，要优先根据目标树的直径及生长，考虑提高目标树个体的蓄积，而不是考虑林分的整个面积及平均林龄。

6. 自然死亡　允许有更多的自然死亡。自然死亡、枯立木及一些自然更新可以通过总增长量及演替概率计算将其融合在一起。

7. 森林保护区　建立森林保护区。欧洲森林的 10%将被划为严格的自然保护区。

8. 轮伐期　轮伐期要更长。

9. 自然干扰　模拟自然干扰，未来将会根据暴风雨（或雪）及火的概率介入更多的自然干扰。

六、欧洲近自然森林经营的实践经验——目标树经营

目标树经营是欧洲广泛使用的有效的近自然经营实践手段之一，也是在最短时间内培育出高质量木材的有效经营方式之一。它虽起源于欧洲，但现已在世界各地被广泛应用。

根据近自然原则进行目标树经营，首先要明确林分的历史、现状和未来。明确想要的单株树木，然后全部去除竞争树木，而其他树木保持不动。目标树经营的核心内容就是：选择高质量的目标树；去除目标树的竞争树，释放空间；考虑未来更新及目标树修枝。

（一）目标树选择

目标树是指在林分里能产生主要经济价值、带来主要经济效益或服务功能的树木。这些价值常与木材产量联系在一起，但也可与野生动物生境、生态美或水源涵养等功能联系在一起。通常目标树是最需要且最有潜力的树木。但不同用途的目标树，选择标准不一样。例如，生产木材的目标树，应选择市场价格好的优势树种，杆形通直；树冠大，且枝叶茂盛；主干没有侧枝；树皮没有裂痕；树龄一般在 15～30 年（树龄太小，高度不够；树龄太大，空间释放效果不好）。作为野生动物生境的目标树首选成年树，树冠大而健康，树体上有枯枝及洞穴，且树种丰富。水源涵养林首选树冠大而健康、易于营养积累的树种。

对林分进行调查记录，明确记录有潜力作为目标树的树种、直径、高度、生长速率及周围竞争树木的情况。生长速率对确定目标树和竞争树是一个非常重要的指标。选择好目标树后，可以

用油漆在目标树上做标记，以便跟踪它的未来生长状况。目标树数量的确定取决于经营年限的确定、未来工作安排、人力物力限制及已完成的工作量等。

（二）目标树空间释放

选择好目标树后，下一步就是给目标树提供充足的生长空间，也叫"砍伐竞争树"或"目标树空间释放"。光照是影响树木生长的首要因子，目标树树冠与周围树冠相交错，大大影响了生长速度。竞争树就是指那些与目标树树冠交叉，或在未来几年将与目标树树冠交叉，或树冠在目标树上方影响其光照的树木。竞争树会影响目标树树冠的生长。那些在目标树树冠下方的树木，并不是竞争树。竞争树通常要被砍掉，同时也可以增加一定的经济收入。

目标树空间释放（砍伐竞争树）最好在目标树林龄 15 年之后或者树干高度达到需要的高度时进行。随着周围竞争树树冠的去除，目标树树冠会向四周空间延伸，随之目标树树干直径的生长速度也会明显加快。

（三）人工促进天然更新

在森林经营的不同阶段，都需要考虑木材生长量及森林未来更新；既重视现在的利益，同时也不能损害未来的收入；必须重视幼苗生长的环境需要，保证地面有一定的光照。

对于需要更新的林分，一般采用林下清灌、破土增温等来人工辅助更新。不赞成全面清林：一是全面清林的成本很高，二是会造成地力衰退。欧洲通常是有选择地清林，促进林分在不同时段更新，获得多层级更新层。更新层如果无目的树种，大树砍伐后就会退化为稀树草原。针对不同植被促进更新层的手段不同，最基本的是开林窗和抑灌，使阳光能够投射到地面，帮助土壤内种子萌发。林下透光是更新的必要条件，疏开下灌层以便种子萌发和幼树生长，其间需清理下灌层或折干抑灌；对于绝对失去更新能力的地段采取人工植苗更新。

（四）目标树修枝

修枝只针对目标树进行，可以更健康、更安全地提高高质量木材的经济价值。通过减少目标树树干的节疤，提高树干通直度，一般可以提高立木价值 20%～25%。一般针叶树和枯枝可以在一年四季的任何时候修枝，但最好是在树木休眠期进行，尤其对阔叶树，这一点更重要。修枝的数量一次最好不超过活枝条的 1/3，枯枝也应该修剪掉。

目标树经营要优先选择立地条件好的林分。一个林分的好坏，在很大程度上得益于经营措施，但对立地条件的依赖性可能会更大。立地条件好的林分可以使一定的劳动付出最大限度地转化成为经济效益。如果在过去的经营过程中，已砍伐掉了最好的树木，林分留下的都是质量较差的树木，在这样的林分中，首先要选择恢复更新，然后再进行目标树经营。

◆ 第三节　森林生态系统经营

一、森林生态系统经营的理论基础

（一）森林生态系统发育的普遍性模式

1. 传统演替理论的衰落　　传统的森林演替理论，认为森林的演替是在一个地段上，一种森林类型被另一种森林类型取代的过程，并且是一种有序进行的系列，通常是有终点的，即有演替顶极的存在，这是自然均衡观在森林生态系统发展理论中的重要体现。现代生态系统水平的森林演替观，强调从信息理论（如物种多样性测量）、物流和能流方面总结生态系统的变化。传统的"气候顶极"的概念已不再使用，取而代之的描述方式是"连续变化的景观中的连续变化的植被"。近期生态学家采用非平衡的观念，演替概念成为一个非平衡的空间过程（如 Watt 在 1947年提出森林循环理论），是在变化的环境条件下干扰和种群变化过程的结果。

长期以来，林学家倾向于研究如何管理森林，而生态学家致力于植被的演替与发育过程和机制的研究，由于对自然保护和资源管理的参与，生态学家和林学家对来自森林管理科学的林分概念和来自生态系统科学的生态系统概念的运用界限变得模糊，对演替理论的探索和森林经营的需求结合得更紧密。对机制的探索并没有妨碍在森林经营中总结规律发展合理的森林生态系统管理技术，因为两者的目标是共同的，就是实现森林生态系统的可持续管理。演替的纯理论色彩渐渐褪色，更多出现的是称为森林发育的概念，如 Oliver 和 Larson（1996）提出的林分动态学，就是从实际经营角度考虑森林生态系统的发展态势，受到了广泛的认同。

2. 林分发育的普遍模型 在森林生态系统中，有机体及其生态系统功能与生态系统中的活和死的树木成分的结构和动态是密切联系的，因此林分的发育是森林生态系统时空变化的重要驱动力。林分的发育复杂又多样，在这个过程中受到初始干扰、环境格局、物种混合作用、中间干扰等状况的影响。研究者提出了林分在重大干扰后的普遍自然发育模型，一般分为建立、稀疏、过渡、动态斑块 4 个主要发育阶段。

（1）建立阶段 在一个重大的干扰过后，林分处于建立阶段。此时林分出现大量没有被占用的空间，随后许多物种进入，而在干扰后存活但失去地上部分的植被会重新萌发并占据原来的生长空间，新老植物构成多样性很高的林分或斑块。树木的侵入过程可能是斑块状的，水平的异质性可能很高，包括树群、灌木和草团、死木和裸地。垂直异质性在细尺度较高并会随着植被长高而增大，但整体看是很低的。尽管缺乏活立木结构，但干扰产生的大量死木会保留。

（2）稀疏阶段 树木迅速生长形成连接的密闭林冠层，导致下层植物的进入锐减和生长下降，许多下层植物死亡，上层树木由于竞争也开始死亡。由于阳性植物死亡而耐荫植物还未侵入，多样性很低，上层主要由阳性树种组成。这一阶段可能在某些立地保留很短时间，而在低生产力的立地可能会持续很久。垂直异质性随森林长高而迅速增加，一般形成明显的上面树冠密闭层和下面稀疏的灌草层，粗木质体还会保留一定的量。

（3）过渡阶段 在这个阶段，原来的树木群渐渐解体，树木重新发生下层木解放、新树木群逐渐占据林隙。树木大小、活生物量和冠层的多样性都达到最大，而死木生物量最低。Franklin等（1996）根据林分结构和过程的变化将其分为 4 个亚阶段：①下层解放阶段，下层木和灌木、草本等经受住密闭林冠的影响而存活，并在死亡的小树形成的空隙中发育成完整的下层；②成熟阶段，上层木发育达到高峰开始死亡，林隙普遍存在，上一阶段的实生幼苗开始超过灌草，死木量最低，新的死木开始形成；③早期过渡阶段，新树木群已达到上层与老树木群共存，并且下层及林隙中有大量新生树木，形成复杂的垂直结构，出现相对较多的死粗木质体，开始分解；④老龄林和后期过渡老龄林阶段，建立期的树木死亡殆尽，后生长的树木连续死亡，死粗木质体很多而活立木生物量相对较少。

（4）动态斑块阶段 也称稳定态阶段、真正老龄阶段、波动林隙阶段或波动斑块阶段。在相对林分更小尺度的斑块干扰（如构成林隙的大树或树群的死亡）的影响下形成动态的格局，给新建立的下层树木提供资源，使其在冠层中、下部有生长空间。在林分尺度上，小尺度的干扰和植被反应汇集而成的森林，其组成、结构的变化很小或无。

（二）森林生态系统的运行机制

森林生态系统是一个非平衡的不断演化着的动态系统，促使它不断发展演化，由低级到高级，由简单到复杂的机制简述如下。

1. 森林生态系统在一定环境条件下具有恢复能力，可重新组织起来产生第二代 例如，依靠天然更新、人工更新或人工促进天然更新，保证产生其相似的下一代。所以森林生态系统具有复制它们自身的再生机制。

2. 森林生态系统是一个多层次有机组合体 依靠的是一种功能耦合的机制，形成一种良好的时空秩序，包括食物链中的物种寄生、互生关系，以及基于某种需要和生态位相近物种的组合等，以及如上所述的连锁关系。

3. 森林生态系统具有一种维持自身动态平衡的调节机制 成为一种自稳态。但是，这种调节能力是有一定限度的，超过这个限度，不可能实现自调节、自稳态。生态平衡失调，将导致整个系统的退化、瓦解。所以调节机制关系到总体的稳定与发展：一方面涉及生物个体、种群的密度和关系；另一方面，则是种间的相克与相助关系。

4. 森林生态系统内部各组成要素与外界环境相互作用的过程 生态系统以整体的方式得以形成、演化、发展与衰亡，系统演化的动力来源于能动性，它可以看成是系统内部各组成要素在相关外界条件作用下的某种整体效应。而系统相关性是系统内部各要素之间、系统与外界环境之间存在的各种作用力和作用场的集体效应，在能动性和相关性作用的基础上，决定森林生态系统演替的方式、方向和速度。

二、森林生态系统经营的背景、概念及内涵

（一）森林生态系统经营提出的背景

从世界林业发展史来看，森林资源管理大体经历了 4 个阶段：单纯采伐利用阶段、永续利用阶段、森林多效益永续利用阶段和森林生态系统管理阶段。上述 4 个发展阶段体现了森林资源管理理念的进步和发展。从森林经营理论的发展历程可以看到，每一次新的林业经营理论的产生都是人类对自然生态系统理解和认识的升华。森林经营理念也走过了从单纯追求木材生产经济效益、永续利用森林、培育接近自然状态的森林到森林可持续经营的历程。

人类大面积破坏森林，使天然林面积日趋缩小，生态与环境不断恶化。在此种背景下，林学家与生态学家提出了"森林生态系统经营"的理念。生态系统管理的概念在 20 世纪 30～50 年代最先产生于自然生态系统的保护研究中。20 世纪 70 年代，"生态系统经营"一词开始出现，当时的生态系统经营仅局限于单纯的环境保护。80 年代，可持续发展很快成为世界各国的共识，人们认识到森林对维持地球健康、人类生活质量的主要生命支持作用。传统森林经营的概念和方法既不能反映森林的价值观，又不能满足人类对森林的广泛需求，因而从理论到实践均受到挑战。美国林业界提出一个新的模式，即生态系统经营。生态系统经营模式的第一个标志是 1989 年由福兰克林提出的"新林业"思想，即森林的生产、保护和游憩功能不会自然、均衡地出现，需要转变为多目标经营的新林业。之后，美国林务局在"新观念"的提法下开始实施生态系统经营，提出了"适应性经营"。到了 1992 年，美国林务局宣布将生态系统管理的概念应用于国有林管理。1993 年，美国林学会认为需要找到一条生态系统经营的途径，在景观水平上长期保持森林健康和生产力，即森林生态系统经营。

美国在 1995 年提出的《森林和林地资源的长期战略规划》中明确了"管理生态系统——通

向可持续性的工具"，其思想构成模式如图 5-2 所示。此后美国至少有 18 个联邦政府机构和众多州立机构采用了生态系统经营，加拿大、澳大利亚、俄罗斯和土耳其等国家也开始采用生态系统管理。

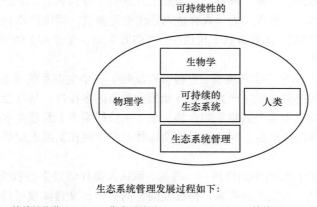

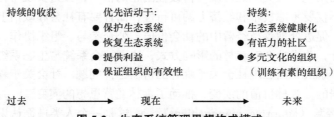

图 5-2　生态系统管理思想构成模式

（二）森林生态系统经营的概念

　　森林生态系统管理，是森林资源经营的一条生态途径。它试图维持森林生态系统复杂的过程、路径及相互依赖关系，并长期地保持森林健康和功能完好，从而为短期压力或干扰提供自调节机制和恢复能力，为长期变化提供适应性的森林可持续经营与森林生态系统管理。

　　自从 1988 年 Agee 和 Johnson 出版第一本关于生态系统经营的专著以来，至今已涌现出大量有关森林生态系统经营的文献。一些森林生态系统经营的相关定义如下。

　　美国林务局：在不同等级生态水平上巧妙、综合地应用生态知识，以产生期望的资源价值、产品、服务和状况，并维持生态系统的多样性和生产力。它意味着我们必须把国家森林和牧地建设为多样的、健康的、有生产力的和可持续的生态系统，以协调人们的需要和环境价值。

　　美国林纸协会：在可接受的社会、生物和经济上的风险范围内，维持或加强生态系统的健康和生产力，同时生产基本的商品及其他方面的价值，以满足人类需要和期望的一种资源经营制度。

　　美国林学会：森林资源经营的一条生态途径。它试图维持森林生态系统复杂的过程、路径及相互依赖关系，并长期地保持它们的功能良好，从而为短期压力提供恢复能力，为长期变化提供适应性。简言之，它是在景观水平上维持森林全部价值和功能的战略。

　　美国生态学会：由明确目标驱动，通过政策、模型及实践，由监控和研究使之可适应的经营。并依据对生态系统相互作用及生态过程的了解，维持生态系统的结构和功能。

　　显然，这些定义反映了各自的立场和观点，但仍有一些共同点，即反映生态学原理，重视森林的全部价值，考虑人对生态系统的作用和意义。

（三）森林生态系统经营的内涵

森林生态系统经营的内涵，即本质属性，综合起来体现在以下几方面。

1. 以生态学原理为指导   首先，重视等级结构，即经营者在任一生态水平上处理问题，必须从系统等级序列中（基因、物种、种群、生态系统及景观）寻找联系及解决办法；其次，确定生态边界及合适的规模水平；再次，确保森林生态系统的完整性，即维持森林生态系统的格局和过程，保护生物多样性；最后，仿效自然干扰机制，"仿效"是一个经营上的概念，不是"复制"以回到某种原始自然状态。

2. 实现可持续性   从生态学角度看，可持续性反映了一个生态系统动态地维持其组成、结构和功能的能力，从而维持林地的生产力及森林动植物群落的多样性；从社会经济方面看，可持续性体现为与森林相关的基本人类需要（如食物、水、木质纤维等）及较高水平的社会与文化需要（如就业、娱乐等）的持续满足。因此，可持续森林经营反映在实践上应是生态合理且益于社会良性运行的。

3. 重视社会科学在森林经营中的作用   首先，承认人类社会是生态系统的有机组成，人类在其中扮演调控者的角色。人类既是许多可持续性问题的根源，又是实现可持续性的主导力量。森林生态系统经营不仅要考虑技术和经济上的可行性，而且要有社会和政治上的可接受性。它把社会科学综合进来，促进处理森林经营中的社会价值、公众参与、组织协作、冲突决策，以及政策、组织和制度设计，改进社会对森林的影响方式，协调社会系统与生态系统的关系。其次，森林经营越来越倾向于解决如何处理社会关于森林的价值选择问题。社会关于森林的价值，既是冲突的，又是变动不居的。森林价值的演变，推动了森林经营思想的演变。

4. 进行适应性经营（adaptive management）   这是一个人类遵循认识和实践规律，协调人与自然关系的适应性的渐进过程。根据以上关于森林生态系统经营的概念、定义及内涵的论述，所谓森林生态系统经营，是森林经营的一条生态途径，它协调社会经济和自然科学原理经营森林生态系统，并确保其可持续性。

（四）森林生态系统经营与传统的基于木材永续利用的森林经营的区别

1. 社会方面定义的目标   目标强调可持续性及未来世代，因而它关注森林状况的维持，即生态系统整体性在景观水平整个地被维持，而不是森林的产出。只有这样才能维持森林的全部价值，满足社会广泛的目标，并确保森林的健康。

2. 整体、综合的科学   过去关于生态系统的研究，一直集中在系统的部分，而不是综合的整体。这种分门别类的研究虽然必要但显然远远不够，它需要在不同时空规模下进行多学科间的综合研究来补充，并将社会科学综合进来。

3. 广泛的空间规模和长的时间尺度   采用景观的概念，超越所有权设定的边界，认识到邻近生态系统与所经营的生态系统的相互影响。要维持森林的全部价值，需要在景观和多世代的时空框架里实现。它也表明，森林经营是分层次协调和控制的，涉及景观、生态系统和林分各种水平，不同规模水平的经营又与不同的时间尺度相适应。

4. 仿效自然干扰的经营方式   经营方式是把经营置于自然干扰的背景内，仿效自然干扰的模式，但不是回到自然状态。因此，它要求符合生态系统发生发展的演替规律，根据变化的规律进行森林动态管理。包括干扰的程度、形成的景观模式及森林状态等要在生态系统的历史变异范围内。

5. 公众参与合作决策   生态系统经营的一个主要挑战是需要所有者之间的合作计划和协

调，以确保生态系统生产力在景观水平得以维持。

6. 有适应能力的制度　　当前的组织结构通常是按功能和学科设置，这不便于生态系统经营所需要的学科间的综合，需要建立有适应能力的组织和制度，如建立计划和监测的多学科组。

7. 开展适应性经营　　利用森林生态系统的适应性，通过科学的管理、监测和调控等手段，实现森林生态系统的稳定性、生物多样性，抵御不利气候变化危害，增强森林自身抵抗各种自然灾害的能力，满足人类所期望的多目标、多价值、多用途、多产品和多服务的需要。

三、森林生态系统经营的指导思想、目标、基本原则及计划策略和方法

（一）森林生态系统经营的指导思想

从林业作为一个行业产生以来，森林经营的指导思想主要有两种。一种是功利主义的，或以人类为中心的。这一指导思想得到了各国政府强有力的支持并在林业实践中占主导地位。具体体现为以森林的经济利用为核心，对森林的社会需要能以市场价格表达，更集中的表现是木材的永续利用。尽管后来发展为森林的多用途永续利用，但功利性质并未改变。另一种指导思想称为非人类中心主义，认为生物社会有其自身的利益、完整性及内在价值，人类应该致力于保护而不是损害这种完整性、稳定和美丽。这两种观点都认为环境与发展是不相容的，并在实践中各执一端。而森林生态系统经营，既承认人类需要的重要性，同时也面对现实，即要永久地满足这些需要是有限制的，有赖于生态系统的结构与功能的维持。因此，森林生态系统经营的指导思想是人类与自然的协同发展，它与可持续发展是一脉相承的。

（二）森林生态系统经营的目标

森林生态系统经营的目标，体现了森林经营的指导思想，反映着经营者对生物、经济和社会的价值观念。不同的经营者有不同的目标。Irland 认为，生态系统经营的主要目标是维持和加强生物多样性。美国林学会则把获得预期的森林景观状况作为生态系统经营的主要目标。Grumbine 则提出经营的总目标是维持生态完整性，具体包括维持生物多样性、正常的生态过程、物种和生态系统的进化潜力，并在此基础上协调人类对资源的利用过程。Wood 和美国林务局也认为，总目标是维持生态系统的完整性，而其不同的是，将生态完整性定义在维持土地的生态可持续性上，即维持土地的健康状态和持久的生产力。上述观点各不相同，但均建立在生态系统和社会系统的可持续性之上。

（三）森林生态系统经营的基本原则

针对生态系统经营是一个动态的、开放的、包含巨大复杂性的，同时又是对象十分具体的过程，Gortner 等提出了 5 条基本原则：①从社会方面定义的目标；②整体、综合的科学；③广泛的空间规模和长的时间尺度；④公众参与和合作决策；⑤有适应能力的制度。其他学者也相应提出了一些指导原则，但一般是针对更具体的对象展开的。

（四）森林生态系统经营的计划策略和方法

1. 调查和评估阶段　　森林生态系统经营的调查包括自然的、经济的、社会方面的调查，不仅重视多资源、多层次的调查，而且重视评估，包括生态评估、经济评估和社会评估。

2. 区划和区域规划阶段　　以生态学为基础的土地利用规划，为土地适宜性分类和利用提供了一种新的方法和途径，即在一个全面保护、合理利用和持续发展的战略下，将多种资源和多种

效益的要求分配（或整合）到每块土地和林分上，以保持一个健康的土地状况、森林状态和持久的土地生产力。通常，生态系统经营规划在 4 个空间范围内进行，即区域、省/流域、集水区和生态小区。

3. 实施、监测和建立起自适应机制的阶段　　在对未来取得共识的基础上，执行适应性管理过程，建立新的监测和信息系统，增加调研和调整计划的方法，增强部门内外机构的合作，以及保证公众的参与等。

所谓适应性管理，包括连续的调查、规划、实施、监测、评估、调控等整个过程。为此，需要提供一个在各种所有制下开展森林经营活动的、现实的自然生态和社会经济状况的信息系统，一个多层次和多种价值的调查系统，一个环境支持下的决策系统和便于对实施作适当调整的评价系统，这些对建立自适应机制是非常必要的。

四、森林生态系统经营的新模式——FORECAST 模型

（一）FORECAST 模型的基本原理

FORECAST 的全称为 forestry and environmental change assessment，是一个基于森林生态系统林分水平及林地养分循环的模型。它是在系统地研究了森林生物产量与林分密度和结构、演替阶段、生物地球化学循环及各种经营管理措施之间的相互关系后，在森林经营生态学原理的基础上开发的。使用者可通过设置不同的轮作时间及管理策略来评估生态系统的可持续性和经济价值。

FORECAST 是建立在整个森林生态系统的物质生产和养分循环的规律之上，致力于养分状况对生长的限制及改变树冠光照状况对生长影响的研究，主要用于预测和验证同龄林在不同的管理措施下所产生的效果。

（二）FORECAST 模型的结构

1. 数据收集与校准　　模型所需要的数据包括林木数据、土壤数据、林下植被数据、苔藓数据 4 种类型（表 5-1），其中土壤和林木部分是进行模拟所必需的，其他两部分可供选择。在数据收集部分，需要收集固定样地或空间代替时间的一系列时间序列原始数据。

表 5-1　FORECAST 模型模拟新物种所需数据（田晓等，2010）

序号	林木数据	土壤数据	林下植被数据	苔藓数据
A	树干、树皮、树枝、树叶、根生物量积累★	矿物土壤和腐殖质 N 的阳离子交换容量★	叶片、树干、根生物量▲	苔藓种类●
B	不同年龄林密度数据★	腐殖质分解速率★	林分优势种平均顶端高度▲	定义光饱和曲线●
C	林分中优势种平均顶端高度★	腐殖质 N 浓度★	林分最矮活立木顶端高度▲	苔藓 N、P、K 含量●
D	林分中最矮活立木顶端高度★	叶子凋落物分解速率★	树木各组分的营养浓度▲	生物量的转变●
E	林冠底部平均高度★	腐殖质酸碱度★	从活到死组分生物量的转变▲	
F	活立木数量★	黏土矿物类型▲	从死到凋落物的转变▲	
G	树木各组分的营养浓度★	矿物土壤中 NO_3^-/NH_4^+ 值▲	遮阴条件下光饱和曲线●	
H	叶片生物量的转变★	树干、树皮、树枝、根的分解速率▲	无遮阴条件下光饱和曲线●	

续表

序号	林木数据	土壤数据	林下植被数据	苔藓数据
I	林分最大叶量/(t/hm²)▲	分解树干、树皮、树枝、根时的N浓度▲	关于种子发芽的数据●	
J	树木最大叶量/(kg/hm²)▲			
K	新叶到自然衰落最大年龄▲			
L	林冠郁闭的林分年龄▲			
M	有无遮阴条件下光饱和曲线▲			
N	从活到死组分生物量的转变▲			
O	从死到凋落物的转变▲			
P	与密度有无关树木死亡比例●			
Q	树木死亡光的最高临界值●			
R	果实生物量和营养浓度数据●			
S	降水方面数据（叶片淋溶）●			

注："★"表示重要数据，模型运行所必需的数据；"▲"表示推荐数据，对新树种模拟很有意义，如果不可获得，可以使用与其相似物种进行代替；"●"表示附加数据，是精细校准和细节研究方面有用的数据，通常可以使用假设的数据和其他种类数据

2. 构建好、中、差3种生态系统　FORECAST模型需要构建好、中、差生态系统，这些生态系统是建立在相应的3种立地指数（地位指数）上的。对于特定的树种，FORECAST是以好、中、差3种立地条件下林木材积生长过程表为基础，考虑到土壤养分和光照对生长的影响来"修正"这一生长过程。

3. 设置管理模式或自然干扰情景　根据需要定义一个管理模式或自然干扰情景，通过改变不同的管理策略来预测森林的生产力、土壤养分含量、生态系统碳储量等多项指标。基于林分水平上的管理实践都可以被模拟，如整地（火烧或机械方法）、林木更新（人工栽植、天然下种或植被繁殖）、林木和杂草间的竞争（除草）、林木密度（间距布置、疏伐、间伐）、修剪整枝、施肥、收获（皆伐、渐伐、选择性采伐不同年龄的树木）、轮作时间、利用未处理木质碎屑、保留枯立木和风倒木。自然干扰情景包括风、火和昆虫等的破坏。

（三）FORECAST模型的应用状况

FORECAST模型已被应用于全球生态系统中，许多国家开始运用该模型（表5-2）。Blanco等（2007）研究了中国人工杉木林多代连栽导致产量下降和土壤退化问题。Wei等（2000）模拟了不同管理措施对花旗松长期立地生产力的影响，无论是全树利用还是单纯的茎干利用，80～120年的轮伐期都能维持花旗松的长期生产力，单纯的茎干利用比全树利用在林地生产力方面要高出3.5%～8.5%；间伐虽然不能提高森林的生产力，但能够创造更多有利于北美驯鹿发展的生境；林地凋落物的保留有利于花旗松长期立地的维持。Welham等（2002）研究了山杨的地上和地下生产力，结果表明在贫瘠的土壤条件下草本植物的竞争对乔木树干生长的影响很大，二者呈正相关；造林后第二年或第七年施肥，干材的生长量比轮伐中期施肥高；草本植物竞争强时施肥对树干的促进作用更明显。

表 5-2　目前 FORECAST 模型应用的实例（田晓等，2010）

时间	国家	作者	树种	应用
1995	加拿大	J. R. Wang	白云杉×山杨	山杨的初始密度对山杨与白云杉混交林中白云杉生长的影响
1997	加拿大	J. P. Kimmins	—	森林生物能源的可持续性发展
1997	加拿大	Dave M. Morris	花旗松	土壤有机质是森林可持续性准则
1999	加拿大	J. P. Kimmins	—	用 FORECAST 模拟森林净生产力
2000	加拿大	X. H. Wei	花旗松	不同管理措施对花旗松长期立地生产力的影响
2002	加拿大	Brad Seely	白云杉×山杨×美国黑松	北方森林碳储量的长期变化
2002	加拿大	Clive Welham	白云杉×山杨	贫瘠土壤条件下草本植物的竞争对杨树地上和地下生产力的影响较大
2003	加拿大	X. H. We	美国黑松	黑松森林长期土壤生产力的研究
2003	加拿大	X. H. We	美国黑松	收获方式、轮伐期、火干扰对生态系统的影响
2004	加拿大	Brad Seely	—	评估森林生态系统的管理策略
2005	西班牙	Cuevas	栓皮栎	用模型模拟栓皮栎的经营管理
2005	中国	Z. H. Sun	长白落叶松	人工林长期立地生产力的维持
2005	美国	Eliot J. B. McIntire	白云杉×山杨×美国黑松	模拟混交林生长与产量动态管理
2006	加拿大	Brad Seely	—	缩短轮伐期会降低土壤有机质和稳定态氮的含量
2007	中国	J. Bi	杉木	杉木产量下降的研究
2007	加拿大	Blanco	—	模型中植物相克的表现
2007	加拿大	Blanco	黄杉	模拟 29 年生北美黄杉的生长规律
2007	加拿大	Clive Welham	杨树	混合杨树长期生产力的研究
2008	加拿大	J. P. Kimmins	—	管理森林的生态学功能
2008	加拿大	J. P. Kimmins	花旗松×杉木	模拟生态系统混交的复杂因素
2008	加拿大	Brad Seely	—	松树甲虫暴发的生态效应探索
2008	加拿大	Brad Seely	花旗松×桦木	长期监测混交林生长动态
2008	加拿大	Clive Welham	—	模型对阔叶混交林的模拟

（四）FORECAST 模型的优点与局限性

FORECAST 模型是一个框架式模型，而不是一个具体的模型，它不受特定的树种、立地条件的限制，只要找到相关的参数就可以对不同林分、不同树种做出比较精确的预测，如果缺少它所需要的资料也可以删除一些过程。FORECAST 模型是将经验模型和过程模型相结合，摒弃各自的缺点，综合两种模型优点的混合性模型。FORECAST 模型的最大优点是存在一个营养反馈机制，它所预测的不同营林措施下最终的收获量依据的是传统的林分生长和收获的经验模型，并根据时间变化对光和一个或多个有效性养分元素的竞争来修改这些经验值，这在很大程度上提高了预测的准确度。FORECAST 模型模拟的树种大多是针叶树种，如果能够将 FORECAST 模型的研究扩展到阔叶树种或者针阔混交林，那样会有更大的实践意义，因为阔叶树冠层较厚，凋落物量大，分解养分归还多。FORECAST 模型没有考虑水分对生长的影响，只是将水分作为养分吸收的一个限制因子。

◆ 第四节　森林多功能经营

一、森林的多种功能

森林具有多种功能，联合国《千年生态系统评估报告》将其分为供给、调节、文化和支持等四大类。供给功能是指森林提供的各种产品，如木材、食物、燃料、纤维、饮用水，以及生物遗传资源等。调节功能是指人类通过森林生态系统自然生长和调节作用中获得的效益，如维持空气质量、降雨调节、侵蚀控制、自然灾害缓冲、水源保持及净化等。文化功能是指通过丰富人们的精神生活、发展认知、生态教育、休闲游憩、美学欣赏及景观美化等。支持功能是指森林生态系统生产和支撑其他服务功能的基础功能，如物质循环、能量吸收、制造氧气、初级物质生产、形成土壤等对生存环境的支持效益。森林多功能经营以在林分层次上同时实现这4类功能中的2个以上功能为目标。这意味着放弃通过人为手段大规模控制和干预自然的轮伐期林业经营体系，而转向以生态系统为对象的近自然经营道路。

多功能森林的本质特点，就是追求近自然化的，但又非纯自然形成的森林生态系统，按照自然规律，人工促进森林生态系统的发育，生产出所需要的木材及其他多种产出。"模仿自然法则、加速发育进程"是其管理秘诀，模仿自然的内涵很多，主要是利用自然力、关注乡土树种、异龄、混交、复层等。1992年里约会议以后，现代的多功能森林模式已经在向永久性森林演变。永久性森林就是一种异龄、混交、复层、近自然的多功能森林。森林生态系统中的成熟立木和其他非林木产品不断产出，林下幼树不断生长，而森林生态系统永存。这种"人工天然林"或"天然人工林"，也要保留腐朽木，保持食物链，但它不再被主伐利用，而是实行弱干扰式的择伐。森林多功能经营最典型的是欧洲森林。

二、多功能森林的位置和由来

对木材需求的响应是商品林和多功能森林，对生态需求的响应是公益林和多功能森林（图5-3）。多功能森林同时响应了两类需求，也就是在规划上被赋予了"多功能"。如果我们单纯用商品林响应木材需求，那么对高价值、大径级用材的需求就很难满足；如果单纯用自然保护区响应生态需求，那么大面积国土上的生态环境就很难改善。无论如何，多功能森林仍然是供应木材和生态保护的主角。

三、森林多功能经营的思想起源及概念

（一）多功能森林思想起源

多功能森林思想源于19世纪的恒续林思想，20世纪60年代西方社会出现一股生态觉醒的思潮，使得恒续林思想得以发展（表5-3）。当时基本的社会背景是要求森林在满足经济需求的同时，也要响应生态的需求。森林经营目标由原来

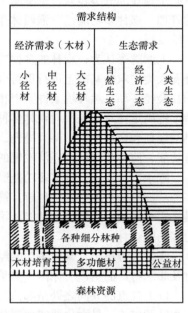

图5-3　森林资源结构响应现代需求的原理图（侯元兆和曾祥谓，2010）

单纯的经济目标演变为生态经济目标。联合国在 1992 年召开了环境与发展大会，明确提出森林可持续经营的概念和思想，实质上包括了森林多功能经营思想。《关于森林问题的原则声明》中明确指出"森林资源和林地应以可持续的方式管理，以满足当代人和子孙后代在社会、经济、生态、文化和精神方面的需要。这些需要包括森林产品和服务功能，如木材和木材产品、水、食物、饲料、药材、燃料、住所、就业、游憩、野生动物生境、景观多样性、碳的汇和库以及其他林副产品。"

表 5-3　森林经营原则及其方法的演化（侯元兆和曾祥谓，2010）

原则	方法
永续利用原则（法正林）	平分法（Hartig, 1795；Cotta, 1804；Hundeshagen, 1826）、龄级法
财政收益原则（始于 19 世纪中叶）	林分经济法、检查法、林分法、小班经营法
恒续林（生态林）原则	异龄混交林、检查法、连续清查法（北美洲）、小班经营法
满足需求原则（日本，20 世纪 50 年代始）	目标林（日本）
综合利用原则 　多种利用（美国提出） 　主导利用（法国提出） 　复合利用（1972 年第七届世界林业大会） 　最适利用（多效益施业体系，日本）	"模仿自然规律，加速发育进程"，人工林天然化，生态平衡加机械化，国土规划，森林效益地图，生态评价法，生态型管理恒续林

（二）森林多功能经营的概念

张会儒等指出，森林多功能经营是在充分发挥森林主导功能的前提下，通过科学规划和合理经营，同时发挥森林的其他功能，使森林的整体效益得到优化，其对象主要是多功能森林；它既不同于现在的分类经营，也不同于以往的多种经营，而是追求森林整体效益持续最佳的多种功能的管理。森林多功能经营强调林业经营三大效益一体化经营，强调生产、生物、景观和人文的多样性目标。

王彦辉等认为，森林的多种功能组成与人类的需求可能有很多不一致，需在综合考虑自然环境和人类需求的基础上进行更符合自然规律及人类需要的合理调控，但具体调控模式与当地当时的社会经济和自然环境条件紧密相关，并非绝对一致，然而调控的基本原则应是相同的，即以可持续地满足国家和人民对森林多种功能的需求为最高目标，在考虑森林主导功能的条件下，通过科学规划和合理经营，持续提升、维持和充分利用每块土地、每个经营单位、每个区域的森林所有功能，使林业对社会经济发展的整体效益达到持续最优。

陈永富等提出，森林多功能经营是指为实现森林多种功能而实施的各种活动的总称。森林的多种功能经营目前有两种理解：第一，在一定区域内不同地块的森林，按其主导功能进行经营，最终实现区域森林的多种功能。第二，同一块森林，通过经营实现其两种以上的功能，我们称之为多功能森林。

张德成等提出，森林多功能经营是指管理一定面积的森林，使其能够提供野生动物保护、木材及非木材产品生产、休闲、美学、湿地保护、历史或科学价值等中的两种或两种以上功能。

以上观点的共同之处是都认为在森林经营实践中应充分考虑森林的各种功能，通过不同的抚育和经营措施，最大化地实现森林的多种功能。关于森林多功能经营的定义，目前还没有一个统一认同的说法。综上所述，森林多功能经营是以营建多功能森林为目标，采取有效而可持续的经营技术和综合措施，充分发挥森林的生态、经济、社会、文化等多功能，实现森林功能最大化的一种森林经营方式。

四、森林多功能经营必须充分理解几个关系

（一）正确认识和规划森林的生态/经济功能

理论上，每一处森林、每一株树木都是多功能的。实际上森林经营规划的目标只能是突出某一项或几项功能。

（二）正确认识森林经营和采伐的关系

在森林生长的不同阶段，需要进行某些类型的抚育伐，如间伐、清理伐、卫生伐和透光伐等。这些采伐与森林主伐的性质不同，属于优化森林结构、帮助目标树生长的森林培育措施。存优、汰劣是森林经营永远不变的原则。对森林进行各种抚育伐不是破坏森林。

（三）正确认识人力与自然力的关系

人类在森林经营中一定要注意利用自然力，走近自然育林的路线，人力和自然力结合，以促进森林发育。

明白这些关系，就会注意使用乡土树种和珍贵树种，培育异龄、混交、复层的永久性森林。多功能森林的经营应注意开发利用多种林下资源，这有助于缓解森林经营长周期的限制，改善经营机构的财政状况。在欧洲，近年特别关注培育高价值[①]的森林资源，这是一个重要的营林思想。

◆ 第五节　森林生态采伐

一、森林生态采伐理论的形成

传统的采伐方式对森林环境保护存在负面影响，世界上许多国家都在积极地探索一个新的能够使采伐对环境的破坏降到最低程度的采伐方式。1988 年出现了"environmentally sound harvesting"，意为无害于环境的采伐或环境友好的采伐，这标志着考虑对环境影响的森林采伐模式的萌芽。1990 年初"reduced impact logging"（简称 RIL）开始出现在一些林业出版物上，意为减少对环境影响的采伐。由于它的词义非常明确，因此被许多林业工作者所接受。联合国粮食及农业组织（FAO）经过总结提炼，将其定义表述为："RIL 就是集约规划和谨慎控制采伐作业的实施过程，将采伐对森林以及土壤的影响减到最小，通常采取单株择伐作业。"

同时，中国开始进行新的采伐理论和模式的探索。1986 年，陈陆圻教授提出了生态型森林采运的新名词，同年中国林学会森林采运学会在吉林林学院组织召开了森林生态型采伐学术研讨会（赵秀海等，1994），中国采运专家和林学家首次共同讨论森林采运作业与森林生态环境保护问题，标志着中国森林生态采伐的概念初露端倪。陈陆圻（1991）组织编写了《森林生态采运学》，成为我国第一部森林生态采伐的专著。

二、森林生态采伐的概念

关于森林生态采伐的定义，有着各种各样的表述，比较有代表性的有以下几种。

---

① 高价值，一方面指引用高价值的树种，另一方面指培育高价值的立木，如无节疤材

陈陆圻（1991）认为，森林生态采伐是用森林生态学原理指导采伐作业，作业中尽可能减少对森林生态系统的破坏，做好采伐迹地的清理与处理，为下一代森林创造更好的生态环境，并采取措施保护好幼树幼苗。

徐庆福（1999）认为，森林生态采伐是森林采伐利用协调发展的采运模式。它是以现代生态学、生态经济学原理为指导，以森林资源永续利用和可持续发展为原则，运用系统工程方法及先进科学技术，在维护森林生态系统平衡和促进森林生产力提高的前提下，经济、高效地收获木材，从而实现森林的经济效益与生态效益、森林采伐与培育开发、森林的近期效益与长远效益的相互统一，为林业实现高效、协调持续发展创造条件。

赵秀海（2000）认为，森林生态采伐是以生态学原理为指导，根据森林的生态学特性进行伐区区划、设计、山场作业及组织管理等森林经营活动，把森林资源的利用和保护结合起来，以达到持续发展森林资源的目的。

唐守正等（2005）认为，森林生态采伐是依照森林生态理论指导森林采伐作业，使采伐和更新实现既利用森林又促进森林生态系统的健康与稳定，达到森林可持续利用目的，这种森林作业简称生态性采伐或生态采伐。

总之，森林生态采伐定义的核心内容都包含 3 层意思：①森林采运以森林生态理论为指导，在获取木材产品的同时还必须考虑到对森林生态系统的影响；②森林生态效益与经济效益往往存在矛盾，森林采运应力争使经济效益与生态效益实现对立的统一；③在维持生态系统平衡的前提下充分利用森林资源，提高森林资源的经济效益。

国际上减少对环境影响的森林采伐主要强调在采伐过程中要保护森林及其环境和资源高效持续利用。而中国的森林生态采伐更新除了强调在采伐过程中要保护森林及其环境和资源高效持续利用以外，还包含了生态系统经营的思想，在内容上更加宽泛。

三、森林生态采伐的原则

长期以来，一直沿用传统的"自下而上"的以林分为中心的经营措施，即注重木材本身的经营利用和保护，而忽视了其生存环境的保护。这是一种试图通过较低层次上的局部经营调整，来实现高层次（生态系统和景观）上森林整体稳定的方法。只注重森林本身的经营而忽视了其生存环境的作用，这种单一的经营保护措施并不能达到很好的效果。人们开始转向"自上而下"的景观途径的森林经营保护，即在生态系统和景观层次上进行整体保护和调控，以实现局部和整体的森林类型多样化和稳定。可持续经营森林，不仅要考虑目标森林的本身，还要考虑它所在的生态系统及有关的生态过程，更要重视其背景和基质等，即问题的发生和研究在种群和群落层次上，但问题的解决需要在整个景观的层次上。值得注意的是，由于人类干扰的加剧，生境破碎化日益严重，需要通过保护景观生境来实现森林整体的保护。

结合森林生态系统原理，森林生态采伐的原则应为：采伐不影响或尽可能不影响森林生态系统，不造成森林生态系统结构、功能的损伤。其采伐设计不仅考虑木材收获，而且要考虑维持森林固有的生物多样性、树种组成和搭配、林相和森林景观及其功能等因素。

四、森林生态采伐理论的内涵

根据森林生态采伐的原则，森林生态采伐理论的内涵应涉及 3 个层次：林分、景观和模仿自然干扰。

（一）林分

在林分水平上，要系统地考虑林木及其产量、树种、树种组成和搭配、树木径级、生物多样性的最佳组合、林地生产力、养分、水分及物质和能量交换过程，使采伐后仍能维持森林生态系统的结构和功能，确保生态系统的稳定性和可持续性，充分反映自然-社会-环境的和谐及人类经济社会的发展需要。

（二）景观

在景观水平上，要考虑原生植被和顶极群落，进行景观规划设计，实现不同的森林景观类型的合理配置。在采伐设计时要考虑采伐后的林地对人的感观的影响，即美观的效果等。依据森林群落的演替规律和群落之间的相互关系，通过林分级的采伐与更新加速群落的演替，林分水平的采伐应在景观规划的指导下进行，以维持森林景观的整体性。

（三）模仿自然干扰

模仿自然干扰则是模拟自然选择采伐木、培养木和其他保留木，在采伐作业过程中保留一定的枯立木、倒木和枯枝落叶等，以满足动物觅食和求偶等活动的需要。模仿森林在自然生长过程中会自然燃烧或遭遇风倒等现象，通过外力干扰促进森林成长。例如，有计划地人工助燃，可以消灭森林中的病虫害，烧死一些过密的林下植物。风倒可以形成林窗、林隙，大小不同的林窗、林隙其实就是多种生物的乐园。

五、森林生态采伐的结构管理途径

森林生态采伐对于结构管理的主要途径有 3 种，即延长轮伐期、结构保留和结构恢复。

（一）延长轮伐期

森林经营追求最大的木材产量和立木的最大平均年生长量，这种观念受到了生态学的质疑，因为生态系统管理的目标不再是木材，而是持续地、最大限度地提供多种生态系统服务。延迟平均年生长量高峰期的到来，可以收获更多的森林景观提供的产品。长轮伐期方法由于管理目标不同有不同形式。可能的管理目标包括：①减少更新林地面积；②降低年更新费用、减少除草剂使用和剩余物清除；③提高木材质量和径级；④改善野生动物生境；⑤水文和长期土壤地力效益；⑥增加碳储存；⑦调整现有不平衡林到规则林的机会；⑧保留将来改正错误的选择机会。

（二）结构保留

在收获林分中保留有意义的结构成分，纳入新林分的经营规则，有利于新林分的发育。保留结构结合改良传统采伐方式会产生非常多的替代采伐方式，关键在于公众对哪种方式更认可。结构保留的目标是，维持收获林分的生物有机体的避难所和关键生态过程，丰富下一代林分的结构。森林生态系统管理不同于传统采伐的最明显的经营措施就是绿树保留（green tree retention）技术，保留不同种类、大小和数量的活立木、枯立木、倒木和特殊的小生境。

（三）结构恢复

结构恢复主要在于加速幼龄林结构复杂性的发育，有一系列的可能方式，包括商业性疏伐和抚育伐、制造枯立木、增加地被剩余物、人为制造树洞等特殊生境、发展和维持灌木与草本的层次等。通过对鸟类、兽类、土壤动物、真菌类等的调查，采用结构恢复技术，短期经营可以改变林分的特征和发育速率。恢复和重建幼龄林一些原有的结构因素，能够加速类似老龄林结构的形成，同时增加生物多样性。采用随空间变化的经营规则，不同于传统的一致处理，能促进结构异质性的林分的加速形成。

六、森林生态采伐的重要方式——变化保留收获系统

变化保留收获系统是以保留老龄林结构为主要思想的森林生态采伐体系，它一般保留收获林分的结构因素至少到下一轮伐期，以达到特定管理目标。它的应用有巨大的灵活性，因为它同传统采伐方式比较，有一系列连续的结构保留选择方式。它对管理目标包括维持或快速恢复有环境价值的结构复杂林的作用包括：①采伐后的物种和过程的避难与传播；②丰富再建立的林分结构；③增进管理景观的连接度。许多结构保留所维持的生物多样性成分对持续收获地的生产力和健康很重要，而与结构有关的小气候和结构交互作用，对物种的发展也至关重要。保留一些原有的结构因素，假定物种接种后一旦新林分建立，它们能迅速发展。同时丰富的成林的结构可以为某些物种产生一些合适的环境同时增进景观连接度，促进了生物有机体在景观中的移动。保留的结构使基质变浅、对比度下降并形成动物迁移的踏脚石。一般结构聚集保留比结构分散保留更能达到上述效果。

◆ 第六节 森林分类经营

一、森林分类经营的背景

（一）人类对森林需求的多元化

人类社会对森林的需求可以分为 3 个历史阶段。①原始需求阶段，即 18 世纪产业革命以前，相当于远古时代、奴隶社会和封建社会前期。在这个阶段，人类对森林的需求就是采集食物、狩猎及少许森林采伐，由于丰富的原始林巨大的自我更新能力能够满足人类的这种物质需求，森林经营活动极为有限，经营水平高度粗放，经营思想处于萌芽状态。这一阶段的林业被称为古代林业（也称原始林业或农耕林业）。②简单需求阶段，即 18 世纪产业革命至 20 世纪中叶，相当于封建社会后期、工业化社会前期和中期。在这个阶段，社会对森林的需求以木材（尤其是燃料）为主体，由于人口增长及工业化对木材的大量需求，世界森林资源特别是工业化国家的森林资源受到毁灭性破坏，以木材永续利用为目标的森林经营思想由德国提出后首先在工业化国家开始实践，并长久影响和指导着世界各国的森林经营活动。为了达到木材永续利用的目的，各国的森林经营活动十分活跃，森林经营水平明显提高。同时，人们开始把森林资源迅速减少与生态环境破坏和自然灾害频繁发生联系起来，相应提出了森林生态利用的要求。这一阶段的林业被称为近代林业（也称工业利用性林业或传统林业）。③现代需求阶段，即 20 世纪 60 年代之后。这一阶段的林业被称为现代林业（也称结构性林业）。人类对森林的需求出现了多样化趋势，森林利用观念也由单一的木材利用演变为木材、林产品和森林多种生态功能的利用，其中木材利用也发生了结构性变化。

（二）森林分类经营的基础

森林的多效性来源于森林功能的多样性。作为地球生命系统的重要组成部分，森林具有多种

多样的效益。国内习惯于从经济、生态和社会 3 个方面分析森林功能，主要表现为三大效益，即提供林产品，包括木材（竹材）及多种其他林产品的经济效益；提供保护和改善环境的生态效益；提供人们旅游场地和美化人们生活环境的社会效益。国际上常将森林功能分为产品功能、服务功能和文化价值（表 5-4）。

表 5-4　森林功能多样性

森林功能的类型	效能
产品功能	提供材料、原料、饲料、食品、药材等
	材料：直接使用的物质材料，如木材
	原料：加工用的原料，如林产化工原料
	饲料：枝叶用作动物饲养原料
	食品：干鲜果品、野菜、食用菌、食用动物
	药材：直接用药材和加工用药材
	其他产品
服务功能	涵养水源：蓄水、保水、增加入渗、调节河流水文
	保持水土：防止土壤侵蚀、减少河流泥沙、减缓河道淤积
	防灾减灾：减轻洪水、灾害风的影响，减少崩塌、滑坡、泥石流等山地灾害
	调节全球气候：CO_2 和其他温室气体的汇合库，减缓全球气候变化
	调节局部气候：调节局部地区气温、大气湿度等
	净化大气：吸收和固定有害气体，吸附烟尘，清洁空气，增加空气负离子含量
	污染物处理：吸收有毒物质、废弃物、污染物，降解以防止水体富营养化
	森林游憩：提供游憩场所和机会
	保护生物多样性：提供动物、植物、微生物栖息地，并保护生态系统和景观多样性
	土壤发育：促进岩石风化、土壤发育有机质积累
	基因库：保存并提供育种和生物工程材料
	养分循环：生物固氮，促进 N、P 等养分生物循环的比例和速率
	生物控制：提供生物种群系统控制机制
文化价值	宗教和艺术：满足宗教需求，提供艺术源泉
	学习和研究：提供人类研究自然、学习和了解自然的场所，理解人与自然的关系

　　森林作为陆地生态系统的主体，是自然界功能最完善、最强大的资源库、基因库、蓄水库，具有调节气候、涵养水源、保持水土、改良土壤、保护生物多样性等多种生态功能。森林通过吸收二氧化碳、释放氧气、调节降水量、降低风速等能有效调节气候。森林涵养水源、保持水土的作用能有效控制水土流失。森林能有效地防止、抵御和减轻各类自然灾害。森林以其庞大的根系吸收土壤深层中的水分，减少水分流失，固定沙丘；同时以枝干降低风速，直接抵挡流沙的移动，因而在防风固沙、治理荒漠化方面具有无法替代的作用。在保护生物多样性方面，森林为各类野生动物提供了栖息、生活、繁殖场所，是植物生长繁殖的积聚地。

　　森林除了具有强大的生态环境保护功能外，还具有生产木材、薪材，以及提供药材、果品、油料、饲料、山野菜等林产品的功能。而一些具有特殊意义的森林及森林景观，还为人类开展森林游憩、旅游及进行科研教育提供了理想场所，具有经济、社会和生态多种价值。森林的多功能性和多效性是森林分类经营的基础。

二、森林分类经营的内涵

森林分类经营是从社会对森林的生态和经济需求出发，按照森林多种功能的主导利用不同，把森林划分为公益林和商品林，并按照各自的特点和规律进行经营管理的一种经营管理体制和发展模式。根据生态环境建设的需要，把以发挥生态和社会效益为主的森林划为公益林，按照事权划分原则由各级财政投入和组织社会力量建设，实行事业管理、科学化经营，以追求最大的生态和社会效益为目标；把以发挥经济效益为主的森林划为商品林，采取多种方式筹集资金，实行企业化管理、集约化经营，以追求最大经济效益为目标。但该内涵只强调了森林的类别和森林分类经营的目标，缺乏对分类对象、条件、范围、依据等的描述。

森林分类经营是从特定区域整体利益出发，在特定时间内，根据区域社会经济发展和生态建设对林业发展的需要，充分考虑国家和区域经济发展水平和环境建设能力，以潜在和现实森林生态系统为对象，以人类对森林生态系统及其产品与服务的福利需求为目的，按照林业发展的主导目标，将潜在和现实森林生态系统划分为以发挥生态效益为主的公益林和以提供林产品为主的商品林，按照各自的特点和规律运行的一种森林经营管理体制和发展模式。它强调了森林分类经营是一个历史的、动态的过程，不仅充分体现了我国林业分区施策、分类管理的现实发展要求，而且反映了特定区域经济社会条件变化对森林分类经营的长远影响，对我国森林分类经营具有重要的指导意义。

三、森林类型划分及经营方向

（一）商品林

将以生产木材及其林产品为目的的森林划为商品林。商品林的建设以追求最大的经济效益为目标，立足速生丰产，实行定向化、基地化和集约化经营，走高投入、高产出的路子。在采伐方式上，根据市场需求组织生产，在不突破采伐限额的前提下，允许依据技术规程进行各种方式的采伐，实现林地产出和经济效益最大化。

（二）公益林

1. 重点公益林　　按水系、山脉走向和风沙危害程度，将主要江河源头、中上游两侧和湖泊、水库周围第一层山脊内及平缓地带干支流两侧 500m 以内的森林，高山陡坡、岩石裸露、水土流失严重及伐后难以更新的森林，发挥重要防护作用的森林地区的天然林，具有保护物种、环境、国防和科研等作用的森林划入重点公益林。

重点公益林的建设，以最大限度地发挥生态效益和社会效益为目标，因地制宜地采取封山育林、造林、补植补播等多种培育和经营方式，建设结构稳定、效能良好的优质林分。同时，对公益林的经营不得采取任何以经济效益为目的的经营措施，只准进行抚育和更新性质的采伐，以充分发挥森林的各种生态防护功能。

2. 一般公益林　　将不宜划入重点公益林和商品林的森林划为一般公益林。一般公益林的经营，应当在充分发挥其生态、社会、经济三大效益的前提下，继续按现行规模规定和经营办法经营。一方面，加强营林管护等经营措施，培育优质林分；另一方面，也允许按规定进行择伐和抚育间伐，努力提高产出水平。由于它们具有不同的利用目标，其森林生态系统呈现出不同特征（表 5-5），这些不同特征是对其实施经营的基础。

表 5-5　不同利用目标森林生态系统特征比较（侯元凯等，1999）

项目	自然保护区	商品林	公益林
经济输入	无	较少	较大
经济输出	无	较大	较少
系统开放程度	完全封闭	完全开放	相对封闭
生态系统结构	网络结构完整	第一净生产力较高	第一净生产力较低
生态系统稳定性	稳定	不稳定	相对稳定
立地条件	一般	较好	较差
功能目标	代际平衡	经济目标	生态目标
生态系统种群	原种或天然杂交种	遗传育种	能抗极端生态因子
物种多样性	多样	较单一	
遗传多样性	多样	—	—
森林生态功能供给	无起点无终点	有起点有终点	有起点无终点
更新方式	天然更新	皆伐、择伐	择伐或天然更新

（三）兼用林

除商品林和公益林以外的森林暂划为兼用林，以后逐步过渡，划分为商品林或公益林。兼用林的经营目标是发挥生态经济效益，原则上应实行长伐期和择伐作业，使生态系统保持长期稳定，充分发挥各种生态功能。在这一类别中，存在着许多不同的经营类型和经营强度。对于兼用林应注意开发利用多种资源，这样有助于以多种经营缓解森林经营长周期所造成的弊病。我国的兼用林经营有两个突出的问题值得重视：一是必须注意营造一些珍贵阔叶树种，多年以来，我国忽视了这个问题，其实在将来，这类树种的大径材必受国内外市场的欢迎；二是必须注意按照生态法则经营兼用林，否则它不可能长期稳定。

四、森林分类经营类型区划的原则

（一）林业可持续发展的原则

可持续发展，可以理解为人口、资源、环境在动态上的良性协调发展。森林分类经营类型区划应该在林业分类经营的基础上，按照社会主义市场经济和林业可持续发展的需要，确定出合理的林区土地利用结构，以适应林业产业结构调整的需要。

（二）法律的原则

森林分类经营必须纳入法律轨道，实行依法治林。我国林业分两类经营，应按《中华人民共和国森林法》的规定将防护林的 6 个二级林种、特种用途林中的 7 个二级林种列入生态公益林；用材林、经济林、薪炭林列入商品林经营，从而将《中华人民共和国森林法》规定的五大林种的功能与林业按两类经营的要求紧密衔接，使林业分类经营的管理体制、运行机制、经济政策、管理手段、组织结构形式等方面都紧密协调，形成一个有机整体，纳入法治化轨道。

（三）经济的原则

在社会主义市场经济体制下，实行森林分类经营，首先要区分政府和企业职能，把生态公益林区划出来，实行森林资源有偿使用，建立资源经营管理补偿制度，由国家和生态受益者承担公益林经营管理资金。

（四）可操作的原则

一是在设计各林种区划条件时，既要抓住每个二级林种的实质，又要考虑区划的可操作性，便于勘察设计人员现场操作落实，使林种区划达到现场、图面、资源统计、森林经营方案、森林资源档案等几方面完全相符。二是要考虑林业生产单位对林种区划资料应用的可操作性，看得见、找得着。三是要使林区广大工程技术人员、人民群众易于掌握各林种的区划条件，遇到具体的地形地势和林分，能基本辨别林种和基本的保护条文，提高其守法、执法的自觉性，有效地保护森林。

五、森林分类经营的意义

（一）有利于林业"两大体系"建设

我国林业发展的目标是建立比较完备的林业生态体系和比较发达的林业产业体系。分类经营中的商品林建设主要是产业型林业建设；公益林建设主要是生态型林业建设。

（二）有利于合理配置林种结构

森林分类经营既能按市场需要组织林业生产又能维护生态效益，并且能够较好地解决林业作为物质产业部门和公益事业双重功能的矛盾，满足社会对森林不同功能的多样性需求。这是实现社会经济与自然环境协调持续发展的重要途径。

（三）实行分类经营是森林可持续发展的保障措施

森林分类经营能最大限度地解放林地生产力，为森林资产产业化管理，发展林产工业创造条件。

（四）有利于理顺责、权、利关系

森林分类经营是现代林业经营管理的新体制、新措施。它对理顺政府、社会各部门、林业企业及个人对森林的责、权、利关系，以及对林业经营模式转变具有重要作用。

（五）把有限的资金用在刀刃上

实行分类经营可把有限的资金用在商品林上，集中力量在尽可能短的时间内首先化解木材供需的主要矛盾，为解决其他矛盾创造机会与条件。

（六）实行分类经营是实现林业经济体制和增长方式根本性转变的需要

由于各种原因，林业进入市场步履维艰，已比其他行业滞后，其中一个因素就是生态型林业因其公益性而得不到社会的经济投入，一切费用都由林业部门、林业企业承担，造成生态型林场的贫困化。林场简单再生产都难以维持，要集约经营、增加科技含量更是困难重重。实行分类经营，就是把发展林业置于全社会大背景下，公益林建设费用要由代表全社会利益的各级政府投入，使它做到取之于民，用之于民，以促进林业的大发展。

◆ 思 考 题

1. 森林可持续经营的概念及内涵分别是什么？
2. 什么是森林可持续经营模式？
3. 近自然森林经营的概念及理论基础分别是什么？

4. 近自然森林经营的基本原则有哪些？
5. 森林生态系统经营的理论基础有哪些？
6. 森林生态系统经营的背景、概念及内涵分别是什么？
7. 森林生态系统经营的指导思想、目标及基本原则分别是什么？
8. 多功能经营的起源及概念分别是什么？
9. 森林生态采伐的概念、内涵及原则分别是什么？
10. 森林分类经营的基础、内涵及经营方向分别是什么？

◈ 主要参考文献

陈霖生，蔡体久，姜东涛，等.1999. 森林分类经营区划原则及其依据的研究[J]. 东北林业大学学报，（3）：1-6.
邓华锋.1998. 森林生态系统经营综述[J]. 世界林业研究，4：9-16.
董乃钧，郑小贤，邓华峰.2004. 关于森林生态系统经营的几个问题[J]. 绿色中国，4：15-17.
郭晋平，张云香，肖扬.2000. 森林分类经营的基础和技术条件[J]. 世界林业研究，13（2）：36-40.
侯元凯，李红勋，刘家玲，等.1999. 森林生态系统经营研究[J]. 生态农业研究，7（4）：58-60.
侯元兆.2003. 林业可持续发展和森林可持续经营的框架理论（下）[J]. 世界林业研究，16（2）：1-6.
侯元兆，曾祥谓.2010. 论多功能森林[J]. 世界林业研究，23（3）：7-12.
黄俊臻，韦新良.2008. 森林生态系统经营研究[J]. 安徽农业科学，36（30）：13160-13162.
黄清麟.2005. 浅谈德国的"近自然森林经营"[J]. 世界林业研究，18（3）：73-77.
江泽慧.2007. 中国可持续发展总纲：中国森林资源与可持续发展[M]. 北京：科学出版社.
蒋有绪.1997. 国际森林可持续经营的标准与指标体系研制的进展[J]. 世界林业研究，10（2）：9-14.
蒋有绪.2000. 国际森林可持续经营问题的进展[J]. 资源科学，22（6）：77-82.
蒋有绪.2001. 森林可持续经营与林业的可持续发展[J]. 世界林业研究，14（2）：1-7.
柯水发，赵海兰，刘珉，等.2021. 森林可持续经营理论与实践[M]. 北京：中国林业出版社.
雷静品，李慧卿，江泽平.2005. 在我国实施近自然森林经营的分析[J]. 世界林业研究，18（3）：63-67.
李慧卿，江泽平，雷静品，等.2007. 近自然森林经营探讨[J]. 世界林业研究，20（4）：6-11.
李世东.1996. 森林分类经营的层次论[J]. 防护林科技，1：31-35.
刘世荣，代力民，温远光，等.2015. 面向生态系统服务的森林生态系统经营：现状、挑战与展望[J]. 生态学报，35（1）：1-9.
朴英姬，齐俊梅，韩玉花，等.2002. 简论森林分类经营[J]. 延边大学农学学报，24（2）：151-154.
田晓，胡靖宇，刘苑秋，等.2010. 森林生态系统经营的新模式：FORECAST 模型[J]. 林业调查规划，35（6）：18-22.
谢守鑫.2005. 森林分类经营概念及成因浅析[J]. 华东森林经理，19（3）：1-7.
徐国祯.1997. 森林生态系统经营——21世纪森林经营的新趋势[J]. 世界林业研究，2：15-20.
伊宏峰.2015. 美国森林生态系统经营的启示[J]. 防护林科技，12：57-58.
曾祥谓，樊宝敏，张怀清，等.2013. 我国多功能森林经营的理论探索与对策研究[J]. 林业资源管理，2：10-16.
张会儒，唐守正.2007. 森林生态采伐研究简述[J]. 林业科学，43（9）：83-87.
张会儒，唐守正.2008. 森林生态采伐理论[J]. 林业科学，44（10）：127-131.
郑景明，汪峰，罗东明.2002. 森林生态系统管理科学中的生态采伐技术研究进展[J]. 辽宁林业科技，3：28-31.
朱永杰，陈绍志.2015. 命运多舛的近自然森林经营[J]. 世界林业研究，28（6）：1-5.

| 第六章 |

森林人工调控

◆ 第一节　森林作业法

森林作业法是对成熟林分或林分中部分成熟的林木进行采伐，之后采取适宜的更新方式，使采伐迹地得以更新，维持与改善森林生态环境的一整套技术措施。由于作业的主要目的是收获木材，因此又称作森林收获作业法。在选择森林作业法时，需要综合考虑生态、社会与经济效益，保障树木在一定的环境条件下正常更新，因为关注森林的及时更新，正是科学的森林经营与掠夺性采伐的区别所在。

一、森林作业法概述

森林作业的总体目标与要求是越采越多，越采越好，青山常在，永续利用，实现森林可持续经营。森林可持续经营是森林资源永续利用的基础，不仅指木材生产的可持续，还应确保森林生态系统多种服务与功能的可持续。森林的可持续经营是判断采伐作业是否合理的一个重要标志。只有科学地制订中长期森林经营规划与年度实施计划，并严格执行，合理选择作业方式，科学确定采伐量，促进采伐迹地及时更新，才能确保森林可持续经营。

根据采伐对象的不同，森林作业法可分为乔林作业法、矮林作业法和中林作业法。其中，乔林作业法又可以分为皆伐作业法、渐伐作业法和择伐作业法。这些作业法是欧洲在 18 世纪由当时新兴的林学界为了恢复当地数百年来被掠夺式采伐所破坏的森林而创立的，因为在 18 世纪以前，欧洲一直采用最简单的作业法，即在运输系统范围内把最好的树木伐去，把最坏的留下。林学家首先应用的是皆伐作业法，因为它可以使退化的林地恢复到具有较高价值的森林。在多数情况下，这种方法还包含用针叶树更替阔叶树的措施。后来又创造了其他同龄林作业法，接着就向异龄林内引进了择伐作业法。这些古典的森林作业法在今天依然适用，因为这些方法的应用包含了对生态原理的深刻理解。

各种森林作业法的目的与要求可归纳为：①伐去主伐木、收获木材，同时确保在预定时间内建立新的林分；②创造良好的森林生态环境，促进保留木的生长；③为优化或调整物种组成和林分结构创造机会；④针对存在风害、病害、虫害或火灾风险的林分采取相应的更新措施；⑤为适应经营上的需要，调整产品结构，而采取不同的采伐方式；⑥提供一种措施，使其有选择地有利于目的树种，而不利于其他树种；⑦为有效地采用新的采伐工艺、新的利用方式和新的产品形式，选用适当的作业方法；⑧为满足景观、游憩、碳汇、水源涵养、土壤保持及生物多样性保护等方面的要求而提供各种可能的森林经营措施。

二、乔林作业法

乔林是指由实生苗起源（天然下种或通过人工造林）形成的林分。乔林作业法通常可以分为皆伐、渐伐和择伐3种方式，其他所有的乔林作业法都是根据更新的需要，从这3种方式中分化出来的。各种乔林作业法从择伐开始到皆伐为止，只有采伐程度上的差别，都是逐渐变化的。此外，由于林种、树种和经营目标的不同，同一种作业方式的具体实施办法有很大变化。森林经营者可以从中选择一种或数种处理方案，以满足林分和环境管理的需要。

1）皆伐作业法：在一次采伐中伐去林分内全部林木，同时进行人工更新，或者由邻近林分或伐倒的林木下种进行天然更新。

2）渐伐作业法：在轮伐期相对短的时间内，在一系列采伐中伐去成熟林分，同时在保留母树的庇护下形成基本同龄的新林分。

3）择伐作业法：用相对短的间隔期，以单株或以小的树群为单位，无限期地重复伐去最老或径级最大的成熟林木，使林分不断地进行更新并维持异龄林状态。

（一）皆伐作业法

皆伐作业法是在一次采伐中伐去林分内全部林木的主伐方式。皆伐作业的对象包括成过熟的天然针叶林或人工同龄林，有时还包括中小径林木株数占总株数比例小于30%的人工异龄林。皆伐模拟了大规模的灾难性事件，能够导致某类树种，尤其是喜光树种的更新。更新是在没有林缘树木的庇护下完成的，形成的森林一般为同龄林。根据皆伐后的更新方式，可将皆伐作业分为天然更新的皆伐作业、植苗造林的皆伐作业和直播造林的皆伐作业。

1. 天然更新的皆伐作业法　天然更新的皆伐作业法是指皆伐后采伐迹地通过天然下种更新，依靠天然种源形成森林。选用天然更新的皆伐作业，树种的林学特性是关键。如果一个树种适合天然下种更新，能够在短时间内高密度更新，并且需要在空旷地的条件下才能更新，就值得考虑进行皆伐，利用天然更新重建森林。

利用天然更新，最重要的是确定合理的伐区宽度，一般来说，伐区宽度要根据边缘树木的下种能力来确定。皆伐后良好的天然更新，应有足够的种源，有适宜种子萌发与幼苗生长的环境条件，才能有更多的幼苗、幼树。皆伐会使林地条件迅速恶化，因此要得到适当的更新苗株数，需要经过一个或多个种子丰年，整地工作应该在下种前进行。更新延缓时间越长对更新越不利，因为杂草及灌丛的大量侵入会阻碍更新。皆伐迹地天然更新的种源主要来自于邻近林分、采伐木和地被物。

根据伐区排列的不同，天然更新的皆伐作业有3种常用的变型，包括简单带状皆伐、交互带状皆伐和渐进带状皆伐。变型的选用要视总采伐面积的大小、林缘的最佳下种距离、保留的林带有无风倒危险、保留林带最后的更新成本及所需要的木材材积而定。

2. 植苗造林的皆伐作业法　植苗造林的皆伐作业法是指皆伐后在采伐迹地通过植苗造林、人工更新形成森林。植苗造林的皆伐作业应用广泛，因为这种方法可以使森林迅速更新，而且能保证适当的株行距。植苗造林能否成功取决于所选树种本身的生物学和生态学特性、苗木质量的优劣，以及栽植方法是否完善、整地方法是否恰当等。树种的选择，应根据森林经营单位的立地条件及经营目标确定，由于各类树种适宜的环境条件不同，因此更新时一定要因地制宜地选择更新树种，做到"适地适树"。

植苗造林皆伐作业法的优点：相比天然更新，植苗造林可使皆伐迹地得到及时更新，缩短轮伐期；株行距均匀一致，可以不进行非商品材间伐；便于控制植被竞争、更换树种或引进优良的基因型；可以简化施业方案，伐区面积可以不受限制；从长远看，植苗更新比较有利，特别是在天然更新困难或更新缓慢的情况下。

植苗造林皆伐作业法的缺点：栽植成本比较高，需要大量季节性劳动力；单位面积株数不如天然更新多；由于苗木生命力会受到株行距的影响，因此必须进行间伐，否则可能生长停滞；有更新失败的风险。

3. 直播造林的皆伐作业法　直播造林的皆伐作业法是指皆伐后在采伐迹地上用种子直接播种以培育幼林、实现森林更新的作业方式。直播造林可省去育苗过程，造林技术相对简单，但种子用量较多。直播造林需要有良好的整地和种子保护措施，在土壤过干、过湿或杂草过多的林地并不适用。直播造林已在美国南部、西北部和加拿大等地成功应用。

直播造林的优点是更新成本比植苗造林要低得多；缺点是存在较高的更新失败的风险。直播造林一般只适用于特殊情况，如刚遭受火灾的不便通行的新火烧迹地等。

4. 皆伐作业法的适用条件与评价　真正的皆伐作业是清除全部植被，利用天然或人工更新的方法形成同龄林分，使其迅速占据空出的生长空间。皆伐仅适用于全光条件下具有更新能力的树种。在对充分成熟或过熟的林分进行主伐时，使用皆伐作业的原因是显而易见的。如果局部采伐作业更昂贵，或者皆伐后能够利用优良林分代替不良林分时，可以考虑采用皆伐作业法；如果目的树种在生态特性上能适应皆伐后形成林地条件，实行皆伐具有比其他方法更明显的优越性，也应该考虑采用皆伐作业法。一般用材林的皆伐年龄以数量成熟龄和工艺成熟龄为主要依据，同时结合经济成熟龄确定；工业原料林的皆伐年龄以工艺成熟龄和经济成熟龄为主要依据。需要天然更新或人工促进天然更新的伐区，采伐时应保留一定数量的母树、伐前更新的幼苗、幼树及目的树种中小径级的林木。

皆伐作业法的主要优点：采伐成本较低，不需要复杂的技术，对立木没有损伤；可以通过植苗造林，引进优良树种；对种子不能自由传播的树种来说，这是唯一的作业方法；在更新起来的幼林长到一定高度后，可以允许放牧而不致造成损害；生长衰退的过熟林可以用这种方法实现更新；窄伐带也适用于大面积的森林。

皆伐作业法的主要缺点：只适用于能够在空旷迹地上成活的树种；种子必须很轻，以保证有足够的下种距离；不易控制树种组成，更新苗分布疏密不匀；更新有可能延误，生长条件有可能迅速恶化；土壤侵蚀和林地退化的风险较大；一些尚未成熟的林木也被砍掉；在所有（乔林）作业法中，皆伐作业法对景观的影响最大，特别是在幼苗长成幼树以前的阶段。

（二）渐伐作业法

渐伐是指在一定的时间内（通常为一个龄级），分数次将成熟的林木逐渐伐去，同时在保留母树的庇护下形成基本同龄的新林分的主伐方式（图6-1）。渐伐的对象一般是具有较强天然更新能力、皆伐后易发生自然灾害的成过熟单层林或同龄林。渐伐的根本意义是通过采伐的渐进使伐区保持一定的森林环境，防止林地突然裸露，以便于林木的结实、下种和保护幼树，达到在主伐木的庇护下得以更新的目的。在针对同龄林的作业法中，皆伐造成的更新条件比较固定，没有太大的灵活性，而渐伐则相反，具有调整林木密度的能力，可在林地上形成不同程度的庇荫条件。此外，相比于皆伐更新，渐伐更新的种子来源丰富，下种相对均匀。

1. 典型的渐伐作业法　在林业实践中，渐伐作业往往分为二次渐伐、三次渐伐或四次渐伐，典型的四次渐伐包括预备伐、下种伐、受光伐和终伐。在实际森林经营过程中，如果树种特性、立地条件及经济条件都许可，也可将渐伐简化为一次下种伐和一次受光伐或终伐，即二次渐伐法。如果一片林地在采伐前已有合格的更新幼苗，等于是完成了下种伐的过程，则可将渐伐进一步简化为一次最终的受光伐，只要在采伐时注意保护幼苗，保证成活即可。

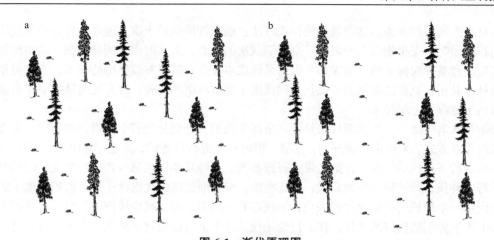

图 6-1　渐伐原理图

a. 全面渐伐法；b. 带状渐伐法

（1）预备伐　　预备伐是指在接近轮伐期末所进行的采伐作业，其目的是使林冠永远疏开并使母树的树冠扩展，促进凋落物分解，改善结实状况和更新状况，为种子萌发创造条件。预备伐一般在种子年的前几年进行。预备伐是一种轻度的局部采伐，目的在于补救发育不良的林分状况（例如，树冠不发达的树木不能很好地结实，所以不能依靠它们下种更新）、改正不良的下种地条件（例如，枯枝落叶层过厚、凋落物分解缓慢，种子缺少适宜的萌发条件）及提高林木的抗风性能等。对于林冠已经开始自然稀疏的老龄林，一般不需要进行预备伐，但是对于林冠完全郁闭的林分、未经人工管理过的林分及壮龄林，往往需要进行预备伐。预备伐可分几次进行。

（2）下种伐　　下种伐是指在成熟林分中伐去若干树木，使林冠疏开到一定程度，以利于目的树种的下种和更新（促进种子的萌发和幼苗的早期生长），并除去非目的树种的一种采伐作业。下种伐通常是在预备伐 3～5 年后，结合种子年进行。对于林冠已经开始自然稀疏的老龄林，一般不需要进行预备伐，此时下种伐则为若干次渐伐中的第一次采伐。下种伐只需要进行一次。

（3）受光伐　　受光伐是介于下种伐和终伐之间的采伐作业。当下种伐创造了适宜的更新条件并且幼苗、幼树生长到一定高度时，要进行一次或几次受光伐。受光伐的目的是帮助幼苗、幼树逐步减少遮阴和增加光照，保证林分正常生长。受光伐一般在下种伐后 3～5 年进行。受光伐的次数，要根据幼苗对突然失去荫蔽的"敏感"程度而定。除了避免让幼苗受到过分急剧的环境变化的刺激以外，当幼苗有被地被植物压抑的危险时，也要放慢清除上层林木的进程，因为上层林木能有效地控制地被植物。保留的上层林木可继续生长，增加木材产量，同时对前几次受光伐中伤苗的地段还可起到补播作用。

（4）终伐　　终伐是指对林分中最后保留的林木进行的采伐作业，也称后伐。较严格地说，终伐是在渐伐作业中，认为幼林生长达到更新标准后，即最后一次受光伐后，以最后的保留母树或庇护树为对象的采伐作业。终伐通常在受光伐后 3～5 年进行，目的是给幼树充分的光照。采伐强度为一次伐去全部成熟林木。

2. 渐伐作业法的类型　　渐伐作业法可分为几种类型，包括全面渐伐法、带状渐伐法、群状渐伐法和瓦格纳氏渐伐法等，实际应用中以全面渐伐法和带状渐伐法为主。

（1）全面渐伐法　　全面渐伐法的特点是每次采伐作业都均匀地在全林内进行，可保证得到最一致的同龄林。全面渐伐法的优点：应用灵活，既适用于阴性树种，也适用于喜光树种；可以控制生境条件，保证更新起来的是同龄林；能最有效地控制幼林的树种组成、株数和分布；对于种子质量较大的树种来说，这是最好的作业方法；能很好地保护土壤；能产生良好的景观作用；在大面积应用时不受生物学上的限制。全面渐伐法的缺点：采伐时由于同样面积上的出材量少，同时又要注意减少对保留树木的损伤，因此采运成本较高；需要有较熟练的技术；不可避免地会对剩余林木及正在更新的幼苗造成损伤；只适用于能抗风倒的树种；强喜光树种需要在更新幼苗出现以后迅速除去上层林木。

（2）带状渐伐法　　带状渐伐法是指将全部采伐的林分划分为若干伐带，然后按一定方向分带采伐的作业方式。采伐由一端开始，在第一带内首先进行预备伐，其他带保留不动。若干年后，在第一带进行下种伐的同时，在第二带进行预备伐。再经几年，在第一带进行受光伐的同时，第二带进行下种伐，第三带进行预备伐，依此类推。带状渐伐法的优点在于把大面积林地上的木材蓄积分配在一个较长的时期内进行采伐；采伐迎着主风向，可以减少风倒的危险；在进行下种伐的伐带上为下种创造良好的条件；在进行受光伐的伐带上可以通过下种伐的伐带进行集材，避免了幼苗损伤；在进行终伐以后，可以从邻近的林分中获得一部分种子来源。

3. 渐伐作业法的适用条件与评价　　渐伐作业法的适用条件：天然更新能力强的成过熟单层林；全部采伐更新过程应在一个龄级期内；皆伐后天然更新有困难的树种，尤其是幼苗需要遮阴的树种，应采用渐伐更新；在坡度陡、土层薄、容易发生水土流失的山区或具有其他特殊价值的森林。林内有幼树的情况下，可根据林下更新的数量采取不同强度的渐伐，促进更新或加快幼苗生长。

渐伐作业法的优点：渐伐因具有丰富的种源和上层林冠对幼苗的保护，相比皆伐有利于保证更新，且幼苗分布均匀；当目的树种的种粒较大、不易传播，或幼苗需要保留木庇护时，渐伐是最可靠的作业方式。与皆伐相比，渐伐在森林更新期内能更加充分地利用生长空间，增加林木的生长量；渐伐具有加速保留木生长、提高木材利用价值的能力，如经历第一、二次采伐后保留的林木，由于林冠疏开往往能够成长为大径材。渐伐形成的新林发生在采完老龄林之前，不仅缩短了轮伐期，而且在山地条件下，森林水源涵养和水土保持的生态功能不会受到很大影响。渐伐每次采伐后的剩余物较少，同时在遮阴条件下容易分解，降低了发生火灾的可能性。渐伐虽比皆伐需要更高的经营技术和采伐工艺，但对森林经营者来说，与择伐相比渐伐更有条不紊。渐伐保留的林木还具有美学价值，保持了森林景观的连续性，这也促进了渐伐作业法的应用。渐伐既适用于耐荫树种，又适用于喜光树种。

渐伐作业法的缺点：渐伐作业中的采伐和集材费用高于皆伐，并且第一次采伐的对象多是有缺陷的林木，在经济上收益不大。采伐和集材过程中对保留木和幼树的损伤率较大，不合理的作业设计甚至会使前更幼树遭受严重破坏而不能成林。林分稀疏程度较大时，保留木容易发生风倒、风折和枯梢等现象，耐荫树种更为严重。渐伐是分 2～4 次将成熟林木伐去，每次采伐时对确定采伐木与保留木、计算采伐量的技术要求较高。

（三）择伐作业法

择伐是指在一定的间隔期内，以单株或小的树群为单位，有选择性地定期、重复伐去达到一定年龄或一定径级的成熟林木，使林分不断地进行更新并保持异龄林状态的一种主伐方式（图6-2）。择伐的过程与森林更新紧密结合，每次采伐后都给森林更新创造了良好的空间条件，使之有利于幼苗、幼树的生长。理想的择伐应该使每次的采伐量相等，一个理想的永续择伐林分，必然包括所有年龄的林木，每年都可采伐，每年都有更新。尽管择伐通常与天然更新相配合，但在天然更新不能顺利进行的情况下，并不排除采用植苗或播种的方法进行人工更新。

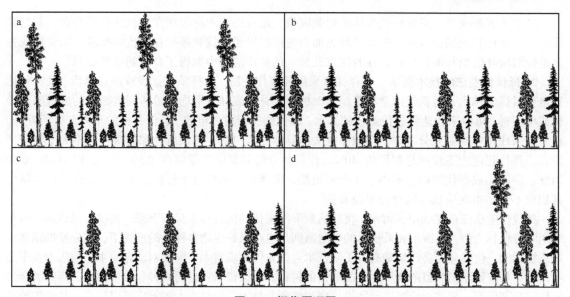

图 6-2　择伐原理图

a. 未采伐森林；b. 单株择伐；c. 群状择伐；d. 采育择伐

1. 择伐作业法的类型　　根据采伐强度和采伐方式，一般可将择伐作业法分为单株择伐、群状择伐和采育择伐 3 种主要类型。

（1）单株择伐　　单株择伐是只伐去个别树木或小的树群，在被伐木原地更新的采伐作业。这种方法只适用于能在较小的林隙内更新成活的耐荫树种。单株择伐要求在一片森林内频繁地进行局部采伐，前后两次采伐的时间间隔称为采伐周期。与同龄林的作业法不同，单株择伐没有成熟林木的轮伐期，但每个采伐周期所伐的主伐木也都是到达成熟年龄的，因此林木的成熟期和采伐周期的长短决定了林区内存在多少龄级。

单株择伐的优点：①有利于阴性树种的更新；②能始终保持异龄林结构，具有较高的景观价值；③有较好的庇护作用，能使幼苗、幼树免受日晒风吹；④可以调整采伐量，以适应市场条件的变化；⑤与同龄林作业法相比，火灾的危险性较小；⑥即使林地面积不大，也能逐年获得经济收益。

单株择伐的缺点：①不利于喜光树种的更新；②主伐木分散在整个林分内，单位面积出材量低，作业过程中要尽量减少对幼苗、幼树的损害，因此木材采运成本较高；③对森林经营者的技术水平要求较高；④干材质量要比相同立地条件的同龄林低，特别是阔叶树种；⑤为了维持适宜的龄级分布，需要对较低龄级的树木进行必要的抚育间伐，但这一点往往被忽视；⑥森林调查和生长量的估算比较困难。

（2）群状择伐　　群状择伐是小团块状采伐成熟林木的作业方式。相比单株择伐，群状择伐能在异龄林内疏开较大的林隙，但林隙也不能太大，以免更新起来的幼苗失去周围树木的庇护。一般林隙的直径以不超过树高的 2 倍为宜。此外，林隙的大小还要受地形条件，如坡度和坡向的影响。

群状择伐的优点：①相比单株择伐，群状择伐后的林隙较大，可以允许喜光树种的更新；②采伐量比较集中，采伐次数少，对保留林木的损伤较轻，采运成本较低；③更新起来的林木是在同龄林条件下生长的，干形较好；④森林调查略微容易一些。

群状择伐的缺点：群状择伐在幼苗受庇护的程度和森林景观方面不如单株择伐。

（3）采育择伐　采育择伐也称采育兼顾伐，是一种把木材收获和森林抚育结合在一起的择伐方式。相比其他采伐方式，采育择伐更加明确地提出了主伐兼顾抚育间伐的要求。采育择伐主要是针对阔叶红松林而提出的，在我国东北林区的推广应用中取得了良好的经营效果。

2. 择伐作业法的技术要求　择伐可采用径级作业法，选择单株择伐或群状择伐。凡胸径达到培育目标的林木，蓄积超过全林蓄积70%的异龄林，或林分平均年龄达到成熟龄的成过熟同龄林或单层林，可以采伐达到起伐胸径的林木。起伐胸径因树种组成、经营目标的不同而有所差异，在实施采伐作业时应充分考虑。择伐作业法的具体要求包括：择伐后林隙的直径应不大于林分平均高，择伐强度应不超过总蓄积的40%，伐后林分郁闭度应当保留在0.50以上，以0.60～0.70为宜。回归年或择伐周期应不小于1个龄级期，采伐量应不超过生长量，下一次采伐时林分单位蓄积应不低于本次采伐时的林分单位蓄积。

择伐作业法应首先确定保留木，将能达到下次采伐的优良林木保留下来，再确定采伐木。以东北阔叶红松林为例，保留木和采伐木的确定原则是应在保护生物多样性的前提下，充分发挥森林生态系统功能，使林分经济产出最高。①采伐木：首先伐除病腐木、濒死木、弯曲木、被压木及干形不良木；其次伐除影响目的树种生长的非目的树种。②保留木：目的树种、珍稀树种、特殊的经济树种应全部保留；某些能给野生动物提供庇护场所的林木，如空心大树等应予以保留；某些年龄或径级特别大的林木，以及形状奇特、具有潜在艺术价值的林木也应予以保留。阔叶红松林中的目的树种一般包括红松、云杉、冷杉、紫椴、黄檗、水曲柳、胡桃楸、蒙古栎、朝鲜槐等。

3. 择伐作业法的适用条件与评价　择伐作业法的应用十分广泛，除了强喜光树种构成的纯林和速生人工林外，其他林分都可采用择伐作业法。某些情况下择伐可与其他作业法相结合，而有些情况下则必须采用择伐。择伐的作业设计，应根据物种组成、林分结构和经营目标综合确定采伐强度与采伐木标准。择伐后所采用的更新方式往往为天然更新，当天然更新的幼苗、幼树不能满足更新要求时，应进行补植或人工促进天然更新。

择伐作业法有三大特点：①择伐适用于异龄林，择伐后更新的林分仍然是异龄林，因此择伐能充分发挥森林的生态效益，但由于采伐的成本较高，不能较好地发挥经济效益；②择伐的更新过程接近原始林的天然更新，更新过程是连续进行的，不同之处在于择伐是通过采伐成熟林木使林冠稀疏，而原始林则是通过过熟林木的自然死亡使林冠稀疏，择伐能够改善林内光照条件、促进种子的萌发与幼苗幼树的生长，符合森林的演替规律；③择伐在收获成熟林木的同时也要在中、幼龄林木中进行间伐，在整个异龄林分中，采伐更新和抚育间伐贯穿整个轮伐期，两个阶段之间无法区分。

择伐作业法的主要适用条件：①择伐是异龄林唯一适用的采伐方式，由耐荫性不同的树种构成的复层林、针阔混交的复层林及有一定数量珍贵树种（如水曲柳、黄檗等）的阔叶混交林，都只能采用择伐作业法，择伐后形成的下一代林分仍然是异龄林；②我国有大面积的次生阔叶混交林，过去认为它们价值较低而进行皆伐，代之以针叶树种更新，使森林丧失了生物多样性与生态功能，现在已普遍认识到择伐是更适宜阔叶混交林的采伐方式，可采用群状择伐创造林隙，并在林隙中引入针叶树种或其他珍贵阔叶树种形成针阔混交林，待林隙接近郁闭时再进行第二次择伐，这样既可提升林分质量，又可保持森林环境；③在自然保护区、森林旅游区及森林公园，为了保护生物多样性与生态系统功能、维持森林景观价值，只适宜采用较低强度的择伐；④在坡度较陡、土层较薄、岩石裸露的地区，采伐后容易引起沼泽化或自然灾害的地区，森林与草原的交错区，道路两侧及河流两岸，只能进行较低强度的单株择伐，以保持良好的森林环境与森林景观，减少自然灾害的发生。

择伐作业法的主要优点。①形成异龄复层混交林、提高森林生产力：林分内树木生长、衰老、死亡和更新共存，森林作为整体仍保持多树种、多层次、多龄级的状态，有利于提高森林生产力，发挥森林生态系统的多种功能与服务。②维持生物多样性：择伐作业可以保证林地上有森林植被的连续覆盖，为林下其他众多的动物、植物、微生物提供庇护，使森林能够维持较高的生物多样性。③促进森林可持续经营：择伐作业法在采伐成熟林木的同时，改善了林分结构与卫生状况，对保留的林木，尤其是中小径级林木进行了抚育，促进了中小径级林木的生长，这种采伐利用与抚育更新同时进行的作业方式，有利于促进森林生态系统的可持续经营。④减少自然灾害：森林植被的持续覆盖，同时提供了一个相对稳定的生态环境，因此能较好地涵养水源，防止土壤侵蚀、滑坡与泥石流等自然灾害。⑤减少病虫害：相比皆伐和渐伐作业法形成的同龄林，择伐作业法形成的异龄复层混交林具有更强的抵抗病虫害的能力。⑥提高景观价值：异龄复层混交林内林木大小参差不齐，并有单株与群团采伐后形成的林隙，可以美化风景，提高景观和游憩价值。⑦利于更新：择伐林内存在永久的母树种源，幼苗、幼树可以得到保留木的庇护，不易遭到日灼、霜冻、风暴等危害，特别是为耐荫树种提供了良好的更新条件，可以有效地恢复森林、降低更新费用。

择伐作业法的主要缺点。①作业成本高：相比皆伐和渐伐作业法，择伐作业法的采伐强度较小、间隔期短、采伐分散，除采伐成过熟林木外，还兼顾抚育中小径级林木，木材成本较高。②作业难度大：择伐作业过程中，伐倒木容易砸坏幼苗、幼树和中小径级林木，一般损伤率在10%左右，当采用机械集材时，破坏更为严重。③技术要求高：在伐区调查设计时，要根据树种组成、年龄结构、立地条件和经营目标综合确定采伐强度与间隔期，为使择伐林能够持续提供收益，不同径级的林木既要在数量上保持合理的比例，又要在空间上保持均匀分布，对作业技术的要求较高。④更新限制：择伐作业不利于喜光树种的更新与生长，尽管在较大的林隙中喜光树种可以更新，但抚育工作量较大，因此择伐林难以成为速生丰产林。

三、矮林作业法

在所有作业法中，矮林作业法最为古老，而且在历史上传播最广。矮林作业法曾见于古代埃及的象形文字记载中，在亚洲、欧洲和非洲已经应用了好几百年。长期以来矮林生产的木材大多是作为薪炭材，但近年来也常被用作纸浆材、人造板原料和生物质原料等，取得了良好的效益。随着工业用材林的快速发展，纸浆林、生物质原料林等宜采用矮林作业法，因为萌芽或萌蘗更新形成的矮林，前几代的生物产量往往比同树种和同年龄的乔林高，因此矮林作业法受到了越来越多的重视。

（一）矮林和矮林作业法概述

矮林并非是林内树木生长得不高，而是指它的起源属于无性更新。通常人们按林分起源将森林分为乔林和矮林。由种子更新发育形成的森林，称为乔林；由萌芽或根蘖更新形成的森林，称为矮林。能够形成矮林的树种绝大多数都是阔叶树种，只有少数具有较强萌芽能力的针叶树种如杉木、落羽杉和北美红杉能够形成针叶矮林。矮林在一定年龄以前，林木高度和蓄积不一定低于同树种、同立地条件下的乔林。

与乔林相比，矮林在幼龄期生长迅速，林分达到最大平均生长量的时期比乔林早，但矮林中的树木成熟时容易发生心腐，所以经营矮林往往适宜用较短的伐期龄，培育小径材，以获得较高的产量和较好的材质。矮林在早期生长迅速通常归因于萌芽条对母桩根系的利用，以及愈合激素对萌芽条的刺激。乔林之所以能赶上和超过矮林，在于实生树在后期拥有更加高效的独立根系，而萌芽树的根系则总是局限在母桩根系的范围之内，并且萌芽树的年龄越大，根系的吸收效率越低。

矮林作业法需要遵循以下要求：首先，组成矮林的树种必须是萌芽性的，而且萌芽条能长到可供出售的大小；其次，采伐以后仍有萌芽能力，新的萌芽条又能长到可供出售的大小，如此往复，能承受多轮采伐；再次，矮林作业法一般要求林地肥沃，水分供应充足，以便频繁砍伐而不会引起地力衰退；此外，由于萌芽条容易遭受霜冻灾害，选择矮林作业法的林地应尽量避开霜冻灾害频发的地区。

（二）矮林更新

矮林作业法的最大特点是采伐后利用无性更新形成新林。无性更新方法很多，包括萌芽更新、萌蘖更新、压条更新、人工插条和埋干造林等。但最常用的是萌芽更新和萌蘖更新，通常采用直播造林形成第一代乔林苗木，到一定阶段将其采伐，而后实施矮林作业法。

1. 萌芽更新　　萌芽更新是指依靠伐桩上的休眠芽或不定芽生长出萌芽条，发育成植株，实现林分更新。林木萌芽能力的强弱既取决于树种，又取决于林木年龄。尽管几乎所有阔叶树都具有萌芽能力，但是伐桩能抗腐朽且能连续轮伐的树种却不多。具有萌芽能力的树种，其萌芽力总是在一定年龄时达到最强，往往从第四代或第五代开始减弱。

2. 萌蘖更新　　萌蘖更新是指由根部不定芽生长出萌蘖苗，发育成植株，实现林分更新。萌蘖苗的初始生长和萌芽条一样快，但是萌蘖苗能最终脱离母株而独立，所以生长相对稳定，能较快地达到成熟。山杨、泡桐、刺槐等树种具有较强的萌蘖能力，尤其是山杨具有非常强的萌蘖能力，在块状皆伐迹地上，第一年平均每公顷即可生长山杨萌蘖条 4 万～8 万株，平均高可达 1m 以上。

（三）矮林作业法的技术体系

矮林经营的成败除与树种密切相关外，还取决于经营措施，主要包括采伐方式、采伐季节、采伐年龄、伐桩高度和伐桩断面 5 项关键技术。

1. 采伐方式　　皆伐是矮林作业的主要采伐方式。皆伐迹地上的光照条件比其他采伐方式好，充足的光照可促使休眠芽或不定芽萌发，从而形成数量多、质量好的萌芽条。矮林作业采用皆伐时，其各项技术指标的确定与乔林作业类似，只是由于矮林作业不借助天然下种更新，伐区不一定成带状。伐区方向的确定，主要考虑保持水土、克服风害和维持森林生态环境等作用。

矮林作业有时也采用择伐方式。矮林择伐适用于立地贫瘠、水土流失较重的山地，或由中性、耐荫树种构成的林分，在护堤、护路、护岸林中，为维持防护作用和景观价值，也可采用择伐。喜光树种不宜采用择伐方式，萌芽条会因得不到生长发育所需的光照而死亡。一般情况下，柳树、杨树、桦树、刺槐、青檀、麻栎、杉木、蓝桉等萌芽力较强的树种构成的林分适于皆伐；椴木、椴树、千金榆、水青冈等树种构成的林分可考虑择伐。

2. 采伐季节　　采伐季节的确定要遵循两个原则：一是在该季节采伐后有利于产生数量多、质量好的萌芽条，能够顺利更新；二是在该季节采伐有利于实现定向的经营目标。一般而言，矮林的采伐季节应选在树木的休眠期，原因包括：①此时树木储藏物质较多，早春能很快产生萌芽条；②病菌的活动受到抑制，减少了感染病害的概率；③新条的生长可经过整个生长季，到冬季来临时木质化程度高，能够有效抵御寒冷、减少冻害，确保更新质量。

对于某些特定经营目标的矮林，如为了获取单宁等次生代谢物质而经营的矮林，适宜在生长季进行采伐，因为此时树皮易于剥落，单宁的含量也较高。南方杉木林区的矮林，可采用夏季作业，此时作业不会降低其萌芽力。

3. 采伐年龄　　矮林的伐期年龄往往根据矮林的定向经营目标及生长发育规律而确定。从定向经营目标来看，以生产编织材料为目标的矮林，采伐年龄为 1～2 年；以生产小径材为目标的矮林，采伐年龄为 3～8 年；以生产薪炭材为目标的矮林，应以其数量成熟龄确定采伐年龄；立地条件好，以生产较大径材为目标的矮林，应以其工艺成熟龄确定采伐年龄。

从生长发育规律来看，矮林的采伐年龄应选在萌芽能力减弱之前，如果采伐过晚，不仅林木生长减缓，还会增加病腐率。另外，还要注意不同树种、不同年龄的林木采伐后萌芽条出现的时间和速度，以便采取技术措施保证更新质量。一般林木采伐后 2～4 个月内出现萌芽条，但柳树采伐后可在几天内萌发新条，而栎树采伐后可能需要数年才会萌发新条；幼树采伐后出现萌芽条较快，而成年树木采伐后出现萌芽条较慢。

4. 伐桩高度　　确定伐桩高度时，要考虑多种因素。一般伐桩高度为伐桩直径的 1/3，以后可逐次略微提高，以便从新桩上再产生萌芽条。在一定范围内，伐桩越高，萌芽条数目越多，但高伐桩上的萌芽条往往不健壮，容易遭受风折、雪压等自然灾害，而且难以形成新的独立根系。低伐桩上发生的萌芽条较少，但活力强、可塑性大，容易形成新的独立根系。确定伐桩高度时，要慎重考虑气候条件，在暖湿气候地区，伐桩应稍高，使伐桩保持合理的温湿条件；在干燥、风大、寒冷的地区，伐桩应稍低，并以土壤覆盖伐桩断面，避免伐桩顶端干枯或冻伤。

5. 伐桩断面　　伐桩的断面情况会影响林分更新的质量，不可忽视。伐桩断面要平滑微斜，以防雨水停留引起腐烂。伐桩断面的倾斜方向，应避风、避光；直径较大的伐桩，其断面可向多个方向倾斜。伐桩断面不能劈裂和脱皮，否则容易造成休眠芽干枯或死亡，劈裂处的萌芽条也容易遭受风折、雪压等自然灾害。

（四）矮林作业法的应用

矮林作业法根据经营目标可分为多种类型，在我国最常见的应用包括薪炭林或能源林、小规格材林、桑蚕和柞蚕林及编织材料林 4 种主要类型。

1. 薪炭林　　以生产薪炭材为主要目标的矮林称为薪炭林。薪炭林具有产量高、可再生和 CO_2 零排放等特点，多采用一般矮林形式，即自根际附近截干，便于每年砍伐。许多阔叶树种都适宜经营薪炭林，但以刺槐、麻栎、蒙古栎、青冈栎、铁刀木等较常见。薪炭林的栽植密度较大，培育方法相对简单。例如，麻栎薪炭林每公顷接近 10 000 株，在 3～4 年时进行平茬，每墩留条 1～2 株，每隔 10～15 年采伐更新，如此循环往复。薪炭林的采伐年龄并不严格，如兼获其他材种，应以工艺成熟龄为采伐年龄，在其生长衰弱后应及时进行母株更新。

2. 小规格材林　　小规格材包括椽材、矿柱、纤维材及农具用材等，培育小规格材的林分常为矮林。萌芽力强的阔叶树种适宜培育为小规格材林。小规格材林的采伐年龄，主要以目的材种的工艺成熟龄为准。以铁刀木小规格材林为例：植苗后 3～5 年，树高 5m、胸径 6～7cm 时进行定干，定干高度为 40～60cm。砍伐后，每个树桩可萌发几个至十几个新枝，以后可根据需要每隔若干年采伐更新。

3. 桑蚕和柞蚕林　　为采摘树叶喂蚕而培育的桑蚕和柞蚕林，常采用矮林作业法。桑蚕林是为采摘桑叶饲养桑蚕而经营的桑树矮林；柞蚕林是饲养柞蚕而经营的栎树矮林，一般以麻栎和蒙古栎（又称为柞树）为主要树种。柞蚕林常兼作薪炭林，因为栎树是良好的烧炭材料。桑蚕和柞蚕林常采用伐桩萌芽更新，根据立地条件的差异，在 2～6 年时进行轮伐更新。采伐时应于休眠期从树干基部距地面 3～7cm 处，将枝条全部伐去，使其萌发出丛生枝条，用于饲蚕。

4. 编织材料林　　编织材料林的经营目标是生产编织条，用于编制笼、篓、筐、箱、笆等。编织材料林可以当年扦插，当年采条；也可以在 5～10 年后截去主干或分枝，利用根蘖萌芽产生新枝条，以后每年采条 1～2 次。可采用矮林经营生产编织条的树种，包括杨柳科柳属树种、柽柳科柽柳、豆科紫穗槐、马鞭草科荆条、木犀科雪柳和白蜡等。在适宜杞柳种植的滩涂湿地，柳编业常成为该地区的支柱性产业之一，为了生产细长富有弹性的柳条，一般杞柳扦插造林时采用株距 10～20cm，行距 40～50cm。

（五）矮林作业法的特殊形式

头木作业法、截枝作业法及我国南方的鹿角桩作业法，都是矮林作业法的特殊形式。头木作业法是指定期将距地面一定高度（通常为 1～4m）的树冠完全伐去利用，使伐桩断面周围萌发形成新枝条、新树冠。由于经历多次砍伐和伤口愈合，伐桩断面的愈伤组织逐渐增大成瘤状，形似人头，因此将其称为头木作业法。截枝作业法是指在分枝上重复截断枝条利用。鹿角桩作业法因多次砍伐分杈上的萌枝，使枝桩逐年增高，状似鹿角而得名。

头木作业法和截枝作业法适宜河岸、渠边的防护林，长期被水淹没的低洼地、河滩地，易被牲畜啃伤的村旁、路旁和牧场林地。我国常见的采用头木作业法和截枝作业法的树种包括杨树、柳树、榆树、桑树、青檀、悬铃木、云南樟、铁刀木和钝叶黄檀等。行道树也常采用头木作业法，不仅有美化景观的作用，还可减缓树木生长速度，抑制根系生长，减少更新次数及对路况的破坏。

头木作业法和截枝作业法的采伐年龄一般为 1～10 年，头木作业法稍长，截枝作业法稍短。采用头木作业法和截枝作业法的林分，在母株生长势衰退时应及时进行母株更新，母株更新时期的长短，因树种、立地条件和经营目标而异，但最晚不要到母株心腐时，以便利用母株的干材。

（六）矮林作业法的评价

矮林作业法的主要优点：①矮林早期长势旺盛，减少了发生各种自然灾害的风险；②矮林更新容易、技术简单、木材成本低，可充分利用空地，适于农村经营；③能在轮伐期较短的情况下迅速达到较高的产量；④采伐面积不受限制。

矮林作业法的主要缺点：①后期生产力低，不适于培育大径材；②木材质量较差，材种价值低，容易出现弯曲、心腐现象；③因生长迅速、消耗养分多，长期经营矮林会导致土壤肥力下降；④树种的选用受到限制，只适于具有无性更新能力的树种，大部分情况下为阔叶树种；⑤在矮林中改良品系相对困难，因为旧有的伐桩会继续萌发；⑥矮林需要频繁皆伐，所以很可能不符合森林景观上的要求。

四、中林作业法

中林由截然不同的两部分组成：种子起源的上层乔林和无性（萌芽或根蘖）起源的下层矮林。这里的乔林又称为上木，一般为异龄林，实行择伐作业，以收获大径材为经营目标，同时为天然更新提供种源，轮伐期较长（一般为矮林轮伐期的数倍）；矮林又称为下木，一般为同龄林，实行皆伐作业法，以收获小径材或薪炭材为经营目标，轮伐期较短。中林作业法结合了乔林和矮林作业法的特点，使同一块林地中同时生长着起源不同、年龄不同的林木，能够同时收获不同规格的木材。

（一）中林的形成与分类

中林的形成有多种途径。原为乔林的林分，只要主要树种是速生、树冠稀疏的喜光树种都可选作上木。若原林分密度较小，则需要逐渐营造起不同世代的上木，同时补充矮林树种；若原林分密度较大，则需要逐渐疏伐上木，并补充矮林树种。例如，我国山地的松林（赤松、油松、华山松、云南松等）、栎林（麻栎、栓皮栎、辽东栎、蒙古栎等）和松栎混交林，都可以在原有松林、栎林的基础上，通过补充矮林树种改造为中林。适度耐荫的树种是下木的首选，强喜光树种不适宜用作下木。原为矮林的林分，要营造为中林，一般必须在每次矮林采伐后，逐渐补充不同世代的上木，形成各级乔林层。原则上乔林层必须是实生的，否则难以获得大径材。乔林层应当选择具有伸展型树冠的树种，树冠太大或太小都不理想，叶片稀疏的针叶树种如落叶松，通常是上木理想的选择。

在无林地上通过人工造林培育中林时，可首先通过播种或植苗造林营造起实生同龄林。到一定年龄时（20～40 年），采伐大部分林木，均匀地保留部分优良木作为第一代上木，采伐的同时，还要造林。经过一个矮林的轮伐期，再将上次采伐后营造或萌生起来的林木大部分伐去，而均匀地保留部分优良木作为第二代上木，同时伐去第一代上木中的不良木。依此继续进行，直至形成第三代、第四代等各代上木（即所谓轮伐木）和既定的矮林层为止。当到达上木的伐期龄时，采伐矮林的同时，采伐第一代上木；以后每次采伐矮林时，均同时采伐一代上木，即可在一次采伐中同时获得大小不同的材种。

根据乔林层和矮林层的数量及分配状态，可把中林分为以下 4 种类型：①乔林状中林，上木数量较多，且分布均匀，下木数量较少，分布不一定均匀；②矮林状中林，上木数量较少，下木数量很多；③块状中林，上木和下木呈块状镶嵌分布；④截枝中林，上木主要为下木庇荫，下木用于截取枝条。

（二）中林的采伐与更新

中林的采伐和更新有其独特之处，一个进行系统经营的中林，乔林层和矮林层须同时采伐，但采伐方式有所不同：乔林层实行择伐，并兼具一定抚育间伐的性质；矮林层则实行皆伐。中林的更新需要和采伐同时进行，即采伐乔林的同时进行播种或植苗造林，并将上次采伐时更新起来的实生林木保留，作为后备上木，也可以选留部分优良萌生林木作后备上木。保留的上木应选择生长健康、干形通直、树冠发育良好而又不过于伸展的林木。

中林内乔林层的采伐强度取决于中林的经营目标和上木的树种组成。若以收获大径材为主要目标，则采伐强度宜小，保留上木宜多，即经营乔林状中林；若以收获小径材或薪炭材为主要目标，则采伐强度宜大，保留上木宜少，即经营矮林状中林。有时中林的上木为一些特用经济林木，如柿树、核桃、板栗等，则采伐应同时成为抚育果树的经营措施，上木要稀疏，伐期龄要长，以收获果实为主而兼得木材为辅。

在中林采伐作业时首先对需要保留的上木在胸高位置处进行标记，所有未标记的林木及矮林应全部伐去。一般情况下，上木应均匀分布于整个林地，但有时也群聚于矮林之中，或呈带状穿插于矮林之间。对上木的采伐不仅局限于达到采伐年龄林木，还包括那些树龄较小但生长不良或其他不符合要求的林木。在林缘位置往往需要保留更多的上木，以起到阻挡强风的作用；在霜害严重的地区，同样需要保留大量一代上木，以保护幼龄矮林萌条免遭破坏。下木采伐后，应立即采伐上木并将其运离，以避免对矮林萌条产生破坏。经过系统经营的中林，林冠以形成垂直郁闭为主，仅矮林层形成水平郁闭。此外，由于上木的保留数量变动范围很大（几十株到数百株），致使中林的林相经常是多样的，当下木层刚刚采伐后，中林常常呈现为稀疏的异龄乔林林相。

（三）中林作业法的评价

中林作业法的主要优点：①能同时收获多种不同规格的用材；②矮林层获材快、伐期龄短，在经济效益方面具有优势，适于农村小面积经营；③林地上保持着一定数量的上木覆盖，森林环境稳定，有利于防风、防冻和防止水土流失等自然灾害；④上木持续覆盖且稀疏分布，有利于促进结实和天然更新；⑤树种和龄级的多样化，有利于维持生物多样性，为野生动物提供庇护场所；⑥林相美观，适于作为风景林、康养林和城市绿化林。

中林作业法的主要缺点：①中林的生产力一般低于乔林，尤其是大径材的出材量偏低；②由于会受到乔林层的抑制，中林内矮林层的发育不如单纯矮林；③中林作业法的技术要求相对复杂，保持矮林和上木之间的平衡及保持不同级别上木的正确分布难度较大；④需要集约化的经营条件，具有更大的机械化作业难度，使其在很多地区难以盈利；⑤如果经营不当，林冠过于稀疏，容易造成干材品质不良，如尖削、低矮和多节，这在矮林轮伐期短的情况下尤为突出。

◆ 第二节 森林抚育

森林抚育是指在森林的生长发育过程中，为实现森林经营目标而采用的各种技术措施。森林抚育在调整物种组成，优化林分结构，加速森林演替，提升林木质量，提高森林生产力，改善林地水、肥、气、热等方面具有重要意义。具体的森林抚育措施包括除草、施肥、灌溉、排水、抚育采伐和人工修枝等。其中抚育采伐是森林抚育的中心环节。

无论是人工林还是天然林，在实现森林经营目标之前，特别是在幼龄林和中龄林阶段，不应随其自然生长，必须给予科学管理，连续不断地采取各种抚育措施，才能最终实现森林经营目标。究竟应采取哪些抚育措施，以及实行这些措施的频率和强度，必须根据森林的经营目标、林分结构、树种组成及立地条件，通过详尽的生态分析，同时还要结合其对社会和生态环境的影响才能最终确定。

一、抚育采伐的概念和目标

（一）抚育采伐的概念

抚育采伐也称中间利用采伐或抚育间伐，是指从未成熟的森林，即幼中龄林中定期伐去部分林木，为保留木创造更好的生长环境，同时收获一部分木材的经营措施。抚育采伐与主伐有着本质的区别。抚育采伐的主要目标在于培育森林，采伐对象是幼中龄林，有严格的选木要求，不存在更新问题；而主伐的主要目标在于收获木材，采伐对象是成过熟林，一般不存在选木要求，但必须考虑更新问题。实际森林经营过程中，抚育采伐又可以分为除伐、解放伐、改进伐、透光伐和疏伐等常见技术措施，以及卫生伐和拯救伐等特殊措施。

抚育采伐的对象主要是幼中龄林，采伐的目标因林种不同而有主次之分。在用材林中，抚育采伐的主要目标是增加单位面积上的木材产量，提高材质和材种规格，缩短林木的工艺成熟期；在防护林中，抚育采伐的主要目标是提高林木生长势，改善林分结构，维持较高的防护功能；对于风景林和游憩林，抚育采伐的主要目标是维持良好的森林景观效果和卫生状况。在同一类别的林分中，因年龄阶段不同，抚育采伐的目标也不一样。例如，对于混交用材林，在幼龄时期，抚育采伐的主要任务是调整林分结构、缓和种内及种间竞争，以后则是促进林木生长和提高林木质量。

（二）抚育采伐的目标

1. 调整树种组成，防止逆行演替 在天然林中，混交林占多数，多个树种生长在一起，往往会发生竞争排斥的现象，但被排挤或被淘汰的树种不一定是低价值的非目的树种。如果此时不进行人为干预来保证良好的树种组成，就有发生逆行演替的可能，形成树种组成不良的林分。因此，在天然混交林中进行抚育采伐，首先是保证理想的树种组成，使目的树种在林分中逐步取得优势。我国人工林多为纯林，通过高强度的抚育采伐，也可为引入新的树种留出空地，为形成混交林创造条件。

2. 降低林分密度，改善林木生境　　降低林分密度是抚育采伐的主要任务之一。天然幼林的密度经常过大，且林木分布不均匀；人工幼林虽然分布较均匀，但随着年龄的增长，林木个体的营养面积会逐渐增加，从而形成对营养空间的竞争。自然稀疏可使林分密度得到一定程度的调节，但自然稀疏需要较长时间，而且对人工林而言，自然稀疏未必能形成良好的林分结构和林相。在自然竞争激烈的时期，通过抚育采伐，除去部分生长不良的林木，形成合理的林分密度，相当于加速了自然稀疏的过程，改善了保留木的生长环境。

3. 促进林木生长，缩短培育周期　　抚育采伐扩大了保留木的营养空间，一方面使树冠得以舒展，能够吸收更多的光照；另一方面提高了根系的活性，使其能够更好地吸收养分和水分，从而促进林木的生长，较快达到用材的工艺标准。也就是说，抚育采伐不仅可以促进林木的生长，同时也缩短了用材林工艺成熟龄。

4. 实现早期利用，提高经济效益　　森林生产木材的总产量由间伐量、主伐量和枯损量3部分组成。抚育采伐有效利用了自然稀疏过程中将要淘汰或死亡的林木，使生产单位能够在经营早期获得木材，有利于减缓因林业生产周期长带来的困难。一般情况下，间伐量可以占到该林分主伐时蓄积的30%～50%。对于某些禁止主伐的森林类型，如公益林，通过抚育采伐也能够获得一定的经济效益。

5. 清除劣质林木，提升林木质量　　森林尤其是天然林在生长发育过程中，不仅密度不均匀，而且树木个体受遗传和环境的影响，具有不同的品质和活力。随着年龄的增长，有些树木的不良品质会加剧并影响其他树木的生长，在这种情况下清除劣质木和危害木，能够为优良林木创造更充足的营养空间，提升林木质量。

6. 改善林分卫生状况，增强林分的抗逆性　　抚育采伐去除了林内的枯立木、病害木、风折木、雪压木等不良个体，改善了林分卫生状况，从而增加了林木应对病虫害和不良气候的能力，减少了发生森林灾害的可能性。

7. 优化林分结构，发挥多种效益　　抚育采伐能够建立适宜的林分结构，增加林下透光度，促进凋落物分解，土壤养分条件得到改善，土壤微生物得以繁殖，为林下植被创造了良好的生存条件，从而有利于提高森林生物多样性、促进森林的多种效益。

二、幼林抚育

幼林抚育的具体措施包括除草、除伐、解放伐、改进伐等，通过幼林抚育可以促进幼龄林尽快达到所期望的物种组成和林分结构。一块林地的立地条件（水分、养分、温度、光照等）既可任凭各种植物自由利用，也可通过抚育措施使这些条件更好地为林分中的某些特定树木所利用。

（一）除草

除草是在林木处于幼苗或幼树阶段进行的抚育措施，清除的对象包括各种草本、灌木和藤蔓。除草的目的是使幼苗、幼树摆脱它们的竞争，促进幼苗、幼树的生长，加速幼林郁闭，以形成稳定的森林群落。常用的方法包括将幼苗或幼树周围的竞争植物刈割或拔除，有时也可使用除草剂加以清除。

（二）除伐

除伐与除草相似，不过清除的对象是树高超过或即将超过目的树种的非目的树种。除伐的目标是使目的树种得到充分解放，以便迅速取得优势地位。除伐不会获得木材收入，因此需要采取廉价且行之有效的措施，如简单地削去竞争树的梢头，只要目的树种的主林木得到解放即可。

（三）解放伐

解放伐也是当目的树种处在幼苗或幼树阶段时进行的采伐措施，解放伐和除伐的不同在于解放伐清除的对象在年龄上属于较老龄级。解放伐的目标是解放下层林木，因此凡是年龄较大的上层林木，不论树种和树形，均需伐去。如果上层林木已经长成商品材，解放伐就会获得部分收益。有时为了节省费用，也可用除草剂或环状剥皮来代替采伐，在这种情况下，被处理的上层林木会缓慢死亡腐朽，凋落下来的枯枝败叶并不会对下层林木造成多大损伤。

（四）改进伐

改进伐的目的在于通过间伐改善林分结构和树种组成，促进林木生长。实施改进伐往往是由于在幼林阶段存在经济或其他方面的原因没有及时进行除伐或解放伐，只好在幼树长大后进行改进伐。因此，改进伐往往是在原先没有经营过的林分内进行的初次采伐，以便创造良好的经营条件。在天然更新的异龄林内，改进伐是进行树种调整的重要辅助手段。

三、抚育采伐

抚育采伐又称间伐，是指根据林木生长和林分发育规律及森林培育目标，对未成熟的森林定期而重复地伐去部分林木，为保留林木创造更好的生长环境，同时收获部分木材的森林经营措施。抚育采伐的主要目标是调整树种组成，优化林分结构，缩短培育周期，实现中间利用，改善林木生长环境，提高林分产量和质量。抚育采伐的具体措施包括透光伐、疏伐和生长伐（图6-3），特殊情况下还可以采用卫生伐和拯救伐。

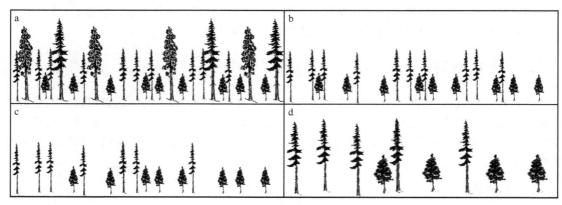

图6-3　抚育采伐方式
a. 抚育采伐林分；b. 透光伐；c. 疏伐；d. 生长伐

（一）透光伐

透光伐在幼中龄林阶段进行，主要针对林冠接近郁闭或已经郁闭林分。当林分密度过大，林木受光不足，或其他树种妨碍目的树种生长时往往需要进行透光伐。透光伐主要解决林木个体之间、不同树种之间及林木与其他植物之间的矛盾，保证目的树种不受非目的树种或其他植物的压抑。在天然林中主要清除影响目的树种生长的萌芽条、霸王树、上层残留木及目的树种中生长不良的个体，以调节树种组成和林分密度，同时保持生物多样性。在人工纯林中主要伐除过密的和质量低劣的林木，扩大林木的营养空间，促进林分协调生长。根据林地形状和大小，透光伐可以划分为全面透光伐、团状透光伐及带状透光伐3种实施方法。

1. 全面透光伐　全面透光伐是指按一定的强度伐去影响目的树种生长的非目的树种及目的树种中生长不良的个体，在幼中龄林中应用较多。天然次生林中龄林林分采用全面透光伐，可增加林下光照，诱导天然更新，提升生态系统功能，伐后郁闭度应不小于0.60。

2. 团状透光伐　团状透光伐是指当主要树种在林地上分布不均匀且数量不多时，只需在主要树种的群团内伐除影响主要树种生长的次要树种即可，在天然林中应用较多。例如，对于群团状更新的天然幼龄林，可在稠密的树丛中进行团状透光伐。

3. 带状透光伐　带状透光伐是指将林地分成若干条带，在带内进行抚育采伐，保留主要树种，伐除次要树种，在天然更新的针阔混交林中应用较多。一般带宽1~2m，带间距3~4m，带间不抚育（称为保留带）。带的方向应考虑气候和地形条件：带的方向与主风方向垂直，以防止风害；带的方向与等高线平行，以防止水土流失等。

（二）疏伐

疏伐在幼龄林郁闭后至成熟林前的一个龄级阶段进行，是为缓解林木个体间的矛盾而进行的森林抚育措施。疏伐的目的是把本来要自然死亡的那部分林木的木材抢救出来并加以利用，同时进一步调整树种组成和林分密度，促进保留木生长并培育良好干形。疏伐一般在同龄林或异龄林的同龄树群内进行。疏伐与除伐、解放伐或改进伐的最大区别在于是否同时采伐目的树种，只有同时也采伐目的树种的间伐方式才能叫疏伐。疏伐时选留的是主林木，而不像自然界里通常发生的那样只保留大而无当的优势木。根据树种特性、林分结构、立地条件和经营目标等因素，疏伐具体可以划分为下层疏伐、上层疏伐、选择疏伐、机械疏伐和综合疏伐5种实施方法。

1. 下层疏伐　下层疏伐的目的是清除林冠下层生长落后、径级较小的林木，如濒死木、被压木等，同时伐去个别粗大但干形不良的林木。下层疏伐的生态学依据是下层林木同样会消耗大量的水分和养分，因而不利于上层林木的生长。实施下层疏伐时，适宜采用克拉夫特的生长分级来明确采伐木。由于只采伐在自然选择中将被淘汰的下层林木，森林仍能保持较好的郁闭水平，伐后可改善林内卫生状况，提高森林生态系统的稳定性，促进保留木生长。下层疏伐主要适用于针叶纯林，获得的材料以小径材为主。

2. 上层疏伐　上层疏伐以采伐上层林木为主，疏伐后形成上层稀疏的复层林。当上层林木价值低，次要树种压抑主要树种时，应采用上层疏伐。上层疏伐的生态学依据是林冠下层的林木消耗养分较少，真正对养分、光照和生长空间的竞争存在于优势木与亚优势木之间。上层疏伐获得的木材收益比下层疏伐多，因为上层疏伐伐去的林木较大，但正是由于伐倒的林木较大，对未伐倒的林木可能造成的损害也较大。无论轮伐年龄是按平均直径还是最大立木到达的径级而定，上层疏伐均能最大限度地缩短轮伐期。上层疏伐又有两种作业方式：第一种方式是首先确定将来的主伐木（主林木），然后只伐去与主伐木相竞争的优势木或亚优势木中的一部分，以便把主伐木解放出来，在之后的上层疏伐中，主伐木将进一步得到解放；第二种方式是将所有能当选为主伐木的优势木和亚优势木都保留下来，使它们得到解放，在以后的上层疏伐中再进一步选择，留下较好的林木作为主伐木。

3. 选择疏伐　　选择疏伐是将所有属于优势冠级的林木全部伐去，以便亚优势木和中等冠级的林木解放出来，留作将来的主伐木。选择疏伐又可分成3种变型。第一种变型是在同龄的幼中龄林内，当一些零散的树木已长得超过了林分中的其他树木，并且由于不受侧方压抑而有长成霸王树的危险时，就将这些突出的树木伐去。以后再进行疏伐时，既可以采用下层疏伐，也可以采用上层疏伐。这种变型最为常见。第二种变型是当一个林分在进行了下层疏伐以后，一直发展到亚优势木和某些中等冠级的林木都长成了高质量的杆材，这时将优势木伐去，保留优良的亚优势木作主伐木。这种选择疏伐的变型只适用于那些对间伐有敏感反应同时又能迅速占有生境的树种。这种疏伐能在主伐以前生产出大量径级较大的间伐材，但是如果轮伐年龄以到达一定径级为准，该方法会使轮伐期延长。第三种变型也称为波格列夫选择疏伐法，是等林分发展到优势木可出商品材时，首先将一部分优势木伐去，等到亚优势木（此时已成优势木）长到适当径级，再次将一部分新、老优势木伐去，这样连续进行疏伐，不断刺激低冠级的立木向优势木发展，直到再疏伐就不能维持最低的立木株数为止。

4. 机械疏伐　　机械疏伐又称隔行隔株抚育法、几何抚育法，是指在人工林中机械地隔行采伐或隔株采伐，或隔行又隔株采伐。例如，我国华北地区的侧柏人工林种内竞争比较弱，常采用机械疏伐。

5. 综合疏伐　　综合疏伐综合了下层疏伐和上层疏伐的特点，既可从林冠上层选伐，也可从林冠下层选伐，混交林和纯林均可应用。进行综合疏伐时，首先将林木划分成植生组，然后在每个植生组中划分出优良木、有益木和有害木，然后采伐有害木，保留优良木和有益木，并利用有益木控制郁闭度。在制订疏伐方案时，没有必要规定历次疏伐都必须采用同一种方法。往往可以先进行一次上层疏伐，等立木长到可出商品材以后，再进行一系列的下层疏伐；也可在进行商品材疏伐以后，再接连进行几次综合疏伐。在制订疏伐计划时，每次疏伐的时间和性质往往受到上一次和下一次疏伐性质的很大影响。

（三）生长伐

生长伐是为培育大径材，在中龄林和近熟林阶段实施的抚育采伐方式。生长伐与疏伐相似，即在疏伐之后继续疏开林分，达到调整林分密度、促进保留木生长，加速工艺成熟、缩短主伐年龄的经营目标。疏伐或生长伐都是为了解决目的树种之间的矛盾而进行的采伐作业。不同的是，疏伐的目的是促进林木生长、培养良好干形，又称干形抚育；生长伐的目的是加速直径生长、缩短工艺成熟期，故而又称生长抚育。实际上，在林木的生长发育过程中，干形生长和直径生长是无法分开的。所谓的生长伐，通常也是疏伐的最后一次或两次。

（四）卫生伐和拯救伐

卫生伐和拯救伐往往同时进行，统称灾害伐。卫生伐是在遭受病害、虫害、风折、风倒、雪压及森林火灾的林分中，伐去已经丧失培育前途林木的抚育措施，以便维护整个林分的健康、稳定。卫生伐并不一定能获得直接经济收益。相反，拯救伐是把快要失去经济价值的树木抢救出来，往往能获得一定的经济收益。

卫生伐和拯救伐中被伐木都是一些活力较低的"不健康"林木，把它们伐去以后，对维持将来的主伐木的健康是有利的，但这些不健康的林木同时也是各种昆虫、野生动物的食料来源和栖息场所，是整个生态系统的组成部分。森林经营者在伐去这些林木之前，必须慎重考虑它们在整个森林生态系统中的作用，不可轻易地把它们划入应伐的"不健康"林木之列。例如，美国有些州的森林法对濒死木、枯立木的采伐做出了一定限制。

四、人工整枝

人工整枝也简称为整枝，是指人为剪除林木树干下部枝条，使长成无节木材的森林抚育措施。人工整枝在调控林木生长、提高木材质量、优化林分结构、改善林分卫生状况和维持林分稳定性等方面具有重要作用。枝条是承载叶片进行光合作用、制造有机物的主要器官，也是组成树冠的主要构件。枝条的发育和分布状况影响着树冠结构和木材质量。枝条的发育和分布状况除与林木本身的遗传因素相关外，也受到林分密度和立地条件等外界因素的显著影响。林木不同冠层枝叶因所接收的光合有效辐射和呼吸速率不同，其净光合速率存在显著差异。一般树冠上部枝叶是进行光合作用的主体，因此适度修除树冠下部对生长无显著贡献的部分活枝、全部死枝和濒死枝，不仅增加了林分透光度和林木生长空间，而且对林木生长的影响很小。通常，只有主伐木木材需要整枝，整枝要在幼龄时就进行，以直径达到 10cm 时为适宜，这样将来木材有节的部分将仅限于 10cm 宽的心材部分。只需要对最下面的一段原木整枝，因为这是全树价值最高的一段，同时越往高处，整枝的成本就成倍地增加。

（一）整枝效应

人工整枝的效应主要分为对林木的影响和对林分的影响两方面。其中，对林木的影响主要包括树木生长、干形和材质等方面；对林分的影响主要包括改善林内气候、土壤条件及卫生状况，提高林下植被的生物多样性和生长量等方面。

1. 人工整枝对林木的影响　整枝对林木生长的影响，主要从树木的生长、干形和材质等方面进行研究。枝条是承载叶片进行光合作用、制造营养物质的主要器官，整枝会影响林木生长，影响程度因整枝强度、树种特性和立地条件等因素而异。总体来说，当整枝强度过大时，林木生长会受到显著抑制，并且径向生长对整枝的敏感程度高于高生长，随着树冠逐渐恢复，其抑制作用逐渐减弱。整枝可以改善林木干形，尤其对于整形整枝而言，但具体效果又因树种而异。例如，Kerr 和 Morgan（2006）比较了幼龄欧洲白蜡树、欧洲甜樱桃、欧洲山毛榉及英国橡树的整枝效果，发现整枝可以有效改善欧洲山毛榉和英国橡树的干形，而对欧洲白蜡树和欧洲甜樱桃则无明显帮助。

整枝后伤口的愈合是决定林木材质的关键，也是整枝研究中的一个重点和难点。大量研究表明，人工整枝后，枝条所需愈合时间越短，形成死节的比率越低，从而使林木具有更高的无节材比率，这对生长快、枝条较小的幼龄林效果更为明显。整枝强度过大或者整枝时间过晚会对伤口愈合产生负面影响，增加病原菌侵染的概率，造成木材变色和腐烂。

2. 人工整枝对林分的影响　整枝能够有效改善林内小气候、土壤条件及卫生状况，显著提高林下植被的生物多样性和生长量。整枝可以减小树冠大小，降低其在暴风雨中所承受的压力，减少暴风雨对树体造成的伤害，提高林分稳定性。整枝还可以有效控制林分内某些病虫害。例如，20 世纪七八十年代，美国的林业工作者即通过整枝控制荷兰榆树病及栎树枯梢病等病虫害；我国的林业工作者也发现，通过合理整枝能增强油松人工林对赤松毛虫的抗性。总而言之，合理的人工整枝能够增加林分透光度和林木生长空间，提高光能利用率，增加林下植被多样性，进而增强森林生态系统的稳定性。

（二）人工整枝的技术要点

1. 整枝时间　　整枝时间包括整枝的起始年龄、间隔期、持续时间及整枝季节等，整枝时间会对整枝后伤口愈合产生影响。整枝的起始年龄宜为枝条较小、生长快速的幼龄阶段，此时枝条直径较小，整枝后伤口愈合快且不易受真菌侵染而造成腐烂。整枝的起始年龄还取决于造林方式、造林密度、立地条件及集约经营程度等。整枝的间隔期主要因树种生长特性而异，通常生长速度较快的树种整枝间隔期短。例如，杨树人工林一般每 2 年左右即需整枝 1 次。整枝的持续时间一般视经营目标而定，若培育较长干材，则需要多次整枝，持续时间随之增长，其经营成本也会增加。至于整枝季节，对于具有休眠特性的树种，整枝应在休眠期进行，尤其是在林木萌发前的早春整枝效果较好，此时整枝养分损失少，不会影响林木生长，整枝后伤口愈合快。而对于具有休眠特性但萌芽能力强的树种，整枝适宜在生长季进行，因为在休眠期整枝后，其伤口周围容易产生不定芽，会在生长季发育成大量侧枝而影响整枝效果。此外，在温热潮湿及干热风严重的季节不宜进行整枝，因为在温热潮湿的条件下伤口易受病菌侵染，干热风严重时切口干燥过快会影响愈合。

2. 整枝方式　　整枝方式主要包括修除枝条的方式及切口位置的选择。具体的整枝方式应视树种特性、整枝目的及整枝效果而定。当前林业上人工整枝主要采用两种方式：一是整形整枝，即修除一定高度范围内影响木材质量的大枝，以提高树干的通直度和木材质量；二是提升整枝，即修除目标高度范围内所有枝条，以减小树干目标段的节疤，提升木材等级。对于整枝切口位置，随着整枝研究的逐渐深入也在不断改善。20 世纪上半叶，研究者大多认为，贴干整枝较留桩整枝伤口愈合快，有利于培育无节材；然而对较大枝条进行贴干整枝，通常伤口较大难以愈合，会增加病原菌侵染的概率，造成木材心腐等。现在普遍认为，对较小枝条宜采用贴干整枝，而对于较大枝条在整枝时不宜损坏枝领，以减小创伤面。

3. 整枝强度　　整枝强度会对林木生长产生显著影响。整枝强度过弱，往往达不到理想的目标要求；而整枝强度过大，则会削弱林木竞争能力、抑制林木生长，同时也不利于伤口的愈合。一般而言，每次整枝的强度应控制在 30%～50%，实际最佳整枝强度则需根据树种特性、年龄大小、整枝成本、培育目标及树冠所占比例等因素综合确定。整枝强度往往通过树干直径、整枝高度、冠长比和冠高比等指标来量化，通常有 3 种表达方式：一是整枝后枝下高绝对值大小；二是整枝后枝下高占树高的比例；三是修除冠长占总冠长的比例或修除枝条上的叶面积占树冠总叶面积的比例。其中第一种方式在操作上相对简单，应用更加广泛。

◆ 第三节　森林结构调整

森林结构包括林种、树种、年龄、径级、树高、面积结构等。森林结构决定着森林的性质和功能，是评价森林生态效应的关键因子，只有拥有合理的森林结构才能更好地发挥森林生态系统的各项功能，实现森林资源的永续利用。由于人为或自然因素的干扰与破坏，现实森林的结构往往不尽合理，而森林本身又难以自我调整到合理状态，因此就需要森林经营者通过采伐或更新等一系列人为措施改善、优化森林结构，即森林结构调整。

一、森林采伐量

森林结构调整的理论和方法，历来是森林经营的核心问题，主要任务是根据永续利用的原则，预测今后一定时期的森林采伐量，安排采伐地点，并按照预期的目标，通过合理采伐，调整现实中不合理的森林结构以期更好地发挥森林生态系统的功能，实现森林资源永续利用。

（一）森林采伐量的概念

森林采伐量是指一个森林经营单位在特定时间范围内以各种形式采伐的林木蓄积的总和。由于采伐性质和采伐方式不同，森林采伐量的归类和计算方法也有差异。根据采伐性质可以将森林采伐分为主伐、间伐和补充主伐 3 种类型。一个森林经营单位的总采伐量就由主伐量、间伐量和补充主伐量 3 部分构成。

森林主伐是指对成熟林分的采伐利用。森林主伐方式可分为皆伐、渐伐和择伐三大类。根据不同森林结构的调整要求，主伐方式不同，所依据的采伐量计算公式也不同。森林间伐是指在未成熟的林分中，定期伐去一部分生长不良的林木，为保留木创造良好的生长条件，促进其生长发育的一种经营措施。通过间伐也可以获得一部分木材，增加森林经营单位的经济效益。特别是在人工林中，合理的间伐既是一种森林经营措施，又是获得木材收益的一种重要手段。补充主伐是指对疏林、散生木和采伐迹地上已失去更新下种作用的母树所进行的采伐利用。在森林经营过程中，纳入主伐量计算的均属有林地范围的森林资源，而将疏林、散生木和母树等资源的采伐利用，称为补充主伐。

森林资源是一种可再生资源，一个森林经营单位内森林资源的数量、质量和结构会不断发生变化，加上经营活动和市场需求的变化，森林的结构动态和收获调整十分复杂。因此，森林经营单位在一个轮伐期内不应永远保持不变的采伐量，而应根据森林资源和市场需求的变化，不断定期复查森林资源并重新计算森林采伐量，以达到改善森林结构、实现永续利用的目的。

（二）森林采伐量的计算

森林采伐量的制定需要在森林资源二类调查的基础上，计算标准采伐量，合理安排采伐地点，确定采伐顺序等。具体任务包括以下几项。

1. 计算年伐量　　以森林经营类型（作业级）或小班为单位，计算森林主伐量和间伐量，记录年伐面积和年伐蓄积。由于各森林经营单位资源条件不同，影响森林采伐量的因素也各不相同。在计算年伐量时不能只用一种公式，而是选用几种方案分别计算，每种方案确定的年伐量差异可能很大，这一年伐量被称为计算年伐量。

2. 确定标准年伐量　　在各公式计算结果的基础上，综合考虑各森林的经营类型、龄级结构和径级结构，判断各公式所计算的森林采伐量与现实森林资源是否协调，评估森林采伐量对森林结构影响的大小。此外，还要考虑到具体经济条件和木材市场，结合当前需求和长远利益，通过比较和论证，最终确定各森林经营类型在本经理期内的森林年伐量，即标准年伐量。

3. 确定采伐顺序和伐区配置　　根据森林经营单位森林资源分布特点，以实现森林结构调整，促进森林更新，维持森林生态系统健康、稳定为目标，结合森工采运的现实要求，合理安排伐区，确定采伐顺序和伐区配置。

4. 计算补充主伐量　　补充主伐的对象是疏林、散生木和母树，因其不属于有林地范围，组织经营时不纳入各森林经营类型。因此，补充主伐量是按照各林场或林业局可以进行采伐利用的疏林、散生木和母树，单独计算其采伐量。

二、树种结构调整

（一）树种结构调整的原因

充分发挥森林的生态、经济和社会效益，不仅需要森林覆盖率达到一定数量并具有合理的林种结构，同时还需要具有与立地条件相适应的树种结构。树种结构是指一个森林经营单位或林分内树种的组成、数量及彼此的关系。就一个森林经营单位如林业局或林场而言，树种结构应该保持合理的针叶林、阔叶林、针阔混交林比例关系及合理的空间地域分布，同时提高阔叶林、混交林及乡土树种的比例。就林分而言，树种结构一般包括乔木树种和灌木树种，并以乔木树种为主。从发挥森林的水土保持、水源涵养等生态功能的角度，还应考虑林下的草本和地被物，即乔、灌、草结构的调整。树种多样性是森林生态系统健康、稳定的重要标志，理想的树种结构是对环境资源的最大利用和适应，并可通过树种的共生互补关系提供最好的生态系统功能和服务。

树种结构是森林结构调整的重要考虑因素之一。树种的生物学和生态学特性能够随着森林的类型而变化，即使是完全相同的树种组成的森林植被，也会由于年龄、立地条件等因素的差异，林分结构产生较大的变化。例如，对杨桦次生林而言，先锋树种为山杨、白桦，随着森林发育，山杨、白桦逐渐被硬阔叶树种和针叶树种所替代。从生态和经济角度考虑，硬阔叶树的价值大于杨桦，而白桦又大于山杨，因此针对杨桦次生林的树种结构调整应采取"伐杨留桦，伐杨桦留硬阔及栽针保阔"的调整措施，充分考虑针叶树种在森林发育演替中的地位和作用，抚育更新针叶树，诱导形成以针阔混交为主的森林生态系统。

（二）树种结构调整的原则

树种结构调整，应参照地带性植被的树种组成和配置，根据林分的不同情况确定经营措施，在调整过程中应遵循以下 4 个原则。

1. 坚持因地制宜，适地适树的原则　　树种结构调整应根据森林经营单位的气候条件、立地条件及培育目标，参照地带性植被的树种组成和配置，选择适宜树种，重视乡土树种和物种多样性，构建适宜森林经营单位环境条件的树种配置模式。

2. 坚持分类经营，分区管理的原则　　按照森林分类区划，将森林划分为不同的功能区，根据各自功能确定经营目标，分别采取不同的管理措施，让森林不仅能够提供优质木材产品，还能发挥水土保持、水源涵养、生物多样性保护等功能，维持生态系统的健康、稳定。

3. 坚持保护与利用协调发展的原则　　以保护森林生态功能、促进林业经济发展为目标，统筹兼顾生态效益和经济效益，实现森林资源保护与利用协调发展。

4. 坚持科学规划，远近结合的原则　　树种结构调整策略应与区域社会经济发展、林业中长期规划等相衔接，既要考虑当前产业发展的实际需要，又要满足长期生态建设的需求，实现人与自然和谐发展。

总体而言，树种结构调整要注意针叶树与阔叶树相结合、用材树种与防护树种相结合、速生树种与非速生树种相结合、普通树种与珍贵树种相结合、外来树种与乡土树种相结合，切实提高森林物种多样性、提高生态系统的稳定性和抗逆性、提升森林的生态功能和产业功能，形成可持续发展的良性循环。

三、年龄结构调整

年龄结构是林分结构的另一基本指标。林木的年龄结构在生态学上是指林木株数按年龄的分布情况。林分的年龄结构是划分林型（如同龄林和异龄林）的基本依据，也是森林生长发育阶段和林木间竞争关系的重要反映。根据年龄结构，可以判断森林是发展型、稳定型还是衰退型：①发展型林分表现为幼中龄林木数量较多，而成熟林木数量较少，随着林龄的增加，林木株数迅速增长；②稳定型林分表现为不同林龄组的林木株数基本相同，随着林龄的增加，林木株数均匀地减少；③衰退型林分表现为成熟和过熟的林木株数大于幼龄和中龄的林木株数，即林木的死亡率大于出生率。

年龄结构调整就是利用资源因子的周期性与树种本身的生长发育周期的关系，充分利用自然资源，使得林分的生长持续、稳定和高效地进行。森林生态系统持续稳定的前提条件是使新陈代谢过程不断地保持平衡和畅通，只有在树木年龄参差不齐的林分（异龄林）中才能实现。通常，森林的目标结构是指能够持续地提供最大收获、最高限度地满足经营目标、符合永续利用规律的森林结构。人们对异龄林的直径分布做了大量的研究后发现，在正常的异龄林内，株数随直径的增大而减少。对于现实异龄林，目标结构只能根据森林经营单位的实际情况和经营目标进行归纳，而不能预先以某一规律为前提进行演绎。

四、直径结构调整

林分的直径结构反映了林木株数随胸径的分布规律。在林分结构的研究中，无论在理论上还是在实践上，直径结构都是最重要、最基础的林分结构指标，是准确评价营林措施、确定主伐年龄的基础。同时，林分内各种直径大小的分布状态，将直接影响林木的干形、材积、材种及树冠等因子的变化。

在未遭受干扰或破坏的情况下，同龄纯林的株数按直径的分布多呈现为正态分布，其分布规律大致表现为：林分内最粗树的直径为平均直径的 1.7~1.8 倍，最细树为 0.4~0.5 倍，并且不论树种、林龄、密度和立地条件，平均直径的位置处于株数累积数的 55%~64%。混交林多为异龄林，因此其直径分布与同龄林不同且相对复杂。典型异龄林的直径分布规律：小径级林木株数多，随着直径的增大，林木株数急剧减少，到一定径阶后，株数减少幅度渐趋平缓，而呈现倒 "J" 形曲线。

19 世纪中叶，Gurnaud 和 Biolley 提出欧洲云冷杉-山毛榉针阔混交林的各径级理想蓄积比例为 2∶3∶5，即小径级（20~30cm）蓄积比例为 20%，中径级（30~55cm）为 30%，大径级（≥55cm）为 50%，这样的林分生产力最高。1953 年，美国林学家 Meyer 提出了均衡异龄林结构的概念。均衡异龄林是指可以定期伐掉材积的连年生长量（或定期平均生长量），而仍保持直径分布规律和初始林分蓄积的森林。这一林分结构被认为是理想的异龄林林分结构，有利于实现森林资源的永续利用。抚育间伐是直径结构调整的主要措施，现实的天然林或人工林通常难以达到均衡异龄林的状态，但是通过合理的森林抚育间伐，经过逐步调整，可以使森林年龄结构趋向于均衡异龄林的状态。

五、空间结构调整

森林结构除了林种、树种、年龄、径级、树高结构等非空间结构内容，还包括森林空间结构。

森林空间结构包括水平结构和垂直结构。水平结构为林木在林地上的空间分布格局，包括随机分布、聚集分布和均匀分布。垂直结构是森林植物同化器官（枝、叶等）在空中的排列成层现象。在发育完整的森林中，一般可分为乔木、灌木、草本等层次，其中乔木层是森林中最主要的层次。根据空间尺度的不同，森林空间结构又可分为景观水平和林分水平。无论哪一个尺度，都存在结构与功能的关系。森林经营活动如采伐等通过影响森林的空间结构，进而影响森林功能的发挥。科学的森林经营应当建立在空间结构与功能关系的基础上，通过空间结构优化调整，充分发挥森林的各项功能。

调整空间结构的目的是获得健康、稳定的森林，森林空间结构分析是森林空间结构优化调整的基础。在生态学研究中，常用方差均值比、聚块性指标、Cassie 指标等空间结构参数来描述林木分布格局，但这些空间结构参数都是与距离无关的参数；与距离有关的分布格局参数主要包括巢式方差分析、最近邻体分析和空间点格局分析（如 Ripley's K 函数）等。惠刚盈（1999）、惠刚盈和胡艳波（2001）以参照树及其周围 4 株最近相邻木为基本结构单元，构造了基于 4 株最近相邻木的林分空间结构参数：混交度、角尺度、大小比数，借以分析林木混交、分布格局及其竞争关系，并进行了广泛的验证和应用；汤孟平等（2004）在空间结构分析的基础上，提出了林分择伐空间结构优化的建模方法，并建立了林分择伐空间结构优化模型；胡艳波和惠刚盈（2006）在林分空间结构分析的基础上，提出了有模式（目标）林分和无模式（目标）林分的空间结构优化调整方法。

尽管林分空间结构参数的研究十分广泛，但多数把林分空间结构参数用于描述林分空间结构状况或进行不同参数的比较。事实上，研究林分空间结构的最终目的是在森林经营中，采取合理的经营措施调整林分结构，使之趋于理想状态，以充分发挥森林生态系统的多种功能。因此，如何科学合理地利用采伐来优化林分的空间结构，一直是森林经营者努力研究的问题，而基于空间结构分析的经营方案的优化设计是目前国际上森林经营研究的一个重要方向。近年来，森林可持续经营越来越多地采用林分空间结构分析与优化作为经营的决策方法。

◆ 第四节　林分结构调整

根据经营目标，不同林分可以由许多不同树种组成。用材林要求以能速生、出产优质良材的树种为宜；防护林要求以根深叶茂，耐旱、耐瘠薄，抗火、抗灾能力强，并且能改良土壤的树种为宜；经济林要求以早实性、丰产性、经济效益高的树种为宜；薪炭林以能够快速生长且不问其质量，只要发热量高、产柴量大、萌蘖力强，以多次提供量大的木材（直径粗细是其次）为宜。在一个地区，首先在乡土树种中加以选择，但外来引种的树种也有成功的案例。落叶松、樟子松及各种杨树由于栽培方法简单、种苗易取、成材快、适宜性强等特点，逐渐成为我国北方主要的用材树种。但实践证明用材纯林由于树种单一、容易遭受病虫害等缺点，不如混交林的稳定性强。

我国从北方到南方，经历若干个植被带，树种组成复杂。林分结构中最基本的是树种结构，再进一步划分，是年龄结构。年龄结构的最小单位是林分，林分内年龄基本一致的是同龄林，林分内年龄相差 2 个龄级以上的属异龄林。而这两种森林在实现永续利用的手段上是不相同的。异龄林由于在一个林分中有不同年龄的树木，因此经常有成熟林木可供采伐（择伐）；而同龄林由于林分中各种树木的年龄都相同，一旦成熟，都可利用采伐（皆伐）。因此，就其一个林分讲，同龄林很难实现永续利用，必须把它们组织起来，组成若干个龄级，才能实现永续利用；而异龄林则较容易实现永续利用。当然，同龄林除了用皆伐之外，还可用渐伐等采伐方法。

除树种、年龄结构外，林分结构还包括直径、树高结构等，但直径、树高结构都和年龄结构相关，所以林分结构调整中最重要的是控制好树种和年龄结构。林分结构调整的方法包括抚育间伐、林分改造、主伐更新等措施。不同林分结构调整措施的关键技术也不一样。例如，抚育间伐涉及开始时间、间伐强度、间隔期等；林分改造涉及改造对象、改造方法等。近自然森林经营是当今欧洲各国普遍采用的森林经营方法，它是模仿自然、接近自然的一种森林经营模式。近自然经营并不是回归到天然的森林类型，而是尽可能使林分建立、抚育、采伐的方式同"潜在的顶极自然植被"的关系相近。在造林或树种结构调整时，尽可能选择当地的本源树种即乡土树种，尽可能营造混交林，模拟自然干扰进行抚育间伐和林分改造等。

优化林分空间结构的森林经营方法在应用于人工纯林改造时，可根据该林分所在地区顶极群落空间结构的现状或资料及具体经营要求，调整林分的树种组成、林木水平分布格局和林木大小的空间配置等，优化林分的空间结构，使之逐渐转变为近自然的森林。优化林分空间结构的森林经营方法在应用于天然林经营时，首先应根据抽样调查分析的结果分析林分所处演替阶段，找出采伐对象的一般结构特征及其与顶极群落空间结构的差异，以优化林分整体空间结构为目标，根据分析结果标记采伐木。一次优化不可能解决所有的结构问题，应循序渐进。因此，要定期进行树种调整，或优势度调整，或水平空间分布格局的调整，或多种调整的组合。经营间隔期的确定，要充分考虑森林演替的动态规律和具体林分现状，以及林场的具体经营能力。

◆ 思 考 题

1. 森林主伐和森林更新的方式有哪些？
2. 比较皆伐、渐伐和择伐作业法的适用条件及其优缺点。
3. 比较矮林作业法和中林作业法的适用条件及其优缺点。
4. 森林抚育采伐的概念及目标分别是什么？
5. 森林抚育采伐的具体措施有哪些？
6. 森林结构调整与森林采伐量的概念是什么？
7. 什么是森林主伐、间伐及补充年伐量？

◆ 主要参考文献

胡艳波，惠刚盈. 2006. 优化林分空间结构的森林经营方法探讨[J]. 林业科学研究，19（1）：1-8.
惠刚盈，胡艳波. 2001. 混交林树种空间隔离程度表达方式的研究[J]. 林业科学研究，14（1）：23-27.
惠刚盈. 1999. 角尺度——一个描述林木个体分布格局的结构参数[J]. 林业科学，35（1）：37-42.
亢新刚. 2001. 森林资源经营管理[M]. 北京：中国林业出版社.

亢新刚. 2011. 森林经理学[M]. 4 版. 北京：中国林业出版社.

汤孟平，唐守正，雷相东，等. 2004. 林分择伐空间结构优化模型研究[J]. 林业科学，40（5）：25-31.

翟明普，马履一. 2021. 森林培育学[M]. 北京：中国林业出版社.

Kerr G，Morgan G. 2006. Does formative pruning improve the form of broadleaved trees[J]. Canadian Journal of Forest Research，36（1）：132-141.

下　篇
森林规划设计

| 第七章 |

森 林 区 划

◆ 第一节 区划的概念及种类

一、区划的概念

区划是区域划分的简称，就是分区划片，是对地域自然地理景观的综合分类，借以反映自然组成，认识自然规律，了解自然变化，从而合理利用自然资源，为人类服务。它是揭示某种现象在区域内共同性和区域之间差异性的手段。因此，区划所划分的地域范围（或称地理单元），其内部条件、特征具有相似性，并有密切的区域内在联系性，各区域都有自己的特征，具有一定的独立性（亢新刚，2011）。

二、区划的种类

（一）行政区划

行政区划是国家的结构体系安排，是国家根据政权建设、经济建设和行政管理的需要，遵循有关的法律规定，充分考虑政治、经济、历史、地理、人口、民族、文化、风俗等客观因素，按照一定的原则，将全国领土划分成若干层次、大小不同的行政区域，并在各级行政区域设置相关的地方国家机关，实施行政管理（刘君德，1996）。

不同的国家有着不同的行政区划系统，目前，我国行政区域分为省、自治区、直辖市、特别行政区，省、自治区分为自治州、县、自治县、市。县、自治县分为乡、民族乡、镇。直辖市和较大的市分为区、县。根据国家管理及政治、经济、民族、国防的特殊需要，行政区划是可以变动的。大行政区如省的变化较小，变化比较大的是乡的行政管理机构和区域范围。随着社会经济深入发展，行政区划变动受经济因素的影响越来越大（亢新刚，2011）。

（二）自然区划

自然区划是按照自然因子的差异性对自然区域进行的分级分区。按多种因子划分的自然区划称为综合自然区划；按单项因子划分的自然区划称为部门区划，如气候、地貌、土壤、植被、水资源等区划。自然区划是依据大自然各因子进行的区域划分，划分依据是纯自然的、客观的因素，因此，一经区划确定后，除特殊原因外，在相当长的时期内是不会变化的（亢新刚，2011）。

（三）经济区划

经济区划是根据客观存在、各具特色的经济现象所进行的区域划分。它是社会劳动地域分工的一种形式，是以一定的经济结构、中心城市为核心，紧密联系的地域经济（生产）综合体。经济区划有综合经济区划和部门经济区划两类。综合经济区划类似国民经济区划，包括工业、农业、交通运输业等全面的区划。部门经济区划，如工业区划、综合农业区划、交通运输区划、商业网区划等。综合农业区划还可细分成畜牧业区划、农作物区划、林业区划等（亢新刚，2011）。通过经济区划可以协调在经济发展过程中总体与局部、目前与长远、人口增长与资源和环境的关系。经济区划是一项复杂的系统工程，涉及自然、技术、经济、社会各个方面（杨树珍等，1990）。

（四）土地利用区划

土地利用区划有别于自然区划，区划过程中除了根据土地这一自然综合体自然属性的差异性外，还综合考虑土地利用现状及其历史发展，最大限度地发挥土地生产潜力及改善土地生态系统的结构与功能，对土地利用方向及其结构与布局形式在空间上进行分区（许牧，1982）。

《土地利用现状分类》（GB/T 21010—2017）中的土地利用现状分类采用一级、二级两个层次的分类体系，共12个一级类73个二级类。其中一级分别为耕地、园地、林地、草地、商服用地、工矿仓储用地、住宅用地、公共管理与公共服务用地、特殊用地、交通运输用地、水域及水利设施用地、其他土地12个。

（五）生态功能区划

生态区划是在对生态系统客观认识和充分研究的基础上，应用生态学原理和方法，揭示各自然区域的相似性和差异性规律，从而进行整合和分异，划分生态环境的区域单元。生态区划是综合性的功能性区划。由于自然界的复杂性，除生态学外，生态区划还必须结合地理学、气候学、土壤学、环境科学和资源科学等多个学科的知识，同时考虑人类活动对生态环境的影响及经济发展的特点，因此，生态区划是综合多个学科，充分考虑自然规律和人类活动因素的综合生态环境研究（刘国华和傅伯杰，1998）。

生态功能区划是根据区域生态系统格局、生态环境敏感性与生态系统服务功能空间分布规律，将区域划分成不同生态功能的地区。全国生态功能区划是以全国生态调查评估为基础，综合分析确定不同地域单元的主导生态功能，制定全国生态功能分区方案。

根据生态系统服务功能类型及其空间分布特征，开展全国生态功能区划。分区方法如下。

按照生态系统的自然属性和所具有的主导服务功能类型，将生态系统服务功能分为生态调节、产品提供与人居保障三大类。在生态功能大类的基础上，依据生态系统服务功能的重要性划分9个生态功能类型。生态调节功能包括水源涵养、生物多样性保护、土壤保持、防风固沙、洪水调蓄5个类型；产品提供功能包括农产品和林产品提供两个类型；人居保障功能包括人口与经济密集的大都市群和重点城镇群两个类型。

全国生态功能区划包括生态功能区242个，其中生态调节功能区148个、产品提供功能区63个、人居保障功能区31个。全国生态功能区划体系见表7-1。

表7-1　全国生态功能区划体系

生态功能大类（3大类）	生态功能类型（9类）	生态功能区举例（242个）
生态调节	水源涵养	米仓山-大巴山水源涵养功能区
	生物多样性保护	小兴安岭生物多样性保护功能区
	土壤保持	陕北黄土丘陵沟壑土壤保持功能区
	防风固沙	科尔沁沙地防风固沙功能区
	洪水调蓄	皖江湿地洪水调蓄功能区

续表

生态功能大类（3 大类）	生态功能类型（9 类）	生态功能区举例（242 个）
产品提供	农产品提供	三江平原农产品提供功能区
	林产品提供	小兴安岭山地林产品提供功能区
人居保障	大都市群	长三角大都市群功能区
	重点城镇群	武汉城镇群功能区

◆◆ 第二节 林 业 区 划

一、林业区划的概念及目的

林业区划是综合农业区划的一个组成部分，是中国林业行业的生产布局区划。它是根据自然条件、社会经济条件和森林资源及林业生产的特点，分析、评价林业生产的特点与潜力，按照地域分异的规律进行分区划片，进而研究其区域的特点、生产条件及优势和存在的问题，提出其发展方向、生产布局和实施的主要措施与途径，以便因地制宜，扬长避短，发挥区域优势，为林业建设的发展和制定长远规划等提供基本的依据。简言之，林业区划即以全国或省（自治区、直辖市）、县（市、旗）为总体，在区域之间，区别差异性、归纳形似性，予以地理分区，使之成为各具特点的"林区"（亢新刚，2011；程鹏和束庆龙，2007；林业部林业区划办公室，1987）。

二、林业区划的原则

林业区划的根本原则是以客观实在的自然条件与社会经济发展状况、社会发展对林业的要求为区划的准绳，要求林业区划成果充分反映客观实际与客观规律，起到促进林业生产发展的作用（林业部林业区划办公室，1987），以促进林业生产发挥最大的生态效益、经济效益和社会效益。林业区划的原则如下。

（一）客观条件的相似性

客观条件指的是自然条件、社会经济条件和技术基础。林业区划是根据当地的自然条件、社会经济条件的异同进行地理分区的。区划时必须保持同一区内自然条件与社会经济状况的相似性最大，差异性最小；区间的相似性最小，差异性最大。

（二）区划因子的综合性

林业区划的对象是林业资源，既包括赖以生产的土地资源，又包括以林木为主的生物资源，而林业资源的分布、生长和发育，都受自然条件和经济发展情况的制约。因此，在分区划片和确定分区经营方向时，对有关的自然和社会经济因素必须进行综合考察。

（三）林业生产特点的共同性和发展方向的一致性

由于地貌的差异及森林所处的位置不同，森林在国民经济中的作用也不同。一般而言，山地以水土保持和水源涵养为主，应营造水土保持和水源涵养林，以改善自然生态环境；平原地区主要是因害设防,保护农田,减轻自然灾害,以营造农田防护林为主;在严重风沙危害区,应营造防风固沙林;名胜古迹风景旅游区,应以美化、香化为目的,营造风景林。林业区划在进行分区划片时,要考虑林业生产特点的共同性和发展方向的一致性。

(四)各级区划与相邻区划的协调性

全国、省和县各级区划是一个整体,上一级区划控制下一级,下一级区划是上一级的基础。区划过程中做好和相邻地域区划的纵向与横向协调工作。纵向协调是指全国、省、县三级上下之间的协调,包括发展方向要一致,分区界线走向要一致,区划等级要一致。横向协调是指平级之间的区划,要考虑相邻的省际之间或县际之间的区划在发展方向上的协调和区划界线的衔接。

(五)区划界线的完整性

林业区划的重要任务是确定总体范围内的林业生产方向和布局,为了简明反映生产布局,原则上要求各个分区在地域上具有完整性,如果地域上不相连,即使发展方向完全相同,也不宜划为一个区。但是也存在少数特殊情况,如辽南和胶东两个省级区的发展方向完全相同,论证基本一致,但陆地并不相连。为了避免分区零碎和论证上的重复,中国林业区划把两个区之间的水域相连看作是地域相连,归并为一个区,叫辽南鲁东防护、经济林区(刘建国和袁嘉祖,1994)。

三、我国林业区划系统

根据全国林业区划工作组《全国林业发展区划三级区区划办法》(2007年),中国林业区划采用三级分区体系:一级分区为自然条件区,旨在反映对我国林业发展起到宏观控制作用的水热因子的地域分异规律,同时考虑地貌格局的影响;二级分区为主导功能区,以区域生态需求、限制性自然条件和社会经济对林业发展的根本要求为依据,旨在反映不同区域林业主导功能类型的差异,体现森林功能的客观格局;三级分区为布局区,包括林业生态功能布局和生产力布局,旨在反映不同区域林业生态产品、物质产品和生态文化产品生产力的差异性,从而实现林业生态功能和生产力的区域落实。中国的林业区划共划分为10个一级区、62个二级区(表7-2)。

表7-2 中国林业区划表

一级区名	二级区名
Ⅰ大兴安岭寒温带针叶林限制开发区	Ⅰ1大兴安岭西北部特种用途林区
	Ⅰ2伊勒呼里山北部防护用材林区
	Ⅰ3伊勒呼里山南部防护用材林区
Ⅱ东北中温带针阔混交林优化开发区	Ⅱ1大兴安岭东部防护林用材林区
	Ⅱ2松辽平原西部防护经济林区
	Ⅱ3松辽平原东部防护林区
	Ⅱ4东北东部山地用材林防护区
	Ⅱ5三江平原防护特种用途林区
	Ⅱ6长白山南部防护用材林区
Ⅲ华北暖温带落叶阔叶林保护发展区	Ⅲ1辽东、胶东半岛环渤海湾防护经济林区
	Ⅲ2燕山长城沿线防护林区
	Ⅲ3黄淮海平原防护用材林区
	Ⅲ4鲁中南低山丘陵防护林区

续表

一级区名	二级区名
Ⅲ华北暖温带落叶阔叶林保护发展区	Ⅲ5 太行山伏牛山防护林区
	Ⅲ6 汾渭谷地防护经济林区
	Ⅲ7 晋陕黄土高原防护经济林区
	Ⅲ8 陇东黄土高原山地防护用材林区
Ⅳ南方亚热带常绿阔叶林、针阔混交林重点开发区	Ⅳ1 秦巴山地特用防护林区
	Ⅳ2 大别山、桐柏山用材防护林区
	Ⅳ3 四川盆地防护经济林区
	Ⅳ4 两湖沿江丘陵平原防护用材林区
	Ⅳ5 云贵高原东部中海拔山地防护林区
	Ⅳ6 华东华中低山丘陵用材经济林区
	Ⅳ7 华南亚热带用材林防护林区
	Ⅳ8 台湾北部防护用材林区
Ⅴ南方热带季雨林、雨林限制开发区	Ⅴ1 藏东南特用经济林区
	Ⅴ2 滇西南经济特种用途林区
	Ⅴ3 滇南经济特种用途林区
	Ⅴ4 粤桂南部防护经济林区
	Ⅴ5 台湾南部防护用材林区
	Ⅴ6 海南岛防护特种用途林区
	Ⅴ7 南海诸岛防护林区
Ⅵ云贵高原亚热带针叶林优化开发区	Ⅵ1 滇西北特用防护林区
	Ⅵ2 滇东北川西防护林区
	Ⅵ3 滇西南特用经济林区
	Ⅵ4 滇中防护用材林区
	Ⅵ5 滇南用材经济林区
Ⅶ青藏高原东南部暗针叶林限制开发区	Ⅶ1 三江流域防护用材林区
	Ⅶ2 横断山区防护林区
	Ⅶ3 川西特用用材林区
	Ⅶ4 藏南特用用材林区
Ⅷ蒙宁青森林草原治理区	Ⅷ1 呼伦贝尔高原防护林区
	Ⅷ2 锡林郭勒高原防护林区
	Ⅷ3 大兴安岭东南丘陵平原防护经济林区
	Ⅷ4 阴山防护特种用途林区
	Ⅷ5 黄河河套防护用材林区
	Ⅷ6 鄂尔多斯高原防护经济林区
	Ⅷ7 青东陇中黄土丘陵防护经济林区
Ⅸ西北荒漠灌草恢复治理区	Ⅸ1 阿尔泰山防护用材林区
	Ⅸ2 准噶尔盆地防护经济林区
	Ⅸ3 准噶尔荒漠保护区
	Ⅸ4 天山防护特种用途林区
	Ⅸ5 南疆盆地荒漠恢复区
	Ⅸ6 河西走廊防护经济林区

一级区名	二级区名
IX 西北荒漠灌草恢复治理区	IX7 南疆盆地绿洲防护经济林区
	IX8 阿拉善高原荒漠草原恢复区
X 青藏高原高寒植被与湿地重点保护区	X1 昆仑山阿尔金山保护恢复区
	X2 祁连山防护特种用途林区
	X3 羌塘阿里高寒湿地植被保护区
	X4 柴达木共和盆地防护经济林区
	X5 江河源湿地保护区
	X6 藏南谷地防护经济林区

◆ 第三节　森林区划系统和方法

一、森林区划的概念及目的

　　森林区划是针对林业生产的特点,根据自然地理条件、森林资源状况及社会经济条件的不同,将整个林区区划为若干不同的单位,便于开展森林资源的经营管理。森林区划与林业区划不同。林业区划为部门经济区划,是综合农业区划的一个组成部分,它侧重分析研究林业生产地域性的条件和规律,综合论证不同地区林业生产发展方向和途径,具有相对的稳定性,在较长的时间内起作用。森林区划则是在林业区划的原则指导下,具体地在基层地域上的落实,是林业局(场)内部的区划,是针对调查规划、行政管理、资源管理及组织林业生产措施的需要而进行的(亢新刚,2011)。

二、我国森林区划系统

(一)国有林业局区划系统

　　林业局—林场—林班—小班。

　　较大的林场,在林场与林班之间可增划营林区或作业区。

(二)国有林场区划系统

　　总场(林场)—分场(营林区或作业区)—林班—小班。

(三)集体林区区划系统

　　县—乡—村—林班—小班。

　　国外对基层森林区划也较重视,认为它是为合理地组织森林经营打好基础。例如,苏联的森林区划大多分为林管区(国营林场)、施业区、林班、小班。美国分为林场、施业区、林班、小班或林分。德国分为林业局、施业区、林班、小班、细班。日本在营林署下分为施(事)业区、林班、小班。印度在各邦以下有林管区(林业局)、施业区、林班、小班(亢新刚,2011)。

三、我国森林区划方法

（一）林业局区划

林业局是林区中一个独立的林业生产和经营管理的单位。合理确定林业局的范围和境界，是实现森林可持续经营的重要保证。根据全国林业区划，中国各林区已大部分建立了林业局。但在初次开展森林经营管理工作的地区，首先应合理地确定林业局的范围和境界。影响林业局境界确定的主要因素一般有以下几种。

1. 企业类型　林业企业类型是根据林权及经营重点划分的。现阶段我国林地所有权分为全民和集体所有制。在国有林区有林业局、国营林场等企业单位；在集体林区，有乡办或村办的集体林场。

2. 森林资源情况　森林资源是林业生产的物质基础。在林业局范围内，只有具备一定数量和质量的森林资源时，方能有效、合理地进行森林经营利用活动。森林资源主要表现在林地面积上，从森林可持续利用的要求出发，林业局的经营面积一般以 5 万～30 万 ha 为宜，北方一般是 15 万～30 万 ha，南方一般是 5 万～10 万 ha。

3. 自然地形、地势　自然地形、地势对确定林业局的境界和范围有重要作用。以大的山系、水系等自然界线和永久性的地物（如公路、铁路）作为林业局的境界，对于经营、利用、管理、运输、生活等方面均有重要作用。

4. 行政区划　确定林业局边界时，应尽量与行政区划一致，这样有利于林业企业与地方行政机构协调关系，特别是在林政管理、护林防火、劳动力调配等方面。林业局的范围应充分考虑有利于生产、生活及交通的情况，一般境界线确定后，不宜轻易变动。林业局的面积不宜过大，其形状也以规整为好，切忌将局址设在管辖范围以外（亢新刚，2011）。

（二）林场区划

林场是林业局的下属单位，林场区划应尽量利用山脊、河流、道路等自然地形及永久性标志作为林场边界。林场的规模应考虑到森林资源条件、经营管理的方便等因素，我国北方的林场经营面积一般为 1 万～2 万 ha；南方林区由于地形等因素的影响，其林场规模要小一些，各林场的面积大多在 1 万 ha 以下。根据中国林业企业的森林资源情况，以及木材生产工艺过程和营林工作的需要，林场的面积也不应大于 3 万 ha。总之，林场的面积不宜过大或过小：过大不利于合理组织生产和安排职工生活；过小则可能造成机构相对冗余等缺点（徐小牛，2008；亢新刚，2011）。

（三）林班区划

林班是在林场范围内，为了便于森林资源统计和经营管理，将林地划分成许多面积大小比较一致的基本单位。林班为面积区划单位，具有相对的永久性。林班面积一般为 100～500ha。东北与内蒙古国有林区、西南高山林区、自然保护区和生态公益林集中地区的林班面积根据需要可适当放大。在中国南方经济条件较好的地区，林班面积可小于 50ha，北方林区林班面积一般为 100～200ha。划出的林班及林班线的主要用途有测量和求算面积、清查资源、辨别方向、护林防火、开展森林经营活动等。林班区划方法有人工区划、自然区划和综合区划。

1. 人工区划　该法适用于平坦地区、丘陵地带林区及部分人工林区。人工区划是以规则的正方形或长方形进行的区划，划出的林班呈规则的几何图形，林班线需要人工伐开。这种方法的优点是设计简单、林班面积大小比较一致、林班线的走向容易辨别，有利于调查统计和开展各种经营活动；缺点是伐开林班线会造成林木资源损失，用工量较大，不适用于地形起伏较大的林区（图 7-1）。

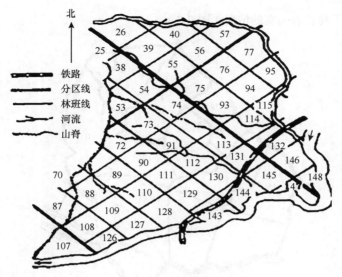

图 7-1 人工区划法

数字为林班序号

2. 自然区划 该法适用于地势起伏明显的山区。自然区划是利用自然地形如道路、河流、山脊、山谷等作为林班线,林班形状、面积大小不一致。自然区划的林班多为两面山坡夹一沟,也可以以一面坡作为一个林班。其优点是不需人工伐开林班线,节省工作量和森林资源,保持自然景观,对防护林、特种用途林有积极的意义,对自然保护区也有特殊的作用;缺点是面积大小不一、不易辨别方向等(图 7-2)。

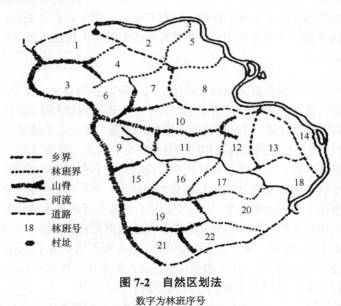

图 7-2 自然区划法

数字为林班序号

3. 综合区划 综合区划是结合人工区划和自然区划的优点,先自然区划再人工区划(徐小牛,2008),一般是在自然区划的基础上加部分人工区划而成。综合区划的林班面积大小也不一致,但能避免过大或过小,比自然区划要好一些。它也是我国在山区区划林班的主要方法。综合区划虽克服了上述两种方法的不足,但在组织实施上,技术要求比人工区划复杂些,实地区划时仍有时出现林班线不易正确落实的情况（图 7-3）。

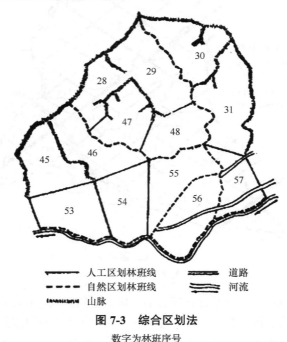

图 7-3 综合区划法

数字为林班序号

林班区划原则上采取自然区划或综合区划，地形起伏不明显的区域，可以采取人工区划。省林班区划线应相对固定，无特殊情况不宜更改。国有林业局、国有林场和林业经营水平较高的集体林区，应在有关境界线上竖立不同的标牌、标桩等标志。对于自然区划界线不太明显或人工区划的林班线应现地伐开或设立明显标志，并在林班线的交叉点上埋设林班标桩（徐小牛，2008）。

（四）小班区划

林班是林场内固定的经营管理土地区划单位，但林班面积仍很大，其中的土地状况和林分特征如树种组成、立地条件等，仍有较大的差别。为了便于调查规划和因地制宜地开展各种经营活动，需根据经营要求和林学特征，在林班内划分不同的地段（林地或非林地等），这样的地段（林地）称为小班。划分出的小班在内部具有相同的林学特征，因此其经营目的和经营措施是相同的，是林场内最基本的经营单位，也是清查森林资源、统计计算和资源管理最基本的单位。

小班面积的大小应根据各地森林状况和经营水平而定，平均小班面积一般为 3～20ha，最小小班面积以能在基本图上反映出来为准。生态公益林小班面积可适当放宽，但一般不应大于 35ha。小班最小面积和最大面积依据林种、绘制基本图所用的地形图比例尺和经营集约度而定。最小小班面积在地形图上不小于 $4mm^2$，对于面积在 0.067ha 以上而不满足最小小班面积要求的，仍应按小班的调查要求调查、记载，在图上并入相邻小班。南方集体林区最大小班面积一般不超过 15ha，其他地区一般不超过 25ha。无林地小班、非林地小班的面积不限。

小班划分的原则是每个小班内部的自然特征基本相同并与相邻小班又有显著差别。这些差别表现在调查因子上，即调查因子的显著差别是区划小班的依据。划分小班的具体调查因子主要如下。

1. 权属　权属包括所有权和使用权（经营权），分林地所有权、林地使用权和林木所有权、林木使用权。不同权属的林地和林木应划分成不同的小班。

2. 土地类别　分为林业用地和非林用地，林业用地分为八大地类，不同的地类应划分成不同的小班。

（1）有林地　　连续面积大于 0.067ha，附着有森林植被，郁闭度大于等于 0.20 或人工幼林每公顷株数达合理株数的 80%以上，且幼树分布均匀的林地，包括乔木林和竹林。乔木林又分为纯林（蓄积或株数组成系数达 65%以上）和混交林。

（2）疏林地　　连续面积大于 0.067ha，附着有乔木树种，郁闭度在 0.10～0.19 的林地。

（3）未成林地　　包括人工未成林地和封育未成林。人工未成林地是指人工造林 1～3 年，飞播造林 1～5 年，造林成活率在 85%以上或保存率在 80%以上，分布均匀，尚未郁闭但有成林希望的林地（竹林和经济林不划分未成林地）。封育未成林地是指采取封育或人工促进天然更新后 1～3 年，天然更新等级中等以上，尚未郁闭但有成林希望的林地。

（4）灌木林地　　面积大于 0.067ha，附着有灌木树种或因生境恶劣矮化成灌木型的乔木树种及胸径小于 2cm 的杂竹丛，覆盖率在 30%以上，以经营灌木林为目的或起防护作用的林地。其包括国家特别规定的灌木林地和一般灌木林地。

（5）苗圃地　　固定的林木、花卉育苗用地。

（6）无立木林地　　采伐迹地、火烧迹地和其他无立木林地。

（7）宜林地　　宜林荒山荒地、宜林沙荒地、其他宜林地。

（8）辅助生产用地　　直接为林业服务的工程设施与配套设施用地及其他林地权属证明的土地。其包括：培育、生产种子和苗木的林地；储存种子、苗木、木材和其他生产资料的设施用地；集材道、运材道；科研、试验、示范基地；野生动植物保护、护林管理、森林病虫害防治、森林防火、木材检疫设施用地；供电、供水、供气等设施用地。

3. 林种　　林种不同，应划分为不同的小班。国家林业局发布的《森林资源规划设计调查主要技术规定》（林资发〔2003〕61 号）规定，森林按林种划分为生态公益林和商品林两类。生态公益林包括防护林和特种用途林；商品林包括用材林、薪炭林和经济林。各林种还可细分，林种分类系统如表 7-3 所示（亢新刚，2011）。

表 7-3　林种分类系统

森林类别	林种	亚林种
生态公益林	防护林	水源涵养林
		水土保持林
		防风固沙林
		农田牧场防护林
		护岸林
		护路林
		其他防护林
	特种用途林	国防林
		实验林
		母树林
		环境保护林
		风景林
		名胜古迹和革命纪念林
		自然保护林

续表

森林类别	林种	亚林种
商品林	用材林	短期轮伐用材林
		速生丰产林
		一般用材林
	薪炭林	薪炭林
	经济林	果树林
		食用原料林
		林化工业原料林

4. 林分起源　　根据林分生成方式，其分为天然林、人工林、飞播林3类。天然林可分为天然下种和萌生形成的森林；人工林可分为人工直播（条播或穴播）、植苗、分植和扦插造林形成的森林；飞播林可分为飞机播种和人工撒播形成的森林。

5. 优势树种或优势树种组　　树种调查应记载树种的种名。按林分之间的优势树种或优势树种组相差25%者可划出不同的小班。如为纯林，则优势树种应占65%以上。个别珍贵树种，如东北的红松林，如果占35%就可以划出小班。如树种很多分不清优势树种时，可将几个树种合并为树种组记载。南方优势树种较多，必要时可按树种组划分小班。

6. 龄级（组）　　林分间Ⅵ龄级以下相差1个龄级，Ⅶ龄级以上相差2个龄级以上，可划出不同小班。如按龄组划分小班，则分幼（龄）、中（龄）、近（熟）、成（熟）、过（熟）5个龄组。我国各树种（组）的龄组和龄级的划分标准见表7-4。

表7-4　优势树种（组）龄组和龄级划分表　　　（单位：年）

树种	地区	起源	龄组划分					龄级划分
			幼龄林	中龄林	近熟林	成熟林	过熟林	
红松、云杉、柏木、紫杉、铁杉	北方	天然	60以下	61～100	101～120	121～160	161以上	20
	北方	人工	40以下	41～60	61～80	81～120	121以上	10
	南方	天然	40以下	41～60	61～80	81～120	121以上	20
	南方	人工	20以下	21～40	41～60	61～80	81以上	10
落叶松、冷杉、樟子松、赤松、黑松	北方	天然	40以下	41～80	81～100	101～140	141以上	20
	北方	人工	20以下	21～30	31～40	41～60	61以上	10
	南方	天然	40以下	41～60	61～80	81～120	121以上	20
	南方	人工	20以下	21～30	31～40	41～60	61以上	10
油松、马尾松、云南松、思茅松、华山松、高山松	北方	天然	30以下	31～50	51～60	61～80	81以上	10
	北方	人工	20以下	21～30	31～40	41～60	61以上	10
	南方	天然	20以下	21～30	31～40	41～60	61以上	10
	南方	人工	10以下	11～20	21～30	31～50	51以上	10
杨、柳、桉、檫、泡桐、木麻黄、楝、枫杨、相思、软阔	北方	人工	10以下	11～15	16～20	21～30	31以上	5
	南方	人工	5以下	6～10	11～15	16～25	26以上	5
桦、榆、木荷、枫香、珙桐	北方	天然	30以下	31～50	51～60	61～80	81以上	10
	北方	人工	20以下	21～30	31～40	41～60	61以上	10
	南方	天然	20以下	21～40	41～50	51～70	71以上	10
	南方	人工	10以下	11～20	21～30	31～50	51以上	10

续表

树种	地区	起源	龄组划分					龄级划分
			幼龄林	中龄林	近熟林	成熟林	过熟林	
栎、柞、槠、栲、	南北	天然	40以下	41～60	61～80	81～120	121以上	20
樟、楠、椴、水曲	南北	人工	20以下	21～40	41～50	51～70	71以上	10
柳、胡、黄、硬阔								
杉木、柳杉、水杉	南方	人工	10以下	11～20	21～25	26～35	36以上	5

7. 郁闭度（疏密度）　　商品林的郁闭度相差 0.20 以上，公益林相差一个郁闭度级，灌木林相差一个覆盖度可以划为一个小班，有林地郁闭度等级采用 3 级划分，即高（0.70 以上）、中（0.40～0.69）、低（0.20～0.39）；灌木林覆盖度等级采用密（70%以上）、中（50%～69%）、疏（30%～49%）3 级划分。

8. 立地类型或林型　　立地类型或林型不同，可划分小班。立地类型主要根据地形、土壤、植被确定。

9. 地位指数级或地位级　　相差 1 级，可划分小班。

10. 坡度级　　坡度级分 6 级，相差 1 级时划分出小班。

Ⅰ级为平坡；Ⅱ级为缓坡（6°～15°）；Ⅲ级为斜坡（16°～25°）；Ⅳ级为陡坡（26°～35°）；Ⅴ级为急坡（36°～45°）；Ⅵ级为险坡（46°以上）。

坡向：分东、南、西、北、东北、东南、西北、西南及无坡向 9 个方向。

坡位：分脊、上、中、下、谷、平地、全坡 7 个坡位。

11. 出材率等级　　在用材林中的近、成、过熟林，如出材率等级相差 1 级时，可划分为小班。根据林分出材量占林分蓄积的百分比或林分中用材树的株数占林分总株数的百分比，出材率等级分 3 级，结果见表 7-5。

表 7-5　用材林近、成、过熟林出材率等级表

出材率等级	林分出材率/%			商品材出材率/%		
	针叶林	针阔混交林	阔叶林	针叶林	针阔混交林	阔叶林
1	≥70	≥60	≥50	≥90	≥80	≥70
2	50～69	40～59	30～49	70～89	60～79	45～69
3	<50	<40	<30	<70	<60	<45

12. 经济林产期、经营集约度　　经济林产期划分为产前期、出产期、生产期和衰产期，经济林的经营管理集约程度分为高集约经营管理的经济林、一般经营水平的经济林和粗放经营的经济林 3 级。

13. 林业工程类别　　林业工程主要包括天然林保护工程、退耕还林工程、"三北"和长江中下游地区等重点防护林体系建设工程、京津风沙源治理工程、野生动物保护及自然保护区建设工程、重点地区速生丰产用材林基地建设工程和其他林业工程（六大林业重点工程之外的林业工程），具体见表 7-6。

14. 生态公益林的事权与保护等级　　公益林按事权等级划分为国家公益林（地）和地方公益林（地），国家公益林（地）是由地方人民政府根据国家有关规定，并经国务院主管部门核查认定的公益林地；地方公益林（地）是由各级地方人民政府根据国家和地方的有关规定，并经同级林业主管部门核查认定的公益林（地）。公益林按保护等级划分为特殊、重点和一般 3 个等级。国家公益林按生态区位差异分为特殊和重点公益林（地），地方公益林（地）按生态区位差异一般分为重点和一般公益林（地）。

表 7-6　林业工程类别表

工程类别	工程涉及的区域
天然林保护工程	长江上游地区
	黄河上中游地区
	东北、内蒙古等国有林区
"三北"和长江中下游地区等重点防护林体系建设工程	"三北"防护林
	长江中下游防护林
	淮河太湖流域防护林
	沿海防护林
	珠江防护林
	太行山绿化
	平原绿化
退耕还林工程	水土流失严重和产量低的坡耕地与沙化耕地
京津风沙源治理工程	京津及周边地区
野生动植物保护及自然保护区建设工程	国家级自然保护区
	地方级自然保护区
重点地区速生丰产用材林基地建设工程	在 400mm 等雨量线以东，优先安排 600mm 等雨量线以东
其他林业工程（六大林业重点工程之外的林业工程）	—

上述各划分小班的条件是以调查因子的差别而划分的，因此称为调查小班，如结合经营要求划分，则划出的小班称为经营小班，经营小班在北方一般面积在 20ha 左右。区划小班的方法可分为 3 种，即用航空像片或卫星像片判读勾绘、用地形图现地勾绘和用罗盘仪实测。不论采用何种方法划分小班，均应到现地核对，对不合理的界线进行修正。在有条件的地区，应尽量利用明显的地形、地物等自然界线作为小班界线或在小班线上设立明显标志，使小班位置固定下来，以便统一编码管理。小班编号以林班为单位，用阿拉伯数字注记，其顺序、编写方法与林班号编写相同（亢新刚，2011）。

◆ 第四节　自然保护地区划

林业和草原部门作为生物多样性保护的主体部门，承担着森林、草原、湿地、荒漠生态系统保护及管理各类自然保护地和陆生野生动植物的重要职能。自然保护地作为林草部门工作的五大目标主体之一，在生物多样性保育、维护区域生态安全方面发挥着重要的作用。科学开展自然保护地区划，是实现自然保护地有效保护与经营管理的重要工作。

自然保护地是由各级政府依法划定或确认，对重要的自然生态系统、自然遗迹、自然景观及其所承载的自然资源、生态功能和文化价值实施长期保护的陆域或海域（参见 LY/T 3291—2021）。基于自然生态系统的原真性、整体性、系统性及其内在规律，按照生态价值和保护强度高低，自然保护地可以进一步细分为国家公园、自然保护区、自然公园 3 类。

自然公园是指经国家有关部门依法划定或者确认,对具有生态、观赏、文化和科学价值的自然生态系统、自然遗迹和自然景观,实施长期保护、可持续利用并纳入自然保护地体系管理的区域。自然公园包括风景名胜区、森林公园、地质公园、海洋公园、湿地公园、沙漠(石漠)公园和草原公园。由于自然公园种类繁多,并缺乏统一且具体的区划标准,所以本节主要介绍国家公园和自然保护区的区划。

一、国家公园区划

(一)国家公园的定义

国家公园是指由国家批准设立并主导管理,边界清晰,以保护具有国家代表性的大面积自然生态系统为主要目的,实现自然资源科学保护和合理利用的特定陆域或海域。其是我国自然生态系统中最重要、自然景观最独特、自然遗产最精华、生物多样性最丰富的部分,保护范围大,生态过程完整,具有全球价值、国家象征,国民认同度高。

(二)国家公园设立条件

国家公园的设立条件包括国家代表性、生态重要性和管理可行性。

1. 国家代表性　　该区域具有国家代表性意义的生态系统,或中国特有和重点保护野生动植物种的集聚区,且具有全国乃至全球意义的自然景观和自然文化遗产。代表性包括生态系统代表性、生物物种代表性和自然景观独特性。

2. 生态重要性　　该区域生态区位极为重要,能够维持大面积自然生态系统结构和大尺度生态过程的完整状态,地带性生物多样性极为富集,大部分区域保持原始自然风貌,或轻微受损经修复可恢复自然状态,生态服务功能显著。重要性包括生态系统完整性、生态系统原真性、面积规模适宜性。

3. 管理可行性　　该区域在自然资源资产产权、保护管理基础、全面共享方面具备良好的基础条件:自然资源资产产权清晰,能够实现统一保护;具备良好的保护管理能力或具备整合提升管理能力的潜力;独特的自然资源和人文资源能够为全民共享提供机会,便于公益性使用。

目前中国首批 10 个国家公园如表 7-7 所示。

表 7-7　中国首批 10 个国家公园

序号	名称	位置
1	三江源国家公园	青藏高原
2	东北虎豹国家公园	吉林省和黑龙江省
3	大熊猫国家公园	四川省岷山片区、邛崃山—大相岭片区、陕西省秦岭片区和甘肃省白水江片区
4	祁连山国家公园	祁连山北麓
5	海南热带雨林国家公园	主体位于海南岛中部山区
6	神农架国家公园	湖北省西北部
7	武夷山国家公园	福建省北部
8	钱江源国家公园	浙江省开化县西北部
9	南山国家公园	湖南省邵阳市城步苗族自治县
10	普达措国家公园	云南省西北部

（三）国家公园功能区类型

国家公园区划可分为两类：第一类是管控区划，即国家公园范围以内以管理目标为依据，以用途或管控强度为基础，实行差别化用途管制的空间单元，分为核心保护区和一般控制区；第二类为功能区划，即在国家公园管控区下细分的具有不同主导功能、实行差别化保护管理的空间单元，一般可分为严格保护区、生态保育区、生产生活区和科教游憩区等。

1. 管控区划　　国家公园管控区分为核心保护区和一般控制区，分区实行差别化管控，管控区边界应在现地勘定。

（1）核心保护区　　应将国家公园范围内自然生态系统保存最完整、核心资源集中分布，或者生态脆弱需要休养生息的地域纳入核心保护区。可根据迁徙或洄游野生动物特征与保护需求，划建一定范围的季节性核心保护区，规定严格管控的时限与范围。核心保护区的面积一般占国家公园总面积的50%以上。

核心保护区原则上禁止人为活动，实行最严格的生态保护和管理。除巡护管护、科研监测，以及符合生态保护红线要求、按程序规定批准的人员活动外，原则上禁止其他活动和人员进入。允许规划管护点、临时庇护所、防火瞭望塔、野生动物监测样线、植被监测样地、红外相机等涉及生态保护和管理的设施设备。

核心保护区内原住居民应制定有序搬迁规划。对暂时不能搬迁的，可以设立过渡期，允许开展必要的、基本的生产活动，但应明确边界范围、活动形式和规模，不能再扩大发展。

（2）一般控制区　　国家公园范围内除核心保护区之外的区域按一般控制区进行管控。在确保自然生态系统健康、稳定、良性循环发展的前提下，一般控制区允许适量开展非资源损伤或破坏的科教游憩、传统利用、服务保障等人类活动，对于已遭到不同程度破坏而需要自然恢复和生态修复的区域，应尊重自然规律，采取近自然的、适当的人工措施进行生态修复。一般控制区的管控具体按生态保护红线的相关要求执行。

2. 功能区划　　国家公园为了实施专业化、精细化管理，可在管控区的基础上根据管理目标进一步划分功能区。国家公园功能区可分为严格保护区、生态保育区、生产生活区、科教游憩区等（参见 LY/T 2933—2018），还可根据实际需要或特定保护目标，划定服务保障区等其他功能区。功能区可根据国家公园保护与发展目标完成情况，以及功能发挥情况进行调整完善。

（1）严格保护区　　严格保护区一般位于核心保护区，其主要功能是保护自然生态系统和自然景观的完整性和原真性。

可划为严格保护区的区域有：具有自然生态地理区代表性且保存完好的大面积自然生态系统，其面积应能维持自然生态系统结构、过程和功能的完整性；旗舰种等国家重点保护野生动植物的集中分布区及其赖以生存的生境；具有国家代表性的自然景观，或具有重要科学意义的特殊自然遗迹的区域；生态脆弱的区域。

（2）生态保育区　　生态保育区主要是对退化的自然生态系统进行恢复，维持国家重点保护野生动植物的生境，以及隔离或减缓外界对严格保护区的干扰。该区域以自然力恢复为主，必要时辅以人工措施。

可划为生态保育区的区域有：需要修复的退化自然生态系统集中分布的区域；国家重点保护野生动植物生境需要人为干预才能维持的区域；大面积人工植被需要改造的区域及有害生物需要防除的区域；被人为活动干扰破坏的区域；隔离的重要自然生态系统分布区之间的生物廊道区域。

（3）生产生活区　　生产生活区主要为原住居民使用的生产空间和生活空间，用于基本生活和按照绿色发展理念开展生产生活的区域。

应划为生产生活区的区域有：原住居民农、林、牧、渔业等生产区域；较大的居民集中居住区域；农事体验区；住宅用地、公共管理与公共服务用地、特殊用地和交通运输用地等当地居民所需的生活空间。

（4）科教游憩区　　科教游憩区主要是为公众提供亲近自然、认识自然和了解自然的场所，可开展自然教育、游憩体验、生态旅游等活动。科教游憩区面积占国家公园总面积的比例不应高于 5%。

可划为科教游憩区的区域有：科教游憩体验场所、设施区；具有理想的科学研究对象，便于开展长期研究和定期观测的区域；适宜开展科普、宣传、生态文明教育等活动的区域；文物保护与文化遗产区；拥有较好的自然游憩资源、人文景观和宜人环境，便于开展自然体验、生态旅游和游憩康养等活动的区域。

（四）国家公园区划系统

为了便于开展国家公园经营管理工作，在国家公园下划分出不同的单位，其区划系统为：国家公园—分区—林班—小班。

二、自然保护区区划

（一）自然保护区的定义

自然保护区是指对有代表性的自然生态系统、珍稀濒危野生动植物物种的天然集中分布区、有特殊意义的自然遗迹等保护对象所在的陆地、陆地水体或者海域，依法划出一定面积予以特殊保护和管理的区域。自然保护区可为观察研究自然界的发展规律，保护和发展稀有与珍贵的生物资源及濒危物种，引种驯化和繁殖有价值的生物种类，进行生态系统与工农业生产有关的科学研究，环境监测，开展生态学与环境科学教学和参观游览等提供良好的基础（亢新刚，2011）。

（二）自然保护区的分类

根据自然保护区的主要保护对象，将自然保护区分为 3 个类别 9 个类型，如表 7-8 所示。

表 7-8　自然保护区类型划分表

类别	类型
自然生态系统类	森林生态系统类型
	草原与草甸生态系统类型
	荒漠生态系统类型
	内陆湿地和水域生态系统类型
	海洋和海岸生态系统类型
野生生物类	野生动物类型
	野生植物类型
自然遗迹类	地质遗迹类型
	古生物遗迹类型

（三）自然保护区分级及命名

1. 分级 自然保护区分为国家级、省（自治区、直辖市）级、市（自治州）级和县（自治县、旗、县级市）级4级。

国家级自然保护区：在全国或全球具有极高的科学、文化和经济价值，并经国务院批准建立的自然保护区。

省（自治区、直辖市）级自然保护区：在本辖区或所属生物地理省内具有较高的科学、文化和经济价值及休闲、娱乐、观赏价值，并经省级人民政府批准建立的自然保护区。

市（自治州）级和县（自治县、旗、县级市）级自然保护区：在本辖区或本地区内具有较为重要的科学、文化和经济价值及休闲、娱乐、观赏价值，并经同级人民政府批准建立的自然保护区。

2. 命名 自然保护区按照下列方法命名。

国家级自然保护区：自然保护区所在地地名加"国家级自然保护区"，如北京松山国家级自然保护区、陕西化龙山国家级自然保护区。

地方级自然保护区：自然保护区所在地地名加"地方级自然保护区"或"自然保护区"，如北京拒马河省级自然保护区。

有特殊保护对象的自然保护区：可以在自然保护区所在地地名后加特殊保护对象的名称，如海南岛霸王岭长臂猿国家级自然保护区、四川卧龙大熊猫自然保护区。

（四）自然保护区功能区划

自然保护区一般划分为核心区、缓冲区和实验区，必要时可划建季节性核心区、生物廊道和外围保护地带。

1. 核心区 核心区是指自然保护区内保存完好的自然生态系统、珍稀濒危野生动植物和自然遗迹的集中分布区域。

2. 缓冲区 缓冲区是指在核心区外围划定的用于减缓外界对核心区干扰的区域。

3. 实验区 实验区是指自然保护区内自然保护与资源可持续利用有效结合的区域，可开展传统生产、科学实验、宣传教育、生态旅游、管理服务和自然恢复活动。

4. 季节性核心区 季节性核心区是指根据野生动物的迁徙或洄游规律确定的核心区，在野生动物集中分布的时段按核心区管理，在其他时段按实验区管理。

5. 生物廊道 生物廊道是指连接隔离的生境斑块并适宜生物生存、扩散与基因交流等活动的生态走廊。生物廊道参照缓冲区管理。

6. 外围保护地带 外围保护地带是指在自然保护区外划定的、主要对自然保护区的建设与管理起增强、协调、补充作用的保护地带。外围保护地带参照缓冲区或实验区管理。

（五）自然保护区区划系统

为了便于开展森林资源调查和经营管理工作，在自然保护区下划分出不同的单位，其区划系统为：自然保护区—分区—林班—小班。

在具有风景、旅游、自然特殊景观和疗养性质的森林内区划林班的原则为，林班的大小和形状要尽可能与森林景观及旅游事业的需要结合起来，以保持自然面貌（亢新刚，2011）。

◈ 思 考 题

1. 简述森林区划和林业区划的含义，并谈谈二者有何异同。
2. 简述林业区划的原则、依据和方法。
3. 简述我国森林区划系统。
4. 简述林班的概念，以及林班区划的用途和方法。
5. 小班区划是在什么原则和条件下进行的？
6. 自然保护地区划有哪些类型？
7. 国家公园的概念及设立条件是什么？
8. 国家公园区划分为哪两种类型？简述它们的概念及划分标准。
9. 自然保护区有哪些类型？它们又是如何进行区划的？
10. 简述林区风景区区划的目的、原则和方法。

◈ 主要参考文献

国家林业和草原局. 2021. 自然保护地分类分级：LY/T 3291—2021[S]. 北京：中国标准出版社.

国家林业局. 2011. 森林资源规划设计调查技术规程：GB/T 26424—2010[S]. 北京：中国标准出版社.

国家林业局. 2012. 林种分类标准：LY/T 2012—2012[S]. 北京：中国标准出版社.

亢新刚. 2011. 森林经理学[M]. 4 版. 北京：中国林业出版社.

林业部林业区划办公室. 1987. 中国林业区划[M]. 北京：中国林业出版社.

刘国华，傅伯杰. 1998. 生态区划的原则及其特征[J]. 环境工程学报，（6）：67-72.

刘建国，袁嘉祖. 1994. 林业区划原理与方法[M]. 北京：中国林业出版社.

刘君德. 1996. 中国行政区划的理论与实践[M]. 武汉：华中师范大学出版社.

徐小牛. 2008. 林学概论[M]. 北京：中国农业出版社.

许牧. 1982. 试论土地利用区划[J]. 经济地理，（1）：18-21.

杨树珍，刘振亚，高连庆，等. 1990. 中国经济区划研究[M]. 北京：中国展望出版社.

自然资源部. 2017. 土地利用现状分类：GB/T 21010—2017[S]. 北京：中国标准出版社.

| 第八章 |

森林资源调查

◆◆ 第一节　森林调查概述

森林资源调查是指依据经营森林的目的要求，系统地采集、处理、预测森林资源有关信息的工作。森林资源调查是林业决策获取信息的有效渠道，通过应用一定的技术手段，查清指定范围内的森林数量、质量、分布、生长、消耗、立地质量及可及性等，为制定林业方针政策和科学经营森林提供依据。

一、森林调查的概念

广义的森林调查不仅包括了植物群落和可供经济利用的林木，还包括了林地面积、地形、土壤类型及林相等。狭义的森林调查则是指森林资源调查，即以林地、林木及林区范围内生长的动植物及其环境条件为对象的林业调查。其目的在于及时掌握森林资源的数量、质量、生长和消亡动态规律及其与自然、经济等因素之间的关系，从而为制定和调整林业政策、编制林业计划、鉴定森林经营效果等提供依据。

二、森林调查的目的与作用

森林调查的主要目的是获取森林资源所包含的物质基础信息，如质量、数量、种类、环境条件和生长规律等（李明阳，2010）。

森林调查的范围不同，其作用也有所差异。小面积林地的资源调查可用以估计更新后的幼树样本数目；大面积林分的资源调查有利于做出采伐或造林的决策；区域或全国性森林资源调查能够为制定政策决策提供依据；全球性森林资源调查可实现全球性政策制定等诸多目的。

三、森林调查的类型

（一）国外森林资源调查的类型

国外森林资源调查大体分为 3 类：①以森林资源连续清查（continuous forest inventory，CFI）形式开展的国家森林资源调查与监测，如法国和北欧等；②以省或州为单位进行森林资源信息调查，如美国、德国、加拿大、奥地利等；③根据森林经理调查（森林簿）汇总统计全国森林资源调查（朱胜利，2001）。此外，1980 年巴拿马巴洛科罗拉多岛（Barro Colorado Island，BCI）的原始热带季雨林中建立了 50ha 固定样地，开启了以大样地为基础的森林资源监测与森林植物群落长期研究新途径，1978 年中国科学院参照 BCI 的样地技术规范于广东鼎湖山建立了固定监测样地（图 8-1）。

彩图

图 8-1　中国科学院中国森林生物多样性动态研究网络——鼎湖山大样地
（http://www.cfbiodiv.org）

（二）国内森林资源调查的类型

我国森林资源调查始于 1950 年，到 20 世纪 80 年代，我国的森林资源调查基本框架初步形成（冯仲科等，2018），按照各类调查的对象、目的和范围，可分为以下几类。

1. 国家森林资源连续清查　　国家森林资源连续清查是以全国（大区或省）为对象的森林调查，简称"一类调查"。其目的是掌握调查区域内森林资源的宏观状况，为制定或调整林业方针、政策、规划、计划提供依据。

2. 森林资源规划设计调查　　森林资源规划设计调查是以森林资源经营管理的企事业单位和行政县、乡（镇）或相当于县、乡（镇）的单位为对象的森林调查，也称为"二类调查"。其目的是为县级林业区划、企事业单位的森林区划提供依据，编制森林经营方案，制订生产计划等。

3. 作业设计调查　　作业设计调查是主要为满足林业企业伐区设计、造林设计、抚育采伐设计等而进行的作业调查，也简称"三类调查"。其目的主要是对将要进行生产作业的区域进行调查，以便了解生产区域内的资源状况、生产条件等内容。

4. 专业调查　　专业调查如植物群落动态监测大样地调查（方精云等，2009）、土壤调查、病虫害调查、更新调查、森林防火调查等，是为了满足各项专业需求而制定的调查方案，以达到专项调查目的，为专业需求提供数据支持。

◆ 第二节　森林资源连续清查

为满足国家对了解森林动态变化的数据的需求，世界各国都陆续展开了森林资源连续清查工作。随着森林资源清查技术的不断革新、清查任务的进一步明确、清查内容和范围的不断扩大，主要林业国家也不断更新和完善森林资源清查方法，并建立了森林资源清查制度，以便定期掌握森林资源的消长动态。

一、国外森林资源调查

（一）美国国家级森林资源调查

美国国家级森林资源调查（National Forest Inventory，NFI）开始于 20 世纪 20 年代后期，由美国林务局森林资源清查与分析（Forest Inventory and Analysis，FIA）项目机构计划和实施，先后经历了以森林面积和木材蓄积为主的监测、多资源监测和健康监测 3 个阶段。

1. 目标　　1998 年，FIA 项目经战略调整，落实了 4 方面部署：①年度调查；②标准化测量森林属性与生态指标；③FIA 项目与森林健康监测项目的外业调查整合；④每 5 年发布 1 次各州森林资源调查报告。该年度调查体系以目标-方式-手段（end-way-mean）为战略规划原则，确定了 6 个目标，明确了实现各目标所需的配套资源与 10 种方法，从而有效地保障了国家级森林资源调查的一致性与对比性。

目标可以看作美国国家级森林资源调查必须满足的 6 项准则，包括：①一套标准核心变量，变量的含义与测量方法全国统一；②有林地均须实地调查；③参数估计方法一致；④满足国家指定精度标准；⑤一致的报告体系、数据分发体系；⑥用户和利益相关方负责，保证数据和分析真实可靠。

2. 抽样设计　　FIA 项目年度调查体系以美国领土为抽样总体，抽样单元采用正六边形密铺，每单元大小为 2400ha。在每个正六边形中随机设置一个永久样地，使其近似系统抽样分布。所有六边形划分为 5 组，构成 5 个面板，使两两相邻的六边形分属不同面板，如图 8-2 所示。以面板为单位，每年轮流测量当前面板上的所有样地，5 年完成全部测量。通过实测各州当前年度面板上的系统样本，既可以掌握核心变量的年度粗略变化，又可以根据 5 年完整的数据掌握森林资源的精确变化。

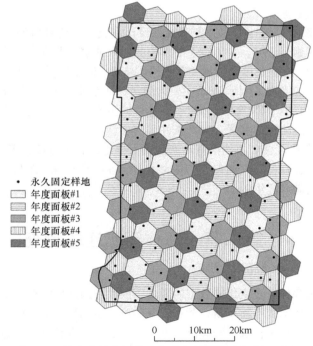

图例：
- • 永久固定样地
- □ 年度面板#1
- ▤ 年度面板#2
- ▦ 年度面板#3
- ▥ 年度面板#4
- ▨ 年度面板#5

0　　10km　　20km

图 8-2　美国森林资源清查与分析抽样调查面板示意图

抽样单元为正六边形，并在其中随机位置上设置 1 个永久固定样地

3. 三阶调查　　FIA 分 3 个阶段执行森林资源调查。第一阶段旨在分层，即对调查总体进行分类。第二阶段为林业样地调查，即每个样地由 4 个半径为 7.32m 的圆形子样地组成，如图 8-3

排列，在每个子样地内置一个半径为 2.07m 的微型样地用于每木检尺幼苗和幼树，并可按需外置一个半径为 17.95m 的同心圆巨型样地用于每木检尺大树。第三阶段为生态样地调查，以每 16 个二阶样地扩展设置 1 个三阶样地的频率遍布调查总体，即以每 39 000ha 设置 1 个三阶样地的抽样强度调查土壤、掉落物等生态指标。

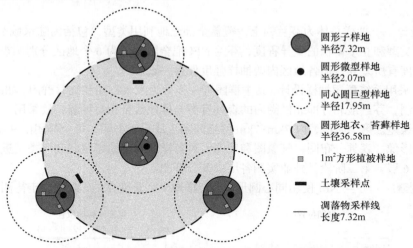

图 8-3　美国森林资源清查与分析第二、三阶样地设置示意图

4. 估计方法　　FIA 使用基于设计的统计推断中的后分层抽样法估计多数变量的未知参数。分层信息来自第一阶段的遥感影像分类。分层抽样法均值估计量（$\hat{\mu}$）如下：

$$\hat{\mu} = \sum_{h=1}^{L} w_h \bar{y}_h$$

式中，w_h 为第 h 层的权重；$\bar{y}_h$ 为第 h 层的均值估计量；L 为层的总数。该估计量的方差表达为

$$\mathrm{Var}\left(\hat{\mu}\right) = \sum_{h=1}^{L} w_h^2 \mathrm{Var}\left(\bar{y}_h\right)$$

5. 抽样误差　　由于抽样误差随分母上估计值的变大而变小，从而易产生面积越大或蓄积越高抽样误差越小的情况，造成州与州、县与县之间的对比缺乏直观性。因此，FIA 采用的抽样误差在原抽样误差的基础上乘以一项惩罚系数，使其具有互比性：

$$\text{抽样误差} = \frac{\sqrt{\mathrm{Var}\left(\hat{\tau}\right)}}{\hat{\tau}} \times \sqrt{\frac{\hat{\tau}}{S}}$$

式中，$\hat{\tau}$ 为后分层抽样法总值估计，可由 $\hat{\mu}$ 简单推得。

$$S = \begin{cases} \text{面积：404 690ha} \\ \text{蓄积：28 316 980m}^3 \end{cases}$$

国家级森林资源调查精度标准，即 FIA 必须满足的抽样误差不得大于如下标准：

$$\text{抽样误差} \leqslant \begin{cases} \text{面积：0.03} \\ \text{蓄积（美国东部）：0.05} \\ \text{蓄积（美国西部）：0.10} \end{cases}$$

（二）芬兰国家级森林资源调查

芬兰国家级森林资源调查（即芬兰 NFI）由芬兰自然资源研究所（原芬兰林业研究院）规划

与实施。自 1921 年开始，芬兰 NFI 启动运行，周期为 4~10 年，截至 2018 年已完成 12 次全国森林资源调查。

1. 目标　　芬兰 NFI 的主要目标是监测土地利用、森林资源经营、培育、健康与生物多样性的现状与变化。调查覆盖全部森林，不受林地所有权、天然林或土地利用类型影响，并且包含内陆水域和海域。

2. 抽样设计　　抽样总体为芬兰领土，覆盖全部土地利用类型，包括内陆水域及沿海岛屿。根据土地利用类型和立木蓄积的变异程度，芬兰 NFI 把全国划分为 6 个地区分别调查，因此各地区间的抽样强度有所差异，但各地区内的抽样强度保持一致。

芬兰 NFI 采用系统群团抽样设计，其中群团进一步分为永久群团和临时群团，如图 8-4 所示。受自然条件限制，芬兰最北方即北极圈内的森林资源与样地数量相对稀疏，故采用二阶分层抽样设计降低抽样误差。第一阶段，以 7km×7km 网格间距生成系统群团，每个群团由 9 块样地组成。利用卫星遥感影像、森林分布图、气象图和地图，对各样地的土地覆盖和利用类型进行判读，把全部群团分为 6 层。第二阶段，外业实测各层中部分群团。

3. 样地调查　　芬兰 NFI 使用同心圆形样地，样地半径是变化的，既取决于待测定的测量变

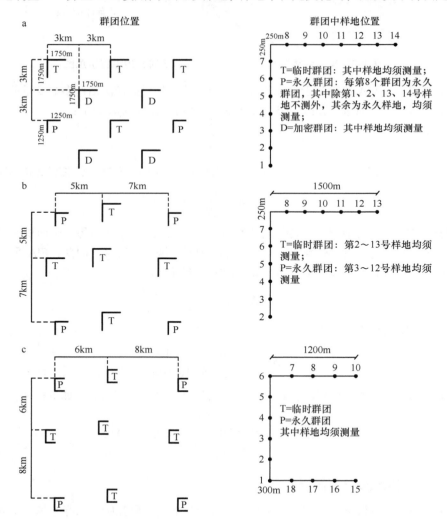

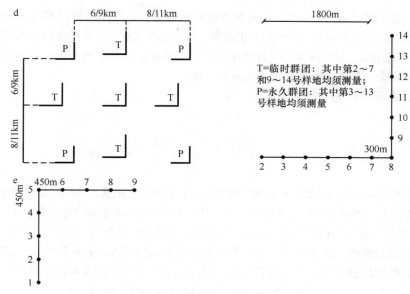

图 8-4　芬兰第 10 次国家森林资源调查抽样设计

a. 适用地区 1；b. 适用地区 2；c. 适用地区 3；d. 适用地区 4 和 5；e. 适用地区 6。其中，地区 6 使用分层抽样

量，又取决于该变量的观测值大小，原理同角规测树，如图 8-5 所示。设一棵树的直径为 d，则对应圆形样地的半径为 $r = 50d / \sqrt{q}$，其中若断面积系数 $q=2$，则用于芬兰南部地区 1～3；若 $q=1.5$，则用于芬兰北部地区 4～6。因此，南北地区最大样地对应半径分别为 12.52m 和 12.45m，胸径为 34.5cm 和 30.5cm。

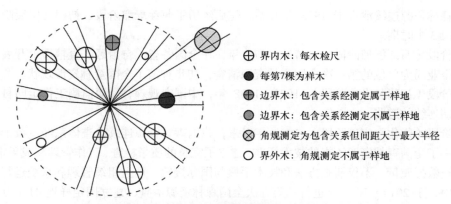

界内木：每木检尺

每第7棵为样木

边界木：包含关系经测定属于样地

边界木：包含关系经测定不属于样地

角规测定为包含关系但间距大于最大半径

界外木：角规测定不属于样地

图 8-5　芬兰第 10 次国家森林资源调查样地设置示意图

芬兰南北部所使用的样地最大半径为 12.52m（角规断面积系数 $q=2$）和 12.45m（角规断面积系数 $q=1.5$），

分别对应地区 1～3 和 4～6

4. 估计方法　芬兰 NFI 的估计量按层表达，当不需要分类统计时，总体可视为单层。估计量的一般形式为比值估计量，平均蓄积（m³/ha）估计量采用与层面积估计量类似的比值估计量形式：

$$\hat{v}_s = \frac{\sum_{i=1}^{n} \sum_{k=1}^{n_i} u_{i,k}}{\sum_{i=1}^{n} x_i}$$

式中，$\hat{v}_s$ 为第 s 层的平均蓄积（m^3/ha）；n 为地面样地数量；$u_{i,k}$ 为该层第 i 样地中的第 k 株树所代表的平均蓄积大小；n_i 为该层第 i 样地中的株数；x_i 为示性函数，当前样地圆心属于该层时等于 1，否则等于 0。此处 $u_{i,k}$ 的计算利用了异速生长模型、测树学中的形高和无参数化预测模型之一的 k-NN 最近邻算法，具体过程可参考 Tomppo（2006）。

因此，层总蓄积估计量（$\hat{V}_s$）为

$$\hat{V}_s = \hat{v}_s \times \frac{\sum_{i=1}^{n} y_i}{\sum_{i=1}^{n} x_i} \times A$$

式中，A 为芬兰国土调查官方数据；n 为地面样地数量；y_i 为示性函数，当前样地为指定层内的地面非水域样地时等于 1，否则等于 0；x_i 为示性函数，当前样地为地面非水域样地时等于 1，否则等于 0。

5. 抽样误差　芬兰 NFI 使用非标准形式的标准误量化估计量的不确定性大小。该标准误估计量基于群团层面残差的二次型推导而出，具体数学形式请参考 Tomppo（2006）。该估计量的优点在于考虑了系统群团抽样设计和空间自相关，可在自相关条件下避免标准误低估。

二、国内森林资源连续清查

我国森林资源连续清查是以掌握宏观森林资源现状与动态为目的，以省（自治区、直辖市）或重点国有林区林业管理局为单位，以利用固定样地为主，一般以 5 年为周期进行定期复查的森林资源调查方法，是全国森林资源与生态状况综合监测体系的重要组成部分，简称一类清查。

（一）森林资源连续清查发展概况

我国森林资源连续清查于 1973 年开始，先后经历了萌芽酝酿阶段、初建与发展阶段和优化与完善阶段 3 个时期。

第一阶段（萌芽酝酿阶段）：1973～1976 年，在全国各省（自治区、直辖市）开展了以县、国营林业企业局为单位的第一次全国森林资源清查，初步查清了全国森林资源现状。

第二阶段（初建与发展阶段）：1977～1988 年，中国宏观森林资源监测工作走向科学化、系统化与定期连续的道路。

第三阶段（优化与完善阶段）：1989 年以来，我国森林资源连续清查体系经过数十年发展，健全和统一了全国森林资源清查的技术标准，建立了完整的质量检查、工作管理和成果审查制度，保证了清查数据质量。不仅清查方法和技术手段与国际接轨，而且组织管理和系统运行也规范、高效。其中，于 2014～2018 年进行的第九次全国森林资源清查，建立固定样地 41.5 万个，清查面积 957.67 万平方公里。

目前我国森林资源连续清查体系已位居世界先进行列，并且已经注意到森林生态系统健康问题，但要实施森林资源和森林健康综合监测，还需要做出更多努力。

（二）森林资源连续清查的目的与任务

森林资源连续清查能够及时掌握宏观森林资源的数量、质量及其消长动态，以对森林生态功能和效益进行综合评价。

1. 目的　一是为制定和调整林业各类管理、保护、利用方针政策，编制林业发展规划、国民经济与社会发展规划提供科学依据，从而为国家层面的宏观决策管理提供数据支撑。二是为林业企业事业单位制定长期、中期、短期或年度计划提供依据，同时也是监督检查责任人实行森林

资源消长任期目标责任制的重要依据。三是为实现森林资源科学经营、有效管理、持续利用，充分发挥森林的多种功能提供依据（许传德，2014）。

2. 任务　　制定一类调查工作方案、技术方案和实施细则；通过设置样地及进行调查，对森林资源与生态状况进行统计、分析和评价；定期提供各省及全国的资源清查成果；最终建立和完善一类调查数据库和信息管理系统（陈雪峰等，2004）。

（三）森林资源连续清查的内容和精度

1. 内容　　在任务与目的明确的情况下，我国森林资源连续清查主要包括立地与土壤、土地利用与覆盖、森林资源生态状况等内容。

2. 精度

（1）总体抽样精度　　由于森林资源连续清查范围囊括全国，抽样的总体一般为省、自治区或直辖市，出于森林资源的分布情况及地理因素的实际考虑，可在相对稳定及连续的条件下，于原总体上划分若干个副总体时，总体的抽样精度由各副总体按分层抽样进行联合估计得到（GB/T 38590—2020）。总体的抽样精度要求主要包括森林资源的现状和动态两部分。

Ⅰ．森林资源现状

1）有林地面积：森林面积占全省土地面积 12%以上的省（自治区、直辖市），精度要求在 95%以上；其余各省（自治区、直辖市）在 90%以上。

2）活立木蓄积：森林蓄积在 5 亿立方米以上的省（自治区、直辖市），精度要求在 95%以上；北京、上海、天津在 85%以上；其余各省（自治区、直辖市）在 90%以上。

3）人工林面积：若省（自治区、直辖市）的总林地面积中，人工林面积占 4%以上，则其调查精度要求在 90%以上。

Ⅱ．森林资源动态

1）总生长量：森林蓄积在 5 亿立方米以上的省（自治区、直辖市）要求 90%以上，其余各省（自治区、直辖市）为 85%以上。

2）总消耗量：森林蓄积在 5 亿立方米以上的省（自治区、直辖市）要求 85%以上，其余各省（自治区、直辖市）为 80%以上。

3）森林面积和森林蓄积净增加量：应做出增减方向性判断。

（2）复位精度

1）样地复位：复位率要求达到 98%以上，即本期复测样地和目测样地总数占前期清查的固定样地总数的 98%以上。样地复位标准为：样地 4 个角桩（或坑槽）、4 条边界完全复位。

考虑到影响因素的存在，只要满足下列条件之一也视为样地复位：①复位时能找到定位树或其他定位物，以确认出样地的一个固定标桩（或坑槽）和一条完整的边界，或分辨出样地内样木的编号和胸径检尺位置，并通过每木检尺区别出保留木、进界木、采伐木、枯立木和枯倒木等；②前期样地内的样木已被采伐且找不到固定标志，但能确认（如利用前期的卫星定位坐标）原样地落在采伐迹地内；③对位于大面积无蓄积的灌木林、未成林造林地、苗圃地、迹地内的固定样地，复位时虽然找不到固定标志，但仍能确认其样地位置不变；④对位于急坡和险坡，不能进行周界测设的固定样地，复查时能正确判定两期样点所落位置无误，且森林覆被类型、植被类型的目测也确定无误。

2）样木复位：复位率要求达到 95%以上，即本期复位样木总株数占前期清查的活立木总检尺株数的 95%以上。

（3）调查因子精度

1）引点定位：在地形图上≤1mm，方位角≤1°。

2）周界误差：新设样地闭合差<0.5%，复位样地周长误差<1%。

3）检尺株数：胸径≥8cm 的不允许有误差；胸径<8cm 的应检尺株数，误差应<5%，最多不超过 3 株。

4）胸径测量：胸径≥20cm 的林木，测量误差<1.5%；胸径<20cm 的林木，误差<0.3cm。

5）树高测量：树高≥10m 的林木，测量误差<5%；胸径<10cm 的林木，误差<3cm。

6）其他因子：立地、起源、林种、优势种等不应有误。

视频

（四）森林资源连续清查方法

1. 样地布设 根据抽样总体已有的森林面积、森林蓄积等资料，按照精度要求确定固定样地数量。通常采用系统抽样的方法，在 1∶5 万或 1∶10 万的地形图的公里网交叉点上布设固定样地。样地间距根据调查区面积和样地数量确定。样地形状一般采用方形或矩形，也可采用圆形或带状样地，面积一般采用 0.0667ha（1 亩）。同一调查总体范围内的样地，其面积和形状应保持一致。对于方形或矩形固定样地，应当在西南、西北、东北、东南（或东、南、西、北）4 个角点设置固定标志；对于圆形样地，应当在中心点及东、南、西、北 4 个方向的边界位置设置固定标志。确定样地边界起始点位置后，采用闭合导线法，按照坐标方位角 0°—90°—180°—270°顺时针方向进行样地周界测设，样地周界测量的闭合差不得大于四周边界总长的 1/200。并按如下格式完成时间记录、位置图绘制（图 8-6 和图 8-7）和样地引线及周界测量记录（表 8-1 和表 8-2）。

N
↑

⊙

	名称	编号	方位角	水平距
样地西南角定位物（树）				

图 8-6 样地位置图

坐标方位角：
磁方位角：
引线距离：
罗差：

N
↑

⊙

	名称	编号	方位角	水平距
引点定位物（树）				

图 8-7 样地引点位置图

表 8-1　样地引线测量记录表

测站	方位角	倾斜角	斜距	水平距	累计

表 8-2　样地周界测量记录表

测站	方位角	倾斜角	斜距	水平距	累计

绝对闭合差：　　　　　　相对闭合差：　　　　　　周长误差：

附表 A

2. 样地因子调查　　固定样地调查表、技术标准、样地面积与形状和调查因子不可随意变动，且不允许简化内容。具体调查指标见表 8-3 及其附表。

表 8-3　样地因子调查记录参照表

序号	样地因子	序号	样地因子	序号	样地因子
1	样地号	22	灌木平均高	43	龄组
2	样地类别（附表 A-1）	23	草本覆盖度	44	径组
3	公里网纵坐标	24	草本平均高	45	群落结构（附表 A-17）
4	公里网横坐标	25	植被总覆盖度	46	树种结构（附表 A-18）
5	实际纵坐标	26	森林覆被类型（附表 A-8）	47	林层结构（附表 A-19）
6	实际横坐标	27	土地利用类型（附表 A-9）	48	林龄结构（附表 A-20）
7	县（局）代码	28	林地保护等级（附表 A-10）	49	郁闭度
8	地貌（附表 A-2）	29	土地权属（附表 A-11）	50	自然度（附表 A-21）
9	海拔	30	林木权属	51	可及度（附表 A-22）
10	坡向（附表 A-3）	31	森林类别（附表 A-12）	52	森林灾害类型
11	坡位（附表 A-4）	32	林种（附表 A-13）	53	森林灾害等级（附表 A-23）
12	坡度	33	公益林事权等级（附表 A-14）	54	森林健康等级（附表 A-24）
13	基岩裸露	34	公益林保护等级（附表 A-15）	55	毛竹株数
14	土壤类型（附表 A-5）	35	商品林经营等级	56	其他竹株数
15	土壤质地（附表 A-6）	36	起源（附表 A-16）	57	抚育措施
16	土壤砾石含量	37	优势树种	58	人工林类型
17	土壤厚度	38	平均年龄	59	天然更新等级（附表 A-25）
18	腐殖质厚度	39	平均胸径	60	连片面积等级
19	枯枝落叶厚度	40	平均树高	61	覆被类型变化原因（附表 A-26）
20	植被类型（附表 A-7）	41	经济林产期	62	立木类型
21	灌木覆盖度	42	平均优势高	63	检尺类型（附表 A-27）

注：扫"附表 A"二维码可查看附表 A-1～附表 A-2

3. 样木因子调查　　调查内容包括：样木号、林木类型（林木、散生木或四旁树）、检尺类型（一般样地包含活立木、枯立木、枯倒木3类；复测样地包含保留木、进界木、枯立木、采伐木、枯倒木、漏测木、多测木、胸径错测木、树种错测木、类型错测木和新测木11类）、胸径、林层、方位角和水平距离。还可补充记载一些有必要说明的信息。例如，胸高部位异常，则注明实测胸高的位置；国家Ⅰ、Ⅱ级保护树种和其他珍贵树种、野生经济树种，分叉木、断梢木等有关信息，均可注明。

在每木检尺要求采用"S"形路线进行检尺，按表8-4进行记录。每木检尺对象为乔木树种，检尺起测胸径为5.0cm。对于胸高1.3m以下有分叉的林木，所有胸径大于5.0cm的树干均按照独立林木进行检尺。检尺对象的确定主要考虑林木的形态特征，乔木型灌木树种应检尺，灌木型乔木树种不检尺。凡树干基部落在边界上的林木，应按等概原则取舍，即取西、南边界上的林木，舍东、北边界上的林木。

表8-4　样地每木检尺记录表

样地号：

样木号	立木类型	检尺类型	树种		胸径		林层	方位角	水平距	备注
			名称	代码	前期	后期				

4. 其他因子调查　　包括树高、植被、森林灾害、更新和经济植物调查等。

5. 遥感影像的判读　　对于落在人力不可及的地域，或者落在干旱地区（包括干旱、半干旱和亚湿润干旱地区）大面积林地内且样地附近无乔灌植被分布的固定样地，可采用遥感判读方法进行调查。具体内容包括：根据需要的空间分辨率和光谱分辨率选择遥感影像；通过图像校正、图像增强对遥感图像进行预处理；从校正后的遥感数据中提取各种有用的地物信息；建立图像解译标志；绘制专题图或遥感影像图。

（五）森林资源连续清查组织结构及工作程序

1. 组织结构　　国家森林资源连续清查由国家林业和草原局统一组织实施，由各省（自治区、直辖市）或重点国有林区林业管理局负责组建专业调查队伍，制订工作/技术方案，组织开展技术培训，开展外业调查等工作。各区域森林资源监测中心负责审查清查方案、技术指导、外业调查资料检查验收、内业数据统计分析评价和全国成果清查汇总等工作。

2. 工作程序　　国家森林资源连续清查的工作程序主要包括工作准备、外业调查、内业处理、质量管理和成果编制5个过程。

（1）工作准备　　按照《森林资源连续清查技术规程》（GB/T 38590—2020）开展准备工作，如实填写各类调查记录表。

（2）外业调查　　按照《森林资源连续清查技术规程》（GB/T 38590—2020）开展外业调查，如实填写各类调查记录表。

（3）内业处理　　对外业数据进行录入、检查和整理。对各省（自治区、直辖市）清查结果进行统计分析，并对全国清查结果进行统计汇总，输出各类图表并建立相关数据库。在综合分析汇总数据的基础上，对连续清查的各调查内容分别进行专题评价，编制省级和全国清查成果。

（4）质量管理　　国家森林资源连续清查的质量管理采取国家级、省级、承担单位3级检查验收制度。分别对调查前期准备工作、外业调查和内业处理各项工序及调查成果进行检查。

（5）成果编制　　按照《森林资源连续清查技术规程》（GB/T 38590—2020），编制省级清查成果和国家级清查成果，主要包括清查成果统计表、遥感影像图、森林资源连续清查成果报告、森林资源连续清查质量检查报告等。

（六）森林资源连续清查成果

森林资源连续清查成果包括：样地调查记录卡片，样地因子和样木因子数据库（含模拟数据库），成果统计表，成果报告，内业统计说明书，相关图面材料（样地布点图、专题分布图、遥感影像图等）和技术方案，工作方案，技术总结报告，工作总结报告，质量检查验收报告，有关森林资源数量、质量消长动态的分析与评估报告，外业调查操作细则及其相应的光盘文件等。森林资源连续清查成果核心统计表33个，其他统计表39个，共计72个统计表，具体见表8-5。

表8-5　森林资源连续清查成果统计表

序号	表名	序号	表名
1	各类土地面积按权属统计表	27	人工林资源动态表
2	各类林木蓄积按权属统计表	28	人工乔木林各龄组面积蓄积动态表
3	乔木林各龄组面积蓄积按权属和林种统计表	29	人工乔木林各林种面积蓄积动态表
4	乔木林各龄组面积蓄积按优势树种统计表	30	林木蓄积年均各类生长量消耗量统计表
5	乔木林各林种面积蓄积按优势树种统计表	31	乔木林各龄组年均生长量消耗量按起源和林种统计表
6	天然林资源面积蓄积按权属统计表	32	乔木林各龄组年均生长量消耗量按优势树种统计表
7	天然乔木林各龄组面积蓄积按权属和林种统计表	33	总体特征数计算表
8	天然乔木林各龄组面积蓄积按优势树种统计表	34	乔木林各郁闭度面积蓄积按起源统计表
9	天然乔木林各林种面积蓄积按优势树种统计表	35	乔木林各高度级面积蓄积按起源统计表
10	人工林资源面积蓄积按权属统计表	36	乔木林各蓄积级面积蓄积按起源统计表
11	人工乔木林各龄组面积蓄积按权属和林种统计表	37	乔木林各龄组每公顷蓄积级按起源和林种统计表
12	人工乔木林各龄组面积蓄积按优势树种统计表	38	乔木林各群落结构和林层结构类型面积按起源统计表
13	人工乔木林各林种面积蓄积按优势树种统计表	39	乔木林各树种结构类型面积按起源统计表
14	竹林面积株数按权属和林种统计表	40	生态公益林各事权等级面积按权属和保护等级统计表
15	经济林面积按权属和类型统计表	41	商品林面积按权属和经营等级统计表
16	疏林地各林种面积蓄积按优势树种统计表	42	用材林近、成、过熟林面积蓄积按权属和可及度统计表
17	灌木林地各林种面积按权属和类型统计表	43	用材林近、成、过熟林各径级组蓄积按组成树种统计表
18	各类土地面积动态表	44	灌木林地各林种面积类型和优势树种统计表
19	各类林木蓄积动态表	45	有林地各林种和亚林种面积按权属统计表
20	乔木林各龄组面积蓄积动态表	46	有林地各类型面积按林种和自然度等级统计表
21	乔木林各林种面积蓄积动态表	47	有林地各类型面积按起源和生态功能等级统计表
22	乔木林针阔叶面积比例按起源动态表	48	森林各类型面积按起源和森林健康等级统计表
23	乔木林质量因子按起源动态表	49	森林各灾害类型面积按灾害等级统计表
24	天然林资源动态表	50	森林各灾害类型面积按起源和灾害等级统计表
25	天然乔木林各龄组面积蓄积动态表	51	乔木林各龄组采伐消耗量按起源和林种统计表
26	天然乔木林各龄组林种面积蓄积动态表	52	乔木林各采伐强度采伐消耗量按起源统计表

续表

序号	表名	序号	表名
54	林木各管理类型采伐消耗量按起源统计表	64	非林地面积按权属统计表
55	林地面积按权属和森林类别统计表	65	复位样地前后期地类转移动态表
56	林地面积按坡位和坡度分类统计表	66	全部样地前后期地类转移面积动态表
57	林地面积按地貌和坡向分类统计表	67	有林地面积转移动态表
58	林地面积按大小等级统计表	68	天然林面积转移动态表
59	植被类型面积按权属统计表	69	人工林面积转移动态表
60	湿地类型面积按保护等级统计表	70	地类变化原因分析表
61	荒漠化面积按程度统计表	71	地类变化原因人为因素分析表
62	沙化土地面积按程度统计表	72	地类变化原因其他因素分析表

1. 省级清查成果

（1）文字材料　　此类清查结果的记录形式主要包括：森林资源连续清查成果报告；森林资源连续清查质量检查报告；森林资源连续清查工作总结报告和技术总结报告，以及森林资源连续清查工作方案、技术方案、操作细则。

（2）表格材料　　主要包含样地样木调查记录卡片和清查成果统计表。

（3）图面材料　　以绘图形式记录的该类清查结果主要有遥感影像图、森林分布图和其他专题图等。

（4）专题数据库　　包含固定样地因子数据库（含遥感判读数据库和中间结果数据库）和固定样木因子数据库（含模拟数据库）。

2. 国家级清查成果

（1）文字报告　　国家级清查结果的文字报告有：国家森林资源连续清查结果报告；中国森林资源报告（白皮书）；中国森林资源概况（宣传册）；中国森林资源概述（中英文）。

（2）其他成果　　除文字记录形式外，其他如国家森林资源连续清查统计表、中国森林分布图、中国遥感影像图、多媒体宣传片和网站等也可记录或搜寻该类调查的结果。

◆ 第三节　森林规划设计调查

森林规划设计调查（forest inventory and design），又称森林资源规划设计调查、森林经理调查，简称二类调查（亢新刚，2011），是以国有林业局（场）、自然保护区、森林公园等森林经营单位或县级行政区域为调查单位，以满足森林经营方案、总体设计、林业区划与规划设计需要而进行的森林资源调查。一般每 10 年开展一次，经营水平较高的单位或地区也可每 5 年进行一次，两次调查的间隔期被称为经理期。

一、森林规划设计调查概述

（一）调查任务和目的

1. 调查任务　　对林木、林地和林区内的野生动植物及其他环境因素进行调查，查清森林资源的分布、种类、数量、质量,摸清其变化规律,客观反映自然条件、社会经济条件,进行综合分析和评价,提出全面、准确的森林资源调查资料。

2. 调查目的 为进行森林分类经营区划,指导和规范森林资源合理经营、科学管理,评价各种林业方针、政策效果提供数据支持。其调查成果是建立或更新森林资源档案,确定森林采伐限额,开展林业工程规划设计和森林资源管理的基础,实行森林生态效益补偿和森林资源资产化管理,实现森林资源永续利用。

(二)调查范围和内容

1. 调查范围 森林规划设计调查范围根据调查总体而定,以森林经营管理单位为调查总体时,调查范围为经营管理范围内的所有土地;以行政区域为调查总体时,调查范围为行政区域内的森林、林木和林地(GB/T 26424—2010)。

2. 调查内容 森林规划设计调查内容分为基本内容和专项内容两大类,包括林业生产条件调查、小班调查、专项调查和多资源调查4种类型(陶冠慧,2014)。

(1)基本内容 核对森林经营单位的境界线,并在经营管理范围内进行或调整(复查)经营区划;调查各类林地的面积;调查各类森林、林木蓄积;调查与森林资源有关的自然地理环境和生态环境因素;调查森林经营条件、前期主要经营措施与经营成效(GB/T 26424—2010)。

(2)专项内容 森林生长量和消耗量;森林土壤;森林更新;森林病虫害;森林火灾;野生动植物资源;生物量;湿地资源;荒漠化土地资源;森林景观资源;森林生态因子;森林多种效益计量与评价;林业经济与森林经营情况;提出森林经营、保护和利用建议;其他专项调查(李明阳,2010)。上述调查内容及精度,依据森林资源特点、经营目标和调查目的及以往资源调查成果的可利用程度具体确定。

二、林业生产条件调查

林业生产条件调查是森林资源规划设计调查中的一项重要环节。对森林资源进行科学合理的经营管理,首先要调查本区域内的林业生产条件,因此必须全面系统地调查和了解对森林经营管理产生影响的相关条件。林业生产条件调查大体归纳为自然条件调查、社会经济条件调查、林业经营历史状况调查3个方面。

(一)自然条件调查

自然条件是指森林资源所处的环境条件,其对森林资源的形成、生长、演替、结构、功能,以及林木数量和质量等的影响很大。自然条件优劣对本区域的森林生长量乃至整个森林生态系统都起着决定性的作用。无论是大型的森林资源规划调查,还是专业工程项目设计,都应将自然条件调查放在首位,采用本区域相关专业部门查阅资料结合实地落实的办法实施。

自然条件调查的主要内容包括地理、地质、水资源和气候条件的调查,具体调查内容见表8-6。

表8-6 自然条件的类型和调查内容

自然条件类型	调查内容
地理条件	行政区划位置、植物区系组成、地形地势条件、山脉走向和水系状况等
地质条件	土壤状况,如土壤类型、比例、分布、厚度、质地、结构和肥力状况等,以及地质形成状况,如成土母岩、风化程度等

续表

自然条件类型	调查内容
水资源条件	本区域河流的名称、长度、流量、水位、流送能力，水面的面积、水量、深度，水资源的利用状况及对森林动植物的影响等因素
气候条件	包括气温、降水、日照、无霜期、自然灾害等。其中气温包括年平均气温、年积温、最高温度、最低温度等；降水包括年降水量、降水的形式和季节等

（二）社会经济条件调查

林业是区域社会可持续发展不可缺少的重要行业之一，与其他部门之间有着密切联系，而其他部门对林业发展也有着制约和促进作用。

调查林业在区域社会中的地位和任务，以及与林业发展关系最密切部门的状况，是社会经济条件调查的主要内容。具体包括：森林与区域社会、环境的关系；林业地域配置、林权等状况；森林产品及其市场状况；林业对区域社会的经济贡献；林业与农、牧、渔、工业等产业的关系；交通运输状况；人口、区域劳动力状况和经济收入水平等。

（三）林业经营历史状况调查

森林资源经营的生长周期较长，因此历史经验对现实经营的作用十分重要。林业经营历史状况调查主要包括森林经营机构的沿革情况、森林资源调查情况、森林经营方案编制执行情况、森林经营管理情况、环境状况和企业管理情况（武建军，2013）。

三、小班调查

在森林资源规划设计调查中，小班调查兼顾了与森林资源信息匹配的林分调查因子并将其落实到每个林分之中，以确保合理地开展森林资源经营管理，是调查资料最丰富、用途最广的一项调查工作。

（一）调查材料的准备

提前准备和检验当地适用的立木材积表、形高表（或树高-断面积-蓄积表）、立地类型表、森林经营类型表、森林经营措施类型表、造林典型设计表等林业数表。为提高调查质量和成果水平，可根据条件编制、收集或补充修订立木生物量表、地位指数表（或地位级表）、林木生长率表、材种出材率表、收获量表（生长过程表）等（GB/T 26424—2010）。参考上期调查的小班数量或经营管理面积，准备调查图卡，以备外业调查记载、内业统计、整理计算使用。根据调查人员数量、外业工作量等，准备外业调查必要的调查仪器、设备。

（二）小班调绘

小班调绘是指利用准备好的工作底图，按照小班区划的原则和要求，赴现场或室内进行勾绘，填写小班号和注记。小班调绘可为实地调查和后续业内设计提供完整的图面资料。森林资源调查小班调绘底图也称为森林资源调查工作底图。

（三）小班调查内容

1. 土地类型调查　林地分为两级，其中一级分为7类，包括乔木林地、竹林地、疏林地、灌木林地、未成林造林地、迹地和苗圃地。灌木林地、未成林造林地各分为两个二级地类，迹地分为 3 个二级地类（表 8-7）。

表 8-7　林地分类表

地类（一级）	地类（二级）	判定标准
乔木林地	—	乔木郁闭度≥0.20 的林地，不包括森林沼泽
竹林地	—	生长竹类植物，郁闭度≥0.20 的林地
疏林地	—	乔木郁闭度在 0.10～0.19 的林地
灌木林地	特殊灌木林地	符合《"国家特别规定的灌木林地"的规定》（试行）（林资发〔2004〕14 号规定）的灌木林地
	一般灌木林地	特殊灌木林地以外的灌木林地
未成林造林地	未成林人工林造林地	人工造林、飞播造林后在成林年限前分别达到 GB/T 15776—2023、GB/T 15162—2018 规定的合格标准的林地
	未成林封育林地	封山育林后在成林年限前达到 GB/T 15163—2018 规定的合格标准的林地
迹地	采伐迹地	乔木林地采伐作业后 3 年内活立木达不到疏林地标准、尚未人工更新的林地
	火烧迹地	乔木林地火灾等灾害后 3 年内活立木达不到疏林地标准、尚未人工更新的林地
	其他迹地	人工造林、封山育林后达到成林年限但尚未达到疏林地标准的林地，以及灌木林地经采伐、平茬、割灌等经营活动或者火灾发生后盖度达不到 40%的林地
苗圃地	—	固定的林木和木本花卉育苗用地，不包括母树林、种子园、采穗圃、种质基地等种子、种条生产用地，以及种子加工、储存等设施用地

2. 小班因子调查　根据森林类别分别对商品林和生态公益林小班，按地类调查或记载不同的调查因子（GB/T 26424—2010）。商品林和生态公益林分别需要调查的小班因子见表 8-8，小班因子记载见表 8-9。

表 8-8　不同地类小班调查因子表

项目	乔木林地	竹林地	疏林地	特殊灌木林地	一般灌木林地	未成林人工林造林地	未成林封育林地	采伐迹地	火烧迹地	苗圃地	宜林地	其他无立木地	辅助生产林地
空间位置	1, 2	1, 2	1, 2	1, 2	1, 2	1, 2	1, 2	1, 2	1, 2	1, 2	1, 2	1, 2	1, 2
权属	1, 2	1, 2	1, 2	1, 2	1, 2	1, 2	1, 2	1, 2	1, 2	1, 2	1, 2	1, 2	1, 2
地类	1, 2	1, 2	1, 2	1, 2	1, 2	1, 2	1, 2	1, 2	1, 2	1, 2	1, 2	1, 2	1, 2
工程类别	1, 2	1, 2	1, 2	1, 2	1, 2	1, 2	1, 2	1, 2	1, 2	—	1, 2	1, 2	1, 2
事权	2	2	2	2	2	2	2	2	2	—	2	2	—
保护等级	2	2	2	2	2	2	2	2	2	—	2	2	—
地形地势	1, 2	1, 2	1, 2	1, 2	1, 2	1, 2	1, 2	1, 2	1, 2		1, 2		
土壤/腐殖质	1, 2	1, 2	1, 2	1, 2	1, 2	1, 2	1, 2	1, 2	1, 2		1, 2		
下木植被	1, 2	1, 2	1, 2	1, 2	1, 2	1, 2	1, 2	1, 2	1, 2		1, 2		
立地类型	1, 2	1, 2	1, 2	1, 2	1, 2	1, 2	1, 2	1, 2	1, 2		1, 2		
立地质量	1	1	1	1	1	1	1	1	1		1		
天然更新	1, 2	1, 2	1, 2	—	—	—	1, 2	1, 2	1, 2		1, 2		—

续表

项目	地类												
	乔木林地	竹林地	疏林地	特殊灌木林地	一般灌木林地	未成林人工造林地	未成林封育林地	采伐迹地	火烧迹地	苗圃地	宜林地	其他无立木地	辅助生产林地
造林类型	—	—	—	—	—	—	—	1, 2	1, 2	—	1, 2	1, 2	—
林种	1, 2	1, 2	1, 2	1, 2	1, 2	—	—	—	—	—	—	—	—
起源	1, 2	1, 2	1, 2	1, 2	1, 2	1, 2	1, 2	—	—	—	—	—	—
林层	1	—	—	—	—	—	—	—	—	—	—	—	—
群落结构	2	—	—	—	—	—	—	—	—	—	—	—	—
自然度	1, 2	1, 2	1, 2	1, 2	1, 2	—	—	—	—	—	—	—	—
优势树种（组）	1, 2	1, 2	1, 2	1, 2	1, 2	1, 2	1, 2	—	—	—	—	—	—
平均年龄	1, 2	—	1, 2	1	—	1, 2	1, 2	—	—	—	—	—	—
平均树高	1, 2	1, 2	1, 2	—	—	1, 2	1, 2	—	—	—	—	—	—
平均胸径	1, 2	1, 2	1, 2	—	—	—	—	—	—	—	—	—	—
优势木平均高	1	—	—	—	—	—	—	—	—	—	—	—	—
郁闭度或覆盖度	1, 2	1, 2	1, 2	1, 2	1, 2	—	—	—	—	—	—	—	—
每公顷株数	1	1	1	—	—	1, 2	1, 2	—	—	—	—	—	—
散生木	—			1, 2	1, 2	1, 2	1, 2	1, 2	1, 2			1, 2	1, 2
每公顷蓄积	1, 2	1, 2	1, 2	—	—	—	—	—	—	—	—	—	—
枯倒木蓄积	1, 2		1, 2	—	—	—	—	—	—	—	—	—	—
健康状况	1, 2	1, 2	1, 2	—	—	—	—	—	—	—	—	—	—
调查日期	1, 2	1, 2	1, 2	1, 2	1, 2	1, 2	1, 2	1, 2	1, 2	1, 2	1, 2	1, 2	1, 2
调查员姓名	1, 2	1, 2	1, 2	1, 2	1, 2	1, 2	1, 2	1, 2	1, 2	1, 2	1, 2	1, 2	1, 2

注：1 为商品林；2 为公益林

表 8-9　一般小班调查因子记载表

调查因子	记录内容
空间位置	调查记录小班所在的县（局、总场、管理局）、林场（分场、乡、管理站）、作业区（工区、村）、林班号、小班号
权属	调查记录小班的土地、林木的所有权和使用权
地类	按最后一级地类调查记载小班地类
工程类别	天然林资源保护工程、退耕还林工程、京津风沙源治理工程、"三北"和长江中下游地区等重点防护林体系建设工程、全国野生动植物保护及自然保护区建设工程、重点地区速生丰产用材林基地建设工程、其他林业工程
事权	生态公益林（地）小班填写事权等级（国家级、地方级）
保护等级	生态公益林（地）小班填写保护等级（特殊保护、重点保护、一般保护）
地形地势	记载小班的地貌、平均海拔、坡度、坡向和坡位等因子
土壤/腐殖质	记载小班土壤名称（记至土类）、腐殖质层厚度、土层厚度[A 层（表土层）＋B 层（心土层）]、质地、石砾含量等
下木植被	记载下层植被的优势和指示性植物种类、平均高度和覆盖度

续表

调查因子	记录内容
立地类型	查立地类型表确定小班立地类型
立地质量	根据小班优势木平均高和平均年龄查地位指数表，或根据小班主林层优势树种平均高和平均年龄查地位级表确定小班的立地质量。对疏林地、无立木林地、宜林地等小班可根据有关立地因子查数量化地位指数表确定小班的立地质量
天然更新	调查小班天然更新幼树与幼苗的种类、年龄、平均高度、平均根径、每公顷株数、分布和生长情况，并评定天然更新等级
造林类型	对适合造林的小班，根据小班的立地条件，按照适地适树的原则，查造林典型设计表确定小班的造林类型
林种	按林种划分技术标准调查确定，记载到亚林种
起源	按主要生成方式调查确定
林层	商品林按林层划分条件确定是否分层，然后确定主林层。并分林层调查记载郁闭度平均年龄、株数、树高、胸径、蓄积和树种组成等测树因子。除株数、蓄积以各林层之和作为小班调查数据以外，其他小班调查因子均以主林层的调查因子为准
自然度	天然林根据干扰的强弱程度记录到级
群落结构	公益林根据植被的层次多少确定群落结构类型
优势树种（组）	分林层记录优势树种（组）
树种组成	分林层用十分法记录
平均胸径	分林层记录优势树种（组）的平均胸径
平均年龄	分林层记录优势树种（组）的平均年龄。平均年龄由林分优势树种（组）的平均木年龄确定，平均木是指具有优势树种（组）断面积平均直径的林木
平均树高	分林层调查记录优势树种（组）的平均树高。在目测调查时，平均树高可由平均木的高度确定。灌木林设置小样方或样带估测灌木的平均高度
优势木平均高	在小班内选择3株优势树种（组）中最高或胸径最大的立木测定其树高，取平均值作为小班的优势木平均高
郁闭度或覆盖度	有林地小班用目测或仪器测定各林层林冠对地面的覆盖程度，即郁闭度，取2位小数；灌木林设置小样方或样带估测并记录覆盖度，用百分数表示
每公顷株数	商品林分林层记录活立木的每公顷株数
散生木	分树种调查小班散生木株数、平均胸径，计算各树种材积和总材积
每公顷蓄积	分林层记录活立木每公顷蓄积
枯倒木蓄积	记录小班内可利用的枯立木、倒木、风折木、火烧木的总株数和平均胸径，计算蓄积
健康状况	记录林地卫生、林木（苗木）受病虫危害和火灾危害，以及林内枯倒木分布与数量等状况。林木病虫害应调查记载林木病虫害的有无及病虫种类、危害程度。森林火灾应调查记录森林火灾发生的时间、受害面积、损失蓄积
调查日期	记录小班调查时的年、月、日
调查员姓名	由调查员本人签字

（四）小班调查方法

1. 样地实测法　在小班范围内，通过随机、机械或其他的抽样方法，布设圆形、方形、带状或角规样地，在样地内实测各项调查因子，由此推算小班调查因子。

2. 目测法　当林况比较简单时采用此法。由具有实际工作经验、熟悉林分结构和规律、经过理论考试和目测考核被正式批准的调查员担任目测调查人员。

小班目测调查时，应深入小班内部，选择有代表性的调查点进行调查。目测调查点数视小班面积不同而定，具体标准见表 8-10。

表 8-10 目测调查点数标准表

小班面积	目测调查点数
3ha 及以下	1～2 个
4～7ha	2～3 个
8～12ha	3～4 个
13ha 及以上	5～6 个

资料来源：本表引自 2010 年颁布的《森林资源规划设计调查技术规程》（GB/T 26424—2010）

3. 航片估测法 航片比例尺大于 1∶10 000 时可采用此法。航片估测时，先在室内对各个小班进行判读（可结合小班室内调绘工作），利用判读结果和所编制的航空像片测树因子表估计小班各项测树因子。然后，抽取 5%～10% 的判读小班到现地核对，各项测树因子判读精度要求小班超过 90% 时方可通过。

4. 卫片估测法 当卫片的空间分辨率达到 3m 时可采用此法。其主要包括建立判读标志、目视判读、判读复核、实地验证和蓄积调查 5 个步骤。

小班调查时可根据森林经营单位森林资源特点、调查技术水平、调查目的和调查等级采用不同的调查方法。不同小班调查方法应调查的小班测树因子见表 8-11。

表 8-11 不同小班调查方法应调查的小班测树因子表

测树因子	调查方法			
	样地实测法	目测法	航片估测法	卫片估测法
林层	√	√	√	—
起源	√	√	√	√
优势树种（组）	√	√	√	√
树种组成	√	√	—	—
平均年龄（龄组）	√	√	√	√
平均树高	√	√	√	—
平均胸径	√	√	—	—
优势木平均高	√	—	—	—
郁闭度	√	√	√	√
每公顷株数	√	√	—	—
散生木蓄积	√	√	—	—
每公顷蓄积	√	√	—	√
枯倒木蓄积	√	√	—	—
天然更新	√	√	—	—
下木覆盖度	√	√	—	—

（五）调查精度

1. 允许误差　　根据经营单位性质、小班森林类别等，主要小班调查因子允许误差分为 A、B、C 三个等级。国有森林经营单位和重点林区县，商品林小班允许误差采用等级 "A"；其他区域的商品林小班、所有单位的一般生态公益林小班允许误差采用等级 "B"；自然保护区、原始林区小班允许误差采用等级 "C"。主要小班调查因子允许误差见表 8-12。

表 8-12　主要小班调查因子允许误差表　　　　　　　　　　　　　　　　（％）

调查因子	误差等级		
	A	B	C
小班面积	5	5	5
树种组成	5	10	20
平均树高	5	10	15
平均胸径	5	10	15
平均年龄	10	15	20
郁闭度	5	10	15
每公顷断面积	5	10	15
每公顷蓄积	15	20	25
每公顷株数	5	10	15

2. 其他要求　　小班调查时确定的小班权属、地类、林种、起源等不得有错。

（六）调查总体蓄积控制

1. 控制总体　　以调查范围为总体进行蓄积抽样调查控制。调查面积小于 5000ha 或森林覆盖率小于 15% 的总体可以不进行抽样控制，也可以与相邻调查区域联合进行抽样控制，但应保证控制范围内调查方法和调查时间的一致性。

2. 总体精度　　总体抽样控制精度根据调查区域的性质确定。以商品林为主的调查总体为 90%；以公益林为主的调查总体为 85%；以自然保护区、森林公园为主的调查总体为 80%。

3. 抽样方法　　在抽样总体内，采用机械抽样、分层抽样、成群抽样等抽样方法进行抽样控制调查，样地数量要满足抽样控制精度的要求。

4. 样地调查与精度计算　　样地实测可以采用角规测树、每木检尺等方法。根据样地样木测定的结果计算样地蓄积，并按相应的抽样理论公式计算总体蓄积、蓄积标准误和抽样精度。

5. 精度控制　　当总体蓄积抽样精度达不到规定的要求时，要重新计算样地数量，并布设、调查增加的样地，然后重新计算总体蓄积、蓄积标准误和抽样精度，直至总体蓄积抽样精度达到规定的要求。

6. 蓄积控制　　将各小班蓄积汇总计算的总体蓄积（包括林网和四旁树蓄积）与以总体抽样调查方法计算的总体蓄积进行比较：当两者差值不超过 ±1 倍的标准误时，即认为由小班调查汇总的总体蓄积符合精度要求，并以各小班汇总的蓄积作为总体蓄积；当两者差值超过 ±1 倍的标准误，但不超过 ±3 倍的标准误时，应对差异进行检查分析，找出影响小班蓄积调查精度的因素，并根据影响因素对各小班蓄积进行修正，直至两种总体蓄积的差值在 ±1 倍的标准误范围以内；当两者差值超过 ±3 倍的标准误时，小班蓄积调查全部返工。

四、专项调查

专项调查是根据森林经营规划设计的需要，在林业生产条件调查的基础上进行森林资源调查的同时专门组织专业人员对某些林业调查项目进行的重点、详细的调查。主要包括立地类型调查、林业土壤调查、森林更新调查、森林生长量、消耗量及出材量调查、造林典型设计调查、森林经营类型设计调查、林业经济调查等各专项调查。

各地在开展森林资源规划设计调查时，应根据当地森林资源的特点和调查的目的等，对调查的内容及其详细程度有所侧重（表 8-13）。

表 8-13　重点调查区规划设计表

调查重点区划分	调查主要事项
以森林主伐利用为主的地区	地形、可及度，以及用材林的近、成、过熟林测树因子等
以森林抚育改造为主的地区	着重对幼中龄林的密度、林木生长发育状况等林分因子及立地条件进行调查
以更新造林为主的地区	对土壤、水资源等条件及天然更新状况等进行调查，以做到适地适树，保证更新造林质量
以自然保护为主的地区	被保护对象的种类、分布、数量、质量、自然性及受威胁状况等
以防护、旅游等生态公益效能为主的林区	应分为不同的类型，着重调查与发挥森林生态公益效能有关的林木因子、立地因子和其他因子

（一）林业专项调查类型

1. 立地类型调查　　在造林与森林经营中，立地类型（site type）也被称作立地条件类型，是把立地条件和生产力情况相似的地段归并成类型划分。立地条件（site condition）是指造林地上影响森林生长发育的所有自然环境因子的综合，主要包括气候、地形、土壤和植被类型因子，立地条件的优劣直接影响森林经营培育的各方面（翟明普和沈国舫，2016）。

（1）立地类型的划分　　立地类型的划分必须坚持的基本原则为以生态学为基础，遵循自然条件的地域分异规律，具有能正确反映立地特征的科学性及便于掌握、使用的实用性。立地类型的划分依据主要包括主导环境因子、生活因子和立地指数 3 类（翟明普和沈国舫，2016）。

1）以主导环境因子分类。根据主导环境因子的异同性进行划分立地类型，适合无林、少林地区。例如，大清河流域山丘区立地类型划分的主导因子为海拔、坡度、坡向和土壤类型（表 8-14）。

表 8-14　大清河流域山丘区立地类型表（闫烨琛，2020）

立地类型组	立地类型
丘陵区立地类型组	丘陵平地褐土立地类型
	丘陵斜阴坡褐土立地类型
	丘陵缓阴坡褐土立地类型
	丘陵斜阳坡褐土立地类型
	丘陵缓阳坡褐土立地类型
	丘陵平地粗骨土立地类型
	丘陵斜阴坡粗骨土立地类型
	丘陵缓阴坡粗骨土立地类型

续表

立地类型组	立地类型
丘陵区立地类型组	丘陵斜阳坡粗骨土立地类型
	丘陵缓阳坡粗骨土立地类型
低山区立地类型组	低山陡阳坡棕壤土地类型
	低山缓阳坡棕壤土地类型
	低山斜阴坡棕壤土地类型
	低山斜阳坡褐土立地类型
	低山陡阳坡褐土立地类型
	低山平阳坡褐土立地类型
	低山缓阴坡褐土立地类型
	低山斜阴坡褐土立地类型
	低山急陡阴坡褐土立地类型
	低山平地褐土立地类型
	低山斜阳坡石质土立地类型
	低山缓阳坡石质土立地类型
	低山陡阴坡石质土立地类型
	低山急陡阴坡石质土立地类型
中山区立地类型	中山缓阳坡棕壤土立地类型
	中山平阴坡棕壤土立地类型
	中山缓阴坡棕壤土立地类型
	中山斜阴坡棕壤土立地类型
	中山急陡阴坡棕壤土立地类型

2）以生活因子分类。根据林木所需的水分和养分进行划分，以不同生活因子为横、纵坐标，并相应进行等级划分，制成二维表格形式。该方法反映的因子比较全面，各种不同生活因子类型的生态意义明显，但不易测定，难以全面表达小气候差异。

3）以立地指数代替立地类型分类。用某一树种的立地指数代表造林地的立地条件，通过多元回归分析编制立地指数表与划分立地类型，能综合反映立地质量的高低和森林生长情况。但不同树种立地指数类型表不同，且同一树种立地指数表只适用于调查地，该方法本身只能说明立地的生长效果，不能说明原因。

（2）调查内容　　立地类型调查一般采用路线调查和标准地调查相结合的方法进行，主要内容包括地形地貌因子、土壤因子、气候因子、植被因子等。

2. 林业土壤调查　　林业土壤调查一般分为概查和详查，调查时可与小班调查和立地类型调查相结合。

3. 森林更新调查　　森林更新调查包括天然更新调查、人工更新调查和人工促进天然更新调查。

（1）天然更新调查　　天然更新是指没有人为参与或通过一定的主伐方式，利用天然下种、伐根萌芽、地下茎萌芽、根系萌蘖等林木本身的繁殖能力形成新林的过程（翟明普和沈国舫，2016）。对于天然林地、疏林地、灌木林地（国家特别规定的灌木林地除外）、火烧迹地、林中空地、宜林地等，应进行天然更新调查，主要调查天然更新的幼苗（树）种类、目的树种、株数、频度、树高、树龄、基径（胸径）、起源及生长状况等（亢新刚，2011；王巨斌，2014）。

天然更新的评定标准：根据幼苗（树）高度级并按每公顷天然更新株数确定天然更新的等级（详见表 8-3 中的附表 A-25）。

天然起源幼苗、幼树划分标准：针叶树高 30cm 以下为幼苗，30cm 以上至起测径阶以下为幼树；阔叶树高 1.0m 以下为幼苗，1.0m 以上至起测径阶以下为幼树（亢新刚，2011）。例如，庞泉沟自然保护区云杉林的天然更新，苗高＜1.0m 的划分为幼苗，苗高≥1.0m、地径＜5.0m 的划分为幼树。

（2）人工更新调查　　人工更新是指用人工植苗、直播或者插条等措施恢复森林的过程（翟明普和沈国舫，2016）。人工更新调查包含未成林造林地和人工幼林调查。对于未成林造林地，主要调查造林地的成活率和保存率，造林保存率等级评定见表 8-15。人工幼林调查需要根据立地条件、造林树种、抚育方法等不同，调查其生长情况。

表 8-15　造林保存率等级评定表

等级	保存率	采取措施
1	85%以上	抚育管理
2	41%～84%	补植或补播
3	40%以下	重造

人工更新调查内容主要包括造林树种、造林方式、造林时间、密度、树种、抚育管理措施、生长状况及存活率等（王巨斌，2014）。通过分析不同条件下造林技术措施对造林成活率的影响，正确制定今后的造林设计措施。例如，浙江省杉木人工纯林就通过人工更新调查，探究了土壤因子变化对人工林管理的影响（Zhang et al.，2021）。结果发现与自然更新相比，人工整体更新引起的土壤扰动强度最大，且人工林在大面积土壤扰动下的全面更新会加剧杉木人工林土壤 N_2O 的排放，因此认为小面积的人工更新如人工斑点更新与斑点抚育（大部分表层土壤不受干扰）将更有利于森林的可持续发展。

（3）人工促进天然更新调查　　人工促进天然更新是指对需要天然更新但更新不良或不均一的林分，采取人工除去妨碍更新的地被层或进行补植补播等措施恢复森林的过程。根据立地条件、更新措施等不同，对促进更新的作业时间、更新方式、移植株数及更新效果等进行调查。分析影响人工促进天然更新的因素，可为今后更新措施的改进提供依据。

4. 森林生长量、消耗量及出材量调查　　森林生长量、消耗量及出材量调查是规划和确定森林采伐、更新、预估森林动态、评估森林经营措施的主要依据。一般采用标准地法、平均标准木法（王巨斌，2014；孟宪宇，2006）。

（1）森林生长量调查　　根据林内优势树种、龄级（组），调查林内胸径生长量、树高生长量及蓄积生长量，为森林经营提供重要依据。

（2）消耗量调查　　以林业局（场）为单位，调查主伐、间伐等方式的采伐量、薪材采伐量和其他生产生活及灾害的林木消耗量。

（3）出材量调查　　调查不同林分和树种的出材量和出材率，不同林分出材率等级评定见表 8-16。

表 8-16　近、成、过熟林林分出材率等级表

出材率等级	林分出材率/%			商品用材树比率/%		
	针叶林	针阔混交林	阔叶林	针叶林	针阔混交林	阔叶林
1	>70	>60	>50	>90	>80	>70
2	50~69	40~59	30~49	70~89	60~79	45~69
3	<50	<40	<30	<70	<60	<45

5. 造林典型设计调查　　造林典型设计要在充分调查自然环境和划分立地类型的基础上进行，包括整地设计、树种及种苗设计、造林方法和幼林抚育管理设计。进行造林典型设计调查的目的在于提高造林成活率、保存率，促进幼林生长，为提高林木产品质量和其他森林产品提供依据。造林典型设计调查可采用标准地法，主要包括母树林调查、种子园调查和苗圃调查。

6. 森林经营类型设计调查　　森林抚育间伐是森林抚育的重要环节，也是营林生产的主要措施，直接影响森林经营水平和森林的多重效益。其调查内容包括林分类型、抚育采伐种类和方法、采伐时期、采伐强度、间隔期等。

7. 林业经济调查　　林业经济调查是森林资源调查规划设计的重要组成部分，是制定林业区划、规划和评价林业生产经营效果的基础。林业经济调查主要包括社会经济、林业经济、森林经营利用等情况的调查，为林业生产采取的经济政策、技术措施提供重要依据。

（二）林业专项调查方法

在进行林业专项调查前，应尽量充分收集并利用生产、科研等单位及调查地区以前的调查资料和科研成果，以节省人力、物力，有利于制定调查的重点内容。调查前需进行踏查准备，了解调查地区内的基本情况和工作条件。在此基础上，视具体情况确定林业专项调查的具体内容。标准地调查、样方调查及路线调查和标准地调查相结合的方法是林业专项调查的主要方法。

1. 标准地、标准木调查　　标准地分为临时标准地和永久标准地，根据选设方式不同又分为典型选设和随机选设。标准地的设置应当设在各立地类型内各植物群落类型的典型地段，不得设置在路旁、河边或不同类型的过渡地段。标准地调查内容主要包括标准地情况、地形地势、土壤条件、地质条件、水分条件、森林更新、乔灌草调查、自然灾害、人为活动影响等。

进行外业调查时，应根据调查内容、目的及任务的不同，正确设置标准地。例如，研究森林经营措施时，可设置永久标准地；病虫害调查时可设置临时标准地。在进行各项专项调查时，应尽量结合不同项目设置同一块标准地。

2. 样方调查　　在标准地 4 个角各设置一块 1m×1m 的样方进行植被调查和更新调查，在标准地中心设置一块 5m×5m 的样方进行灌木调查。主要调查林地内的植被种类、生长状况、分布情况、高度、盖度、林缘植被、枯枝落叶层等。样方调查需要记录样方内出现的所有植被名称，并对各植被进行分布密度、盖度、平均高、物候相和生活力的调查，见表 8-17。

表 8-17　植被调查记录表

植被指标	植被类型		
	灌木	草本	地被物
物种名称			
多度			
平均高			

续表

植被指标	植被类型		
	灌木	草本	地被物
物候相			
生活力			
分布密度			

3. 路线调查和标准地调查相结合的调查方法　　在路线调查前应当先在地形图和航片上设计调查路线。调查路线应选在地形和森林植被垂直分布复杂的地段，尽可能包括林区内所有植被类型，以及具有代表性的地形、土壤、气候等。路线调查一般采用目测进行分段调查记载，主要记载项目有路线方向和调查段长度、地形和小气候特征、林分组成、更新、植被类型、自然灾害、人为活动影响等情况。

在路线调查的基础上，进行标准地调查时应在代表性地段设置标准地，进行实测。路线调查和标准地调查相结合，能将点、面相结合，获取更精确、详细的调查资料。

4. 其他调查方法　　随着 3S 技术（地理信息系统、遥感和全球定位系统的统称和集成）的飞速发展，近些年新兴起高分辨率的遥感调查方法，即通过机器学习辨别测量林分内不同空间层次的树高、直径、冠幅树干体积等，但因预测精度和准确度限制，需与传统的调查方法相结合，提高一致性和精确度（Nilsson et al.，2017；Wang et al.，2019；Persson et al.，2022）。例如，研究者在波兰利用遥感高分辨率识别技术和实测相结合，分析了桦木林和云杉林的树冠间隙，并确定了林分内影响树种更新的因素（Dobrowolska et al.，2022）；在瑞典中部森林林分内，用高分辨率激光扫描法与传统实测样地调查法比较，证实了高分辨率激光扫描法有进行森林清查的潜力（Persson et al.，2022）。

五、多资源调查

在我国，多资源调查（multi-resources inventory）是指对森林资源中，除林木资源以外的野生动植物、游憩资源、水资源、放牧资源和地下资源等进行的调查。多资源调查是在森林分类经营的基础上，为了满足森林经营方案、总体设计、林业区划与规划设计的需要，从而正确评价森林多种效益，发挥森林的各种有效性能而展开的（杨慧珍等，2004）。

（一）多资源调查发展历程

在森林资源调查体系建立初期，主要调查工作是为了了解林木资源状况和木质资源利用状况，从而围绕森林面积及木材蓄积清查展开。随着人们对生态保护、资源利用、环境保护等问题的重视程度不断加深，美国于 20 世纪 70 年代率先开始推行多资源调查体系，随后世界上许多国家逐渐开始进行多资源调查，我国的森林多资源调查从 20 世纪 90 年代中期开始。而目前世界各国对多资源调查的类型归属不完全一致，我国将多资源调查归属于二类调查中的专业调查范畴中。

（二）多资源调查的内容与方法

1. 野生植物资源调查　　野生经济植物资源是林业经济基础的重要组成部分，对森林野生经济植物资源进行调查，有利于合理开发与利用经济植物资源。

（1）野生植物资源种类　　从用途的观点出发，我国的经济植物可分为食用植物、药用植物、工业原料植物和美观美化植物 4 类。

（2）野生植物资源调查方法　　我国野生植物资源调查一般采用标准地、样地或线路调查等方法。

2. 野生动物资源调查

（1）一般调查

1）调查对象：调查对象为陆生脊椎动物，包括兽类、鸟类、爬行类、两栖类。重点调查国家重点保护野生动物，国家保护的有益的或者有重要经济、科学研究价值的陆生野生动物，我国特有种、环境指示种、旗舰种、伞护种及生态关键种。

2）调查内容：调查野生动物的种类、数量、组成、动向、分布及可利用的情况和群体的自然区域；确定不同种类野生动物对食物和植被的需要；评价维持野生动物和种群的各种生境单位。

3）主要任务：清查资源现状、建立资源数据库，综合评价野生动物资源、提供准确的资源调查材料和调查报告，建立资源监测网络、掌握资源动态变化情况，为制定保护管理和合理利用对策提供依据。

4）调查方法：常规的调查方法是采用样线法、样方法、样点法等常用抽样和计数方法对野生动物资源进行调查。

（2）专项调查　　针对特定物种或特定地区进行的专项调查，分为专项物种调查和专项地区调查。专项物种调查是指对分布范围狭窄、习性特殊、数量稀少、常规调查不能达到要求的种类，根据动物的分布和生态习性，采用专门方法进行的调查。专项地区调查是指对地形、地貌特殊，或者地理位置特别偏远，或具有特别重要的意义、常规调查难以实施的地区，根据该地区地形地貌特点，以及动物的种类、分布、习性等，采用专门方法进行的调查。

1）湿地资源调查：湿地作为一种独特的生态系统，在蓄水泄洪、补充地下水，调节气候，净化天然水体，控制土壤侵蚀、保护海岸线，保护生物多样性等方面均发挥着重要的作用。湿地资源调查的目的是查清我国湿地资源及环境现状。

Ⅰ. 调查内容：湿地资源调查分为一般调查和重点调查。

一般调查是对所有符合调查范围的湿地，调查湿地类型、面积、分布（行政区、中心点坐标）、平均海拔、所属流域、水源补给情况、植被类型及面积、主要优势植物种、土地所有权、保护管理状况、河流湿地的流域级别。

重点调查中，除一般调查所列内容外，还应包括：①自然环境要素；②湿地水环境要素；③湿地野生动物；④湿地植物群落和植被；⑤湿地保护与管理状况、湿地利用状况、社会经济状况、受威胁情况等。

Ⅱ. 调查方法：湿地资源调查的方法采用以遥感（remote sensing，RS）为主、地理信息系统（geographical information system，GIS）和全球定位系统（global positioning system，GPS）为辅的"3S"技术开展典型调查。

2）放牧资源调查：在森林中的放牧资源主要是指草本植物及一些灌木的枝、叶、果实等。

Ⅰ. 调查内容：草场的种类、面积、立地利用系数、载畜量、畜牧业发展情况等。

Ⅱ. 调查方法：放牧资源调查主要是采取抽样调查的方法，在航片或地形图上布设样点。为提高工作效率，调查通常采用分层抽样的办法，放牧资源较多的草地、湿地、灌丛、开阔的河岸为一类，放牧资源较少的为另一类。

3）水资源和渔业资源调查：森林资源和水资源密切相关，森林与水的关系也一直是森林生态学家探索的奥秘。水资源是天然的动力资源，同时森林通过林冠层和林内灌草层截持、林地枯枝落叶层和苔藓层拦蓄，以及森林土壤层含蓄的综合过程实现对水资源的调节。

Ⅰ.调查内容：水资源调查的内容包括水源数量（水域面积、流量及流速）、质量（沉积物总量、化学性质、生物学性质及温度）、水生生物、开发利用、生态状况及动态变化。渔业资源调查是在水资源调查的基础上，对水产养殖的养殖面积、种类、鱼龄、生长发育状况、现有量、负载量、生产量进行调查，评估主要渔业种类的资源量及种群动态（张宏和刘剑，2022）。

Ⅱ.调查方法：水资源调查和渔业资源调查可采用路线调查、抽样调查、查阅水文资料等方法，对鱼群采用底拖网调查和捕捞调查。

4）景观资源调查：景观资源是构成园林风景的基本要素，是开展森林旅游不可缺少的基础，景观资源调查采用路线法、典型调查、查阅文献、座谈访问等多种方法相结合，主要可分为自然景观资源调查和人文景观资源调查。调查内容主要包括森林景观调查、地貌景观调查、水文景观调查和气象景观调查。

3. 其他多种资源调查　　其他多种资源如建材（花岗岩、大理石等）、矿产（煤炭、金矿等）、"三剩"资源（采伐、造材、加工剩余物）等。调查这些资源的数量、现有利用情况、开发利用方向，可为发展多种经营提供科学依据。

六、统计与成果

（一）成果统计

统计报表采用由小班、林班等森林经营区划系统分层向上逐级统计汇总。当小班由几个地块合并而成时，可选择面积最大的地块或根据经营方向确定一个地块的调查因子作为合并小班的调查因子，但小班蓄积应为各地块的蓄积之和。在统计汇总时，采用合并后小班的调查因子。

所有调查材料应经专职检查人员检查验收。各种统计成果报表在形式和内容上均要相同，分权属汇总统计。小班调查材料验收完毕后才能进行资源统计。

（二）主要成果

1. 表格材料

（1）小班调查簿　　森林调查簿及小班调查卡片是森林经理调查中最基本和最重要的材料，它是统计资源和编制森林经营方案的基础数据，也是建立林场经营档案或林业局资源档案，以及进行省、地区、全国的森林资源统计的基本材料（GB/T 26424—2010）。森林资源规划设计调查的小班调查簿格式由各地自定。

附表B

（2）统计表　　调查结束后应提交以下 6 种统计表（附表 B）：各类土地面积统计表；各类森林、林木面积蓄积统计表；林种统计表；乔木林面积和蓄积按起源、优势树种、龄组统计表；生态公益林（地）统计表；红树林资源统计表。

2. 图面材料

（1）基本图　　基本图主要反映调查单位自然地理、社会经济要素和调查测绘的成果，是计算林地面积、编绘其他专用图的基础图面资料。基本图实际上是调查地区的黑白区划图，以地形图为底图绘制而成，图上能反映边界、道路、居民点、河流、山脉、林班线、林场界、林班与小班的边界编号等信息。基本图以林场（或乡）为单位绘制，也可以营林区为单位绘制。比例尺一般为 1∶10 000～1∶25 000，具体比例尺大小视森林经理等级而定。

（2）林相图　　林相图是根据小班调查材料，以林场或乡（村）为单位，用基本图为底图进行绘制的。根据小班调查因子，如地类、优势树种、龄组等进行标记与着色。因此，林相图能清楚地反映整个林场的地物、地类，以及森林按优势树种及龄组分布的特征，也能反映出各个小班的林分及土地生产力的特征。

（3）森林分布图　　森林分布图是林业局的森林资源分布图，是以林业局或林场为单位，以林相图为基础缩绘而成的，其比例尺小于林相图，为 1：50 000～1：100 000。图内的区划网只绘到林班，从西北到东南按顺序注记林班号，按照林班标注地类，以林班内优势林分着色，其代表颜色的规定，同林相图一样。

（4）森林分类区划图　　以经营单位或县级行政区域为单位，用林相图缩小绘制。其比例尺为 1：50 000～1：100 000，并按工程区、森林类别、生态公益林保护等级和事权等级着色。

（5）其他专题图　　在专业调查的基础上绘制备用、专业用图，如土壤分布图、立地类型图、植被分布图、病虫害分布图、副产资源分布图、野生动物分布图、森林经营方案图等。这些图都是以林场或经营区（林种区）为单位，视工作需要选择性进行绘制的。

3. 文字材料　　文字材料包括森林规划设计调查报告、专项调查报告、质量检查报告等。

七、森林规划设计调查工作流程

森林规划设计调查的工作流程主要分为 8 个阶段（图 8-8）：①准备工作；②召开第一次经理会议；③培训试点；④外业工作；⑤内业工作；⑥质量检查；⑦成果验收；⑧召开第二次经理会议。

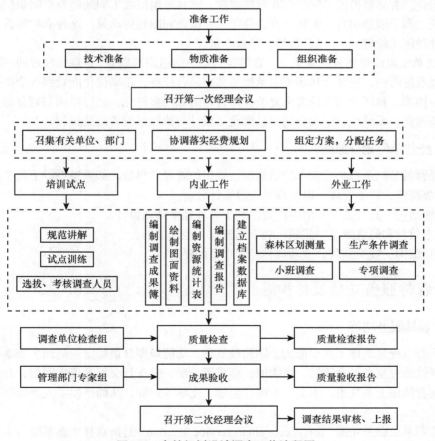

图 8-8　森林规划设计调查工作流程图

◆ 第四节　森林经营单位及经营类型的组织

一、经营单位概述

（一）经营单位的概念与意义

组织森林经营单位是森林经营方法的重要组成部分和基础工作，是根据林区的森林资源现状和社会经济条件特点，对其进行科学合理的划分，从而实施分类经营，以达到提高森林经营的综合效益的目的。

1. 森林经营单位的概念　森林经营单位（forest management unit）是指边界清晰、具有一定面积的森林区域，能按照规划好的经营目标和方案实施一切经营活动的经营主体，且必须获得法人资格。简而言之，就是具有森林资源并开展森林经营的单位，如国营林场、苗圃、森林公园、保护区等国有森林经营单位和其他森林经营单位。

由于同一林场或在相同类型的森林资源经营和管理单位范围内各个部分的经济价值和森林资源的组成因林分类型和自然因子的不同而不同，结构多种多样，因而经营方针、目的和制度也不相同。因此，有必要根据不同的内在发展要求，将林地组织成不同的经营空间单位，完善一整套经营体系，利于因地制宜、因林制宜，简化经营措施和减轻劳动量。这种森林经营的空间单位主要分为林种区（经营区）、经营类型、经营小班。

2. 经营单位组织与划分的意义　森林经营单位的组织与划分，是森林经理的一项重要外业环节。通过系统组织，把整个林场所需承担的共同经营任务，正确优化配置到各个部分，使整体和局部统一协调。林区内部无论多么复杂，经营目的如何多样化，经过组织与划分的经营单位，都会使之条理化、系统化、层次分明，且简化了设计与执行经营管理的过程。

（二）经营单位划分原则

森林经营的基础是森林经营单位的组织，要组织好经营单位，必须遵循以下几个原则。

1）分类经营、科学管理，以便森林资源统计分析。

2）适地适树、充分发挥林地生产力，利于森林经营规划设计。

3）生态效益和经济效益相兼顾，利于实施森林经营措施。

4）优化结构、规模经营，推动森林经营水平的提高。

二、森林服务功能及林种区

（一）森林服务功能

森林生态系统是地球上面积最大、结构最复杂、功能最多且最稳定的陆地生态系统。其丰富的生物多样性通过复杂的食物链、食物网，形成了分层、分支且交汇的庞大网络，并以多种方式和机制影响着陆地上的气象、水文、土壤、生物、化学等过程，从而产生了人类可以利用的多种服务功能。

森林生态系统服务功能（forest ecosystem service function）是指森林生态系统与生态过程所形成及所维持的人类赖以生存的自然环境条件与效用。根据联合国《千年生态系统评估报告》，森林生态系统服务功能可以分为支持服务、调节服务、供给服务和文化服务四大类（GB/T 38582—2020）。

1. 支持服务　支持服务（supporting service）是指森林生态系统土壤形成、养分循环和初级生产等一系列对于其他森林生态系统服务功能的产生必不可少的服务。例如，森林为野生动植物提供生境，保护其生物多样性和进化过程的功能，这些物种可以维持其他的生态系统功能。

2. 调节服务　调节服务（regulating service）是指森林生态系统通过生物化学循环和其他生物圈过程，调节生态过程和生命支持系统的能力。除森林生态系统本身的健康外，还提供许多人类可直接或间接利用的服务，如净化空气、调节气候、保持水土、净化水质、固碳释氧等。

3. 供给服务　供给服务（provisioning service）是指森林生态系统通过初级和次级生产提供给人类直接利用的各种产品，如食物、淡水、生物能源、纤维、生物化学产品、药用资源和生物遗传资源等。

4. 文化服务　文化服务（cultural service）是指通过丰富人们的精神生活、发展认知、大脑思考、生态教育、休闲游憩、消遣娱乐、美学欣赏、宗教文化等，使人类从森林生态系统中获得的非物质惠益。

（二）林业分类经营

人类对森林功能需求的多样化，决定了林业经营模式的多样化。虽然每一片森林都是多功能的，但从人类利用的角度，森林多个功能的相对重要性存在差异，即存在一个或多个主导功能。为了满足社会对森林功能的多元化需求，突出森林的主导功能，同时充分发挥森林多种功能，我国实行林业分类经营（forest classification management）管理体制，以实现森林资源的科学经营和永续利用。

林业分类经营是指根据社会对森林生态和经济的两大需求，按照森林多种功能主导利用原则，相应地将森林、林木、林地区划为不同森林类别，分别按各自特点与规律运营的一种经营管理体制和经营模式（LY/T 1556—2000）。我国目前的分类经营是按照生态效益和经济效益相结合的原则，根据森林的用途和生产经营目的，把森林、林木、林地中生态区位重要或生态状况脆弱的一部分划为公益林，其目的是发挥森林的生态和社会服务功能；把未划定为公益林的一部分划定为商品林，以满足人类社会的经济需求。由于我国幅员辽阔，各地自然地理和社会经济差异悬殊，为了便于进行林业分类经营布局和分区分类经营管理，我国将全国分为 6 个不同的林业分类经营类型区域（表 8-18；LY/T 1556—2000）。

表 8-18　林业分类经营类型区域表

类型区域	省（自治区、直辖市）
东北区	黑龙江、吉林、辽宁、内蒙古东北部三市一盟（呼伦贝尔市、赤峰市、通辽市和兴安盟）
中原华北区	山西、山东、河南、河北、天津、北京
中南华东区	湖南、福建、湖北、江西、上海、江苏、浙江、安徽
热带沿海区	广东、广西、海南
西南区	四川、重庆、贵州、云南、西藏东南部
西北区	甘肃、青海、宁夏、新疆、陕西、内蒙古中西部、西藏其他地区

注：台湾省和香港、澳门特别行政区未列入本表

（三）林种区特点

不同区域和立地条件下的森林资源在国民经济中的作用不同，故其经营方向也不相同，这反映在林种的差异上。因此，根据各林种所占的地区范围而划出的不同经营单位称为林种区。林种区往往具有以下特点。

第一，在林业局或林场的范围内，在地域上一般相连接，且林种相同、经营方向相同、经营强度一致，并采取同一经营制度和利用制度。

第二，林种区的界线一般为林班线，也可以和行政管理或营林区（forest section）界线一致。

第三，一个林场可能是一个林种区或多个林种区，在林种区划定后，有关森林资源的统计，大多数森林经营、利用措施及规划设计，均需以林种区为单位汇总。

第四，《中华人民共和国森林法》将森林划分为防护林、用材林、经济林、薪炭林和特种用途林五大林种。因此林种区的种数也不应多于 5 个，其命名需冠以具体的林种名称，如防护林区、用材林区等。

第五，林种区的划分不宜过细，通常每个林种区的面积至少不低于全林场总面积的 5%。

（四）林种区划分与依据

根据林种区所具有的特点，在划分林种区时，应考虑以下几个因素。

1. 林种的差别　林种不同，森林的经营目标也不同。根据森林在国民经济中的主导功能差异，我国将森林划分为防护林、用材林、经济林、薪炭林和特种用途林五大林种。

（1）**防护林**　以保障生态安全、发挥生态防护功能为主要目的的森林、林木和灌木林。

（2）**用材林**　以生产木材、竹材和木质纤维为主要目的的森林、林木和灌木林，包括短周期工业原料用材林、速生丰产用材林和一般用材林。

（3）**经济林**　以生产油料、干鲜果品、工业原料、药材、食品、香料及其他林副特产品为主要目的的森林、林木和灌木林。

（4）**薪炭林（能源林）**　以生产燃料等生物质能源原料为主要目的的森林、林木和灌木林，包括油料能源林和木质能源林。

（5）**特种用途林**　以保存种质资源，保护生态环境，以及用于国防战备、景观保护和科学实验等为主要目的的森林、林木和灌木林。

2. 森林经营强度不同　对于同一林种，由于经营目的或森林经营强度的差异，可进一步划分为不同的二级林种区（表 8-19；LY/T 1556—2000）。

表 8-19　森林主导功能分类系统

类别	林种	二级林种	主导功能
公益林	防护林	水土保持林	减缓地表径流，减少水力侵蚀，防止水土流失，保持土壤肥力
		水源涵养林	涵养和保护水源，维护和稳定冰川雪线，调节流域径流，改善水文状况
		护路护岸林	保护道路、堤防、海岸、沟渠等基础设施
		防风固沙林	在荒漠区、风沙沿线减缓风速，防止风蚀，固定沙地
		农田牧场防护林	改善农区牧场自然环境，保障农牧业生产条件
		其他防护林	防止并阻隔林火蔓延、防雾、护渔、防烟等
	特种用途林	国防林	保护国界，掩护和屏障军事设施
		科教实验林	提供科研、科普教育和定位观测场所

续表

类别	林种	二级林种	主导功能
公益林	特种用途林	种质资源林	保护种质资源与遗传基因，种质测定，繁育良种，培育新品种
		环境保护林	净化空气，防污抗污，减尘降噪，绿化、美化小区环境
		风景林	维护自然风光和游憩娱乐场所
		自然保存林	留存保护典型森林生态系统、地带性顶极群落、珍贵动植物栖息地与繁殖区和具有特殊价值的森林
商品林	用材林	一般用材林	培育工业及生活用材，生产不同规格材种的木（竹）材
		工业纤维林	培育造纸及人造板工业等所需木（竹）纤维材
	薪炭林	—	生产木质热能原料和生活燃料
	经济林	果品林	生产干、鲜果品
		油料林	生产工业与民用油加工原料
		化工原料林	生产松脂、橡胶、生漆、白蜡、紫胶等林化原料
		其他经济林	生产饮料、药料、香料、调料、花卉、林（竹）食品等林特产品及加工原料

3. 开发运输条件差别　　此外，也可根据交通、人口、经济条件差异划分林种区。例如，交通方便、人口稠密、经济发达的地区划分为一个林种区，交通不便、经济欠发达地区划分为另一个林种区等。

三、经营类型的组织

（一）经营类型的概念

虽然同一林种区内树种的利用方向一致，但各小班的立地条件往往有很大的差别。对于不同立地类型的小班，需要采用不同的经营方式来进行经营活动。因此，在划分林种区后，根据小班特点将它们分别归类组织，以采取相同的经营利用措施，这种组织起来的单位叫作经营类型（working group）。

（二）组织经营类型的意义

森林经营类型的组织，便于组织林业生产，具体落实林种区的经营方向。在规划设计时可以按照经营类型建立一套较完整的经营技术体系，有利于实施森林永续利用；通过组织经营类型规划设计，可以简化规划设计工作，以便在较长时间内根据它开展经营活动。

（三）组织经营类型的依据

根据森林经营类型的概念，在同一森林经营类型中的所有小班均可采用同样的经营措施体系。因此，在组织森林经营类型时，对经营措施体系产生较大影响的因素，都是组织经营类型的主要依据。这些依据主要有树种起源、经营目的、经营水平、立地条件、采伐方式等。

（四）组织经营类型的方法

森林经营类型的组织不仅要考虑森林的自然条件、经营水平及经营目的，还要考虑经营单位的经营方针、经营目标，以及经营单位的森林资源结构、经济状况等多种因素。实际设置步骤是首先在针对森林资源的外业调查中初步确定各小班的森林经营类型；然后根据森林资源调查的基本情况和调查结果进行分析论证，并确定各种经营类型的规模大小；最后依据论证结果对小班经营类型的初步确定情况进行调整和修改。

一般根据所经营森林中的主要树种来进行经营类型的命名。若有需要，可以在主要树种之前，加上森林起源、立地质量、产品类型及防护性能等修饰名词。当主要树种由两种或两种以上树种组成时，也可按多主要树种组合命名。

（五）经营类型组

森林经营类型的划分有两个不同的系统：一是实施不同管理方案的区划，二是实施不同手段的措施类型。为了确保在规划期内实施的各种经营措施的有效性和合理性，针对各经营管理类型组内森林资源结构、功能和林分质量的差异性，不同地区的经营单位需因地理条件、树木类别等组织不同的经营类型。

1. 经营管理类型组　　基于 2004 年试行的《全国森林资源经营管理分区施策导则》，遵照森林经营管理和社会经济要求的主导方向，分为不同管理方案，主要包含以下几个经营管理类型组。

（1）严格保护类型组　　主要目的是保护生物多样性、维持自然景观特性，采取严格控制和封护的措施。一般禁止任何形式的人为活动干扰。

（2）重点保护类型组　　主要目的是确保生态安全、防止自然灾害，改善现有的脆弱的生态环境，限制人工造林更新和皆伐的森林经营活动，但可以进行低强度的抚育间伐和更新择伐，同时进行少量的木材生产利用。

（3）保护经营类型组　　主要目的是兼容生态和经济，在发挥一定生态防护功能的基础上，确定明确的经济目标或经济功能进行合理采伐利用，允许低效的林分造林、更新采伐和限量规划抚育间伐、小面积皆伐的经营活动，引进珍贵乡土树种，提高公益林的经济产出潜力。

（4）集约经营类型组　　主要目的是获得经济收益，以人工林和天然次生林为主，人为干扰强度大，可以实现可持续经营利用，持续生产林产品。

2. 经营措施类型组　　各不同的经营管理单位依据林种、树种、起源、年龄、树木生长状况、培育目标等因子，采取不同的经营措施，因而经营类型的措施具有多样性。常见的经营措施类型组有以下 7 种。

（1）抚育间伐类型组　　适用于郁闭度在 0.80 以上的中龄林，坚持抚育和间伐相结合，坚持留大伐小、留疏伐密、留优伐劣。间伐强度不应过大，伐后郁闭度应不低于 0.50。

（2）林分改造类型组　　于公益林而言为低效，于商品林而言为低产的林分需要改造。主要采用皆伐或补植的方式改造林相。

（3）抚育复垦类型组　　加强水肥管理、疏松土壤、病虫害管理等措施，及时开展树种的复壮或更换，树种选择时注意适地适树，顺应当地市场发展需要。

（4）主伐利用类型组　　适用于成过熟的用材林，遵循作业设计开展采伐作业，对生长缓慢或遭受严重灾害需要改变培育林种的林分及时更新造林。一般采用低影响的综合改造措施，防止水土流失。

（5）临时占用类型组　　对被临时占用的林地加强监管，落实占用期满后的林地恢复工作责任。应当及时清除临时建设的设施，完成表土覆盖，恢复生产条件，秉承谁破坏谁修复的原则，经有关部门验收后交还原土地。

（6）封山育林类型组　　坚决执行保护优先的原则，禁止乱砍滥伐和商业采伐等胁迫森林生态系统功能稳定和生物多样化的现象发生，通过封山育林和局部封禁管护，促进天然更新，提高林分质量和林地综合效益，保护生态并促使自然恢复的自我完善。

（7）种苗经营类型组　　对具备苗木生产、母树林培育、种子园建设条件的林业用地、优质林分、采种基地进行种苗经营培育。

（六）同龄林与异龄林经营的比较

同龄林分中，林木年龄一致，可以用正态分布进行拟合和描述。异龄林多为天然林，具有复层结构，多树种混交。全龄异龄林即林木从最大直径到最小直径都有，各径阶林木株数呈负指数分布，称倒"J"形分布，即小径阶林木多，林木株数随直径的增大而下降。

同龄林与异龄林的区别见表8-20。

表8-20　同龄林与异龄林的差异示意表（亢新刚，2011）

项目内容	异龄林	同龄林
经营措施设计单位	经营类型或经营小班	经营类型（作业级）
计算采伐量的方法	按小班连年生长量计算	按龄级平均生长量计算
采伐方式	集约择伐	伐区式皆伐
木材产品种类	以大径材为主	大、中径材
经营措施成本	相同	相同
立木成本/m³	较低	较高
采伐成本/m³	稍高	稍低
调查成本/m³	稍高	稍低
管理费	相同	相同
土地利用程度	完全	不完全
森林多种效益	较高	较低
环境成本	较低	较高

四、小班经营法

经营小班（management subcompartment）也称调查小班或林相班，是林地区划的最小经营单位，是依据林班内地况和林况的差别，以及反映在林学特征和经营要求上的不同而划分出来的最基本的经营和调查单位。小班经营法中的小班不是规划设计调查中区划的经理小班，也不是作业调查设计中生产作业区划的小班，而是经营小班，是固定的、永久性的土地区划单位。

（一）概念

小班经营法就是以小班为单位进行经营组织，在经营周期内针对小班内实施的各项经营技术，逐个调查设计，同时对现有小班做外业区划调查。小班经营法适于十分集约经营的组织经营单位和经营水平较高的林区。

经营小班的基本区划因素为地形、地物和地类界线，由一个或几个林分特点相似的相邻的调查小班组成，有固定的面积、明显的周边界线、相同或相近的林分，以利于采取相同的经营措施。

（二）特点

小班经营既是一个资源实体，又是一个经营单位，其特点主要有以下几点。

1. 界线明确　现有资料结合现场细致踏查或利用航片等判读后对照现地检查并修改，界线往往利用伐线、埋桩、设标或河流、沟底、道路、山脊等自然地形设定，要求轮廓清晰、空间信息直观明显（鄢前飞，2002）、自然地形完整。

2. 经营措施 小班经营法是依据经营目标制定的标准经营系统下的一整套经营措施，不单指某一方式（王永安，1986）。例如，经济林应怎样整地、造林、抚育、间伐；培育大径材又该如何确定种苗、栽植密度、树种选择、采伐强度。

3. 定期检查 定期重复地进行林分结构和林木生长量检查，按连年生长量确定采伐周期、采伐对象、采伐量，明确更新技术（毕福传和詹毅，2002）。

4. 技术成本 实际生产中由于单独小班操作成本较高，所以常将地域相连、林分类型相似的若干个小班组织在一起，落实经营措施体系（谢阳生等，2019）。

（三）区划条件

经营小班的区划应便于实际生产作业管理，区划经营小班的条件如下。

1. 地类 地类因子具有相对独立性，郁闭度在 0.20 以上的为有林地，郁闭度为 0.10～0.20 的为疏林地、未成林地、灌木林地、无林地。

2. 林分 林分类型反映森林生产力，按龄组可分为幼龄、中龄、近熟、成熟和过熟林。

3. 地形 立地条件是科学经营的基础，如坡度分平缓或斜坡、陡坡、急坡、险坡；坡向分东、南、西、北、东南、东北、西南、西北；坡位分坡间上中下、坡顶、坡底（李志斌和刘轶新，2008）。

4. 林权 林权分为国有和集体所有权，为了小班能被合理地分类指导与核算，应保证林权的一致性，且不应跨过行政区管理界线。

5. 目标 同一小班经营目标一致就能按照同一技术体系开展活动（陈义刚，1994），如主伐更新、间伐抚育、病虫防治的作业设计（易淮清，1985）。

6. 区划面积 经营小班的面积不宜过大，一般为 10ha 左右，最大不超过 20ha。

（四）经营措施体系

小班经营法主要是在天然林使用，特别适用于天然异龄复层混交林，同龄林不适用。对小班经营和以龄级为基础的经营类型（作业级）方法体系的比较见表 8-21。两者都以小班为单位实施，但核心不同。

表 8-21 龄级法与小班经营法的差异示意表

项目	龄级法	小班经营法
森林经营措施规划设计单位	经营类型（作业级）	经营小班
采伐量计算依据	按龄级平均生长量	按小班连年生长量
作业法	以各种伐区式作业法为主	以集约择伐作业为主
产品类型	各种林产品	珍贵优质大径材
管理成本	略低	略高
规划设计成本	低	高
技术要求	较低	较高
土地利用程度	不完全	较完全
其他服务功能	较差	较好
适用对象	商品林	特种商品林或特殊公益林

实行小班经营法的同龄林单位，虽然是按小班特点设计各经营小班的措施体系并实施，但相对于生产单位，仍需要一级经营单位统计森林资源和森林采伐量，进行森林收获调整，即仍需要一个永续利用单位囊括。

理论上，异龄林在每个经营小班都可以是一个永续利用单位，但单个小班生产规模过小，实际无法完成每年采伐，生产中仍要组织树种结构、择伐周期类似的经营小班作为一个永续利用单位，以满足生产规模的要求。在永续利用组下分别按龄级法和小班经营法组织森林经营类型和经营小班。

◈ 思　考　题

1. 我国森林资源调查的类型和特点是什么？
2. 森林资源规划设计调查包括哪些类型？
3. 简述小班调查的主要方法。
4. 森林规划设计调查工作流程有哪些？
5. 森林经营单位划分需遵循哪些原则？
6. 何为林种区？简述其特点。
7. 简述林种区的划分依据。
8. 简述小班经营法的概念和特点。

◈ 主要参考文献

毕福传，詹毅. 2002. "小班经营、单株培育、采、更、抚系统工程研究"的培育方法和效果分析[J]. 林业勘查设计，（4）：38-40.

陈雪峰，曾伟生，熊泽彬，等. 2004. 国家森林资源连续清查的新进展——关于国家森林资源连续清查技术规定的修订[J]. 林业资源管理，（5）：40-45.

陈义刚. 1994. 固定小班是实行森林资源资产化的基础[J]. 福建林学院学报，（1）：90-94.

方精云，王襄平，沈泽昊，等. 2009. 植物群落清查的主要内容、方法和技术规范[J]. 生物多样性，17（6）：533-548.

冯仲科，杜鹏志，闫宏伟，等. 2018. 创建新一代森林资源调查监测技术体系的实践与探索[J]. 林业资源管理，（3）：5-14.

国家林业和草原局. 2010. 森林资源规划设计调查技术规程（GB/T 26424—2010）[S]. 北京：中国标准出版社：1-28.

国家林业局调查规划设计院. 2000. 公益林与商品林技术分类指标（LY/T 1556—2000）[S]. 北京：国家林业局.

国家市场监督管理总局，国家标准化管理委员会. 2020. 森林资源连续清查技术规程（GB/T 38590—2020）[S]. 北京：中国标准出版社.

亢新刚. 2011. 森林经理学[M]. 4版. 北京：中国林业出版社.

李明阳. 2010. 森林规划设计[M]. 北京：中国林业出版社.

李志斌，刘轶新. 2008. 小班经营措施的探讨[J]. 防护林科技，（4）：124-125.

孟宪宇. 2006. 测树学[M]. 3 版. 北京：中国林业出版社.

陶冠慧. 2014. 现代森林经理调查分析[J]. 黑龙江科技信息，（13）：225.

王巨斌. 2014. 森林资源经营管理 [M]. 2 版. 北京：中国林业出版社.

王永安. 1986. 小班经营法[J]. 云南林业调查规划，（3）：20-24.

武建军. 2013. 浅述森林经理调查中的林业生产条件调查[J]. 现代园艺，（22）：139.

谢阳生，陆元昌，刘宪钊，等. 2019. 多功能森林经营方案编制技术及案例[M] 北京：中国林业出版社.

许传德. 2014. 从连续八次森林资源清查数据看我国森林经营[J]. 林业经济，36（4）：8-11.

鄢前飞. 2002. 论经营类型与小班经营法在森林分类经营中的综合运用[J]. 中南林业调查规划，（2）：7-10.

闫烨琛. 2020. 大清河流域山丘区立地类型划分与评价[D]. 北京：北京林业大学硕士学位论文.

杨慧珍，王成良，杨慧芹. 2004. 森林经理调查中的森林多资源调查[J]. 林业勘查设计，（4）：22-23.

易淮清. 1985. 对小班经营法的探讨[J]. 林业资源管理，（5）：11-14.

翟明普，沈国舫. 2016. 森林培育学[M]. 3 版. 北京：中国林业出版社.

张宏，刘剑. 2022. 自然资源调查水资源专项调查检测评价方案的编制思路与实践——以山西省为例[J]. 华北自然资源，（2）：132-134+138.

朱胜利. 2001. 国外森林资源调查监测的现状和未来发展特点[J]. 林业资源管理，（2）：21-26.

Dobrowolska D，Piasecka Ż，Kuberski Ł，et al. 2022. Canopy gap characteristics and regeneration patterns in the Białowieża forest based on remote sensing data and field measurements[J]. Forest Ecology and Management，511：120123.

Nilsson M，Nordkvist K，Jonzen J，et al. 2017. A nationwide forest attribute map of Sweden derived using airborne laser scanning data and field data from the national forest inventory[J]. Remote Sensing of Environment，194：447-454.

Persson H J，Olofsson K，Holmgren J. 2022. Two-phase forest inventory using very-high-resolution laser scanning[J]. Remote Sensing of Environment，271：112909.

Tomppo E O. 2006. The Finnish National Forest Inventory[M]. *In*：Kangas A，Maltamo M. Forest Inventory. Springer：Dordrecht.

Wang Y，Lehtomaki M，Lang X，et al. 2019. Is field-measured tree height as reliable as believed—a comparison study of tree height estimates from field measurement，airborne laser scanning and terrestrial laser scanning in a boreal forest[J]. Remote Sensing，147：132-145.

Zhang H，Zhou G，Wang Y，et al. 2021. Clear-cut and forest regeneration increase soil N_2O emission in *Cunninghamia lanceolata* plantations[J]. Geoderma，401：115238.

| 第九章 |

森林资源价值核算

◆ 第一节　森林资源价值核算概述

一、森林资源价值核算的基本概念和最新发展

长期以来，人们习惯于将森林资源看作是大自然的恩赐之物，忽视森林生态系统服务在日常生产与生活中的价值，以森林资源的过度消耗来发展经济，造成了比较严重的资源浪费和生态危机。1992年联合国环境与发展大会确定了社会经济可持续发展的思想，大会文件《关于森林问题的原则声明》指出："林业这一主题涉及环境与发展的整个范围内的问题和机会，包括社会经济可持续发展的权利在内"，提出"森林资源和森林土地应以可持续的方式管理，以满足这一代人和子孙后代在社会、经济、文化和精神方面的需要"，赋予林业新内涵。林业作为具有双重属性的行业，既可以提供生态和社会效益，又可以提供经济效益，已成为经济社会可持续发展的重要基础。因此，开展森林资源价值核算研究，协调好人口、资源、环境和社会经济发展，才能实现社会经济的可持续发展。

科学核算森林资源价值，对于了解生态建设效益、摸清森林生态系统"家底"、深化自然资源及其产品价格改革、推动自然资源资产负债表编制制度尽快落地等具有重要意义，是实现生态文明体制改革目标的重要基础性工作（王宏伟等，2019）。

（一）森林资源价值核算的概念

在进行森林资源价值核算之前，首先要明确森林资源核算的对象。《中国森林》（1997）认为："森林资源是指森林中一切对人类产生效益（生态效益、经济效益和社会效益）的物质，包括木材资源、林木副产品及其他森林植被资源、森林动物资源、土壤及岩石资源、水资源、气候资源、景观资源及旅游资源。"《中华人民共和国森林法实施条例》规定："森林资源，包括森林、林木、林地以及依托森林、林木、林地生存的野生动物、植物和微生物。"其中，森林包括乔木林和竹林。森林资源具有多功能性，包括生产初级产品、提供清洁水、大气调节、水文调节、环境净化、土壤保育、防护功能、休闲旅游及维持生物多样性。

所谓森林资源价值核算，就是以相应的实物量和价值量核算单位，对报告期内整个国家或地区的森林资源的存量、流量、结构和投入产出进行计量（徐为环，1991）。

森林资源价值核算是依据环境及经济核算的基本理论和国民经济核算账户体系，以森林为核算对象，以森林调查、林业统计及生态监测为基础，对森林经营、恢复和保护活动进行全面定量描述，反映森林资源资产现状及变化、森林为经济社会发展提供的产品与服务，分析经济发展对森林资源资产的影响和森林对可持续发展的支持程度，森林资源价值核算是环境经济核算的重要

组成部分（蒋立和张志涛，2017）。

（二）森林资源价值核算的分类

森林资源价值核算是一项复杂的系统工程，根据不同分类标志可以把它分为不同的类型。

1. 按核算单位分类   森林资源价值核算按核算单位可分为实物量核算和价值量核算。

（1）实物量核算   是指以相应的实物量核算单位对报告期内的森林资源的数量进行计量。森林资源核算的实物量核算单位有面积、株数、蓄积等多种。

（2）价值量核算   是指以价值量核算单位，即货币单位对报告期内的森林资源的数量进行计量。森林资源价值量核算的关键是确定森林资源的价格。

森林资源价值核算是实物量核算和价值量核算的统一。实物量核算是基础，没有完整、准确的实物量核算，就无法进行价值量的核算，而价值量核算更具有极其重要的意义。因为：①实物量核算只能做出个别资源的计算。综合性的、总计性的核算只能通过价值量来进行。虽然用蓄积单位可以对活立木蓄积进行汇总，但不同年龄、树种的单位蓄积的意义是不同的，用蓄积汇总的结果无法反映这种差异。②把森林资源核算纳入国民经济核算体系，全面反映社会、经济和森林资源的发展状况是森林资源核算的主要目的之一，而只有通过价值量核算才能做到这一点。

2. 按核算内容分类   森林资源价值核算按核算内容可分为森林资源存量核算、流量核算和投入产出核算等，前两者结合在一起又称为平衡核算（图 9-1）。

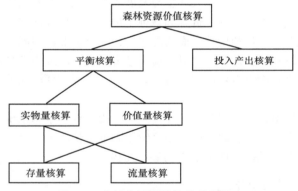

图 9-1   森林资源价值核算分类体系

（1）存量核算   是指以相应的核算单位对报告期内的森林资源存量进行计量，核算的结果反映了报告期内的森林资源总量。

（2）流量核算   是指以相应的核算单位对报告期内的森林资源流量进行计量，包括对森林资源增量和减量的核算，核算的结果反映了报告期内的森林资源消长状况。

（3）平衡核算   是指对存量和流量的综合核算。核算结果反映了森林资源存量和流量之间，期初存量与期末存量之间的数量关系。其基本关系式为：期初存量+期内增量–期内减量=期末存量。

（4）投入产出核算   是指对报告期内森林资源生产过程中的投入与产出进行核算。核算结果反映了森林资源内部及森林资源生产部门与国民经济其他部门之间的技术经济联系。

（三）森林资源价值核算的发展状况

关于森林资源价值核算，国内外已经进行了多方面的研究与实践探索，形成了一些阶段性的理论和方法指导文献，如联合国统计署等单位编写的《环境经济核算体系》（简称 SEEA）、欧盟统计局编写的《欧洲森林环境与经济核算指南》（简称 IEEAF-2002）和联合国粮食及农业组织编写的《林业环境与经济核算指南》（征求意见稿，简称 FAO-2004 指南）等。历经 30 多年的研究与发展，联合国共发布 4 部 SEEA 报告，分别是 SEEA-1993、SEEA-2000、SEEA-2003、SEEA-2012，每个版本中对森林资源核算都有不同的阐述与分析。《环境经济核算体系-2012 中心框架》（简称 SEEA-2012）吸收了联合国粮食及农业组织编写的《全球森林资源评估》《林业环境与经济核算指南》等内容，SEEA 中关于森林资源核算的概念、分类和方法，成为推动各国开展环境核算的重要参考工具（蒋立和张志涛，2017）。

我国从 20 世纪 80 年代开始研究森林资源价值，经过森林立木价值计算、森林生态价值评估和森林资源总体价值核算 3 个阶段的发展，基本形成了包括森林实物资源价值、环境资源价值和社会效益价值的核算框架（李忠魁等，2016）。对实物资源价值和环境资源价值指标形成了比较一致的观点，前者包括林木、林地、林产品、其他森林动植物资源的价值，后者主要包括森林固碳释氧、涵养水源、保护土壤、净化环境、防护农田、维持生物多样性，以及改善人们生存生活环境等。森林社会效益价值受各地自然状况和社会经济特点的影响，其内涵不尽相同，主要包括提供就业、促进当地产业发展（如生态旅游业）、改善生产生活环境、发展生态文化等。

二、森林资源价值核算的目的和内容

（一）森林资源价值核算的目的

1. 全面、客观地认识森林资源的功能和价值　　人类对森林资源的传统认识，侧重于物质产品供给，忽视了森林生态系统在生态、经济和社会等诸多方面的功能与价值，这种片面认识导致了对森林资源的无序开发利用，引发了一系列生态环境问题，严重威胁着人类的健康与生存。随着经济社会的发展，人类逐步感知到森林生态系统的脆弱性和多功能性，在合理利用可再生森林资源的同时，愈加倚重于森林的生态、历史、文化、美学、休闲等诸多服务。开展森林资源价值核算，可以以森林资源数据和生态服务监测数据为基础，生动地诠释森林产品和服务对国家和地区经济发展的贡献，科学地量化森林资源资产的经济、生态、社会和文化价值，有效调动全社会造林、营林、护林的积极性，引导人类合理地开发利用森林资源，积极参与保护生态环境，共同建设资源节约型和环境友好型社会。

2. 提高森林质量，严守生态红线，改善生态环境　　唯国内生产总值（GDP）的政绩观催生了以高投入、高污染、高耗损为主要特征的传统经济发展模式，严重破坏了生态平衡、损害了生态环境，威胁着人类社会的可持续发展。党的十八大报告提出，要加强生态文明制度建设，建立体现生态文明要求的目标体系、考核办法、奖惩机制。第十八届中央委员会第三次全体会议明确要求，要划定生态保护红线，强化生态修复建设，探索编制自然资源资产负债表，对领导干部实行自然资源资产离任审计。开展森林资源价值核算，科学量化森林资源资产和生态服务质量，是健全生态环境保护责任追究制度和环境损害赔偿制度的重要基础，是评价各届政府任期内的经济社会发展模式好坏、考量各级政府生态红线保护履职、审计自然资源资产管理责任的重要依据，是扭转生态环境恶化趋势，推进绿色发展、循环发展、低碳发展的重要举措。

3. 为森林资源生态价值补偿提供依据，完善社会主义市场经济体系　　森林资源承载着潜力巨大的生态产业、可循环的林产工业、内容丰富的生物产业。由公共产品、外部性等原因造成的市场失灵，导致森林资源和森林产品的市场价格一直没有得到客观反映，生态产品和服务则长期缺乏科学的价值评估，无法进入公共市场体系，严重滞后于社会主义市场经济发展的需要。开展森林资源价值核算，可以更加客观地反映森林的经济使用价值和生态服务价值，为深化资源性产品价格和税费改革，建立反映市场供求和资源稀缺程度、体现生态价值和代际补偿的资源有偿使用制度与生态补偿制度提供理论依据和数据支撑，推动森林资源从资源实物量管理向资源资产化管理转变，促进生态资本积累和绿色市场发育，加快完善社会主义现代市场体系。

4. 为生态文明和美丽中国建设创造更好的生态条件　　生态文明建设是关系人民福祉、关乎民族未来的长远大计。森林是陆地生态系统的主体，为人类社会发展提供着丰富多样的产品和服务，在维护生态安全、应对气候变化、保护生物多样性和支撑人类生存发展等方面发挥了十分独特而重要的作用，在推进生态文明建设中居于不可或缺的地位。2012 年联合国可持续发展大会（"里约+20"）充分肯定了森林给予人类社会、经济和环境的惠益，以及森林可持续经营对全球可持续发展的贡献及在推动低碳经济和绿色经济中的重要作用。开展森林资源价值核算，确立量化森林多种服务功能、多重价值和满足社会多样化需求的理论及方法，建立综合反映森林资源资产消长和林业生态、社会、文化综合效益的绿色经济评价体系，有助于形成节约资源和保护环境的空间格局、产业结构、生产方式、生活方式，为生态文明和美丽中国建设创造更好的生态条件，树立中国在全球绿色发展大潮中的新航标。

（二）森林资源价值核算的内容

1. 国外森林资源价值核算的内容　　在国际上，联合国《环境经济核算体系》（SEEA）最具有代表性。SEEA 将森林资源核算的内容划分为林地和相关的生态系统、生物资产、与森林有关的其他资产，在此基础上，将各类资源（或资产）按其功能标志（经济的和环境的）和起源性质标志（生产的和非生产的）进一步细分。各国也有自己的森林资源核算体系。例如，芬兰的森林资源价值核算体系分 3 部分：森林资源实物量核算（包括森林经营、立木蓄积、固碳数量、生态数据、酸雨影响、森林游憩信息等）；森林质量指标（包括森林生态指标、特殊用途指标、数量变量、价格、质量指标等）；森林资源价值量指标（包括森林永续收益、木材生长与利用、森林保护成本、森林游憩价值等）。法国的森林资源价值核算包括生物多样性、森林游憩、保育土壤、涵养水源、净化空气、固碳及森林健康等内容。

2. 国内森林资源价值核算的内容　　目前国内也形成了比较有代表性的森林资源价值核算体系。李金昌和孔繁文认为森林资源价值核算体系包括两方面：一是森林生产有机物的价值，包括木材和其他林产品，其他各种直接或间接来自光合作用的生物量；二是森林多种生态效益的价值，如涵养水源、保持土壤、固碳释氧、森林游憩、生物多样性、森林净化环境。侯元兆把森林资源价值核算的内容分为林分、林地和森林环境资源。森林环境资源具体包括森林保育土壤、涵养水源、固碳释氧、野生生物保护、森林旅游、净化空气、森林减噪和森林抑制臭氧层破坏等效能。周冰冰和李忠魁认为森林资源价值核算体系包括实物价值、生态环境价值和社会效益价值：实物价值包括林地价值、林木和经济林产品价值；生态环境价值包括涵养水源价值、净化环境价值、保育土壤价值、固碳释氧及转化太阳能的价值、防护林作用的价值、森林游憩价值和森林生物多样性价值。在核算中，往往把森林游憩价值当作社会效益价值；在核算中，往往把森林游憩价值当作社会效益价值。肖寒和欧阳志云等认为，森林生态系统服务功能包括森林林产品生产、水源涵养、水土保持、二氧化碳固定、营养物质循环、空气净化等。周晓峰把森林资源价值核算内容划分为森林的经济效益、森林的生态效益和森林的社会效益：经济效益包括生产木材和生产非木材产品；生态效益包括水源涵养、固土保肥、改良土壤和净化大气；社会效益包括美学、心理、游憩、纪念和科学价值。张颖提出森林生态系统的组成成分可分为生物部分和非生物环境部分：生物部分即人们常说的植物、动物和微生物；非生物环境部分包括水、空气、土壤、太阳能、岩石等。对森林资源价值核算内容的划分，无论是从生态系统的角度出发，还是从森林资源内容本身的完整性出发，均应考虑核算的层次性、完整性和可操作性。

三、森林资源价值核算的基本框架和关系

在国民经济核算体系中，森林资源资产仅局限于经济资产范畴，包括林地资产、林木资产、经济林资产和森林景观资产等。在环境经济核算体系中，森林资源资产的内涵除经济资产外，还包含生态系统的概念（图9-2）。因此，在这里，森林资源价值核算包含森林资源资本（即森林环境资产）。森林资源资本是包含生物和非生物及共同发挥作用的其他特征的森林资源空间区域，其价值是经济主体通过持有或使用森林资源而能够在未来持续获得一系列森林生态系统服务（包括供给服务、调节服务和文化服务）的价值总和。在此，生态系统服务中不包括支持服务，该服务在生态系统中往往起着"中间消耗"的作用。

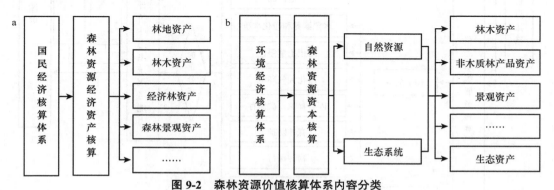

图9-2 森林资源价值核算体系内容分类
a. 国民经济核算体系；b. 环境经济核算体系

森林资源资本核算建立在资产存量和流量关系模型的基础上，并从两个方面进行考量：一是森林生态系统状况和范围，二是森林生态系统提供的服务（图9-3）。森林生态系统状况是指反映森林总体质量的特征指标，范围是指森林面积的大小。森林生态系统服务是指森林对经济和其他人类活动所提供的一系列或"一揽子"最终的生态系统服务。特定组合或"一揽子"的森林生态系统服务是指在特定时间点从特定的森林资源资本中产生的服务。特定"一揽子"的所有未来森林生态系统服务的加总构成了森林资源资本的价值。

四、森林资源价值核算的基本原理和方法

（一）森林资源价值核算的基本原理

1. 劳动价值法　马克思的劳动价值论指出："劳动是价值的唯一源泉。"每一商品的价值都不是由这种商品本身包含的必要劳动时间决定的，而是由它的再生产所需要的社会必要劳动时间决定的。只有某种商品耗费的劳动时间得到社会承认才算是社会必要劳动时间，进而形成价值。

就森林资源而言，在过去，森林资源主要是天然林，且资源比较丰富，其再生产也主要是自然再生产，不需要人们付出具体劳动就自然存在、自动产生，因而在一特定的历史条件下，森林资源无疑是没有价值的。当然，当森林资源作为人类生存发展的一种重要的物质基础被某一产权主体占有时，它可以作为生产要素进入商品流通，并具有一定的价格。但其价格基础不是价值，而是林地地租，它是一定时期人类社会经济发展水平的反映。随着社会经济发展，人类对森林资源的需求不断增加，单纯依靠自然再生产不能实现森林资源与社会经济的协调发展。为了保持经

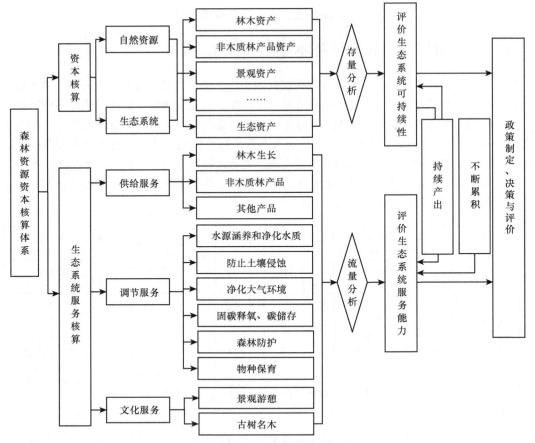

图 9-3 森林资源资本核算框架

济社会长期的稳定发展，人类必须对森林资源的再生产投入劳动，使自然再生过程和社会再生产过程结合起来。森林资源中人工林所占份额不断扩大，天然林采伐后也需要人类劳动的投入促进更新，真正意义上的纯天然林已非常稀少。因此，依据社会平均必要劳动时间决定价值的劳动价值论，森林资源就具有了价值，其价值量的大小就是在森林资源的生产和再生产过程中人类所投入的社会平均必要劳动时间。

2. 地租理论　　马克思指出，地租（land rent）是以土地私有制为前提的，是土地所有者凭借土地所有权不劳而获的收入，其特点在于土地所有权和使用权的分离。马克思从土地所有制入手，对地租进行了分析并指出，无论地租的性质、内容和形式有何不同，都是土地所有权在经济上的实现。马克思还对地租产生的原因和条件进行了分析和研究，根据地租产生的原因和条件，把地租分为级差地租（differential rent）和绝对地租（absolute rent），认为这是地租的两种基本形式。为此，马克思认为地租是土地使用者由于使用土地而缴给土地所有者的超过平均利润的那部分剩余价值。

马克思认为级差地租是经营较优土地的农业资本家所获得的，并最终归土地所有者占有的超额利润。级差地租来源于农业工人创造的剩余价值，即超额利润，它是由农业资本家手中转到土地所有者手中。形成级差地租的 3 种条件：①土地肥沃程度的差别；②土地地理位置的差别；③在同一地块上连续投资产生的劳动生产率的差别。马克思按级差地租形成的条件不同，将级差地租分为两种形式：级差地租第一形态（即级差地租Ⅰ）和级差地租第二形态（即级差地租Ⅱ）。级差地租

Ⅰ是指农业工人因利用肥沃程度和位置较好的土地所创造的超额利润而转化的地租；级差地租Ⅱ是指对同一地块连续追加投资，由各次投资的生产率不同而产生的超额利润转化的地租。

绝对地租是指土地所有者凭借土地所有权垄断所取得的地租。绝对地租既不是农业产品的社会生产价格与其个别生产价格之差，也不是各级土地与劣等土地之间社会生产价格之差，而是个别农业部门产品价值与生产价格之差。因此，农业资本有机构成低于社会平均资本有机构成是绝对地租形成的条件，而土地所有权的垄断才是绝对地租形成的根本原因。绝对地租的实质和来源是农业工人创造的剩余价值。

萨缪尔森认为地租是土地要素的相应报酬，其大小取决于生产要素相互依赖的边际生产力。地租取决于供求关系的均衡价格，由于供给缺乏弹性，因此需求就成为唯一的决定因素。地租完全取决于土地需求者支付的竞争性价格，这在更大程度上导致地租是由土地产品的市场价格竞争产生的。萨缪尔森认为，可利用地租和生产要素的价格来分配稀缺资源，对稀缺资源征收地租有助于取得资源的一种更有效率的配置方式。他还认为，地租是为使用土地所付的代价。土地供给数量是固定的，因而地租量完全取决于土地需求者的竞争。

3. 边际效用价值论　　边际效用价值论是在19世纪70年代初，由英国的杰文斯、奥地利的万格尔和法国的瓦尔拉提出的，后由奥地利的庞巴维克和维塞尔加以发展的西方经济学的价值理论之一。其特点是以主观心理解释价值形成过程，认为商品的价值是人们对物品效用的感觉和评价；效用随着人们消费某种商品的不断增加而递减；边际效用就是某物品一系列递减的效用中最后一个单位所具有的效用，即最小效用，是衡量商品价值量的尺度。它还提出了市场价格论，认为市场价格是在竞争条件下，买卖双方对物品主观评价彼此均衡的结果。

边际效用价值论是边际效用学派理论的核心和基础。边际效用价值论者认为，商品价值是由该商品的边际效用决定的。效用是指物品能满足人们欲望的能力。边际效用则是指每增加购买一单位的某种商品给消费者带来的总效用的变化量。边际效用价值论者认为商品的价值并非实体，也不是商品的内在客观属性。价值无非是表示人的欲望同物品满足这种欲望的能力之间的关系，即人对物品效用的"感觉与评价"。他们认为效用是价值的源泉，是形成价值的一个必要而非充分条件，价值的形成还要以物品的稀缺性为前提。稀缺性与效用相结合才是价值形成的充分必要条件。这里的稀缺性是指物品供给的有限性。边际效用价值论者是这样阐述他们的观点的：物品只有在对满足人的欲望来说是稀少的时候，才可能成为人们福利所不可缺少的条件，从而引起人的评价，并变现为价值，而衡量价值量的尺度就是"边际效用"。人们对物品的欲望会随其不断被满足而递减，如果供给无限则欲望可能减至零甚至产生负效用，即达到饱和甚至厌恶的状态，从而它的价值会随供给增加而减少甚至消失。边际效用价值论者还提出以"主观价值"为基础的市场价格，并称之为"客观价值"，主观价值是人们对物品边际效用的主观评价，客观价值是指人们获得某些客观成果的能力。总结归纳起来，边际效用价值论认为：①效用是价值的源泉，是形成价值的必要条件，效用同稀缺性结合起来，形成商品的价值；②边际效用是衡量价值量的尺度，物品的价值量就是由边际效用来决定的；③边际效用是由需求和供给之间的关系决定的；④边际效用递减与边际效用均等；⑤生产资料的价值是由所生产出来的消费资料的边际效用决定的。

4. 货币时间价值　　所谓货币时间价值（currency time value），是指货币经历一定时间的投资和再投资所增加的价值，也称资金的时间价值（the time value of money）。在现实经济生活中，货币增值的明显事例是银行支付给存款者的利息。这里需要明确两点：第一，货币本身不会增值，它只有用作生产资金后，由于劳动力和生产资料的结合，创造了剩余价值，才有增值的来源。第二，货币必须在不断的运动中才能增值。企业的资金依次经过供、产、销3个阶段，形成"货币—商品—生产—商品—货币"的资金周转形式，每次周转都可能带来一个增大了的货币量。

在商品经济社会里，利息实质上反映的是平均利润在企业家和金融家之间的分配。利息水平由利率决定，一般不会超过平均利润率。通常情况下，随着生产资金的供求关系，在零和平均利润率之间上下波动。所以，利息率的变动依赖于平均利润率的变动。平均利润率升高，利息率相应增高，反之，利息率相应降低。同时，利息率又取决于生产资金的供求关系，生产资金供过于求时，利息率下降；反之，利息率提高。当生产资金供求平衡时，利息率的总水平随各个国家的具体情况而异。

按复利制计算利息时，有两种情况：一种是对一次性收入（或支出）款项的计算，称为整付终值或现值的计算；另一种是对多次收入（支出）等额的、等间隔期（一般为一年）的款项的计算，称为年金终值或现值。终值和现值的关系是：现值+复利利息=终值（或终值−复利利息=现值）。常用的 7 个计算式如下。

（1）整付终值 整付终值是指货币一次收到或支出后，经过一定时间（通常以年为单位），在某一时间点上（通常为年末）的价值。整付终值的计算公式为

$$F = P(1+r)^n$$

式中，F 为整付终值；P 为资本金；r 为利率；n 为经营期间；$(1+r)^n$ 为复利终值系数，通常称为一元的终值系数。

（2）整付现值 整付现值是指若干年后收到或支出一笔款项，按一定利率折合成的现值。由于整付终值是本金加利息之和，那么整付现值就相当于由终值换算为现值，要减去这个期间的利息。其计算公式可由整付终值公式推得：

$$P = \frac{F}{(1+r)^n} = F(1+r)^{-n}$$

式中，F、P、r、n 符号的意义同上；$(1+r)^{-n}$ 称为一元的现值系数。

（3）年金终值 年金终值就是每期期末连续等额支付，到期时一次收回的资金额。由于每次付款的终值与一次付款的终值的计算方法相同，因此计算连续等额付款的终值，实际上是对终值求和。在森林资源评价中如计算轮伐期内的地租在期末的综合或在主伐时应扣除的管护费用总和时均要用到年金终值计算。

$$F = \frac{A\left[(1+r)^n - 1\right]}{r}$$

式中，F 为年金终值；A 为年管护费用；r 为投资收益率；n 为轮伐期；$\dfrac{(1+r)^n - 1}{r}$ 称为年金终值系数。

（4）终值年金 终值年金是指先知道终值，然后再计算含利息的年金是多少。在实际应用中比较典型的是固定资产折旧方法中的"年金法"。具体做法是先确定固定资产的折旧总额（原始价值−预计净残值+利息），然后计算每年含利息的折旧额。在资产评估价值估算中，也存在着某一预定目标下，倒算等额的含利息的年金数的情况。终值年金可由年金终值的公式直接推导得出：

$$A = \frac{F \times r}{(1+r)^n - 1}$$

式中，A 为终值年金；其余符号的意义同上；$\dfrac{r}{(1+r)^n - 1}$ 称为终值年金系数。

（5）年金现值 年金现值是指今后一定时期内，每年都有一笔固定额数的收入（或支出）的现值。也就是在今后一定年限内，要想每年都得到一份固定的收入，现在应投入的资金。

年金现值的概念在实际经济活动中应用广泛，如在森林资源评价中一个轮伐期内的地租现在一次性支付的价值，以及整个轮伐期内的森林管护费用现值为多少等。

年金现值的公式推算与年金终值一样采用等比数列的 n 项求和公式。先求出终值，再将终值按复利现值公式折算为现值：

$$P = \frac{A\left[(1+r)^n - 1\right]}{(1+r)^n \times r}$$

式中，P 为年金现值；其余符号的意义同上；$\frac{(1+r)^n - 1}{(1+r)^n \times r}$ 称为年金现值系数。

（6）现值年金　　现值年金是一定年限内清偿一笔投资收益率固定、分若干期归还的债务，每期（一般为一年）必须偿还的固定金额，其中部分偿还本金，部分偿还利息，而本金和利息的比例是逐期变化的，实际上是已知现值求年金。因此，从年金现值公式可推导出现值年金。

$$A = \frac{P \times (1+r)^n \times r}{(1+r)^n - 1}$$

式中，A 为现值年金；其余符号的意义同上；$\frac{(1+r)^n \times r}{(1+r)^n - 1}$ 称为现值年金系数。

（7）永续年金现值　　永续年金现值是年金现值的一个特例，被广泛应用于年金无限重复的场合。一块林地，假如从无林地开始经营，每个轮伐期的收入相等，无限个轮伐期的总收入也相当于无限个年金之和。由于货币时间价值的存在，每一个经营期的收入都要折合为现值，持续经营时间越长，各期收益的现值时间的增加越来越小。又如股票投资，只要发行股票的企业不倒闭，则股东的红利是无限期支付的，假设每年所支付的红利是等额的，这就是一种永续年金。它构成数学意义上的无穷数列，假定每年的折现率不变，则是无穷递缩等比数列，因此，永续年金的取值可按递缩等比数列无穷项求和公式计算：

$$P = \frac{首项}{1 - 递缩比} = \frac{\frac{A}{1+r}}{1 - \frac{1}{1+r}} = \frac{A}{r}$$

式中，各符号的意义同上。

5. 生态补偿论　　生态系统是由环境资源系统和社会经济系统组成的开放系统。森林资源是环境资源系统的重要组成部分。社会经济系统生产和消费的产品价值，不仅来自劳动生产，而且来自环境资源。因此，森林资源是有价值的。要使社会经济系统能够持续发展，就必须使森林资源也能持续发展，这就要求社会经济系统对森林资源做出生态补偿。这种补偿包括实物量和价值量的补偿。所有的经济活动不仅需要投入劳动和物资，而且需要投入森林资源的环境部分，但目前在计算经济产品的价格时，只考虑劳动成本和物质成本，不考虑森林资源环境成本。因此，对生态系统价值补偿的办法之一，就是在产品成本和价格中加入环境成本。具体来说，按机会成本法对经济产品定价时，除了考虑边际生产成本外，还要考虑资源耗竭成本和环境损害成本。

（二）森林资源价值核算的方法

1. 综合法　　根据森林资源功能和产生的效益，把森林资源的价值分解为有形的资源价值和无形的生态价值，即平常所说的直接效益和间接效益。对于直接效益可直接按照市场交易价格求出，间接效益则要根据森林资源的生态功能进行再分解，并按不同的方法求出它们的价值，再把森林资源各项功能的价值加起来，构成森林资源的总价值。这种采用"分解"的方法计算的森林资源价值，是否等于整体计算的森林资源价值，还值得讨论。但大多数情况下，采用综合法整体计算森林资源价值十分困难。

2. 租金或预期收益资本化法 租金或预期收益资本化法,就是在知道了森林资源的租金或预期收益和利息率的情况下,利用资本化法求森林资源价值的方法。在实际核算中要注意:一是要用供求关系表现资源的稀缺性和时间价值对森林资源的计算值进行调整;二是计算的森林资源的价值是整体的价值,即包括有形价值和无形价值。

3. 替代法 在无法直接求出某项森林资源的价值时,根据森林资源的功能,采用工程费用法、市场价值法、人力资本法等方法,计算出该功能的价值,以代替森林资源的价值。在实际应用中,使用替代法计算的森林资源价值往往较高,甚至难以接受。在核算中,也涉及支付意愿(WTP)和接受意愿(WTA)的问题。因此,一些学者建议采用该方法对森林资源的价值进行核算时,要使用发展阶段系数,即恩格尔系数的倒数对其核算值进行调整。

除上述方法外,森林资源价值核算的方法还有成本效益分析法、市场价值法、边际机会成本法、替代市场法等,将在下文说明。

◆ 第二节 林地资源价值核算

林地是森林的载体,是森林物质生产和生态服务的源泉,是森林资源资产的重要组成部分。《中华人民共和国森林法实施细则》规定,林地是指郁闭度在 0.20 以上的乔木林地,以及竹林地、疏林地、未成林造林地、灌木林地、采伐迹地、火烧迹地、苗圃地和国家规划的宜林地。

林地使用权(forestland use right)有广义和狭义之分。狭义的林地使用权是指依法对林地的实际使用,包括在林地所有权之内,与林地占有权、收益权和处分权是并列关系;广义的林地使用权是独立于林地所有权之外,林地占有权、狭义的林地使用权、部分收益权和不完全处分权的集合。目前实行的林地使用权的出让和转让制度中的"林地使用权"就是指广义的林地使用权。通常所说的林地使用权也是广义的林地使用权,它是指林地使用者通过有偿方式取得林地后依法进行使用或依法对其使用权进行出让、出租、转让、抵押、投资的权利,是林地使用权的法律体现形式。林地使用权是与林地所有权有关的财产物权。取得广义的林地使用权者,就称为林地使用权人。由于林地使用权是以他人林地为客体的权利,因此,林地使用权人一般须向林地使用权出让人支付林地使用权价格。

林地资源价值核算本质上是对林地使用权价格的评定估算,是特定区域内的林地在某段时间内使用权的价格。由于林地的依附性,实质上是将经营林地上植被产生的超额利润作为林地的收益,以此为基础来进行林地评价。在一些无立木的林地上如采伐迹地、火烧迹地、国家规划的宜林地,则必须为其选择最适用的植被,依社会平均经营水平评价。

一、林地资源实物量核算

在 SEEA 中,实物量核算主要集中在实物流量的核算上,并通过基本供给使用表(supply and use table)、实物投入产出表(physical input-output table,PIOT)等反映出来。具体的核算内容如下。

1)自然资源流量:包括矿物、能源资源、水、土壤和生物资源等流量。

2)生态系统投入流量:包括动植物生长所需的水和其他自然物质的投入,如营养物质和二氧化碳(CO_2)等、燃烧所必需的氧气(O_2),其中不包括经济活动提供的以产品形式出现的水、营养物质和 O_2。

3)产品流量:是指经济领域中生产并在其中使用的货物和服务,包括本国和国外之间的货物和服务的流量。

4）残余物流量：是指那些经济领域伴随的、不希望出现的产出，对生产者来说它们的价值是零或是负价值。这些物质包括固体废弃物、废气、废水，它们被排到土地、空气或水中。

以上 4 种流量中，自然资源流量和生态系统投入流量是由环境流向经济系统的；而产品流量和残余物流量是由经济系统流向环境系统的。因此，林地资源实物量核算包括期初存量、核算期变动和期末存量，反映林地从期初存量到期末存量的动态平衡关系。在林地资源实物量核算中，引起林地资源实物量变化的原因主要分为以下 3 类。

1）经济活动引起的变化。主要有两种：①造林，人为活动使林地面积增加；②毁林，人为活动使林地面积减少，如毁林开垦、建筑占地等都会使林地面积减少。

2）其他变化。主要是森林的自然生长、自然更替、自然衰退和其他不确定的原因造成的林地面积的变化。

3）分类变化。主要是林地分类的原因引起的变化。例如，根据是否提供木材对森林重新进行分类；或是由于灾难，如火灾、风暴等对林地进行分类。前者主要是由经济原因引起的变化，后者则属于非经济原因引起的变化。

按照《全球森林资源评估》（FAO，2010）中对土地的定义，森林面积超过 0.5hm^2、树高超过 5m 及郁闭度超过 0.10，或树木在原生境能够达到这一阈值用途的土地称为林地。林地根据不同的类型可分为天然林和人工林，天然林又可分为原生林和其他天然次生林。此外，还有一类是其他林地。森林及其他林地资源实物量核算如表 9-1 所示。

表 9-1　森林和其他林地资源实物量核算表

项目	森林和其他林地类型				总计
	天然林林地	其他天然次生林林地	人工林林地	其他林地	
期初森林和其他林地存量					
存量增加					
造林					
自然生长					
存量总增加					
存量减少					
毁林					
自然退化					
存量总减少					
期末森林和其他林地存量					

资料来源：SEEA-2012

二、林地资源价值估价

林地是天然的生成物，只在人类的开发利用过程中投入人类的劳动，并使之成为具有商品属性的生产资料。林地价格具有以下特性：价格不包括成本因素；林地的供给量基本是固定的，价格的高低只受需求单方面的影响；林地不存在磨损，一般是增值的；林地价格水平难以标准化；林地具有在交易、出租、转让过程中，空间位移不发生变化等特点。因此，其估价一直是研究的热点。

（一）现行市场价法

现行市场价法（林业部财务司，1997）或直接市场法（厉以宁和张铮，1995），也叫市场资料比较法（于政中，1995），就是参照附近类似林地买卖实例等资料来评定林地的价格（崔玲，2015）。它既反映了市场经济条件下，具有同样效用的林地价格应遵从相近的、等价交换的原则，又反映了林地价格应反映需求对林地价格的影响。现行市场价法的理论依据是土地价值评估的替代性原则。经济主体在市场上的行为是要求利润（效用）最大，即以一定费用获取最大利润或以最少费用求得同等利润。因此，在土地选择时，都会选择高效用、低价格的土地，如果价格与效用比较显示价格偏高，大多会放弃。这种经济主体的选择行为，导致了在效用均等土地间产生替代作用的结果，依据替代性原则，市场上具有同样效用的林地价格互相接近。现行市场价法是林地评价常用的方法，在各国林地的评价、核算中使用也较多。现行市场价法具体又包括以下几种方法。

1. 代用法　代用法评价林地价格的公式表示为

林地标准价格B＝正常交易价格$\bar{B}\times$

$$\left[\frac{\text{评价林地内继承税纳税标准价格}}{\text{交易实例地继承税纳税标准价格}}+\frac{\text{评价地固定资产税纳税标准价格}}{\text{交易实例地规定资产税纳税标准价格}}\right]\times\frac{1}{2}$$

式中，继承税为对林地继承人征收的税，也就是我国的遗产税。

2. 立地法　立地法评价林地价格的公式表示为

$$\text{林地评价价格}B=\text{交易实例地市场价格}\bar{B}\times\frac{\text{评价地评分（立地指数或立地级）}}{\text{交易实例地评分（立地指数或立地级）}}$$

式中，评分＝自然条件×经济条件评分；立地指数＝立地等级指数×地利指数；立地级＝立地等级×地利级。

3. 分别条件因子较差修正率连乘法　该方法的计算公式为

林地评价价格B＝交易实例地市场价格$\bar{B}$×地区因子较差修正率×个别因子较差修正率

式中，地区因子较差修正率＝交通条件较差修正率×自然条件较差修正率×建筑用地较差修正率×其他条件较差修正率；个别因子较差修正率的计算同地区因子较差修正率公式一样。

4. 现行市价法　现行市价法也称市场比较法，把待估林地与交易实例地按自然经济因素评分，最后以综合评分比例乘以交易实例林地的市场价。该法以具有相同或类似条件林地的现行市场价作为比较基础，估算林地的价值。其计算公式为

$$B = K_1 \times K_2 \times K_3 \times K_4 \times G \times S$$

式中，B为林地价值；K_1为立地质量调整系数；K_2为地利等级调整系数；K_3为物价指数调整系数；K_4为其他各因子的综合调整系数；G为参照案例的单位面积林地的交易价值；S为被评估林地面积（崔玲，2015）。各调整系数具体计算公式如下。

立地质量调整系数K_1反映林地地位级（或立地条件类型）的差异，通常采用该地区交易林地的地位级主伐时的木材预测产量与被评价林地地位级预测主伐时的产量来进行修正。

$$K_1 = \frac{\text{评价对象立地等级的标准林分在主伐时的蓄积}}{\text{参照林地立地等级的标准林分在主伐时的蓄积}}$$

地利等级调整系数K_2说明林地间存在地利等级差异，由于地利等级是以林地采、集、运生产条件反映，一般用采、集、运的生产成本来确定。地利等级调整系数可按现实林分与参照林分在主伐时立木价（以市场价倒算法求算取得）的比值来计算。

$$K_2 = \frac{\text{现实林分地利等级主伐时的立木价}}{\text{参照林分地利等级主伐时的立木价}}$$

物价指数调整系数 K_3 是对交易案例林地资源评估基准日与被评价林地的评估基准日时的价值差异的调整，通常采用物价指数法，最简单的物价指数替代值是用两个评估基准日时的木材销售价格。

$$K_3 = \frac{\text{评估基准日的木材销售价格}}{\text{交易案例评估基准日的木材销售价格}}$$

其他各因子的综合调整系数 K_4 很难用公式表达出来，只能按其实际情况进行评分，用综合的评分值确定一个修订值的量化指标。

现行市场价法适用于任何形式、任何林种林地的价格评估。其主要优点是：客观反映了林地目前的市场情况；评估结果易于被接受。其主要缺点是：需要公开及活跃的林地市场；受地区、环境等严格的限制。因此，在评估中应注意评估参数及案例的选择。

（二）成本方式的林地资源价值核算方法

成本方式的林地资源价值核算方法主要有以下几种。

1. 林地成本价法　林地成本价即根据投入林地的费用进行林地价格的核算，如投入林地的整地费、林道修建费等。利用林地成本价法核算林地价格时，一般不考虑利息和物价上涨的影响。使用林地成本价法，考虑利息及物价上涨因素所确定的林地价格偏低，需要有完整、齐全、可靠的林地历史成本等数据。成本构成中只有合理部分才能进入计价额，也往往使所评估林地价格偏低。

2. 林地费用价法　林地费用价法是根据购买林地费用和林地持续到现在状态所需的费用进行林地价格核算的方法。林地费用价又叫土地费用价，一般由下列 3 种费用构成：购买林地及其他为取得林地所需的费用；取得林地后，为造成适于林木培育状态而投入林地的改良费用；得到林地后所需费用，排水、灌溉及其他林地改良所需费用到评价时为止的年间费用的利息总和。

如果 n 年前购进林地花费 A 元，m 年前投入林地改良费 M 元，则林地费用价 B_k 为

$$B_k = A(1+p)^n + M(1+p)^m$$

如果 n 年前购进林地花费 A 元，每年投入林地改良费 m 元，共投入了 n 年，则林地费用价 B_k 为

$$B_k = A(1+p)^n + \frac{m}{p}\left[(1+p)^n - 1\right]$$

一般情况下，当出现下列三种情况之一时可用费用法进行林地价值评价：①卖掉林地，需要收回投入林地上的费用；②投入林地上的费用，需要了解如何提高经济效益；③不清楚林地生产力，按市场价或期望价评估比较困难。

此外，林地费用价法的计算公式还可表示为

$$B_k = A(1+p)^n + \sum_{i=1}^{n} M_i(1+p)^{n+i-1}$$

式中，B_k 为林地费用价；A 为林地购置价；M_i 为林地购置后，第 i 年的林地改良费；n 为林地购置年限；p 为投资收益率。

该方法适用于林地的购入费用比较明确和特定用途的林地价格评估。其主要优点是比较充分地考虑了林地的损耗，计算公式有利于林地资产保值；主要缺点是评估计算工作量较大，在评估中主要使用重置成本。

（三）收益方式的林地资源价值核算方法

1. 林地期望值法　　林地期望值法是对一林地能永续地取得土地纯收益，用林业利率进行折算（即贴现）的现值（前价）合计。林地期望价也叫林地收益价，林地期望价的计算依森林采伐方式的不同而异，分为皆伐、渐伐、择伐及矮林作业计算公式。

（1）皆伐作业的林地期望价的计算　　皆伐作业的林地期望价 B_u 的计算，以福斯特曼（Faustmann）地价公式最为著名。

$$B_u = \frac{A_u(1+d) - C(1+p)^u}{(1+p)^u} - V$$

式中，C 为造林费用；A_u 为主伐收入；d 为立木价值增长率；V 为每年的管理费用；u 为轮伐期；p 为贴现率。

$A_u(1+d)$ 的计算公式为

$$A_u(1+d) = A_u + D_a(1+p)^{u-a} + \cdots D_b(1+p)^{u-b} +$$

式中，a 为间伐年限；D_a、D_b 分别为第 a 年、第 b 年的间伐收入。

近年来，国外大多把林地期望价 LEV 的计算公式写成

$$\text{LEV} = \frac{V_u P_u - C(1+p)^u}{(1+p)^u - 1}$$

式中，V_u 为 u 年收获的蓄积（主伐、间伐收入）；P_u 为 u 年木材的价格；C 为造林费用；p 为贴现率；u 为轮伐期。

管理费用 v，由于每年投入的都一样，因此，计算期望价时没有包括在内。

（2）渐伐作业的林地期望价的计算　　渐伐作业的林地期望价的计算公式为

$$B_u = \frac{A_u + A_v(1+p)^{u-v} + A_r(1+p)^{u-r} + D_a(1+p)^{u-a} + D_b(1+p)^{u-b} + \cdots - C}{(1+p)^u - 1} - (C+V)$$

或

$$B_u = \left[\frac{A_u}{(1+p)^u} + \frac{A_v}{(1+p)^v} + \frac{A_r}{(1+p)^r} + \frac{D_a}{(1+p)^a} + \frac{D_b}{(1+p)^b} + \cdots - C \right] \times \left[1 + \frac{1}{(1+p)^u - 1} \right] - V$$

（当第一轮伐期与第二轮伐期以后的收获不同时用该式）

式中，u 为下种伐的时期（一个完整的渐伐作业包括下种伐、预备伐、受光伐和后伐）；A_u 为下种伐主伐收入；v 为预备伐的时期；A_v 为预备伐主伐收入；r 为受光伐和后伐的时期；A_r 为受光伐和后伐的主伐收入；D_a 为间伐收入；V 为管理费用。

（3）择伐作业的林地期望价的计算　　择伐作业的林地期望价每公顷 B_u 的计算公式为

$$B_u = \frac{uA_u}{(1+p)^u - 1} - V$$

式中，A_u 为择伐收入；u 为择伐周期；V 为管理费用；u 为择伐周期；p 为贴现率。

（4）矮林作业的林地期望价的计算　　矮林作业的林地期望价的计算公式为

$$B_u = \frac{A_u}{(1+p)^u - 1} - V$$

式中，A_u 为矮林作业收入；V 为管理费用。

2. 收益还原法　　收益还原法评价林地价格的公式一般表示为

$$B = \frac{(R-C)\,s}{i-s}$$

式中，B 为每公顷林地价格；R 为每公顷每年收入；C 为每公顷每年费用；i 为还原利率；s 为每年物价上涨的百分比。

3. 年金资本化法　年金资本化法是以林地每年稳定的收益（地租）作为投资资本的收益，再按适当的投资收益率求出林地价值的方法。其计算公式为

$$B_u = \frac{A}{r}$$

式中，B_u 为林地价值；A 为年平均地租；r 为投资收益率。

收益方式的林地资源价值核算适用于任何形式、任何林种林地的价格评估。其主要优点是评估价较真实、较准确地反映了林地本金化的价格，评估价格易为买卖双方接受。主要缺点是预期收益测算难度大，评估受主观判断的影响大。在评估中需要注意林地每年要有稳定的收益（地租）。

三、林地资源价值核算案例

（一）案例 9-1

某国有林场 2018 年拟出让一块面积为 10hm² 的采伐迹地，其适宜种植的树种为杉木，经营目标为小径材（主伐年龄为 16 年），该地区一般指数杉木小径材的标准参照林分主伐时平均蓄积为 150m³/hm²，林龄 10 年生进行间伐，间伐时生产综合材 15m³/hm²；有关技术经济指标（均为虚拟假设指标）如下所示，请核算该林地的价值（要求写出计算过程及公式，结果保留至百位即可）。

（1）营林生产成本　第 1 年（含整地、挖穴、植苗、抚育等）为 4500 元/hm²；第 2 年抚育费 1200 元/hm²；第 3 年抚育费 1200 元/hm²；从第 1 年起每年均摊的管护费用为 150 元/hm²。

（2）木材销售价格　杉原木 950 元/m³；杉综合材：主伐木 840 元/m³，间伐木 820 元/m³。

（3）木材税费统一计征价　杉原木 600 元/m³；杉综合材 400 元/m³。

（4）木材生产经营成本

1）伐区设计：10 元/m³。

2）生产准备费：10 元/m³。

3）采造成本：80 元/m³。

4）场内短途运输成本：30 元/m³。

5）仓储成本：10 元/m³。

6）堆场及伐区管护费：5 元/m³。

7）三费（工具材料费、劳动保护费、安全生产费）：5 元/m³。

8）间伐材生产成本增加 20 元/m³。

（5）税、金、费

1）育林费：按统一计征价的 12% 计。

2）维简费：按统一计征价的 8% 计。

3）城建税：按销售收入的 1% 计。

4）木材检疫费：按销售收入的 0.2% 计。

5）教育附加费：按销售收入的 0.1% 计。

6）社会事业发展费：按销售收入的 0.2%计。

7）销售费用：原木 10 元/m³，综合材 11 元/m³。

8）管理费用：按销售收入的 5%计。

9）所得税：按销售收入的 2%计。

10）不可预见费：按销售收入的 1.5%计。

（6）木材生产利润   杉原木 25 元/m³，杉综合材 15 元/m³。

（7）林业投资收益率   按 6%计。

（8）出材率   杉原木出材率为 15%，杉综合材出材率为 50%。

解：1）杉原木每立方米纯收益=950–10–10–80–30–10–5–5–600×12%–600×8%–950×（1%+0.2%+0.1%+0.2%+5%+2%+1.5%）–10–25=550（元）。

2）主伐杉综合材每立方米纯收益=840–10–10–80–30–10–5–5–400×12%–400×8%–840×（1%+0.2%+0.1%+0.2%+5%+2%+1.5%）–11–15=500（元）。

3）间伐杉综合材每立方米纯收益=820–10–10–80–30–10–5–5–20–400×12%–400×8%–820×（1%+0.2%+0.1%+0.2%+5%+2%+1.5%）–11–15=462（元）。

4）小班林地资产价值为

$B_u = 10 \times$ [150 ×（550×15%+500×50%）+15×462×1.06⁶–4500×1.06¹⁶–1200×1.06¹⁵–1200×1.06¹⁴]÷（1.06¹⁶–1）–10×（150÷6%）

=10×（49875+9830–11432–2876–2713）÷1.54–10×2500

=10×42684÷1.54–25000

=252175（元）

小班林地年地租 R_w 为

$$R_w = B_u \times r = 252175 \times 6\% = 15131 （元）$$

该小班林地价值为 252 175 元，年地租为 15 131 元。

（二）案例 9-2

某国有采育场 26 年生杉木林平均胸径为 18cm，蓄积为 180m³/hm²，杉木材总出材率为 63%，其中杉原木为 25%，杉综合材为 38%。试按现行林价政策确定林地标准地租。

解：根据现行规定的林价，杉原木林价为 1200 元/m³，杉综合材林价为 840 元/m³。林价的 10%～30%为山价，且山价在林木主伐时一次性交清，本次评价取 30%，投资收益率定为 6%。则该地区林地的平均地租计算如下：

$$B_u = \frac{A_u \times 30\%}{(1+r)^u - 1} = \frac{(180 \times 25\% \times 1200 + 180 \times 38\% \times 840) \times 30\%}{(1+6\%)^{26} - 1} = 9420.45 （元/hm^2）$$

$$R_u = B_u \times r = 565.23 （元/hm^2）$$

标准地租为立地质量最好时的林地地租，因此最好的立地地租按平均地租上浮 30%确定。

$$R_s = R_u \times 130\% = 735 （元/hm^2）$$

因此，按现行林价政策确定的林地标准地租为 735 元/hm²。

（三）案例 9-3

某国有采育场 12 林班 3 大班 45 小班面积为 5.67hm²，调查人员在外业核查时对立地质量进行现场打分，得 68 分。评估人员利用地形图进行伐区预设计确定出该小班的集材距为 900m，运距为 35km。试评价该小班地租和 30 年的林地使用费。

> 解：首先，根据该场平均运距（S）确定不同运距的修正值（KS）。
>
> $$S \leqslant 20\text{km}，\text{KS} = 22.5（元）$$
> $$S > 20\text{km}，\text{KS} = (50 - S) \times 0.75（元）$$
>
> 然后，根据木材生产定额标准确定集材距修正值（KB），结果见表 9-2。
>
> **表 9-2　集材距修正值**
>
> | 集材距/m | 修正值/元 | 集材距/m | 修正值/元 | 集材距/m | 修正值/元 |
> |---|---|---|---|---|---|
> | 1~200 | 16.5 | 501~800 | 0 | 1201~1700 | −10.5 |
> | 201~500 | 7.5 | 801~1200 | −6 | 1700 以上 | 每增加 500m 减 3 元 |
>
> 最后，计算实际的小班地租（R_w）和林地使用费（B_n）。
>
> R_w＝标准地租×数量化地租得分值+地利等级地租修正值
> ＝5.67×[98×0.68+（50−35）×0.75−6]＝407.62（元）
>
> $$B_n = \frac{R_w\left[(1+r)^n - 1\right]}{r(1+r)^n} = \frac{407.62 \times \left[(1+6\%)^{30} - 1\right]}{6\% \times (1+6\%)^{30}} = 5611（元）$$
>
> 该小班地租为 407.62 元，30 年的林地使用费为 5611 元。

第三节　林木资源价值核算

按照《中华人民共和国森林法》的规定，林木主要包括树木和竹子。其中，树木是木本植物的总称，包括乔木、灌木和木质藤本。林木资源又称立木资源，立木是指站立在林地上，尚未被伐倒的树木（包括枯死的和活的），即活立木和枯立木的总称。林木资源价值核算中，除活立木和枯立木外，还包括风倒木、新近砍倒尚未加工成原木或其他林产品的林木，它是森林资源最重要的组成部分，也是森林资源中产权交易最活跃的部分，是林木价值核算最主要的内容。

一、林木资源实物量核算

林木资源实物量核算的基本内容是记录核算期内林木存量及其变动的过程。SEEA-2003、SEEA-2012 对林木资源核算的相关概念进行了阐述，包括立木量、年生长量、年毛增量、年净增量、年采伐量和年伐运量。按照林木存量变化原因划分，引起林木资源变化的原因有以下几个。

1）自然增长量：在核算期内，由林木的自然生长引起的变化量。

2）采伐量：核算期内由木材生产等引起的变化量。

3）枯损量：包括所有自然枯损的立木数量，但它们仍留在林中。

4）其他减少量：包括已经被采伐但并未及时运出去的立木数量和由于自然灾害如病虫害、火灾、风暴等引起的变化量。

5）分类变化：主要是由各种林地类型立木分类变化引起的变化量，可分为由经济原因引起的变化量和由非经济原因引起的变化量。

林木资源实物量核算是对核算期期初和期末林木资源总量及存量变化的记录。林木资源可分为人工培育林木资源和天然林木资源。天然林木资源又细分为可供应木材与不可供应木材。具体林木资源资产核算如表 9-3 所示。

表 9-3　林木资源资产实物量账户

项目	人工培育林木资源	天然林木资源	
		可供应木材	不可供应木材
期初林木资源存量			
存量增加			
自然生长			
再分类			
存量总增加			
存量减少			
采运（运出）			
采伐剩余物			
自然损失			
灾害损失			
再分类			
存量总减少			
期末林木资源存量			
补充信息			
采伐			

资料来源：SEEA-2012

二、林木资源价值估价

目前，林木资源价值估价方法很多，不同发展时期所运用的计算方法不同，在同一发展时期也可能并存着多种计算方法。根据《森林资源资产评估技术规范（试行）》的规定，林木资源价值量核算的方法主要有：①市价法，包括市场价倒算法和现行市价法；②收益现值法，包括收益净现值法、收获现值法和年金资本化法；③成本价法，包括重置成本法和序列需工数法等。以下介绍几种常用的评估方法。

（一）市场价倒算法

市场价倒算法，也叫剩余价值法，是将被评价森林资源皆伐后所得木材的市场销售总收入，扣除木材经营所消耗的成本（含税、费等）及应得的利润后，剩余的部分作为林木价值的一种方法。其计算公式为

$$E = W - C - F$$

式中，E 为林木评估值；W 为木材销售总收入；C 为木材生产经营成本；F 为木材生产经营利润。

核算林木价值，首先要合理确定木材的平均价格，在木材市场上，木材的交易是按口径、长度确定的，是规格化的产品价格。而在林木评价中，这种规格化的产品价格必须转化成某种材种或某类材种的平均价格，由于不同林分所产出的同一材种的规格不同，其同一材种的平均售价将发生很大的变化，在单片的成熟林林分的核算中，必须根据待核算林分的胸径、树高、树形、材质单独确定材种的平均价格，而不能直接采用当地的材种平均价格。其次是准确确定待核算林分

的各材种的出材率，不同林分的立木由于胸径、树高、树形和材质的不同，各材种的出材率有很大的差距。材种出材率的差别直接影响木材的总售价、税金费的测算，使测算结果发生较大的变化。最后是合理计算税、金、费，在木材的交易中，虽然税、金、费的标准有明确的规定，但各地的计税基价规定可能不同，税、金、费收取的项目、幅度都可能不一样。因此，其税、金、费的数量必须利用当地调查的实际资料确定，而不能参照其他地区的标准确定。

该方法所需的技术经济资料较易获得，各工序的生产成本可依据现行的生产定额标准确定，木材价格、利润、税、金、费等标准在不同的地方都有明确的规定。立木的蓄积准确，不需要进行生长预测，财务分析也不涉及利率等问题，计算简单，结果最接近市场实际，最易为林木资产的所有者、购买者所接受。因此，市场价倒算法主要用于成过熟林的林木评价，在一般的收益净现值法、土地期望价法、收获现值法进行林分主伐预期收获的计算中，均是采用该方法。

（二）现行市价法

现行市价法也称市场成交价比较法，是将相同或类似的林木资源现行市场成交价格作为被评价林木价值的一种方法。其计算公式为

$$E = K \times K_b \times G$$

式中，E 为林木价值；K 为林分质量调整系数；K_b 为物价调整系数，可以用评估日工价与参照物价交易时工价之比计算；G 为参照物的市场交易价格。

用现行市价法评价林木价值时应取 3 个以上（含 3 个）评价案例，所选案例的林分状况应尽量与待评价林分相近。其交易时间尽可能接近评价时期。正确地确定林分质量调整系数与物价调整系数，林木资源由于不是规格产品，其林分的质量差异极大，各案例的林分不可能与待评价林分完全一致，必须根据林分蓄积、平均直径、地利等级等因子进行调整。此外，由于林木资源市场发育不充分，要找近期的案例十分困难，而利用过去不同日期的评价案例必须根据当时的物价指数及评价时期的物价指数进行调整。

现行市价法是林木评价中使用最为广泛的方法。它可以用于任何年龄阶段、任何形式的林木资源价值评价。该法的评价结果可信度高、说服力强、计算简单，但结果主要取决于收集到的案例成交价。采用该法的必备条件是要求存在一个发育充分、公开的林木交易市场，在这个市场中可以找到各种类型的林木评价参照案例。

（三）收益净现值法

收益净现值法是通过估算被评价的林木资源在未来经营期内各年的预期净收益按一定的折现率折算成的现值，并累计求和得出被评价林木价值的方法。其计算公式为

$$E = \sum_{i=n}^{u} \frac{A_i - C_i}{(1+r)^{i-n+1}}$$

式中，E 为林木价值；A_i 为第 i 年的收入；C_i 为第 i 年的年成本支出；u 为经济寿命期；r 为折现率；n 为林分年龄。

收益净现值法通常用于有经常性收益的森林资源，如经济林资源、竹林资源。这些资源每年都有一定的收益，同时每年也要支出相应的成本。所以，各年度收益和支出的预测是收益净现值法的基础，它们决定了评价的成败，必须尽可能选用科学、可行的预测方法以满足核算的要求。

收益净现值法中折现率的大小对评价结果将产生巨大的影响。一般来讲，折现率中不应含通货膨胀因素：一是因为通货膨胀率变化不定，确定困难；二是在未来收益的预测中直接用测算时的价格较为方便，预测未来的价格较预测实物量更为困难。但如果在未来各种收益预测中已包括

了通货膨胀的因素，则其折现率也应包括通货膨胀率。

（四）收获现值法

收获现值法是利用收获量表预测被评价林木在主伐时纯收益的折现值，扣除评价后到主伐期间所支出的营林生产成本折现值的差额，作为被评价林木的价值。其计算公式为

$$E = K \times \frac{A_u + D_a(1+r)^{u-a} + D_b(1+r)^{u-b} + \cdots}{(1+r)^{u-n}} - \sum_{i=n}^{u} \frac{C_i}{(1+r)^{i-n+1}}$$

式中，E 为林木价值；A_u 为参照林分 u 年主伐时的纯收入（指木材销售收入扣除采运成本、销售费用、管理费用、财务费用及有关税费和木材经营的合理利润后的余额）；D_a、D_b 分别为参照林分第 a、b 年的间伐单位纯收入（$n > a$、b 时，D_a、$D_b = 0$）；r 为投资收益率；C_i 为核算时到主伐期间的营林生产成本（主要是森林的管护成本）；K 为林分质量调整系数；n 为林分年龄。

主伐时纯收入的预测值是收获现值法的关键数据，其预测通常先按收获量表或其他方法，预测主伐时的立木蓄积，然后再按木材市场价倒算法计算出主伐时的纯收入。林分的间伐时间通常按该林分所属经营类型或经营类型措施设计表所规定的间伐时间，其间伐的纯收入按当地该类型 a 年或 b 年生林分间伐的平均水平，根据木材市场价倒算法计算。林分质量调整系数 K 主要是对主伐、间伐的收益值进行调整。其是依据待评价林分的蓄积和平均胸径与参照林分在同一年龄时的蓄积和平均胸径的差异来综合确定。另外，由于收益和成本测算中均按评价时的价格，因此其投资收益率必须扣除通货膨胀因素。

收获现值法是测算中龄林和近熟林常用的方法。收获现值法的公式较复杂，需要预测和确定的项目多，计算也较为麻烦。但该方法是针对中龄林、近熟林距离造林的年代较久，用重置成本易产生偏差，而离主伐又尚早，不能采用市场价倒算法的特点而提出的。该方法的提出解决了中龄林、近熟林价值核算的难点，将重置成本法评估的幼龄林与用市场价倒算法评估的成熟林林木价值连接起来，形成了一个完整、系统的立木价值核算体系。

（五）年金资本化法

年金资本化法是将被评估的林木每年的稳定收益作为资本投资的收益，再按适当的投资收益率求出林木价值。其计算公式为

$$E = \frac{A}{r}$$

式中，E 为林木价值；A 为年平均纯收益额；r 为投资收益率。

年金资本化法主要用于年纯收益稳定且可以无限期地永续经营下去的森林资源价值的评估。该方法的合理应用必须注意两个问题：一是年平均纯收益测算的准确性；二是投资收益率必须是不含通货膨胀率的当地林业投资的平均收益率。

（六）重置成本法

重置成本法是按现有技术条件和价格水平重新购置或建造一个全新状态的被评价资源所需要的全部成本，减去被评价资源已经发生的实体性贬值、功能性贬值和经济性贬值，得到的差额作为被评价资源价值的一种核算方法。在林木价值核算中，重置成本法是按现时的工价及生产水平重新营造一块与被评估林木相类似的林木所需的成本费用，作为被核算的林木价值。其计算公式为

$$E = K \times \sum_{i=1}^{n} C_i \times (1+r)^{n-i+1}$$

式中，E 为林木价值；C_i 为第 i 年的以现行工价及生产水平为标准的生产成本（年初投入）；r 为投资收益率；n 为林分年龄；K 为林分质量调整系数。

在林木价值核算中，重置成本法主要适用于幼龄林阶段的林木评估。在用材林经营过程中，造林成本的投入在短期内得不到回报，需不断投入营林成本，所营造的林分在不断生长，林分蓄积在积累增加，林木价值在升高。用材林经营中，在其主伐以前长达一二十年以至数十年的时间内，森林经营仅有少量的间伐收入，其收入远低于投入，直到主伐时才一次性得到回报。所以，森林价值核算不但对占用的资金要求支付资金的占用费——利息，并进行复利计算，而且用材林的重置成本法与一般资产的重置成本法不同，它一般不存在用材林资产的折旧问题，也就不存在成新率。此外，用材林的林分质量差异较大，其重置成本是指社会平均劳动的平均重置值。其林分的质量是以当地平均的生产水平为标准，但各块林分由于经营管理水平的不同，与平均水平的林分存在差异，因此各块林分价值必须用林分质量调整系数进行调整。

（七）序列需工数法

序列需工数法是以现行工价（含料、工、费）和森林经营中各工序的需工数估算被评价的林木价值。其计算公式为

$$E = K \times \sum_{j=1}^{n} N_i \times B \times (1+r)^{n-i+1} + K \times R \times \frac{(1+r)^n - 1}{r}$$

式中，E 为林木价值；N_i 为第 i 年需工数；i 为投资序列年份；B 为评估时的日工价（含管理费及材料损耗费用）；r 为投资收益率；R 为年林地使用费；K 为林分质量调整系数；n 为林分年龄。

序列需工数法是林木价值核算中特殊的重置成本法。由于林木培育是劳动密集型行业，林木培育投入主要是劳动力的投入。将少量的物质材料费和合理费用计入工价中，直接用需工数来计算除地租外的重置成本，这较一般的重置成本法计算更为简单、方便。

在部分地区，林地的地租不是每年交纳，而是在主伐时根据林地所生产的木材数量按照规定林价的比例交纳，这时采用重置成本法无须考虑地租成本（经营者在经营过程中未付出地租，待主伐时一次付清）。在这种情况下，采用序列需工数法计算重置成本更为简单。

采用序列需工数法的关键问题：一是确定各个工序的工数；二是确定工价。在确定工价时必须包括各种物质的损耗费、管理费和人工费，而不是单纯的工人日工资，这些费用都是按照评估基准日时的物价水平确定的，费用的收集和测算都较为麻烦，在评估中很少使用该方法。

（八）立木费用价法

立木费用价法是根据立木培育所需要的投入经费，如地租、造林费、管理费等的终值减去在林木培育期间所获间伐等收入的终值。此法的计算公式较多，比较有代表性的是福斯特曼（Faustmann）费用公式。一般立木费用价格公式可表示为

$$H_{km} = C_1(1+p)^m + C_2(1+p)^{m-1} + C_3(1+p)^{m-2} + \cdots + C_m(1+p)$$

式中，H_{km} 为 m 年生幼龄林的费用价；p 为林业利率；m 为评价林木的年龄；C_1，C_2，$\cdots$，C_m 为各年度投入费用的重置成本。

该方法适用于接近轮伐期的林木评估。其主要优点是反映了立木培育需要投入的费用;主要缺点是需要有完善的记录资料。另外,在价格确定中,还要注意林业利率及通货膨胀因素。

(九)立木期望价法

对评价的立木预计在一定年限定期采伐,从目前到预计采伐的年龄止,期望能收获的现值合计减去这个期间所需经费的现值合计,即立木期望价。立木期望价一般用 H_{em} 表示:

$$H_{em} = \left[\frac{A_u + B + V}{(1+p)^u} + \frac{D_n}{(1+p)^n} \right](1+p)^m - (B+V)$$

式中, A_u 为主伐收入; D_n 为间伐收入; B 为年支付的地价(一般 $B \times p = B_r$); u 为主伐年限; p 为林业利率; V 为管理费用; n 为造林后的年份($n > m$); m 为人工林立木期望价评价时的年份。

有时,上式还可表示为

$$H_{em} = \frac{A_u + D_n(1+p)^{u-n} - \left(\frac{B_r}{p} + \frac{V}{p} \right)\left[(1+p)^{u-m} - 1 \right]}{(1+p)^{u-m}}$$

式中, B_r 为年地租评估额。

该方法适用于接近轮伐期的林木的评估。其主要优点为测定因素少,计算方便;主要缺点是把收入、支出看作永恒不变,且评估中用同一种利率。在评估中使用该方法时需要注意收支的测定。

三、林木资源价值核算案例

(一)案例 9-4

某国有林场拟转让一块面积为 10hm² 的杉木中龄林,年龄为 14 年,蓄积为 135m³/hm²,经营类型为一般指数中径材(其主伐年龄为 26 年),假设每年的营林管护成本为 90 元/hm²,由该地区一般指数杉木中径材的标准参照林分的蓄积生长方程预测其主伐时平均蓄积为 300m³/hm²,现实林龄(即 14 年生)标准参照林分的平均蓄积为 150m³/hm²,该林分已经间伐过,故不再要求间伐,请测算该杉木中龄林林木价值。

有关技术经济指标(均为虚构假设指标)如下。

1)营林生产成本:从造林第 5 年起每年的管护费用为 90 元/hm²。

2)木材销售价格:杉原木 900 元/m³,杉综合材 750 元/m³。

3)两费统一计征价:杉原木 600 元/m³,杉综合材 300 元/m³。

4)增值税计征价:杉原木 750 元/m³,杉综合材 550 元/m³。

5)木材生产经营成本(含采运、设计、检尺等):140 元/m³。

6)地租:木材价的 30%,即杉原木 48 元/m³,杉综合材 33.6 元/m³。

7)木材生产经营利润:杉原木 15 元/m³,杉综合材 12 元/m³。

8)林业投资收益率:6%。

9)出材率:杉原木 25%,杉综合材 45%。

10)育林费:按统一计征价的 12% 计。

11)维简费:按统一计征价的 8% 计。

12)木材检疫费:按统一计征价的 0.2% 计。

13)销售费用:10 元/m³。

14）管理费用：按销售收入的 5% 计。

15）不可预见费：杉原木 18 元/m^3，杉综合材 15 元/m^3。

16）增值税：按起征价的 6% 计。

17）城建税、教育附加费合计：按增值税的 8% 计。

解：预测主伐时蓄积为

$$M = m_n \times \frac{M_u}{M_n} = 135 \times \frac{300}{150} = 270 (m^3)$$

主伐时杉原木纯收入：

$$A_1 = W - C - F - D = 900 - 140 - 600 \times 20.2\% - 48 - 15 - 10 - 900 \times 5\% - 18 - 750 \times 6\% \times (1 + 8\%)$$
$$= 454.2 (元/m^3)$$

主伐时杉综合材纯收入：

$$A_2 = W - C - F - D = 750 - 140 - 300 \times 20.2\% - 33.6 - 12 - 10 - 750 \times 5\% - 15 - 550 \times 6\% \times (1 + 8\%)$$
$$= 405.7 (元/m^3)$$

现在至主伐期间的营林管护成本合计：

$$T = \frac{V\left[(1+r)^{u-n} - 1\right]}{r(1+r)^{u-n}} = 90 \times \frac{(1+6\%)^{26-14} - 1}{6\% \times (1+6\%)^{26-14}} = 755 (元/hm^2)$$

由此可计算其总评估值为

$$E = S \times M \times \frac{(f_1 \times A_1 + f_2 \times A_2)}{(1+6\%)^{26-14}} - S \times T = 10 \times 270 \times \frac{(0.25 \times 454.2 + 0.45 \times 405.7)}{(1+6\%)^{26-14}} - 10 \times 755$$
$$= 389782 (元)$$

故该杉木中龄林林木价值为 389 782 元。

（二）案例 9-5

某小班面积为 10hm^2，林分年龄为 4 年，平均高 2.7m，密度为 2400 株/hm^2，要求用重置成本法评估其价值。

据调查，在评估基准日，该地区第 1 年造林投资（含林地清理、挖穴和幼林抚育）为 5250 元/hm^2，第 2 年和第 3 年投资为 1800 元/hm^2，第 4 年投资为 900 元/hm^2，投资收益率为 6%。按当地平均水平，造林株数 2550 株/hm^2，成活率要求为 85%，4 年林分的平均高为 3m。

解：已知 $n=4$，C_1=5250 元/hm^2，C_2=1800 元/hm^2，C_3=1800 元/hm^2，C_4=900 元/hm^2，i=6%。因为该小班林木成活率=2400 株/hm^2÷2550 株/hm^2=0.94（即 94%）>85%。

所以 K_1=1，K_2=2.7÷3=0.9。

$$E = K_1 \times K_2 \times \sum_{i=1}^{4} C_t \times (1+r)^{n-i+1} = 1 \times 0.9 \times (5250 \times 1.06^4 + 1800 \times 1.06^3 + 1800 \times 1.06^2 + 900 \times 1.06)$$
$$= 10573.5 (元/hm^2)$$

故该幼龄林林木价值为 10 573.5 元/hm^2。

◆ 第四节　森林生态系统服务价值核算

森林生态系统服务是森林资源的重要组成部分，也是目前生态系统服务价值核算研究的热点问题。

一、森林生态系统服务价值的概念

森林是陆地生态系统的主体，具有调节气候、吸收二氧化碳、涵养水源、保持水土、防风固沙、保护生物多样性等重要生态功能和提供物质产品的功能，对维持生态系统平衡、维系经济和社会的可持续发展及保护生态环境等都具有重要作用。生态系统服务不仅为人类的生产生活提供必需的生态产品，而且为生命系统提供必需的自然条件和环境。森林生态系统服务主要来源于森林生态系统的功能，而不同的森林生态系统服务来源于森林生态系统的不同功能（Boyd，2006）。"功能"与"服务"有本质区别，不能混为一谈。"功能"为源，是存量概念；"服务"为流，是流量概念。森林生态系统服务功能主要体现在 3 个方面：生产功能，即提供人类所需的实物；生态服务功能，即森林的多重生态效益；社会文化功能，即森林的社会效益。目前国际上一致承认的是：森林生态系统服务是被人类利用了的森林生态系统某部分功能，因为被人类利用才具有被估价的功能。因此，森林生态系统服务主要是指人类能够直接或间接地从森林生态系统的功能中获得的各种收益（Costanza et al.，1997）。Costanza 等学者将"服务"这一术语表述为"人类从生态系统中能够获得的有形或无形的收益"。森林生态系统服务价值就是对森林生态系统服务和自然资本使用经济法则所做的估计。

二、森林生态系统服务价值的分类及内涵

目前，国际上对森林生态系统服务价值的分类尚未达成一致观点，主要有以下几种观点：一是联合国等 5 部门共同发布的《环境经济核算体系-2012 中心框架》（即 SEEA-2012），其将森林环境服务划分为水土保持、生物多样性保护、固碳和森林休憩等（United Nations et al.，2012）。二是联合国粮食及农业组织（FAO）于 2004 年在《林业环境与经济核算指南》中将森林环境服务内容划分为水土保持、生物多样性保护、固碳、森林旅游、降低噪声、农作物授粉、防风、防止风暴和精神价值等。三是不同国家研究者的界定。例如，韩国将森林环境服务划分为涵养水源、景观游憩、森林保安、净化环境等内容；日本将森林生态系统服务划分为 8 类 55 个子服务，如涵养水源、生物多样性保护、土壤保护、地球环境保护、保健休闲、营造舒适环境和文化等（侯元兆和张颖，2005）；南非将森林环境服务主要划分为农作物授粉和水土保持；千年生态系统评估（MA）根据森林生态系统的功能将森林生态系统服务主要划分为供给、文化、调节与支持四大类的服务，但它也承认这些分类存在重合情况。

我国对森林生态系统服务内容的划分标准也没有统一。例如，侯元兆和张颖（2005）将森林生态系统服务主要分为水土流失、涵养水源、野生动物保护、供给氧气、森林游憩、降低噪声和森林卫生保健等。我国政府根据国情和林情，结合已有研究和管理需要确定了具有中国特色的官方资源环境核算理论与方法，在一定程度上借鉴联合国、FAO 和欧盟统计局等编写的《环境经济核算体系-2012 中心框架》、FAO 的《林业环境与经济核算指南》，以及《欧洲森林环境与经济核算框架》等手册。2004 年，国家统计局与国家林业局共同提出了森林资源核算的框架和方法，并

制定了基本的核算公式。2008 年 5 月，国家林业局又实施了中华人民共和国林业行业执行标准《森林生态系统服务功能评估规范》（ LY/T 1721—2008），其中将森林生态系统服务内容主要划分为涵养水源、保育土壤、固碳释氧、积累营养物质、净化大气环境、农田/草场防护、生物多样性维护和森林游憩 8 个方面。

此外，对森林生态系统服务价值评价时，一般分为森林经济性、生态性和社会性 3 种服务类型。森林经济性服务主要是指森林系统直接服务于经济产出所带来的效益，如林下经济（采集业、养殖业、森林旅游业、种植业等）；森林生态性服务主要是指基于森林系统本身具有的功能而提供的纯生态性服务，如保育土壤、涵养水源、净化大气环境等；森林社会性服务主要是指直接服务于社会而产生的效益，当人类利用后会产生物质和精神方面的收益，可同时起到消除疲劳和愉悦身心的效果，如森林游憩、森林保健、文化和提供就业机会等。

三、森林生态系统服务价值的核算方法

20 世纪 80 年代，森林生态系统服务价值核算从定性化描述转向实物量统计再到价值量核算。森林生态系统服务价值无法或很难直接测量，由于森林生态效益的作用范围远远超出了一般的森林经营范畴，很少有人对森林生态作用结果进行翔实的计量统计。由于森林生态效益和计量评价体系的多样性，森林生态系统利用目的性及国家具体情况的差异性，各国根据本身的情况和条件来确定合理的计量评价方法存在较大差异性，目前还没有国际上公认的、标准的方法。但是，森林生态系统服务价值核算的常用方法有市场法、费用分析法、条件价值法、能值分析法和资产价值法等。

（一）市场法

市场法（the market method）包括直接市场法和替代市场法。

1. 直接市场法　　直接市场法是用市场价格度量环境和资源价值的评价方法。采用这种方法的前提是市场价格必须正确反映资源的稀缺性。如果存在价格扭曲，就必须对价格进行必要的调整。现实中，在森林生态系统服务价值核算时，生态效益所产生的环境变化通常是无法直接用市场价格计量的。

2. 替代市场法　　替代市场法主要以"影子价格"和消费者剩余来表达生态效益的经济价值。其中主要有影子价格法、费用支出法、机会成本法、旅行费用法、替代工程法等。

（1）影子价格法（shadow price method）　　对于没有市场交换和市场价格的生态系统服务功能，即"公共商品"，可利用替代市场技术寻找其替代市场价格，以市场上与其相同的产品的价格来估算其价值。这种相同产品的价格称为"公共商品"的影子价格（欧阳志云等，1996），其数学表达式为

$$V = Q \times P$$

式中，V 为森林生态系统服务的价值；Q 为生态系统产品或服务的量；P 为生态系统产品或服务的影子价格。评价生态系统固碳价值的碳税法即属于影子价格法。

（2）费用支出法（expenditure method）　　以游客游憩时的各种费用支出的总和或部分费用支出的总和作为森林生态系统服务的经济价值。

（3）机会成本法（opportunity cost method）　　将某种资源安排特种用途，而放弃其他用途所造成的损失、付出的代价，就是该种资源的机会成本。机会成本法的数学表达式为

$$C_k = \max\{E_1, \ E_2, \ E_3, \ \cdots, \ E_i\}$$

式中，C_k 为 k 方案的机会成本；E_1，E_2，E_3，$\cdots$，E_i 为 k 方案以外的其他方案的效益。

机会成本法是费用-效益分析法的一部分，多用于不能直接估算其社会净效益的一些资源。

（4）旅行费用法（travel cost method，TCM）　是一种评价无价格商品的方法。旅行费用法是评价非市场物品最早的技术，起源于 1947 年，它是通过观察人们的市场行为来推测他们显示的偏好，寻求利用相关市场的消费行为来评价环境物品的价值，通过往返交通费、住宿费、餐饮费、门票费、设施运作费、摄影费、购买土特产或纪念品费用、购买或租借设备费、电话费、停车费等旅行费用资料确定某项生态系统服务的消费者剩余，并依此来估计该项生态系统服务的价值，该方法是最为流行的游憩价值的评价方法。

（5）替代工程法（shadow project method）　也叫影子工程法，是在生态系统遭受破坏后人工建立一个工程来代替原来的生态系统服务功能，用建造新工程所需的费用来估计生态系统破坏所造成的损失的一种方法（李金昌，1999）。其是恢复费用法的一种特殊形式，数学表达式为

$$V = G = \sum i \quad i = 1, 2, 3, \cdots, n$$

式中，V 为生态系统服务的价值；G 为替代工程的造价；$\sum i$ 为替代工程中项目 i 的建设费用。评价生态系统固碳释氧价值的造林成本法、涵养水源价值的水库成本法都属于替代工程法。

（二）费用分析法

费用分析法是现代福利经济学中常用的方法，是森林生态系统服务价值核算中基本的分析方法。其目标是提高资源配置效率。费用分析的计量尺度是货币值，但它的分析对象并不局限于实际发生的费用。一般来说，对社会经济福利有共享的各种活动，用社会交易中准备放弃的等价商品和劳务的货币值来计量；对经济福利有害的影响，用必须支付给社会补偿的等价商品或劳务的货币值来计量。所以，对于生态系统的退化，人类会采取相应的措施以应对其变化，这些措施都需要一定的费用，通过计算这些费用的变化可以间接地计算生态系统服务功能的价值。费用分析法分为防护费用法和恢复费用法两类。

防护费用法是指人类为了消除和减少生态系统退化的影响而愿意承担的费用。用于评价生物多样性价值的物种保护基准价法就属于防护费用法，它是保护该物种生产所需要的最低费用。

恢复费用法是用生态系统受到破坏后恢复到原来状态所需的费用，作为该生态系统的价值，多用于其净化功能的评价。

（三）条件价值法

条件价值法（contingent valuation method，CVM）即调查评价法、支付意愿调查评估法、假设评估法，是典型的陈述偏好法。该方法是对消费者进行直接调查，了解消费者的支付意愿，或者他们对产品或服务的数量选择愿望来评价生态系统服务功能的价值（李金昌，1999）。这种方法目前在世界上广为流行，也是应用比较成功的方法。支付意愿是经济学中对不明边界的模糊事物价格的确定，表达的是人们衡量某事物价值的大小并愿意为此支付多少钱的主观意愿，显然它的评价结果带有一定的主观性，但对于森林生物多样性的"存在价值""遗产价值"等潜在的使用价值的计量核算，该技术方法不失为一种有效的常用方法。该技术方法主要包括随机评估法等，于 1979 年和 1983 年两次被美国水资源委员会推荐给联邦政府有关机构作为游憩资源价值评价的标准方法，1986 年美国内政部也确认条件价值法作为自然资源损耗评价的优先方法。

（四）能值分析法

20 世纪 80 年代，以美国著名系统生态学家、能量分析先驱 Howard T. Odum 为首，提出了"能值"（energy）的概念理论，从本质上揭示了环境与经济、资源与商品和劳务的内在联系，为森

林生态系统服务价值核算提供了新思路和新方法。该理论认为，人类社会和自然界的一切资源财富皆遵循能量等级原理，太阳能是最原始和最基本的能源形式，一切物质的能量均直接或间接地来自于太阳能。能值分析法（energy analysis，EMA）即以太阳能值为基本度量单位，以能量定律、系统学、系统生态学为理论基础，将生态系统和经济系统的各种形式的能量归为太阳能来评价自然过程和人类经济活动，对自然系统和经济系统的资源、服务和商品的价值进行定量分析。能值可以衡量和比较不同类别、不同等级能量的真实价值。

（五）资产价值法

资产价值法是利用生态系统变化对某些产品或生产要素价格的影响，来评估森林生态系统服务功能的价值（李金昌，1999）。20 世纪 70 年代以来资产价值法得到了广泛应用。资产价值法的数学表达式为

$$V = f(S, N, Q)$$

式中，V 为资产的价值（生态系统服务功能的价值）；S 为资产本身的特征；N 为资产周围社区特点变量；Q 为资产周围的生态系统变量。

资产价值法的局限性主要表现在以下几个方面。①资产价值法为获得个人的边际效益而做出的 3 个假设，是否切合实际，需要进一步验证。其 3 个假设为：假设边际效益即支付意愿为一条水平直线；假设每个买主的边际支付意愿曲线，从他们的观测点起，直线下降到零；假设所有买主的收入和效用函数都相同。②资产价值法要求足够大的单一均衡的资产市场。③资产价值法需要大量数据，如资产特性数据、生态系统数据，以及消费者个人的社会经济数据，数据采集的准确性和完整性直接影响结果的可靠性。

四、基于 SEEA 的森林生态系统服务价值核算

联合国等 5 部门共同发布的《环境经济核算体系-2012 中心框架》中将森林环境服务划分为水土保持、生物多样性保护、固碳和森林游憩等。森林的环境服务是森林特有的功能，对它们进行估价，是森林价值量核算的重要组成部分。基于 SEEA-12 内容，结合中华人民共和国林业行业执行标准《森林生态系统服务功能评估规范》（LY/T 1721—2008），我们梳理了森林生态系统服务的水源涵养、水土保持、土壤保育、固碳释氧、森林防护作用、净化大气、森林游憩和生物多样性保护等方面的核算方法。

（一）森林涵养水源价值核算

森林涵养水源的价值包括森林蓄水价值、调节径流的价值、净化水质的价值（姜文来，2002）。森林涵养水源价值核算，就是采用各种方法对森林涵养水源价值进行估算，综合国内外有关文献，该价值基本上采用替代工程法进行评估。

1. 森林蓄水价值核算

（1）森林土壤蓄水估算法　　森林涵养水源可以分为两部分：一部分是森林土壤贮水量，另一部分是降水贮存量。土壤贮水量与多种因素有关，一般来说，森林土壤涵养水源的贮水量常用下式表示：

$$Q_1 = \sum s_i \times h_i \times p_i \quad i = 1, 2, 3, \cdots, n$$

式中，Q_1 为林地土壤贮水量（m^3）；s_i 为 i 种土壤的面积（hm^2）；h_i 为 i 种土壤深度（为计算方便，常取平均值）（m）；p_i 为 i 种土壤的粗孔隙率（%）；n 为土壤的种类数。

实际上，并非所有的降水都能被贮存起来，其中有些降水当即形成地表径流而流走，有些水分则通过树冠、树干蒸腾、扩散出去。因此，森林贮存的水分只是降水的一部分。一般森林降水贮存量可用下式进行计算：

$$Q_2 = J_1 \times R = J \times R_1 \times R$$

式中，Q_2 为森林的降水贮存量（t）；J_1 为有林地降水量（t）；J 为林区总降水量（t）；R 为森林净水贮存量（即森林涵养水源量）占有林地降水量的百分比（%）；R_1 为森林覆盖率（%）。

（2）水量平衡法　从水量平衡的角度看，森林拦蓄水源的总量是降水量与森林地带蒸腾量及其他消耗的差，即

$$Y = R - E - C$$

式中，Y 为森林拦蓄水源量；R 为降水量；E 为蒸腾量；C 为地表径流量等，因为林区地表径流量很少，可忽略不计。

所以，用水量平衡法衡量森林涵养水源的价值公式为

$$V = (R - E) \times A \times P = \theta \times R \times A \times P$$

式中，V 为森林涵养水源的价值；R 为降水量；E 为蒸腾量；A 为森林面积；θ 为径流系数；P 为所评价地区当地水价。

2. 森林调节径流价值核算　森林调节径流价值核算主要是计算森林在防洪、滞洪等方面的价值。

森林的防洪功能同具体防护对象发生关系时就产生防洪效益，如果将森林拦蓄洪水量换算成水利工程要拦蓄这些洪水所需要的费用，再乘以效益与投入比值就为森林的防洪效益值，计算公式为

$$V_1 = \sum_{i=1}^{n} S_i (H_i - H_0)\ b \times \beta$$

式中，V_1 为森林防洪效益的经济价值（元）；S_i 为第 i 种森林类型的面积（hm^2）；H_i 为第 i 种森林类型的持洪能力（m^3/hm^2）；H_0 为无林地的拦洪能力（m^3/hm^2）；n 为森林类型的个数；b 为拦蓄 $1m^3$ 洪水的水库、堤坝修建费（元）；β 为效益与投入比值。

另外，由于森林涵养水源，增加了江河的径流量，延长了丰水期，缩短了枯水期，增加了农田灌溉及工业供水的能力，由此而产生的效益即森林增加水资源的效益。其计算公式如下：

$$V_2 = V_{21} + V_{22} = M \times P_1 \eta_1 + M \times P_2 \eta_2$$

式中，V_2 为森林增加水资源效益经济价值（元）；V_{21} 为提高农田灌溉能力的经济价值（元）；V_{22} 为增加城市供水能力的经济价值（元）；M 为森林增加水资源总量（m^2）；P_1、P_2 分别为单位灌溉和供水费用的价格（元/m^3）；η_1、η_2 分别为农田灌溉和城市供水的利用率（%）。

森林涵养水源价值（V）为防洪效益值（V_1）和增加水资源效益值（V_2）之和，即 $V=V_1+V_2$。

3. 森林改善水质价值核算　目前，对于森林改善水质的估价尚无成熟、通用的计算方法。可行的办法是针对某一地区选择有林区和无林区，通过测算无林区生产、生活用水中杂质和有害物等的清除费用，确定森林改善水质的价值。

（二）森林水土保持价值核算

森林水土保持的价值主要包括森林减少土壤侵蚀、森林减少泥沙淤积的价值等（金彦平，2002）。

1. 森林减少土壤侵蚀价值核算　根据森林减少土壤侵蚀的总量和全国土地耕作层的平均厚度，计算出森林减少土地资源损失量，再计算出这些土地能够生产的农作物产值。对于由土壤

侵蚀造成的土地资源损失的价值核算，主要方法如下。

（1）用农作物产值替代法计算森林减少土壤流失的价值 V_1 先计算因土壤侵蚀而每年减少的土地面积：森林减少土壤侵蚀量用下式表示为

$$V = S(N - F)/D$$

式中，V 为森林减少土壤侵蚀总量；S 为森林面积；N 为荒地侵蚀模数[t/（km²·年）]；F 为有林地侵蚀模数[t/（km²·年）]；D 为土壤容重（t/m³）。

计算出森林减少土壤侵蚀总量与全国的土地耕作层的平均厚度之比，即森林减少土地资源损失的面积。

$$S_L = V/L$$

式中，S_L 为森林减少土地资源损失的面积；V 为森林减少土壤侵蚀总量；L 为全国的土地耕作层的平均厚度。

再计算出森林保育土壤的价值：发生土壤侵蚀后，土壤肥力下降，含水率降低，由此造成农作物减产，其损失费用 V_1 按下式计算：

$$V_1 = (M - M_1) \times (P - C) \times S_1$$

式中，V_1 为土壤侵蚀导致农作物减产的损失费用；M 为每公顷未受侵蚀土地 3 年的平均产量；M_1 为每公顷已受侵蚀土地 3 年的平均产量；P 为该地区农产品的单位价格；C 为农产品的单位成本；S_1 为土壤侵蚀面积。

（2）用林地经济效益替代法计算 利用每年森林减少的土地废弃面积乘以每公顷林地年经济效益，再减去每公顷废弃土地的年价值，即得每公顷森林减少土壤侵蚀损失的经济价值。其计算公式为

$$V_1 = R \times S - C$$

式中，V_1 为森林减少土壤侵蚀的经济价值；R 为每公顷林地的年经济效益；S 为每年土地废弃面积；C 为废弃土地的年价值。

（3）土地价格差法 森林防止与减少土壤侵蚀价值＝森林有效作用面积×土地侵蚀前后的价值差，即森林防止与减少土壤侵蚀价值的表达式为

$$V = \alpha S(V_1 - V_2)$$

式中，V 为森林防止与减少土壤侵蚀价值；S 为森林覆盖面积；V_1 为单位土地面积侵蚀前的价值；V_2 为单位土地面积侵蚀后的价值；α 为森林保土作用系数，即森林实际保土面积与森林覆盖面积的比值。

对于 α 的值，因为不同地区、不同土质、不同林种、不同森林疏密度等都会影响森林的实际保土面积，所以 α 的值也会因地区、林种、森林疏密度等的不同而不同。具体 α 的值可根据实际情况进行选择，一般来说，$\alpha \geqslant 1$。V_1、V_2 的值可以根据国家规定的每公顷林地价格及废弃土地的价格选取。

2. 森林减少泥沙淤积价值核算

目前，森林减少泥沙淤积的估价方法主要有以下 3 种。

（1）水土保持法 水土保持法的计算公式为

$$\Delta W_s = \sum F_i (M_{soi} - M_{oi})$$

式中，ΔW_s 为林内树木、植被等减少导致的流失泥沙量（t）；F_i 为林内树木、植被等各项减沙措施的有效作用面积（km²）；M_{soi} 为林内树木、植被等各项减沙措施对照地的年输沙模数（t/km²）；M_{oi} 为森林覆盖地的年输沙模数（t/km²）。

对于森林减少淤积泥沙的价值核算，可以在上述基础上再用单位泥沙清淤成本乘以淤积泥沙量，即森林减少淤积泥沙的价值（V）为

$$V = C \times \Delta W_s$$

式中，C 为单位泥沙清淤成本。

（2）水文法　　水文法以水文观测的实际资料为依据进行计算分析，在对森林减少泥沙淤积的价值核算时，首先需要计算森林的拦沙量，通常可以用以下几种方法：一是进行小流域的对比试验，确定实施林草措施的小流域的产沙率与对照小流域的产沙率的差值，然后进行估算；二是对采用林草措施前后的下游小型水库的泥沙淤积量进行比较，计算出两者的差值作为林草措施的减沙量。

减沙价值的大小与森林覆盖率、单位面积蓄积呈正相关，与降水量、年径流量呈负相关，其相关关系可用回归模型表示，即

$$S = a - cC - vV + pP + rR$$

式中，S 为河流年输沙率（kg/s）；C 为森林覆盖率；V 为单位面积蓄积（m^3/km^2）；P 为年降水量；R 为年径流量；a、c、v、p、r 为相应的系数。

对于森林减少泥沙淤积的价值可以按以下方法进行核算（以小型水库或拦沙坝的淤积调查为基础计算）：

$$P = (S_1 - S_2) C$$

式中，P 为实施林草措施后拦沙价值；S_1、S_2 分别为措施实施前后水库或拦沙坝的淤积量；C 为小型水库死库容或拦沙坝的建筑费用。

（3）清除费用法　　森林减少泥沙淤积价值的计算公式为

$$V = C - V_1$$

式中，V 为森林减少淤积泥沙的价值；C 为清除费用；V_1 为清除泥沙的价值。

清除费用等于淤积泥沙量与河道或水库单位清淤成本的乘积。V_1 的价值应该根据实际情况来确定，V_1 为正值时表示清除泥沙对人们的生产或生活有正效用，为负值时表示清除泥沙对人们的生产或生活有负效用。

上述公式计算时忽略了淤积泥沙在其淤积过程中给人们生产和生活带来的危害及由此造成的损失，因此对上述方法修正后的计算公式为

$$V = C - V_1 + V_2$$

式中，V 为森林减少淤积泥沙的价值；C 为清除费用；V_1 为清除泥沙的价值；V_2 为淤积泥沙在两次清淤时间间隔内造成损失的价值。

对于淤积泥沙在两次清淤时间间隔内造成的损失可以根据实际情况计算。

（三）森林保育土壤价值核算

森林保育土壤的价值主要包括森林减少土壤肥力流失的价值和森林培育土壤的价值。

1. 森林减少土壤肥力流失价值核算　　对于森林减少土壤肥力流失的价值核算方法主要有以下两种。

1）森林减少土壤肥力流失的价值等于该部分肥力对林产品生长的贡献价值。

肥力对林木生长的贡献价值就是，假设没有这部分养分，木材的成熟期将大于有这部分养分存在的情况，即这部分养分可缩短木材的成材期，而木材成材期缩短带来的经济价值就可看作是森林减少土壤肥力流失的价值。

2）森林减少土壤肥力流失的价值，可以用具有同等肥力的化肥的市场价值来表示。

$$P = \left[\sum (R_j / A_j) \times C_j \right] W$$

式中，P 为森林减少土壤肥力流失的价值；W 为森林减少土壤流失量；R_j 为单位侵蚀物中第 j 种养分元素的含量；A_j 为第 j 种养分元素在标准化肥中的含量；C_j 为第 j 种标准化肥的价格。

2. 森林培育土壤价值核算　　森林培育土壤价值的核算方法有以下两种。

1）森林培育土壤，使土壤肥力提高，可以将提高的土壤肥力价值折算为化肥的价值，或以这部分肥力所能提高的农作物产值表示，即森林培育土壤价值=同等肥力化肥的价值。

2）以森林提高肥力所带来农作物产值的增加量来表示。

$$V = V_1 - V_2$$

式中，V 为森林培育土壤的价值；V_1 为森林提高土壤肥力后的农作物产值；V_2 为原有肥力条件下农作物的产值。

（四）森林固碳释氧价值核算

森林是陆地生态系统的主体，森林在全球的碳循环和 O_2 平衡中起着重要的作用，在稳定气候方面也有很重要的作用。进行森林资源固定 CO_2、供给 O_2 核算时，都应该考虑时间价值，现值估算可采用贴现公式：

$$P(t) = P(1+r) / r$$

式中，r 为贴现率；P 为现值；$P(t)$ 为第 t 年的价值。

目前，森林固碳释氧价值核算的方法主要有以下 5 种。

1. 人工固定 CO_2 成本法　　森林固定 CO_2 的经济价值可以用人工工艺固定等量 CO_2 的成本来计算，但是建造工厂昂贵，而且也是不现实的。

2. 造林成本法　　植树造林是为了固定大气中的 CO_2，因此森林固定 CO_2 的经济价值可以根据造林的费用来计算。例如，英国林业委员会在 1990 年核算森林固定 CO_2 的经济价值时，以造林成本 18～37 英镑/hm^2 作为森林固定 CO_2 量的定价标准。

3. 碳税法　　欧洲共同体和挪威、丹麦、瑞典等国家都曾向联合国提议对化石燃料征收碳税，以减缓温室效应，如瑞典政府提议的碳税收率为 0.15 美元/kg 碳。因此，部分学者建议以碳税率作为森林固定 CO_2 经济价值的计算标准。显然，碳税只是控制排放的一种手段，小于 CO_2 本身引起的温室效应危害。

4. 变化的碳税法　　测算出把化石燃料（征收碳税）转化为无碳燃料（不征收碳税）的投资，并以此金额作为税金。根据这种方法，1990 年英国的 Anderson 测量并计算出每立方米木材固定 CO_2 的经济价值为 43 英镑/m^3。

5. 避免损害费用法　　CO_2 浓度的不断增加可能对人体健康和社会经济发展带来经济损失，如 CO_2 浓度的增加所导致的温室效应，温室效应对人体健康和社会经济带来直接或间接的影响与损害，根据所带来的损失大小直接计算森林固持 CO_2 所产生的直接效益，核算出每吨碳所造成的损害（主要是海平面升高）约等于 13 美元（以 1989 年的美元值计算）。联合国粮食及农业组织的研究表明，利用热带森林固定工业排放碳的年费为 130 亿～170 亿美元（1989 年的价格），相当于 24～31 美元/t 碳；美国环境保护署（EPA）分别研究了北寒带、温带和热带各类森林固定 CO_2 的成本，得出的结论是：造林固定碳的一般成本小于 30 美元/t 碳，平均成本为 1～8 美元/t 碳（1990 年的价格）。Thomsa J. Trqy 的研究表明，利用热带林固定碳的成本为 3～4 美元/t 碳，每年花费 150 亿～300 亿美元的热带植树造林可以固定工业每年排放的 5500 万 t 碳。D. B. Titus 的研究表明，在今后 32～46 年内造林成本约为 38 美元/t 碳。

（五）森林防护效益价值核算

森林的防护功能主要体现在改善小气候和抵御风沙危害、防止荒漠化上（张涛，2002）。因此，其防护价值估算相应地包括两方面的内容：一是森林改善小气候的价值，二是抵御风害、防止荒漠化的价值。由于经营森林所处的位置不同，森林的具体防护对象不尽相同，其防护功能的发挥也有不同的表现，采用的价值估算方法也不同。因此，在对一定区域森林的防护价值（value of protection，VP）进行估算时，具体包括农田防护林防护价值、森林防风固沙林防护价值、牧场防护林防护价值和沿海防护林防护价值等。

1. 农田防护林防护价值核算　　农田防护林防护价值 VP_1 等于森林防护功能作用的实物量（ecological benefit，EB）与单位实物量货币价值（monetary value，MV）的乘积，即

$$VP_1 = EB \times MV$$

因此，需要计算 EB 和 MV。由于农田防护林改善了农田小气候，促进了农作物产量和质量的提高，因此常用被防护地区农作物所增加的产量来代替农田防护林防护功能的实物量 EB，据此计算农田防护林防护价值 VP_1，常用的方法主要有以下两种。

（1）**生产函数法**　　生产函数法是森林防护价值计算的主要方法，这一方法将森林的防护功能作为影响农业产量的一个因素。因此，这一方法又被称为促进因素余量分析法。农田防护林防护功能的价值评估，其依据就是用农业生产享用防护功能后所产生的超额利润来替代。农田防护林以防风为主，部分改善了农田小气候，增加了防护地区农作物的产量。因此，在构造农田防护林防护功能的实物量 EB 时，用防护地区农作物产量的增量（与无防护林防护地区对照）价值来代替农田防护林防护价值 VP_1，即

$$VP_1 = EB \times MV = S \times M_{vi}(Q_{i1} - Q_{i0}) - CT$$

式中，Q_{i1} 为第 i 个单位有森林防护时的农作物产量；Q_{i0} 为第 i 个单位在无森林防护条件下的农作物产量；M_{vi} 为第 i 个单位农作物产量的价值；S 为防护价值系数；CT 为修正值。

这一模型为基本理论模型。然而，在核算一定区域农田防护林的防护价值时，对农作物增产影响的计算比较复杂，还应考虑树种、树龄、林网结构和各种自然灾害程度等诸多因子的影响。

（2）**生态因子回归法**　　这种方法的基本思路是：首先测定相同经营管理水平、多种气候条件下 i 单位产量与生态因子的关系，再回归出各气候生态因子变化值与 i 单位产量的关系。其计算公式如下：

$$\Delta Q_i = X_j \quad j = 1, 2, \cdots, n$$

$$VP_1 = \sum_{i=1}^{n} \Delta Q_i \times MV_i - CT$$

式中，VP_1 为农田防护林防护价值；ΔQ_i 为生态因子变化对 i 单位产量的影响值；X_j 为森林防护功能对第 j 个生态因子的影响值；MV_i 为单位实物量货币价值；CT 为修正值。

核算中，首先测定出森林防护功能作用对生态因子的影响值；进而求出森林防护功能对 i 单位产量的影响值，即可求出 i 单位防护效益收益值；最后求出所有受益单位的防护收益值，即该片森林的防护价值。这种方法在理论上具有科学合理性，适用于各种自然条件不同的国家和地区，但在实际应用中要求具有较详细的实际数据建立回归方程，以定量描述森林防护功能与各生态因子，以及各生态因子与防护地区单位产量之间的关系。

2. 森林防风固沙林防护价值核算　　森林防风固沙林防护价值的核算方法主要有两类：一类是物理影响的市场评价法，其实质是从防护林的某一因素或各综合因素对环境的物理影响出发，找出防护林的环境影响与工农业产出之间的定量关系，用产出的变化来评价防护林的防护价值，

其实质就是生产函数法。另一类是在对防护林环境影响研究的基础上，用防护费用来核算防护林的防风固沙价值。

（1）生产函数法 生产函数法是以现有固沙林地同固沙前的沙地和无林沙地进行比较，通过观测流动沙丘的移动速度来计算防护林固定沙源、阻止沙丘移动，减少沙化土地的数量。并以此为基础，进行固沙价值的计算。用整个林业生产周期内从这部分土地上获得产品的价值来代替防护林免除沙压农田和牧场的价值，也可以用减少沙化土地的租赁价值来计算。

根据《林业专业调查主要技术规定（试行）》，森林减少沙压农田的价值可以用以下的计算公式来计算：

$$Y_i = K_i(A_i - C_i)$$

$$Y = \sum_{i=1}^{n} Y_i$$

式中，Y_i 为单位面积固沙林第 i 年减少沙压农田的货币价值；Y 为单位面积固沙林整个生产周期减少沙压农田效益的货币量；A_i 为第 i 年农产品的收购价（元/kg）；C_i 为第 i 年农作物生产成本（元/kg）；K_i 为单位面积固沙林第 i 年减少沙压农田的效益系数。

这种方法是用整个生产周期内从这部分土地获得产品的利润近似表示免除沙压农田及牧场的价值。

（2）防护费用法 防护费用法是通过观察揭示人们的偏好间接地估算防护林的防风固沙价值。其主要是通过观察人们为了避免风沙危害，采用各种其他措施抑制风沙所支付的费用等来评估、核算防护林的防护价值，该方法有以下几个步骤。

第一，识别环境危害。如果没有或防护林面积不足，轻则会使土地质量降低，土地沙漠化加重，重则会使土地原有的生态系统崩溃，使土地完全沙漠化。在识别没有防护林时的环境危害时，要分清主要和次要的危害，从而明确防护林的防护范围和在一定环境条件下的主要防护作用。

第二，界定受风沙影响的人群，即对缺乏防护林时的社会影响范围的界定。

第三，收集所需数据。主要对所有受到风沙危害的人群进行广泛的调查，如对采取了防沙治沙措施的农民进行调查，计算其防风治沙的费用等。

第四，计算防风固沙林的防护价值。根据第一步至第三步计算防风固沙林的防护价值。

3. 牧场防护林防护价值核算 牧场防护林防护价值的计算方法与农田防护林相同。其基本理论是采取生产函数法，即计算有无防护林情况下牧草增产量的价值；或者计算防护林对放牧条件下牧畜免于自然灾害所造成的伤亡的价值等。

4. 沿海防护林防护价值核算 目前，有关沿海防护林防护价值的核算研究相对较少。韩维栋等（2000）在长期生态网络定位和半定位观测的基础上，对中国红树林生态系统全部生态价值进行了货币化评估。其中，对于红树林的防护价值计量，主要集中在红树林防风、防浪、护堤这一功能上，具体体现在两个方面：一是红树林所具有的灾害防护价值，二是生态养护价值。采用的方法是专家评估法，从方法体系上来说是属于条件价值法的范畴。

（六）森林净化大气价值核算

1. 森林削减大气中有害物质浓度的健康效益核算 森林净化大气效益的核算方法主要采用人力资本法（黄艺，2002）。

人力资本法是使用环境污染对人体健康和劳动能力的损害来估计环境污染或污染控制带来的环境损益的一种方法。环境质量变化对人类健康影响造成的损失主要有3个方面：过早的死亡、疾病或病休造成的收入损失；医疗费开支的增加；精神或心理上的代价。

因此，森林生态系统净化大气对健康产生的效益分为两个方面，一是减少过早死亡的健康效益（V_1），二是减少误工和医药费的健康效益（V_2），两者之和即总健康效益。

1）减少过早死亡的健康效益（V_1）：

$$M_i = P \times A \times \theta_i \times k_i$$

式中，M_i 为减少因第 i 种疾病而死亡的人数；P 为总死亡率；A 为总人口；θ_i 为死因构成比；k_i 为归因系数，即归因于该污染物浓度下降的第 i 种疾病死亡危险下降的百分数，等于第 i 种疾病死亡率对该污染浓度的弹性系数乘以该污染浓度的削减量。

根据上式，可得到减少过早死亡的健康效益（V_1）：

$$V_1 = \sum_{i=1}^{n}(M_i \times \text{YPLL}_i) \times W$$

式中，YPLL_i 为因第 i 种疾病的平均 YPLL（潜在寿命损失年，years of potential life lost）；W 为年均工资；n 为年龄。

2）减少误工和医药费的健康效益（V_2）：

$$V_2 = \sum_{i=1}^{n} N_i \times k \times (\omega_i + E_i)$$

式中，n 为减少的第 i 种疾病的发病人数；N_i 为平均每个第 i 种疾病患者的误工天数；k 为假日修正系数，一般取 0.85；ω_i 为日均工资；E_i 为日均医药费。

3）总健康损害价值（V）的估计可以表示为

$$V = V_1 + V_2$$

2. 森林生态系统减少酸雨危害的价值核算　森林生态系统净化环境功能的另一部分反映在对酸雨物质成分的吸收。这部分价值的计算可以利用减少酸雨损害的价值来核算。

对酸沉降引起经济损失的核算，目前国内外常用的方法有两种：比较法和分析法。

1）比较法：是比较不同酸沉降污染水平下材料受破坏而造成的实际的经济损失，从而得出酸沉降污染与经济损失之间的关系，这种需要选取除酸沉降污染水平外其他影响因素均相同的多个地区进行实地调查。

2）分析法：是借助损失函数及材料受破坏而造成的经济和美学价值损失的定量化来核算给定酸沉降污染水平的具体经济损失。分析法的计算公式为

$$C_p = (1/L_p + 1/L_0)\, C_0$$

式中，C_p 为每年由酸沉降破坏材料造成的经济损失；C_0 为材料一次维修或更换的总费用，等于材料数量乘以维修或更换单价；L_p 为酸沉降条件下的材料使用寿命，即维修或更换周期，用年表示；L_0 为无酸沉降条件下的材料使用寿命。

（七）森林游憩价值核算

对森林游憩价值的研究，常用的核算方法有旅行费用法和条件价值法。

1. 旅行费用法　旅行费用法简称 TCM 法，是国外比较流行的森林游憩价值评价方法之一。它利用旅游者的旅游成本来反映游憩地的价格，借以推算出对游憩地的需求价值。该方法从森林游憩产品的最终消费者的角度出发，根据不同旅游者前往某一森林游憩地所花费旅游费用及时间机会成本、门票等，画出该旅游地的需求曲线，并核算出包括消费者剩余在内的经济价值。

2. 条件价值法　条件价值法是一种以调查为基础的技术，主要用于对非市场资源的估价，

包括使用价值与非使用价值。调查给被访者提供了一个假想的情景，并让被访者陈述他们对于舒适环境的支付意愿（或者是对于恶化的环境，他们愿意接受的赔偿）。这种技术被普遍应用于估算水污染和大气污染造成的环境质量的改变并试图估计出保护某些环境的价值。

（八）生物多样性保护价值核算

中国在 1998 年出版的《中国生物多样性国情研究报告》中，将生物多样性的价值分为 3 种类型：直接使用价值、间接使用价值和潜在使用价值。

1. 直接使用价值　　直接使用价值包括两部分。一是直接实物价值，即生物资源产品或简单加工品所获得的市场价值，包括林业、农业、畜牧业、渔业、医药业、工业（生物原料）产品及加工品的市场价值，以及人们生计中消耗生物资源的价值。这部分采用直接定价法。二是非实物价值，主要包括生物多样性在旅游观赏、科学文化和畜力使役等方面的服务价值。这部分价值采用直接的市场定价，而以花费的费用大小来替代它们的价值。

2. 间接使用价值　　间接使用价值主要包括生态系统有机物的生成、吸收 CO_2、释放 O_2、营养物质固定和循环、重要污染物降解、涵养水源和土壤保育等。对这部分的核算采用市场价值法、替代市场法、防护费用法、恢复费用法等。

3. 潜在使用价值　　潜在使用价值包括潜在选择价值和潜在保留价值。对潜在选择价值采用保险支付意愿法评价，其中对重要的动植物种群和物种采用专家咨询式保险支付意愿法评价；对潜在保留价值，采用系数法进行估价，尤其是对尚未鉴定的物种采用该法进行评价、核算。

上述森林生态系统服务核算的内容和定价方法中，有些是 SEEA 推荐的内容，或 SEEA 推荐的定价方法（如市场定价法、收益净现值法等），有些则不是。我国从 1987 年就开始对森林资源价值核算进行研究，但是核算方法和体系没有完全规范起来，迫切需要规范核算内容和定价方法。

五、森林生态系统服务价值核算案例

（一）案例 9-6

某流域森林具有良好的涵养水源的功能，流域面积为 40 000hm²，经测定该流域多年平均降水量为 1598mm，据流域全年的出口处水文站观测，多年平均径流系数为 0.5763，经查询该流域的有关经济指标，2007 年水库建设投资测算每建设 $1m^3$ 库容需投入的成本费为 5.12 元/m³。试核算该流域森林涵养水源的价值为多少（假设土壤含水量保持不变）。

解：已知 R=1598mm；A=40000hm²；θ=0.5763；P=5.12 元/m³。

1）水源涵养采用水量平衡法核算森林水源涵养量 W：

$$W = (R - E) \times A = \theta \times R \times A = 0.5763 \times 1.598 \times 40000 \times 10^4 = 3.68 \times 10^8 \ (m^3)$$

2）森林水源涵养价值：

$$V = W \times P = 3.68 \times 10^8 \times 5.12 = 1.88 \times 10^9 \ （元）$$

因此，该流域森林涵养水源的价值为 1.88×10^9 元。

（二）案例 9-7

某林场对小班林地进行植被改造，主要目的是减少土壤养分流失，改造后土壤侵蚀每年减少 48t/hm²，试核算改造后每年每公顷植被保育土壤的价值。化肥价格：碳酸氢铵为 358 元/t，过磷酸钙为 280 元/t，硫酸钾为 320 元/t，有机质为 25 元/t。林地中土壤 N、P、K、有机质的含量分别为 1.82g/kg、0.97g/kg、21.17g/kg、45g/kg。

解：1）纯 N、P、K 折算成化肥的比例：根据各化肥分子式 NH_4HCO_3、$Ca(H_2PO_4)_2$、K_2SO_4 中相应含量测算各自比例，即碳酸氢铵/N 为 79/14，过磷酸钙/P 为 234/62，硫酸钾/K 为 174/78。

改造后土壤侵蚀减少 48t/hm²，每年每公顷林地比改造前的林地减少流失的养分如下。

有机质：48t/hm²×45g/kg=2.16t/hm²

N：48t/hm²×1.82g/kg=0.087t/hm²

P：48t/hm²×0.97g/kg=0.047t/hm²

K：48t/hm²×21.17g/kg=1.016t/hm²

折算成化肥如下。

碳酸氢铵=0.087×79/14=0.491（t/hm²）

过磷酸钙=0.047×234/62=0.177（t/hm²）

硫酸钾=1.01×174/78=2.253（t/hm²）

2）该小班经改造后每年的保育土壤价值为

$$P=\left[\sum(R_j/A_j)\times C_j\right]W=（0.491×358+0.177×280+2.253×320+2.16×25）×14=14004.17（元）$$

该林场小班植被的每年每公顷保育土壤价值为 14 004.17 元。

（三）案例 9-8

我国南方某城市年降水量丰富，早期该城市森林覆盖率较低，给区域带来一定的洪涝危害，随着城市林业建设加快，森林在城市水文调节过程中发挥着重要作用，城市森林植被减少径流 7%～12%，降低了暴雨形成的地表径流速率和流量，也减轻了洪水灾害，节省了城市抗洪救灾支出。经区域卫星影像判读和实地调查，该市现有 11 种森林类型的面积、不同类型森林地上和地下部分含水量（蓄水量）及调节径流情况见表 9-4，该市不同类型森林的土壤侵蚀量见表 9-5。

表 9-4　不同森林类型的城市森林生态系统调节水能力统计表

森林类型	面积/hm²	凋落物层贮水量/（t/hm²）	植被贮水量/（t/hm²）	1m 深土壤贮水量/（t/hm²）	林冠截留/（t/hm²）	凋落物截留/（t/hm²）	1m 深土壤调蓄水能力/（t/hm²）
阔叶林	146 724	4.8	296	3 655	39	93	1 367
湿地松	6 783	3.2	202	3 162	66	52	985
马尾松	30 453	3.4	218	3 089	62	46	926
杉木	7 596	3.9	173	3 256	65	41	953
针叶混交林	4 735	4.5	263	3 367	67	44	1 067
针阔混交林	23 980	4.7	278	3 598	48	79	1 203
竹林	6 415	3.7	193	3 259	32	58	1 108
经济果林	47 496	3.5	214	3 173	29	46	853
灌丛疏林	9 170	2.1	102	2 988	18	42	752
四旁散生	17 547	1.8	96	2 859	15	38	649
城区果林	56 362	2.1	125	3 015	27	33	961
裸地	—	0	0	1 786	—	—	483
合计	357 261						

表 9-5　城市不同森林类型的土壤侵蚀量统计

森林类型	侵蚀量/[t/（hm²·年）]	森林面积/hm²
森林幼龄林地	2.463	91 697
森林成熟林地	0.817	128 550
经济林幼龄林地	2.935	16 623
经济林成熟林地	1.151	30 872
灌木疏林地	3.222	9 170
荒地	6.055	—
合计		276 912

试对该市的森林涵养水源、水土保持的经济价值进行核算。

解：（1）森林涵养水源价值核算　　森林涵养水源的效益体现在两个方面：一是森林生态系统增加的蓄水能力；二是森林植被所发挥的调节径流与防洪减灾过程中的调蓄水量。

1）森林生态系统增加的蓄水能力计算。森林生态系统的蓄水能力与它的结构有关。作为森林生态系统来说，森林的蓄水结构共两部分：一部分为植被层贮水量和植被凋落物层贮水量；另一部分是在林木作用下的土壤贮水量，即 1m 深土壤贮水量。

根据表 9-4 的统计结果可知：

该市不同森林类型森林植被蓄水总量

=∑不同森林类型蓄水总量

=∑不同森林类型面积×（凋落物层贮水量+植被层贮水量）

=（4.8+296）×146724+（3.2+202）×6783+…+（2.1+125）×56362

=4413.46×10⁴+139.19×10⁴+…+716.36×10⁴

=8308.47×10⁴（t）

在林木作用下新增加的土壤贮水量

=∑不同森林类型林下 1m 深土壤新增加的贮水量

=∑不同森林类型面积×（不同森林类型覆盖下 1m 深土壤贮水量−裸露土地 1m 深土壤贮水量）

=（3655−1786）×146724+（3162−1786）×6783+…+（3015−1784）×56362

=55979.02×10⁴（t）

则该市城市森林生态系统增加的蓄水能力

=∑不同森林类型蓄水总量+∑不同森林类型林下 1m 深土壤新增加的贮水量

=8308.47×10⁴+55979.02×10⁴

=64287.49×10⁴（t）

2）该市城市森林的调节径流与防洪减灾能力计算。

该市城市森林调节径流与防洪减灾总水量

=∑不同森林类型调节径流和防洪减灾总水量

=∑不同森林类型面积×（林冠截留量+凋落物截留+不同森林覆盖下 1m 深土壤增加的调蓄水量）

=（39+93+1367−483）×146724+（66+52+985−483）×6783+⋯+（27+33+961−483）×56362

=26093.88×10⁴（t）

3）该市森林生态系统森林涵养水源的价值核算。采用"等效益相关代替法"，即"影子工程价格法"。森林生态系统如同一个蓄满水库的影子工程，如果将森林新增加的蓄水量换算成调蓄这些水量的水利工程所需的费用，再乘以效益与投入的比值，就可求得森林涵养水源的效益价值。已知该市中小型水库容积造价为 10 元/m³，按水库寿命 50 年计算，则投资效益比为 0.2 元/m³。

该市森林生态系统森林涵养水源的价值

=（涵养水量总量+调节径流与防洪减灾能力的调蓄总水量）×投资效益比

=（64287.49×10⁴+26093.88×10⁴）×0.2

=1.808（亿元）

（2）水土保持价值核算   从表 9-5 中可以看出，该市城市森林的土壤侵蚀量为 0.817～3.222t/（hm²·年），均比无林荒地的土壤侵蚀量少，则

该市城市森林每年减少流失土壤量

=∑ 不同森林类型减少的流失土壤量

=∑ 不同森林类型面积×（荒地土壤流失量−森林覆盖下的土壤流失量）

=（6.055−2.463）×91697+（6.055−0.817）×128550+⋯+（6.055−3.222）×9170

=123.2×10⁴（t）

因此，如果该市没有森林覆盖，每年就会多流失 123.20 万吨土壤，这些土壤将淹没农田和水库、阻塞河道，并由此产生一定的经济损失。对于所产生的土壤和泥沙淤积量，可采用河道中挖掘泥沙的工程费用来评价它的价值。该市用机械疏通河道泥沙价格为 10 元/m³，则

森林水土保持的价值=123.2×10⁴×10=0.123（亿元）

因此，该市城市森林建设的涵养水源的经济价值为 1.808 亿元；水土保持的生态效益的经济价值为 0.123 亿元。

思 考 题

1. 简述森林资源价值核算的含义及其意义。
2. 简述森林资源价值核算的主要内容及其原理。
3. 试述林地、林木资源价值核算的作用及其方法。
4. 试述森林生态系统服务价值核算的内涵及其方法。
5. 试述 SEEA 体系下森林生态系统服务的主要核算方法。

主要参考文献

侯元兆. 1995. 中国森林资源核算研究[M]. 北京：中国林业出版社.
蒋立，张志涛. 2017. 森林资源核算理论研究国际进展综述[J]. 林业经济，（7）：70-83.
李金昌. 1999. 生态价值论[M]. 重庆：重庆大学出版社.

王宏伟，刘建杰，景谦平，等. 2019. 森林资源价值核算体系探讨[J]. 林业经济，41（8）：62-68.

肖寒，欧阳志云. 2000. 森林生态系统服务功能及其生态经济价值评估初探——以海南岛尖峰岭热带森林为例[J]. 应用生态学报，（4）：481-484.

徐为环. 1991. 森林资源核算及其纳入国民经济核算体系的研究[J]. 林业经济，（5）：41-51.

张颖. 2003. 森林资源核算的理论、方法、分类和框架[J]. 林业科技管理，（2）：11-14+21.

张颖. 2020. 环境经济核算与资产负债表编制[M]. 北京：中国林业出版社.

周冰冰，李忠魁. 2001. 北京市森林资源价值[M]. 北京：中国林业出版社.

周晓峰. 1999. 黑龙江省森林效益计量与评价[M]. 哈尔滨：东北林业大学出版社.

第十章

森林成熟与经营周期

◆ 第一节 森林成熟概述

森林成熟（forest maturity）是森林在生长发育过程中达到最符合经营目的的状态。森林成熟是确定林分、林木采伐更新周期的基础，是森林经营中一个重要的技术经济指标。森林成熟是一个时间概念，达到成熟时的年龄为森林成熟龄。

讨论森林成熟时，需要明确 3 点。

1）森林是一个抽象的概念和复杂的系统，是各种林分、林木与环境的集合。森林成熟中所涉及的"森林"概念，不是泛指整个森林，而是针对个别林木、林分或在森林经营中属于同类的林分。

2）森林成熟是相对于经营目标而言的。相同类型（如树种组成和立地条件）的森林在不同经营目标下，其成熟与否和成熟龄也不尽相同。例如，若要培育人造板材，则需要大径级的木材，培育时间长，成熟时间晚；若培育成薪材，只需小径级材，成熟时间早。又如，如果森林的培育目的是收获木材，则要用木材收益的大小判断其是否成熟；如果森林的培育目的是防护林，则要用防护效益作为衡量森林成熟的标准。

3）森林成熟龄不是一个精确的时间节点，而是一个大致的时期。由于森林的生命周期长，达到森林成熟龄并不意味着林木和林分恰好就在这一年表现出最高的使用价值或货币价值，而往往在较长一段时期（几年甚至十几年）内都保持着良好的收获利用效果。因此，森林成熟龄只是大体代表成熟的时间。从表 10-1 可以看出，主林木平均生长量达到最高值后，能维持一段时期，这段时期的长短随树种和立地条件的不同而异。这意味着营林部门不必机械地按照数量成熟龄进行采伐收获，而是有一定程度的灵活性。

表 10-1 大兴安岭主要树种各龄级的主林木总平均生长量 （单位：m^3/ha）

树种	林型	地位级	年龄/年												
			30	35	40	45	50	60	70	80	90	100	110	120	130
落叶松	草类-落叶松林	III	—	—	4.6	—	4.8	4.8	4.6	4.4	—	—	—	—	—
落叶松	苔藓-水藓-落叶松林	IV	—	—	—	—	2.7	2.8	2.8	2.8	2.7	2.7	2.6	—	—
落叶松	杜香-水藓-落叶松林	IV	—	—	—	—	1.7	1.9	2.0	2.0	2.0	2.0	2.0	1.9	1.9
落叶松	胡枝子-蒙古栎林	V	—	—	—	—	0.9	1.1	1.1	1.1	1.1	1.1	1.1	1.0	1.0
白桦	杜鹃-白桦林	III～IV	3.6	3.7	3.6	3.5	—	—	—	—	—	—	—	—	—

　　自从人类有目的地经营利用森林起，就从未停止对森林成熟的探索，何时采伐收获森林是森林经营者最关注的问题之一。在我国几千年的森林经营历史中，关于森林成熟的观察与研究记载于很多文献中。例如，中国现存最早的综合性农学专著《齐民要术》（北魏，贾思勰）中，对柞木（壳斗科栎属植物）成熟的记载有："十年，中椽，可杂用。二十岁，中屋榑，柴在外。"对柘树（桑科柘属植物）成熟的记载有："三年，间劚去，堪为浑心扶老杖。十年，中四破为杖，任为马鞭、胡床。十五年，任为弓材，亦堪作履。裁截碎木，中作椎、刀靶。二十年，好作犊车材。"在《中外农学合编》（清代，杨巩）中有关于竹林成熟的描述："竹有六七年，便生花。所谓'留三去四'，盖三年者留，四年者伐去。"还有民间流传广泛的谚语"留三去四勿留七"（这里的三、四、七是指"度"，1度为2年）。此外还有许多关于用材林、特种用途林、经济林木成熟的记载。

　　森林成熟与农作物成熟虽有相似之处，但也有与农作物成熟不同的特点，主要表现在两个方面。一方面是不明显性：森林的生命周期长，外部形态和色泽可以在一定时期内都不发生明显变化，很难借此判断森林是否成熟。而农作物成熟时，一般外部形态和色泽会发生明显变化，如变黄或变红、果实饱满、数量达到一定水平、植株开始枯萎等，都可以作为成熟收获的依据。另一方面是森林效益的多样性：不同林种（如用材林、防护林、薪炭林、经济林、特种用途林等）有各自不同的成熟标准。即使是同一树种同一立地条件，材种（如人造板材、薪材、纸浆材、各规格的锯材）不同时，成熟的时间也不一样。因此，森林成熟既取决于树木自然生长的生理过程，也与经营目的、计量方法、判定指标密切相关。

◆ 第二节　商品林的森林成熟

　　商品林（commercial forest）是以生产物质产品为主要经营目的的森林。物质产品的数量和质量是商品林经营所关注的两个重要方面，也是判断商品林成熟的依据。目前生产中常用的商品林成熟有数量成熟、工艺成熟、竹林成熟、经济林成熟和更新成熟等，它们主要用于用材林、薪炭林、竹林和经济林中。

一、数量成熟

（一）数量成熟的概念

　　收获最多的木材是用材林经营者的主要目的。林分或树木的材积平均生长量达到最大值时，称为林分或树木的数量成熟（quantitative maturity）。达到此状态时的年龄称为数量成熟龄。数量成熟用公式表示为

$$\max Z_i = \frac{V_i}{i}$$

式中，Z_i 为第 i 年的材积平均生长量；V_i 为树木或林分第 i 年的材积或蓄积；i 为年龄，$i = 1$，2，$\cdots$，n。

　　通常情况下，树木或林分的材积生长具有一定的规律性：材积连年生长量和平均生长量都表现为二次曲线形式。初始阶段较小，随年龄的增加而增大，某年时达到最大值，然后逐渐下降（图10-1）。注意：连年生长量仅表示某一年间的材积增长量，不能作为数量成熟的依据；而平均生长

量表示整个生长期平均每年的材积增长量，平均生长量最大值的出现意味着收获最多的木材，即数量成熟。

从图 10-1 中可以看出，初期时连年生长量比平均生长量增加得更快（绝对值更大），连年生长量的最大值出现得较早。当连年生长量开始下降后的一定时期内，平均生长量仍然继续增加，直至二者相等。这两条曲线的交点即平均生长量的最大值，达到此交点的年龄即数量成熟龄。图中 A_1 为连年生长量达到最高时的年龄，此时采伐收获则平均每年获得的木材量为 m_1；A_2 为平均生长量达到最高时的年龄，此时采伐收获则每年可获得 m_2 的木材量，显然 $m_2 > m_1$。因此 A_2 为数量成熟龄，以 A_2 为周期采伐收获，林地上平均每年收获的木材最多。

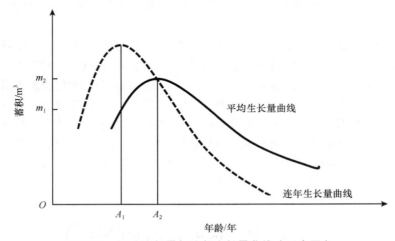

图 10-1　平均生长量与连年生长量曲线（示意图）

表 10-2 中列出了疏密度为 1.0 的云南松天然林生长过程。从表 10-2 中可以看出，平均生长量与连年生长量都符合图 10-1 中的趋势。如果以 30 年为数量成熟龄，这时采伐利用每年每公顷将获得 9.2m³ 木材；如果以其他年龄为周期采伐收获，所获得的木材都将少于以数量成熟龄（本例中为 30 年）为周期的木材收获量。

表 10-2　云南松 Ⅰ 地位级生长过程表（疏密度=1.0）

林分年龄/年	蓄积/（m³/ha）	平均生长量/m³	连年生长量/m³	连年生长率/%
10	68	—		
20	176	8.8	10.8	8.85
30	276	9.2	10.0	4.42
40	357	8.9	8.1	2.56
50	419	8.4	6.2	1.60
60	471	7.9	5.2	1.17
70	518	7.4	4.7	0.95
80	556	6.9	3.8	0.71
90	588	6.5	3.2	0.56

（二）影响数量成熟的因素

数量成熟的早晚受到许多因素的影响，主要有以下 5 种。

1. 树种特性　一般来说，喜光树种生长得较快，比耐荫的慢生树种数量成熟更早；软阔叶树较硬阔叶树生长得更快，数量成熟到来得更早。

2. 立地条件　立地条件较好，林木生长得更迅速，其数量成熟较立地条件差的林分到来得早（表 10-3）。

表 10-3　兴安落叶松各林型各地位级数量成熟龄

林型	地位级	数量成熟龄	平均生长量/（m³/ha）
草类林	I	45	6.0
草类林	II	53	5.3
草类林	III	60	4.8
杜鹃林	IV	71	4.4
杜香林	IV	70	3.5
绿苔水藓林	IV	79	2.8
杜香林	V	86	2.0

3. 林分密度　林分密度会影响林分和单株木的生长节律。密度越大，数量成熟越早；密度越小，数量成熟越晚。

4. 林分起源　由于萌生林早期生长较实生林更为迅速，因而萌生林比实生林数量成熟到来得更早。人工林早期生长较快，速生期比天然林来得早，而天然林早期生长极为缓慢，因此人工林的数量成熟比天然林早。例如，红松人工林的主伐年龄为 80 年，天然林为 120 年。

5. 经营技术　修枝、间伐、施肥、浇水等任何改变林木生长的措施都会影响数量成熟。

（三）数量成熟的确定方法

确定数量成熟的方法很多，以下介绍两种最常用的方法。

1. 生长过程表法　生长过程表（也叫正常收获量表）是人工编制的林分在一定立地条件下、疏密度为 1.0 时的生长变化过程，是林业生产中常用的基础表格之一。生长过程表反映了林分各主要调查因子（如年龄、树高、直径、密度、断面积、蓄积、形数、平均材积、连年生长量、平均生长量等）的生长过程。生长过程表的用途有：①提供在该立地条件下林分所能达到的收获量上限的估计值；比较不同立地条件下林分间生长状况的差异程度。②用于检查、评价现实林分的经营效果，是否达到合理最大密度。③查定或预估现实林分的各个因子现实值及未来某一龄级时的数值。④计算现实林分的疏密度及林分每公顷蓄积。

表 10-2 就是云南松 I 地位级生长过程表。利用生长过程表确定数量成熟最为简便，找到合适的生长过程表，查出蓄积平均生长量最大时的林龄即可，如在表 10-2 中为 30 年。但应注意，此法若要可靠，必须找到树种和立地条件与待定林分一致的生长过程表。同时还应注意，生长过程表反映的是标准林分的生长量（疏密度为 1.0），而现实林分的疏密度通常达不到 1.0，蓄积平均生长量要小一些，数量成熟龄也短一些，因而应用时要根据实际情况进行调整。

2. 标准地法　现实中，很多树种没有合适的生长过程表可用，可用标准地法确定数量成熟龄。具体步骤如下。

（1）选择标准地　在待定树种的各龄级林分中选择标准地，要求林分起源、立地条件、林分密度、经营措施等林分特征一致，至少应基本一致。如果使得各标准地林分密度一致较为困难，选择时可以选择具有平均密度的林分。这样做的目的是控制其他变量，确保各标准地蓄积的差异主要由林龄不同所致。

（2）设立标准地　　在各龄级林分中设立标准地，标准地数量多，数据的代表性就强，但工作量也大。因而标准地数量要适当，原则上要求标准地调查结果能充分反映林分的实际情况。

（3）计算蓄积　　将选定的各标准地林木伐倒并区分求积，计算出蓄积总量。也可通过标准木法或材积表法，计算蓄积总量。

（4）计算平均生长量　　确定每一标准地的平均年龄，计算蓄积平均生长量。

（5）确定数量成熟龄　　将计算出的各龄级标准地的平均年龄、蓄积平均生长量列表，查出最大值的年份，即数量成熟龄。

标准地法的原理与生长过程表法相同，差异在于疏密度不同。实际上，如果所选择的标准地的疏密度为1.0，标准地法就等于编制生长过程表了。由于标准地法是通过实测获得林分的生长过程数据，因而得出的数量成熟龄应比查生长过程表法更准确。该方法比较实用，但成本也较高。

二、工艺成熟

（一）工艺成熟的概念

市场对木材种类的需求是多种多样的，这些木材的种类称为材种，如原木、锯材、纸浆材等。每一材种的规格和质量要求都不同，即需要达到一定的长度、粗度和质地标准。因此，仅考虑林分总的木材生产量（数量成熟）是不够的，还要考虑符合一定规格要求的木材产量。将林分生长发育过程中（通过皆伐）目的材种的材积平均生长量达到最大时的状态称为工艺成熟（technical maturity），此刻的年龄称为工艺成熟龄。同一林分，经营的目的材种不同，则有不同的工艺成熟龄。工艺成熟主要被用于用材林中。

（二）工艺成熟与数量成熟的联系

工艺成熟与数量成熟之间既有相似之处，也有明显的差异。

1. 相似之处　　相似之处在于二者都是衡量成熟的数量指标。工艺成熟其实是有一定材种规格要求的"数量成熟"，可看成是数量成熟的一个特例。

2. 差异之处

（1）判断指标　　数量成熟仅以数量最大化衡量；工艺成熟不仅是数量指标，还是质量指标。市场对木材产品大多数都有明确的材种要求，工艺成熟所生产的木材产品与市场需求紧密结合，以需定产。工艺成熟取决于材种规格要求。

（2）有无之别　　无论林分或林木，数量成熟通常都会出现，而工艺成熟则不然。例如，在立地条件差的林地上培育出大径级的材种就可能无法实现，则该材种的工艺成熟可能永远不会出现。因而，工艺成熟为充分并切合实际地开发不同立地条件的林地资源提供了依据。

（三）影响工艺成熟的因素

影响工艺成熟的因素很多，主要有材种规格、立地条件、营林措施等。

1. 材种规格　　工艺成熟到来的早晚，主要取决于材种规格。材种的小头直径越大，工艺成熟龄越高。如表10-4所示，I_a地位级的云南松培育锯材原木（小头直径28cm，材长6m以上）需要90年，而培育矿柱（小头直径8～12cm，材长2m以上）只需要40年。

表 10-4　云南松数量成熟龄与工艺成熟龄的比较

地位级	数量成熟龄	工艺成熟龄				
		锯材原木	矿柱	火柴材、造纸材	原木	建筑材
I$_a$	31	90	40	—	60	30
I$_b$	33	110	40	—	65	40
I	35	120	40	—	70	40
II	37	120	50	—	80	50
III	40	120	60	—	90	60
IV	42	140	80	—	90	90

2. 立地条件　　一般来说，同一材种，立地条件越好，工艺成熟龄来得越早。如表 10-4 所示，云南松林培育锯材原木，在 I$_a$ 地位级需要 90 年，而在 IV 地位级需要 140 年。

3. 营林措施　　当营林措施得当，有利于树木生长的提高时，可以缩短工艺成熟龄。例如，适时进行抚育间伐等都可能降低工艺成熟龄。

（四）工艺成熟的确定方法

工艺成熟的确定方法有很多，主要有生长过程表结合材种出材量表法、马丁法、标准地法等。每种方法都有各自的特点和适用条件。

1. 生长过程表结合材种出材量表法　　此方法是最常用的方法之一。当具备合适的生长过程表和材种出材量表时（我国已编制了许多主要用材树种的相关表），应用此法最为简便。计算的主要步骤如下。

找到合适的生长过程表（表 10-5），从中查出各年龄（或龄级）林分的平均树高、平均胸径、每公顷蓄积，列入工艺成熟龄计算表中。

表 10-5　大兴安岭草类落叶松林（I 地位级）生长过程表

林龄/年	平均树高/m	平均胸径/cm	断面积/m^2	蓄积/m^3	平均生长量/m^3
10	3.5	2.9	8.4	—	—
20	8.1	6.5	21.5	96	4.8
30	11.4	9.9	30.0	174	5.8
40	14.8	12.9	33.0	238	6.0
50	17.7	15.9	34.8	294	5.9
60	20.4	20.4	36.0	345	5.8
70	22.6	22.6	37.2	388	5.5
80	24.4	24.4	38.0	421	5.3
90	25.7	25.7	38.4	445	4.9
100	26.7	26.7	38.8	463	4.6

然后根据各年龄的平均树高、平均胸径，从材种出材量表（表 10-6）中相对应的栏目中查出材种的出材率（材种材积占其相应的总带皮材积的百分比），列入表 10-7。

表 10-6　兴安落叶松出材量表（Ⅰ出材级）　　　（%）

林分平均因子		商品材							废材
树高 /m	胸径 /cm	各级原木	经济用材				薪材	合计	
			车辆材	各级锯材	矿柱车立柱	合计			
12～13	12	25	6	1	32	69	16	85	15
	14	33	8	2	26	71	13	84	16
14～15	12	26	6	1	35	70	15	85	15
	14	34	8	2	28	72	13	85	15
	16	42	12	3	21	73	12	85	15
	18	50	17	5	16	75	11	86	14
16～17	12	27	6	1	37	71	14	85	15
	14	36	8	2	29	73	12	85	15
	16	44	12	3	22	74	11	85	15
	18	51	17	5	17	76	10	86	14
	20	56	22	8	13	76	10	86	14
18～19	12	28	6	1	39	72	13	85	15
	14	38	8	2	31	74	11	85	15
	16	46	13	3	23	75	10	85	15
	18	52	18	5	18	76	10	86	14
	20	57	23	7	14	77	9	86	14
	22	61	26	8	11	77	9	86	14
	24	63	29	11	9	77	9	86	14
	26	65	33	12	8	77	9	86	14
20～21	16	46	13	3	24	75	10	85	15
	18	53	19	5	18	76	10	86	14
	20	58	23	7	14	77	9	86	14
	22	62	27	8	11	78	8	86	14
	24	64	30	11	9	78	8	86	14
	26	66	34	12	8	78	8	86	14
	28	67	36	13	7	77	10	87	13
	30	68	38	15	7	77	10	87	13
	32	68	40	15	7	77	10	87	13
22～23	18	54	21	4	18	76	10	86	14
	20	59	25	7	14	77	9	86	14
	22	63	28	8	11	78	8	86	14
	24	65	31	11	9	78	8	86	14
	26	67	35	12	8	79	8	87	13
	28	68	37	13	7	78	9	87	13
	30	69	39	15	7	78	9	87	13
	32	69	41	15	6	78	9	87	13
	34	69	42	16	6	77	10	87	13

续表

林分平均因子		商品材							废材
树高 /m	胸径 /cm	各级原木	经济用材				薪材	合计	
			车辆材	各级锯材	矿柱车立柱	合计			
24~25	20	60	27	6	15	78	8	86	14
	22	64	29	8	11	78	8	86	14
	24	66	33	10	9	78	8	86	14
	26	68	37	11	8	79	8	87	13
	28	69	38	13	7	79	8	87	13
	30	70	40	15	6	79	8	87	13
	32	69	41	15	5	78	9	87	13
	34	69	42	16	5	77	10	87	13
	36	69	43	17	4	77	10	87	13
	38	68	43	17	4	76	12	88	12
26~27	22	65	30	8	11	79	7	86	14
	24	67	35	9	9	79	7	86	14
	26	68	38	11	8	79	8	87	13
	28	70	40	13	6	79	8	87	13
	30	71	43	14	5	79	8	87	13
	32	70	43	15	5	78	9	87	13
	34	70	44	16	4	77	10	87	13
	36	69	44	16	4	77	10	87	13
	38	68	44	14	3	76	12	88	12

注：材种出材量表中所列的是各种材种的出材率。该表中经济用材材种省略了部分，未全部给出。表中各"经济用材种"是互相平行、独立的，即一定树高和胸径的林分可出某一材种的出材率。因而，经济用材各材种累计与合计不一致，各材种（第4~6列）的合计要小于"合计"（第7列）中的数值。"合计"的含义是总共可出经济用材的最高百分率。经济用材与薪材合称商品材，因而表中第7列加上第8列等于第9列；商品材与废材之和为总材积，即第9列加上第10列等于100%

　　用各年龄林分蓄积乘以材种出材率，得到材种出材量。如 50 年时的车辆材出材量为 294×13%=38m³。用材种出材量除以相应的年龄，得到该材种的各年平均生长量。如 50 年时车辆材平均生长量为 38÷50=0.8m³/年。对材种平均生长量排序，找出最大值，所对应的年龄即该材种的工艺成熟龄。从表 10-7 中可以看出，车辆材工艺成熟龄为 100 年，而经济用材工艺成熟龄为 50~60 年。

表 10-7　工艺成熟龄计算表

林分年龄/年	树高/m	胸径/cm	蓄积/(m³/ha)	商品材											
				经济用材						薪材			合计		
				车辆材			合计								
				出材率/%	材积/m³	Z/m³	...	出材率/%	材积/m³	Z/m³	出材率/%	材积/m³	Z/m³	出材率/%	材积/m³	Z/m³
10	3.5	2.9														
20	8.1	6.5	96													
30	11.4	9.9	174													

续表

林分年龄/年	树高/m	胸径/cm	蓄积/(m³/ha)	商品材													
				经济用材							薪材			合计			
				车辆材			…	合计									
				出材率/%	材积/m³	Z/m³		出材率/%	材积/m³	Z/m³	出材率/%	材积/m³	Z/m³	出材率/%	材积/m³	Z/m³
40	14.8	12.9	238	6	14	0.4		70	167	4.2						
50	17.7	15.9	294	13	38	0.8		75	221	4.4						
60	20.4	18.9	345	19	79	1.3		77	265	4.4						
70	22.6	21.7	388	28	109	1.6		78	303	4.3						
80	24.4	24.3	421	33	139	1.7		78	328	4.1						
90	25.7	26.9	445	38	169	1.9		79	352	3.9						
100	26.7	29.0	463	43	199	2.0		79	366	3.7						

注：Z 为某种材积平均生长量

2. 马丁法　马丁法（也称马尔丁法）是由德国学者 K. L. Martin 在 1832 年提出的。这一方法计算某材种的工艺成熟龄时方便灵活，计算公式如下：

$$u = a + n \times \frac{d}{2} = a + nr$$

式中，u 为某材种工艺成熟龄；a 为树高达到材种长度时所需年数；n 为材种小头半径方向上 1cm 内的平均年轮数（年轮密度）；d 为材种小头直径；r 为材种小头半径。

例如，求算某地区人工杉木林檩材的工艺成熟龄。该材种的规格要求是：平均长度 4.4m（3.6～5.0m），平均小头直径 14cm（8～18cm）。经过现地调查，选取平均木 41 株，经过树干解析、造材后，得到所需的有关数据（表 10-8）。

表 10-8　经树干解析、造材后的人工杉木数据

解析木号	N_0	N_L	N_R	解析木号	N_0	N_L	N_R
1	30	22	9	15	40	32	15
2	32	25	10	16	39	31	14
3	30	23	11	17	38	31	13
4	38	30	12	18	40	33	15
5	31	24	10	19	36	29	12
6	32	25	10	20	36	29	13
7	32	28	11	21	37	30	13
8	35	27	12	22	38	31	12
9	34	27	11	23	39	31	14
10	35	28	11	24	35	27	11
11	35	27	12	25	37	29	12
12	34	27	11	26	32	25	10
13	32	25	10	27	36	28	11
14	40	32	14	28	39	31	13

续表

解析木号	N_0	N_L	N_R	解析木号	N_0	N_L	N_R
29	40	32	15	36	36	26	10
30	32	25	11	37	32	24	9
31	39	30	12	38	40	30	16
32	30	27	10	39	39	28	15
33	38	29	12	40	40	28	16
34	35	27	11	41	37	28	12
35	35	28	11	合计	1465	1149	492

注：N_0. 零号盘的年轮数；N_L. 达到材种长度（4.4m）时小头断面上的年轮数；N_R. 材种小头半径（14cm）内的年轮数

将表 10-8 中的数据代入公式中，求解各参数：

$$a = \frac{\sum N_0 - \sum N_L}{N} = \frac{1465 - 1149}{41} = 7.7（年）$$

$$n = \frac{\sum N_R / N}{d / 2} = \frac{492 / 41}{14 / 2} = 1.7$$

$$r = \frac{d}{2} = 7（cm）$$

$$u = a + n \times r = 7.7 + 1.7 \times 7 = 19.6（年）\approx 20（年）$$

由上，计算出杉木檩材的工艺成熟龄为 20 年。

应用马丁法时，应注意表 10-8 中 N_L 与 N_R 的差异。N_L 是材种小头断面上的年轮数，它表示材种长度以上部分生长的年数。用 N_0 减去 N_L 则是林木高生长达到材种长度时所需的年数。N_R 是材种小头半径内的年轮数，它强调的只是林木直径生长到小头直径时所用的时间（图 10-2）。

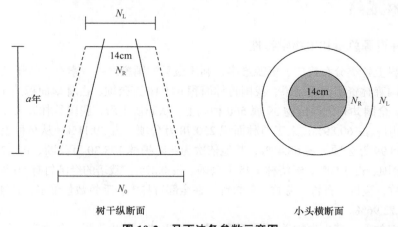

图 10-2　马丁法各参数示意图

马丁法的工作量小、技术难度小，因而方便、灵活，比较适用于在立地条件较一致的小范围内求某个材种的工艺成熟龄。马丁法的不足之处是：①树干的主体作为某一特定的材种，而树干其余部分的用途却未考虑；②不能像前述方法那样同时求出多个材种的工艺成熟龄，比较林分生产哪个材种效益最好。

3. 标准地法　　如果没有合适的生长过程表和材种出材量表时，或者现实林与标准林分的差异较大时，可用标准地实测的方法求算工艺成熟龄。主要步骤如下。

首先在某树种的各龄级林分中设置标准地，要求立地条件一致或基本一致，疏密度中等。然后测定各标准地的平均年龄、树高、胸径、每公顷蓄积等因子。再对各标准地林木造材，求出各材种的出材率、出材量和材积平均生长量（表 10-9）。最后按年龄对各龄级标准地进行排序，从中找出材积平均生长量最大值，该值对应的年龄（或龄级）就是工艺成熟龄（同表 10-7）。

表 10-9 单株样木造材记录

材种名称	尺寸			材积		材种出材率/%
	长度/m	小头直径/cm		带皮/m³	去皮/m³	
		带皮	去皮			
一般加工原木	8.0	21.2	20.1	0.4249	0.3281	52.9
普通电杆	6.0	13.6	12.7	0.1539	0.1354	21.8
小径坑木	3.0	9.3	8.8	0.0272	0.0237	3.8
小径木	2.0	6.5	6.0	0.0101	0.0089	1.5
经济用材合计	19.0	—	—	0.6161	0.4961	80.0
经济用材部分树皮材积	—	—	—	0.1200	—	19.3
梢头木	2.4	—	—	0.0042	—	0.7
合计	21.4			0.7403		100.0

需要注意的是，上述方法多用于同龄林中，如求异龄混交林的工艺成熟龄则不适用。苏联学者曾对异龄复层混交林的工艺成熟龄进行研究，所用方法是分林层、世代、树种等因子进行测算，然后合计成林分的工艺成熟龄。

三、竹林成熟

（一）竹林资源总量和生物学特性

中国是世界上竹类分布最广、资源最多、利用最早的国家之一，素有"竹子王国"的美誉。根据第九次全国森林资源清查结果，我国竹林面积 641.16 万公顷，占林地面积的 1.98%，占森林面积的 2.94%。全国共有竹类植物 39 属 500 种以上。从起源上看，我国竹林以天然林为主，面积为 390.38 万公顷，占 60.89%；人工竹林面积 250.78 万公顷，占 39.11%。从林种上看，以用材林为主，面积 438.99 万公顷，占 68.47%，其他依次为：防护林 178.30 万公顷、占 27.81%，特种用途林 22.42 万公顷、占 3.50%，经济林 1.45 万公顷、占 0.22%。栽培的经济竹有 50 种左右，包括毛竹、刚竹、雷竹、金竹、石竹、慈竹、麻竹等。在全部竹林中，毛竹数量最多，达 467.78 万公顷，占竹林面积的 72.96%。

竹子与一般的乔、灌木生物学特性不同。它生长迅速，笋出土后一年内高生长和直径生长就基本完成了，以后的生长主要是改变竹子物理性能和化学成分，如硬度、韧性、各种成分的比例等。竹子主要以无性方式繁殖，用母竹或鞭根移植进行。

竹林的生长方式主要有两种：散生和丛生。据此可分为散生竹和丛生竹。

竹子的生命周期较短，一般 10 年以上时就会衰老死亡。虽然地下鞭根和茎还活着，并能繁衍生息，但地上竹株的价值已大大降低或完全丧失。

（二）竹林的成熟

竹子的用途比较广泛，可用于建筑、编织、造纸、工艺品加工、观赏、竹笋食用等。由于竹子种类繁多、用途多样，成熟的种类也多种多样。以毛竹为例，说明其不同用途的工艺成熟龄：用于造纸和纤维原料的竹材需要用嫩竹，以 1 年生为宜，在当年竹子新叶展开时即可收获。编织用材需要较好的柔韧性，竹子的质地不能过嫩或太老，以 2～4 年生最好。用于建筑用材时培育的时间较长，通常为 5～6 年或以上，特种用途的竹材需 8 年以上。我国竹林种植区有"存三去四莫留七"的谚语，意思是说：1～3 度（1 度为 2 年，相当于龄级）时留养，4 度时抽砍，7 度以上则不宜保留。竹林通常为异龄林，收获一般采用择伐。

（三）年龄的确定

由于竹子属于单子叶植物，没有年轮，且在 1 年内高生长和直径生长基本完成，因此确定年龄与一般的树木不同。一般在生产实践中，通常根据外部形态识别年轮。常用方法有两种。

1. 标志法　在每年新出土的竹子上标明年度。此种方法比较简明，但要求经营管理水平较高，仅适用于植株粗壮、经济价值较高的散生竹类。

2. 声响和外部特征法　用硬器敲打竹竿，声音清脆的为老竹，声响混沌的为嫩竹，有经验的竹农用此方法判别竹子的年龄十分准确。此方法简单实用，既可用于散生竹类，也适用于丛生竹类。不同年龄的竹子外部形态和色泽都有一定的差异，如表皮上的蜡粉、斑纹等会发生变化，由此也可判别竹子的年龄。

四、经济林成熟

经济林是我国的五大林种之一，也是近年来发展最快的林种。经济林包括的树种和产品很多，归纳起来主要是生产干鲜果品、食用油料、饮料、调料、工业原料、香料和药材等为主要目的的林木。收获物的形式主要有果实、叶、花、皮、根、汁、树液等。

林木定植后一段时间内不产出目的产品。林木到达一定年龄后开始产出，开始时产量少，然后逐年增长。到达一定年龄时产品产出量达到最大。产量最大状态能持续一段时间。随后产量开始逐渐下降，刚开始下降时速度较慢。到达一定年龄时产量下降速度加快，直到衰老枯死。

由于经济林的目的产品与用材林收获的目的产品（木材）同样都是物质产品，因此可用与数量成熟相类似的方法确定经济林的成熟期——平均产量最大时的年龄。由此定义经济林的数量成熟为：目的产品平均年产量达到最高时的森林状态。用公式表示为

$$B_i = \frac{1}{n}\sum_{i=1}^{n} b_i$$

数量成熟龄 $= \max\{B_1, B_2, \cdots, B_n\}$

式中，B_i 为该经济林单位面积上前 n 年目的产品的平均年产量；b_i 为该经济林单位面积上第 i 年的目的产品的产量；i 为年龄，$i = 1, 2, \cdots, n$。

例如，某果树林果品的各年产量和各年平均产量见表 10-10。

从表 10-10 中得出，该果树林的数量成熟龄为 9 年。如果到第 9 年时将果树林更新，则平均每年产果品 318kg/0.07ha，无论提前或者推迟更新，平均每年收获的果品都将少于 318kg/0.07ha。由此可以看出，如果仅以产品收获数量的多少为经营好坏的标准，数量成熟是最直接的指标。当林分达到数量成熟龄后，就可进行更新，开始新的一轮经营。

表 10-10　某果树林果品各年产量和各年平均产量　　　（单位：kg/0.07ha）

年份	年产量 b_i	累计产量 $\sum b_i$	平均年产量 B_i
1	0	0	0
2	60	60	30
3	200	260	87
4	300	560	140
5	400	960	192
6	500	1460	243
7	500	1960	280
8	500	2460	308
9	400	2860	318
10	300	3160	316
11	200	3360	305
12	100	3460	288
13	80	3540	272

　　一些木本油料和木本粮食树种如油茶、油桐、核桃、板栗等，成熟主要反映在结实能力上，可以把树龄分为始果期、盛果期、减果期和衰果期。以南方实生油茶树为例，一般划分为：果前期（1～6 年）、始果期（7～20 年）、盛果期（21～50 年）、减果期（51～70 年）和衰果期（71 年以上）。在管理良好的情况下，盛果期可持续 40～50 年。一些利用树皮的树木如栓皮栎、肉桂、棕榈等，其成熟主要反映在适宜的剥皮年限上。例如，栓皮栎一般需要 15～20 年甚至更长时间（胸径达 15cm，栓皮厚度在 10mm 以上）才开始剥皮，而以 40 年左右所剥栓皮质量最好，每隔12～15 年再剥皮一次。一些利用树液的树木，其成熟则主要反映在不同年龄阶段树液的流量上。

五、更新成熟

　　树木或林分生长到结实或萌芽能力最强的时期称为更新成熟（regeneration maturity）。更新成熟仅用于可以天然更新，而又有必要进行天然更新的树种和林分中。

（一）更新成熟的分类

　　更新成熟可分为两类：种子更新成熟和萌芽更新成熟。实生树林分用种子更新。在天然下种更新的情况下，一般应以树木或林分开始大量结实，而且种子质量达到《中华人民共和国种子法》规定标准的最低年龄作为种子更新成熟龄。而萌芽更新中的萌芽力一般从幼年时期就很旺盛，经过一定时期后就会减弱或丧失，因此在萌芽更新的情况下应特别注意萌芽力开始衰退的时期，即以树木或林分在采伐后能保持旺盛萌芽力的最高年龄作为萌芽更新龄。若超过了萌芽更新成熟龄，就不能采用萌芽更新来恢复森林了。

（二）影响更新成熟的因素

　　影响更新成熟的因素有树种、起源、立地条件等。乔木树种的种子更新成熟龄一般在树高连年生长量达到最大值以后开始。树种相同时，萌芽林、立地条件不好、郁闭度小或受过伤害的林木，其种子更新成熟到来得较早。实生林、立地条件好、郁闭度大及未受过伤害的林木，其种子更新成熟（大量结实的年龄）到来得较迟。

◆ 第三节　公益林的森林成熟

前面所述的商品林的森林成熟都是从物质产品的产出量角度来描述森林的成熟期，即采伐收获或更新的最佳时期。而生态公益林（forest for public benefit）的主要经营目的是生态环境保护功能的发挥，其培育目的并不是物质产品，因而确定其森林成熟不能用前述方法。公益林的森林成熟就是要研究森林生态效能的变化规律，有助于科学合理地经营，最大化地提供生态环境保护功能。公益林的森林成熟主要有防护成熟、自然成熟、碳储量成熟等。

一、防护成熟

防护林是以发挥森林防护效益为主的森林，是公益林的主体，也是五大林种之一。我国的防护林主要有水土保持林、农田防护林、水源涵养林、防风固沙林、护路林和护岸林等。第九次全国森林资源清查结果显示，我国防护林面积为 10 081.92 万公顷，占全国林地面积的 46.20%，成为超过用材林面积（7242.35 万公顷，33.19%）的第一大林种。

（一）防护成熟的概念

当林木或林分的防护效能出现最大值后开始明显下降时称为防护成熟（protection maturity），此时的年龄称为防护成熟龄。值得注意的是，防护林同时发挥着多种作用，既保护、稳定和改善生态环境，也兼具生产木材及其他林产品的功能。因此，在确定防护林成熟时，应以防护效能为主要依据，兼顾综合考虑多种作用。

（二）防护成熟的确定方法

无论哪种防护林，其防护效能的发展变化规律是基本一致的，即随着森林的生长，防护效能由小到大，达到最高值后保持一定时间，然后逐渐变小。因此，可以参照用材林的数量成熟理论，将防护林各年所发挥的防护效能看成连年防护效能，将到某一年龄位置的累计防护效能与年龄的比看成平均防护效能，平均效能最大的时间应该是与连年防护效能相等的年份（即图 10-1 中两条曲线的交叉点），也就是防护成熟龄。用公式表达为

$$\max G_i = \frac{g_i}{i}$$

式中，G_i 为第 i 年的平均防护效能；g_i 为第 i 年时的累计防护效能；i 为年龄，$i = 1, 2, \cdots, n$。

与用材林的数量成熟原理相似，当防护林的连年防护效能开始下降时，并不意味着到达防护成熟。只有当其下降到平均防护效能出现最大值时（图 10-1），才是真正的防护成熟。

如果能进行货币化评价，也可以确定包括森林本身的直接经济效益在内的综合价值效益最高的年龄。表 10-11 为山东省成武县一个典型农田林网防护成熟计算表，其防护效益以林网中受保护农田农作物增产值表示，林网自身效益用木材生产产值表示。

从表 10-11 中可以看出，其防护效益（农田年均粮食增产）最高值出现在第 21 年，林网自身效益（材积平均生长量）最大值出现在第 10 年，而综合净现值最大值出现在第 18 年。因此，该林网防护成熟龄为 18 年。这一年，林网及农田所组成的复合生态系统达到综合效益的最佳值，

之后便开始下降。

表 10-11　农田林网防护成熟计算表

林分年龄/年	树高/m	材积/m³	树高连年生长量/m	树高平均生长量/m	材积连年生长量/m³	材积平均生长量/m³	林网净现值/元	净增产面积/亩	年均粮食增产/kg	增产净现值/元	综合净现值/元
8	16.3	0.290 3	0.8	2.0	0.050 0	0.036 3	12 575	205.4	3 930.0	2 516	34 258
9	16.9	0.334 9	0.6	1.9	0.044 6	0.037 2	18 865	204.7	4 327.0	2 257	42 805
10	17.5	0.378 3	0.6	1.8	0.043 4	0.037 8	19 354	204.0	4 634.0	2 024	45 318
11	17.9	0.411 9	0.4	1.6	0.033 6	0.037 4	19 106	203.5	4 878.0	1 822	46 892
12	18.3	0.444 4	0.4	1.5	0.032 5	0.037 0	18 679	203.0	5 076.0	1 640	48 105
13	18.7	0.475 8	0.4	1.4	0.031 4	0.036 6	18 115	202.6	5 238.0	1 479	49 020
14	19.0	0.506 0	0.3	1.4	0.030 2	0.036 1	17 442	202.2	5 373.0	1 333	49 680
15	19.3	0.534 8	0.3	1.3	0.028 8	0.035 7	16 683	201.8	5 485.5	1 202	50 123
16	19.5	0.562 2	0.2	1.2	0.027 4	0.035 1	15 862	201.6	5 582.0	1 088	50 390
17	19.7	0.589 2	0.2	1.2	0.027 0	0.034 7	15 029	201.2	5 664.0	981	50 538
18	19.9	0.615 2	0.2	1.1	0.026 0	0.034 2	14 178	201.1	5 736.0	890	50 577
19	20.0	0.640 2	0.1	1.1	0.025 0	0.033 7	13 321	201.0	5 799.5	808	50 528
20	20.1	0.664 4	0.1	1.0	0.024 2	0.033 2	12 474	200.9	5 855.5	733	50 414
21	20.2	0.688 2	0.1	1.0	0.023 8	0.032 8	11 652	200.8	5 906.0	665	50 257

　　防护林同时发挥着多种作用，在确定成熟时应综合考虑多种作用。以水源涵养林为例，由表 10-12 中可以看出，干燥松林的土壤孔隙度在林龄 90 年时最大，但土壤孔隙度在 50～130 年变化不大。可以认为，干燥松林保土效力最大时期为 90～130 年。从木材利用的观点分析，干燥松林的主要材种——锯材的平均生长量（工艺成熟龄）最大的时期为 110 年。综合考虑，此干燥松林的防护成熟龄可以定为 90～120 年。

表 10-12　不同林龄的干燥松林土壤孔隙度、锯材平均生长量变化

林龄/年	20	30	40	50	60	90	110	120	130	140
土壤孔隙度/%	47.5	47.6	47.8	49.8	49.7	50.2	49.0	49.5	49.5	—
锯材平均生长量/[m³/(ha·年)]	—	0.4	0.7	0.9	1.2	1.5	1.6	1.5	1.4	1.3

　　当防护林的防护效能明显下降以后，应该进行更新。更新的方式以渐伐或择伐为宜，这样更新期内不存在防护空白期（皆伐方式更新），而仍能保留一定的防护效能。例如，农田防护林、护路林的防护效能明显下降之后即开始更新，如果该防护林有几行时，可隔行采伐，先采伐部分行的林木，待更新后再采伐其余行的林木；如果防护林是单行，可隔株采伐，待采伐位置更新后再采伐剩余部分。

（三）防护成熟的影响因素

　　防护林防护成熟到来的早晚受很多因素的影响，主要有以下几方面。

1. 树种　　不同树种有不同的生长速度、寿命和生长规律，到达衰老阶段的时间也不同，因此防护效益明显下降的时间也就不同。一般来说，速生喜光树种防护成熟来得早，慢生耐荫树种防护成熟来得晚。

2. 林分结构　　林分结构包括密度结构、树种结构和年龄结构。密度大的林分，郁闭较早，单株林木的营养空间小，衰老期提前，因此防护成熟较早；合理搭配的混交林，生态稳定性较纯林高，有望发挥较强的防护功能，并且推迟防护成熟的到来；由不同年龄林木组成的异龄林，同样有较高的生态稳定性，可以采用择伐作业的方式更新，保持林分防护效能的持续发挥，从而避免或弱化防护成熟的出现。

3. 经营管理措施　　不同的经营管理措施，如造林、修枝、间伐、施肥、浇水等都会影响林分的生长规律和林分结构，从而影响防护成熟出现的早晚。例如，用萌生方式更新的林分，初期生长快，但林分老化早，因此防护成熟龄较小。

二、自然成熟

林分或单株林木在正常生长发育的情况下，都要经历从小到大、衰老，然后逐渐枯萎死亡的过程。当森林不能维持正常的生长，结构和功能发生变化时，许多功能也无法继续维持。对于防护林来说，其有效的防护功能不能保持，因而是判断防护成熟的重要依据之一。对于用材林和其他林种的经营，同样起着重要的参考价值。

（一）自然成熟的概念

当林分或树木生长到开始枯萎的状态称为自然成熟（natural maturity），也称为生理成熟。此时的年龄为自然成熟龄。达到或超过自然成熟龄都会降低林地生产率，使平均年收获量减少。因此，我国《森林采伐更新管理办法》中规定："自然成熟是森林经营中确定主伐年龄的最高限。"自然成熟在经济收益上意义不大，因为在林分到达自然成熟龄时才采伐收获，此时它们的经济价值已经下降了，故自然成熟一般不用于林业经营。自然成熟龄常在禁伐区、风景林、名胜古迹林及森林公园等的公益林中应用。

需要注意的是，林分与单株树木的自然成熟有所不同。单株树木的自然成熟比较明显，一般指枯萎死亡的时间。而林分的自然成熟比较复杂，它并不意味着林分中的所有树木都死亡。在林分达到自然成熟时，林分中林木的主体部分开始枯萎死亡，但也还有部分林木未死亡，甚至还有一些林木生机盎然。

（二）自然成熟的确定方法

单株树木的自然成熟比较容易确定，通常可以从树木的形态上得到确认。到达自然成熟的树木，通常有直径生长显著减缓、高生长停滞、树冠扁平、树皮呈宽大裂片、枝条稀疏、不再发嫩枝、梢头干枯、树心腐烂、针叶变黑、根系死亡等现象；如果生长在较阴湿的环境中，树干上常有大量的地衣、苔藓等低等植物附生，常出现个别树木或成群树木发生折断或倾倒的现象。

确定林分的自然成熟比单株树木要复杂许多。林分在生长发育过程中，有两种情况同时存在：一种情况是林分中的部分林木因竞争、分化、自然稀疏等原因而死亡，使林分蓄积减少；另一种情况是活着的林木继续生长又增加了林分的蓄积。因此林分的生长属于"生灭型"，与树木生长过程的"纯生型"有所不同。当林分处于幼龄或中龄阶段时，活立木生长增加的蓄积总是大于死亡林木减少的蓄积，因而林分的总蓄积不断增加。当到达一定年龄时，活立木增加的蓄积与死亡林木减少的蓄积相等，随后林分蓄积开始出现负增长，即死亡林木的蓄积大于活立木增加的蓄积，此时就达到了自然成熟。也就是说，当活立木的连年增长量不能补偿枯死量时，就接近了自然成熟。此时林分的蓄积是最高的，但平均生长量并不是最高，见表 10-13。

表 10-13　中等地位级松林主林木生长量

年龄/年	总断面积/（m^2/ha）	蓄积/（m^2/ha）	平均生长量/（m^2/ha）	连年生长量/（m^2/ha）
120	29.9	288	2.4	1.1
140	30.3	320	2.2	0.7
160	29.7	304	1.9	0.2
180	28.5	295	1.6	−0.4
200	26.5	279	1.3	−0.9
220	13.5	251	1.1	−1.3
240	19.8	217	0.9	−1.7

从表 10-13 中可以看出，林分蓄积出现负生长是在 180 年（准确地说是在 160～180 年），此时达到了自然成熟。一个林分是否达到自然成熟，最好的方法是根据林分的生长状态，特别是生长量来进行判断。

（三）自然成熟的影响因素

自然成熟也受很多因素的影响，如树种组成（表 10-14）、立地条件、林木密度、营林措施等，这些因素都影响森林的生长发育过程，从而影响森林的自然寿命，即自然成熟龄。

表 10-14　各树种的自然成熟龄　　　　　　　　（单位：年）

树种	良好立地条件下林分的自然成熟龄	良好立地条件下个别树木的自然成熟龄
落叶松	200	300
云杉、冷杉	180	240
红松	250	350
桦木	120	150
山杨、黑赤杨	100	120
实生橡树	300	400
萌生橡树	120	—
白蜡	200	—
水青冈、椴、榆	150	—

三、碳储量成熟

森林是陆地生态系统中最大的碳库，在降低大气中温室气体浓度、减缓全球气候变暖中具有十分重要的独特作用。森林碳汇（forest carbon sink）是森林植物吸收大气中的二氧化碳并将其固定在植被或土壤中，从而减少二氧化碳在大气中的浓度。在全球气候变化的背景下，森林的固碳功能越来越受到人们的重视。

（一）碳储量成熟的概念

由于树木将二氧化碳转化为生物量，参照用材林数量成熟的概念，可将碳储量成熟定义为：当林分平均碳储量达到最大值时，即达到了森林碳储量成熟（forest maturity in carbon sink），此时的年龄为碳储量成熟龄。

森林碳储量的估算方法有很多种，常用的有样地清查法、微气象学法［如涡度相关法（eddy correlation，eddy covariance）］、箱式法、模型模拟法、遥感估算法等。其中，样地清查法是最为经典的森林碳储量研究方法，通过测定样地内生物量来实现碳储量的估算，因为森林生物量最终可通过植物干重（有机物）中碳所占的比例转化为碳储量。这一转化系数称为生物量扩展因子（biomass expansion factor，BEF）。BEF不是恒定不变的，其与森林类型、年龄、立地条件、林分状况、气候环境等密切相关，如表10-15所示。Fang等（2001）采用生物量扩展因子法计算出中国森林植被碳储量为4.75Pg（1Pg = 10^{15}g）。

表10-15　生物量扩展因子（BEF）参考值

气候带	森林类型	最小胸径/cm	BEF
寒温带	针叶林	0～0.8	1.35（1.15～3.80）
	阔叶林	0～0.8	1.3（1.15～4.20）
温带	云冷杉林	0～12.5	1.3（1.15～4.20）
	松树林	0～12.5	1.3（1.15～3.40）
	阔叶林	0～12.5	1.4（1.15～3.20）
热带	松树林	10.0	1.3（1.20～4.00）
	阔叶林	10.0	3.4（2.00～9.00）

资料来源：联合国政府间气候变化专门委员会（IPCC）《土地利用、土地利用变化和林业优良做法指南》

注：BEF范围的上限对应幼中龄林或低生长量森林；下限对应于成熟林或高生长量森林。生物量指树木的地上生物量

（二）碳储量成熟的确定方法

通过研究得出，森林碳储量年平均变化与材积平均生长量变化一致，均为二次曲线（参考图10-1），即年平均碳储量随林龄的增加而增大，达到最大值后持续一定时期后开始下降。因此可仿照数量成熟的原理，将碳储量成熟表示为

$$\max C_i = \frac{N_i}{i}$$

式中，C_i为第i年单位面积的平均碳储量；N_i为林分第i年单位面积的碳储量；i为年龄，$i = 1$，2，$\cdots$，n。

马尾松林的碳储量数据见表10-16。按照上述碳储量成熟的确定方法，中等立地的马尾松水土保持林的碳储量成熟龄为28年。在此年龄时马尾松的年平均碳储量最大，可以实现获取最大碳储量的经营目的。

（三）碳储量成熟的影响因素

森林碳储量成熟龄受到树种、立地条件、林分结构、经营模式等许多因素的影响。如不同立地条件下碳储量的最大值不同，立地质量越高，年平均碳储量值越大，持续时间也越长。探索碳储量成熟的规律及其影响机制，将为实现森林碳汇功能最大化提供技术支持。

表 10-16　中等立地条件下马尾松水土保持林林分碳储量

年龄/年	碳储量/（t/ha）	年平均碳储量/[t/（ha·年）]
18	22.046	1.225
20	25.493	1.275
22	28.829	1.310
24	32.013	1.334
26	35.016	1.347
28	37.822	1.351
30	40.423	1.347
32	42.819	1.338
34	45.012	1.324

◆ 第四节　经 济 成 熟

前面介绍的森林成熟都是从森林的物质产品效能的角度来考虑，如森林所生产的木材的数量与质量、提供的生态服务、森林的生理状态等。随着商品经济的发展，衡量森林经营效果的标准趋向于经济效果，即用货币收入量来评价。

一、经济成熟的概念

森林经济成熟从商品生产的经济效应原则出发，以货币为计量依据来分析测算森林经营的经济效益状况。货币收入达到最多时的状态称为经济成熟（economic maturity），此时的年龄称为经济成熟龄。

相对于前面几种成熟龄而言，经济成熟的应用范围比较广泛，可用于薪炭林、用材林、经济林等林种中。目前，森林的防护效益、观赏价值、物种多样性效益等评价也在尝试用货币量来表示。因此，如果方法客观、公正、准确、可操作，经济成熟也可被应用于防护林和特种用途林的经营中。

二、经济成熟的计算方法

（一）经济成熟涉及的一些基本概念

为了便于理解和计算经济成熟，先简述几个相关概念。

1. 利息和利率　使用货币资金的补偿称为利息。在货币资金运转的期间内，利息量占资本的百分率称为利率。常见的利息计算方法有单利式和复利式。

（1）单利式　资金投入运营都有一定的时间期限，称为期间。期间开始时称为期初，期间结束时称为期末。在期初投入的资金称为本金。单利法是从简单再生产的角度出发来计算经济效果，它假定每年所创造的新财富（纯收入）不再投入到生产中。单利式的计算方法是在资本运营期间，只对本金部分计算利息，对资金运转中产生的利息不再计算利息。其计算公式如下：

$$F = A + A \times nP = A(1 + nP)$$

式中，A 为期初本金（现值）；P 为利率；n 为期间（一般以年或月为单位）；F 为本金与利息之和

（终值）。

【例 10-1】　某林场需更新造林，向银行贷款 100 万元，利率为 10%，借期为 5 年，问按照单利式 5 年后该林场应向银行偿还多少资金？

$$F = A(1+nP) = 100 \times (1+5 \times 0.1) = 150(万元)$$

（2）复利式　复利式的计算方法是将期间内第 1 时段（月或年）的利息与本金合在一起，作为期间内第 2 时段的本金投入运转，第 1 时段的利息在第 2 时段中也要计算利息，以后各时段以此类推。即本金在约定期限内，按一定的利率计算出每期的利息，将其利息加入本金再计算，逐渐滚算到约定期末的本金与利息总值，即"利滚利"。其计算公式如下：

第 1 年：$F_1 = A + AP = A(1+P)$

第 2 年：$F_2 = F_1 + F_1 P = F_1(1+P) = A(1+P)(1+P) = A(1+P)^2$

第 3 年：$F_3 = F_2 + F_2 P = F_2(1+P) = A(1+P)^2(1+P) = A(1+P)^3$

…

第 n 年：$F_n = F_{n-1} + F_{n-1}P = F_{n-1}(1+P) = A(1+P)^{n-1}(1+P) = A(1+P)^n$

式中，A 为期初本金；P 为利率；n 为期间（年）；F_n 为 n 年后的本金与利息之和。

【例 10-2】　某林场需更新造林，向银行贷款 100 万元，利率为 10%，借期为 5 年，问按照复利式 5 年后该林场应向银行偿还多少资金？

$$F = A(1+P)^n = 100 \times (1+0.1)^5 = 161(万元)$$

当资金使用期间短、利率低时，单利式与复利式的计算结果差别不大。如果期间长、利率高，两者的计算结果差别会迅速增大。在市场经济中，企业从银行贷款都是要付利息的，那么企业投入生产的资金在运营中也有利息问题，这些利息应计入生产成本中。由于森林经营生产周期长，许多国家在制定利率政策时，对林（农）业贷款的利率常常低于其他行业，如商业、工业等行业贷款的利率。

2. 现值、终值、贴现率　资金的时间价值按支付时间因素的不同，有现值、终值和年金 3 种形式。现值（present value）也称前价，是资金现在瞬间的价值，或者指未来某一特定资金的现在价值。终值（future value）是指资金按一定的收益率增值，一直计算到某一未来时期的价值。年金是从现在到未来某一时间内每年获得（或支付）的等额资金。按照一定的利率把终值计算为现值的过程称为贴现（discount），此时的利率称为贴现率（discount rate）。

本金 A 在期间 n 中运转，在只考虑利息而不考虑其他因素的情况下，期末变成 F_n。在这个过程中，称 A 为这笔资金的现值，或前价；称 F_n 为这笔资金的终值，或后价。按照利率 P、期间 n，将终值 F_n 换算为现值 A 的过程称为贴现，此时的利率 P 称为贴现率。

以上公式是已知现值求终值。有时我们需要计算在利率为 P 的情况下，n 年后的 F 元资金相当于现在的多少元资金（用 A 表示），即已知终值求现值。上述二者计算是两个相反的过程。现值的计算公式为

$$A = \frac{F}{(1+P)^n}$$

式中，A 为期初本金（现值）；P 为利率；n 为期间（年）；F 为 n 年后的本金与利息之和（终值）。

【例 10-3】　某林场计划 5 年后更新造林，预计需要 100 万元的资金，在银行利率为 6% 的情况下，该林场当前应向银行存入多少资金？

$$A = \frac{F}{(1+P)^n} = \frac{100}{(1+0.06)^5} = 74.7(万元)$$

（二）经济成熟龄的计算

计算经济成熟龄的方法很多，大致分为两大类：总收入最多和年纯收入最多的成熟龄。其中年纯收入最多的方法又可分为两类：未计算利息和计算利息的成熟龄计算方法。只计算收入不计算成本和利息不计入成本的方法有：森林总收益最多的成熟龄、森林纯收益最多的成熟龄、收益率最大的成熟龄等。

1. 总收入最多的成熟龄　森林总收入最多的成熟龄是以年平均总收入最多的年龄作为成熟龄，该方法不考虑费用支出（成本）。其计算公式为

$$E = \frac{A_u + \sum D}{u}$$

式中，E 为平均货币总收入；A_u 为主伐收入；$\sum D$ 为各次间伐收入合计；u 为收获时的年龄。

2. 年纯收入最多的成熟龄（利息不计入成本）　年纯收入最多的成熟龄是指森林年纯收益（总收入减去总支出）最大时的年龄。其计算公式为

$$r_u = \frac{A_u + \sum D - (C + uV)}{u}$$

式中，r_u 为年平均纯收入；A_u 为主伐收入；$\sum D$ 为各次间伐收入合计；C 为造林费用；V 为管理费用；u 为收获时的年龄。

【例 10-4】　吉林省汪清林业局长白落叶松的木材价格和营林成本为：大径材 245 元/m^3、中径材 238 元/m^3、小径材 170 元/m^3，主伐成本 60 元/m^3，间伐成本 83 元/m^3，造林费 1279.8 元/m^3，管理费 318 元/m^3，在此基础上计算森林年平均纯收入最多的经济成熟龄。计算结果见表 10-17。

表 10-17　长白落叶松人工林 40 年期间收入与支出

林龄/年	主伐间伐收入合计/元	营林成本/元	森林纯收益/元	年平均纯收益/元
15	11 691	6 076	5 615	374.3
20	16 917	7 675	9 242	462.1
25	29 150	9 074	19 876	795.0
30	39 892	10 873	29 019	967.3
35	50 374	12 473	37 902	1 082.5
40	58 887	14 071	44 816	1 120.4

可以看出，林龄在 40 年时，森林年平均纯收益仍未达最大值，即 40 年时尚未达到经济成熟。在计算过程中，对收入和支出费用都没有考虑利息。另外，由于收入和支出的时间不同，把它们看作同一时间的货币也是不合理的。

上述方法目前在世界各国的森林经营中已很少采用。林业部门和其他部门不同，生产和经营周期长，从投入生产费用之后到实际有收益为止，常常需要几十年时间，如不考虑这个期间的利息显然是不合理的。而且由于木材价格的变动，在不同时期计算出的成熟龄也有变化，因此不含利息的资金运转分析不符合一般情况下的经济规律，并不能真实反映生产经营效果的优劣。在商品经济中，费用（成本）从经营活动发生起，直到投资期末都要支付利息，所有收入从它们获得起也都将获取利息。下面是几种有代表性的经济成熟龄计算公式。

3. 净现值最大的成熟龄　　净现值（net present value，NPV）是现在被世界各国广泛采用的一种评价投资效果的方法。该方法是计算林分采伐后能生产最大净现值的年龄。它的特点是考虑了货币的时间价值，将森林经营期间各时间段的货币按贴现率换算为前价，再计算经营的盈利与亏损。其计算公式如下：

$$NPV = \sum_{t=0}^{n}\left[(R_t - C_t)/(1+P)^t\right]$$

式中，NPV 为净现值；R_t 为 t 年时的货币收入；C_t 为 t 年时的货币支出；t 为年份，t=0，1，2，…，n；P 为利率，也是贴现率；n 为期间（年）。

在以上公式中，R_t-C_t 为第 t 年的纯收入；$(R_t-C_t)/(1+P)^t$ 是将第 t 年的纯收入贴现为前价。用 NPV 评价经营效果的方式为：NPV＞0 时，继续经营还能盈利；NPV＜0 时，继续经营则亏损（经营初期除外）；NPV=0 时，是盈利与亏损临界，一般将它作为经济成熟的标准，但它常常不是单位面积林地年均经济收益最多的。

当有年份 t_0（0＜t_0≤n），使 NPV/t_0 达到最大值，即年均净现值最大时，则判定达到经济成熟，t_0 为净现值成熟龄，这才是经营者最希望得到的收获。

【例 10-5】　　经营人工落叶松林，造林费每亩 100 元，抚育管理费平均每年 5 元，40 年生时主伐。40 年间的主、间伐收入合计 3000 元。NPV 的计算结果见表 10-18。

表 10-18　人工落叶松 40 年期间现值计算

项目	年数/年	货币量/元	不同贴现率的现值/元		
			3%	5%	8%
造林费	1	100	−97.1	−95.2	−92.6
抚育管理费	1~40	5	−115.5	−75.5	−59.8
采伐收入	40	3000	919.7	426.1	138.1
合计			707.1	255.4	−14.3

以 3%贴现率说明计算过程。

1）造林费的现值：$-100/(1+0.03) = -97.1$（元）

2）抚育管理费的现值：$\sum_{t=1}^{40}\left[(-5)/(1+0.03)^t\right] = -115.5$（元）

3）采伐收入的现值：$3000/(1+0.03)^{40} = 919.7$（元）

4）合计：$-97.1 + (-115.5) + 919.7 = 707.1$（元）

从表 10-18 中可以看出，由于贴现率 P 的不同，经营效果差异很大。

1）$P = 3\%$，主伐后纯收益为 707.1 元。

2）$P = 5\%$，主伐后纯收益为 255.4 元。

3）$P = 8\%$，主伐后亏损 14.3 元。

从这个例子中可以看出，由于森林经营周期长，更新造林费在总费用中所占比例大，贴现率则成为影响经营效果的重要因子。

刘建国和于政中对吉林省汪清林业局的长白落叶松人工林经济成熟进行了研究，结果见表 10-19。

表 10-19　长白落叶松人工林的净现值　　　　（单位：元/ha）

林龄/年	森林纯收益	年平均纯收益	净现值（NPV）		
			3.5%	6.0%	7.92%
15	5 615	374.3	3 352	2 343	1 979
20	9 242	462.1	4 648	2 882	2 012
25	19 876	795.0	8 410	4 631	2 957
30	29 019	967.3	10 339	5 053	2 949
35	37 902	1 082.5	11 369	4 931	2 631
40	44 816	1 120.4	11 319	4 357	2 125

以林分年龄 15 年、贴现率为 3.5%为例，纯收益的净现值计算过程为：$5615/(1+0.035)^{15}=3352$（元）。

表 10-19 中 NPV 最高值出现的时间是：$P=3.5\%$时，$t=35$；$P=6.0\%$时，$t=30$；$P=7.92\%$时，$t=25$。显然，P 高时，NPV 出现得早。

如果以 NPV 最高为成熟标准，只能说 NPV 的总收益最高，但还不是最优的经营效果。根据前面定义的经济成熟标准为 max（NPV/t），计算结果见表 10-20。

表 10-20　长白落叶松的年均净现值　　　　（单位：元/ha）

林龄/年	3.5%		6.0%		7.92%	
	NPV	NPV/t	NPV	NPV/t	NPV	NPV/t
15	3 352	223	2 343	156	1 979	132
20	4 648	232	2 882	144	2 012	101
25	8 410	336	4 631	185	2 957	118
30	10 339	344	5 053	168	2 949	98
35	11 369	324	4 931	141	2 631	75
40	11 319	283	4 357	109	2 125	53

从表 10-20 中的计算结果看，经济成熟龄应该是：$P=3.5\%$时，$t=30$；$P=6.0\%$时，$t=25$；$P=7.92\%$时，$t=15$。可见，年平均收益净现值与总收益净现值最大值出现的时间并不一致。当贴现率为 3.5%时，年均净现值最大值出现在 30 年，而总收益净现值最大值出现在 35 年。用 NPV 最大值作为经济成熟龄的标准不能代表林地上每年货币纯收获最多。经营森林资源，是以林地为基础资本的，只有单位面积林地上平均每年收获的效益最多，即 NPV/t 达到最大值才能保证持续经营下效益总量是最多的。

综上，净现值法确定的经济成熟龄，充分考虑了所有未来的费用、收入及利息，同时考虑了林木的生长规律、营林成本和市场价格等因素，其最大优点是它说明了在什么时间采伐投资的收益最大。因此，可以通过计算找出林木生长过程中净现值收益最大的年龄，将其作为确定用材林经济效果最佳的主伐年龄的依据。

4. 内部收益率最大的成熟龄　　内部收益率（internal rate of return，IRR）是指净现值为零时的利率，即费用现值与收入现值相等时的利率（或称贴现率）。该方法与净现值法有同样的特点，包含了所有的费用和收入，且考虑了货币的时间价值，比用材积平均生长量确定的成熟龄短。其优点是以利率的形式提供结果，这个数字比净现值更容易说明问题。IRR 度量了项目期间加权平均收益与支出之间的比值，比值越大，表示这一项目能够承受银行贷款利率的能力越大，即盈利能力越强。其计算公式如下：

$$\sum_{t=0}^{n}\left[R_t/(1+P)^t\right]=\sum_{t=0}^{n}\left[C_t/(1+P)^t\right]$$

式中，R_t 为 t 年收入；C_t 为 t 年费用；t 为年度；n 为期间；P 为内部收益率（IRR）。

用 IRR 确定经济成熟，是将所经营的林分的各年度收入与费用代入以上公式中，求出各年度 IRR，找出最大值发生的年度，即经济成熟龄。

利用表 10-17 的资料进行计算，结果见表 10-21。IRR 最大值出现在 25 年。

表 10-21 长白落叶松人工林的内部收益率

林分年龄/年	15	20	25	30	35	40
IRR/%	6.42	6.48	7.41	6.98	6.42	5.77

IRR 的求解是一个设值迭代的过程。求算时先预估一个利率 P_1，计算结果若为正值，再取一个 P_2，$P_2>P_1$，然后进行计算；如果仍为正值，再找一个 P_3，$P_3>P_2$……直到出现负值。然后用插值计算，直到计算结果刚好为零时，此时的利率即 IRR。用手工求 IRR 较为烦琐；用功能强的计算器或计算机求解十分方便，只需编写一个插值的循环语句，很容易求出 IRR 收敛于零的结果。

IRR 能直接反映投资回报率（投资以何种速度增长），有利于对不同投资方向的效果进行比较。它体现的思想是经济学中的一个重要概念，即损益平衡点，其判断经营效果的标准是：①如果林分的 IRR 最大值大于社会平均利率，说明经营能够盈利，应该继续经营；②如果 IRR 最大值小于社会平均利率，说明经营已经亏损；③如果 IRR 最大值刚好等于社会平均利率，说明经营不亏不盈。

5. 增值指数确定的成熟龄 在森林经营中常遇到这样的问题：在众多的林分中收获秩序如何确定？现有林分如果继续经营时，哪些林分收益仍可增加，哪些林分将发生亏损？增值指数（value gain，VG）能顺利地解决这些问题。

VG 是指每立方米蓄积在经营 n 年后，扣除贴现的纯收入增量。其计算公式如下：

$$VG=\frac{A_m^1-A_m}{M}=\frac{\dfrac{A_{m+n}}{(1+P)^n}-A_m}{M}$$

式中，A_m 为第 m 年的纯收入；A_{m+n} 为第 $m+n$ 年的纯收入；A_m^1 为将 A_{m+n} 贴现到第 m 年的纯收入；P 为贴现率；n 为经营期间；M 为第 m 年单位面积上的蓄积。

用 VG 确定林分的林木是否成熟的方法是：①VG>0，说明未成熟，可继续经营；②VG<0，说明过熟，继续经营则亏损，先从负值最大的开始采伐；③VG=0，说明成熟，采伐或不采伐皆可。

例如，某林分 1970 年与 1980 年的情况见表 10-22。

表 10-22 某林分 1970 年与 1980 年采伐收入的比较

年份	蓄积/m³	立木价/元	成本/元	纯收入/元
1970	15.3	2300	850	1450
1980	20.0	3000	1000	2000

从纯收入看，1980 年比 1970 年多 550 元，是否说明 1980 年采伐比 1970 年采伐好呢？经计算：

当 $P = 3\%$，$n = 10$ 时，有

VG = [2000/（1 + 0.03）^{10} – 1450]/ 15.3 = 2.5（元/m^3）

当 $P = 5\%$，$n = 10$ 时，有

VG = [2000/（1 + 0.05）^{10} – 1450]/ 15.3 = –14.5（元/m^3）

由此得出结论：当 $P = 3\%$ 时，未达成熟，继续经营到 1980 年还能盈利；如 $P = 5\%$，则要亏损，应在 1980 年之前采伐收获。

在有多个林分成熟的情况下，可根据 VG 的大小安排采伐收获秩序。例如，某林场现有 10 个林分要在以后的几年中采伐，经测算各林分的 VG 和采伐顺序见表 10-23。

表 10-23　某林场林分的 VG 和采伐顺序

林分号	1	2	3	4	5	6	7	8	9	10
VG	8.6	–3.0	7.2	–5.0	2.3	–1.0	0.5	4.0	–0.2	1.0
采伐顺序	十	二	九	一	七	三	五	八	四	六

6. 土地纯收益最多的成熟龄　　此方法的出发点是将土地当作资本，当土地资本获得的纯收益达到最多时作为成熟的依据。林地期望价是指经营林地能永久取得土地纯收益，并用林业利率将收益贴现为前价的合计，以此作为评定的地价。当土地资本按期望价计算时，称为土地期望价。纯收益最多时达到经济成熟。林地期望价的计算公式如下：

$$B_u = \frac{A_u + D_a(1+P)^{u-a} + D_b(1+P)^{u-b} + \cdots - C(1+P)^u}{(1+P)^u - 1} - \frac{V}{P}$$

式中，B_u 为林地期望价；A_u 为主伐收入；u 为轮伐期；D 为间伐收入；P 为利率；V 为管理费；C 为造林费；a，b，…为间伐年度。

$$林地的连年收益 = B_u \times P$$

此方法以永续皆伐作业为前提，并假定每个轮伐期 u 的林地收益都一样，各个 u 的费用也相同。下面进行公式推导。

（1）主伐收入的前价　　每隔 u 年主伐一次，每次主伐收入为 A_u，贴现为前价分别是

$$\frac{A_u}{(1+P)^u}, \frac{A_u}{(1+P)^{2u}}, \frac{A_u}{(1+P)^{3u}}, \cdots, \frac{A_u}{(1+P)^{tu}}$$

在 $t \to \infty$ 的条件下，形成收敛的无穷等比数列。它的首项 $a_1 = \dfrac{A_u}{(1+P)^u}$，公比 $q = \dfrac{1}{(1+P)^u}$，则由无穷等比数列的求和公式

$$S = \frac{a_1}{1-q} = \frac{\dfrac{A_u}{(1+P)^u}}{1 - \dfrac{1}{(1+P)^u}} = \frac{A_u}{(1+P)^u - 1}$$

得到主伐收入的前价，即证明了以上公式的第一项。

（2）间伐收入的前价　　在每个轮伐期，森林间伐分别在 a 年、b 年……进行若干次，假设它们的间伐收入分别是 D_a、D_b……。首先看 a 年的间伐，假设每隔 u 年再间伐一次，每次间伐收入为 D_a。贴现为前价分别为

$$\frac{D_a}{(1+P)^a}, \quad \frac{D_a}{(1+P)^{a+u}}, \quad \frac{D_a}{(1+P)^{a+2u}}, \quad \cdots, \quad \frac{D_a}{(1+P)^{a+(t-1)u}}$$

在 $t \to \infty$ 的条件下，形成收敛的无穷等比数列。它的首项 $a_1 = \dfrac{D_a}{(1+P)^a}$，公比 $q = \dfrac{1}{(1+P)^u}$，则由无穷等比数列的求和公式

$$S = \frac{a_1}{1-q} = \frac{\dfrac{D_a}{(1+P)^a}}{1 - \dfrac{1}{(1+P)^u}} = \frac{D_a(1+P)^{u-a}}{(1+P)^u - 1}$$

得到 a 年的间伐收入的前价和，即证明了以上公式的第二项。第三项的证明同第二项。

（3）造林支出的前价　假设每个轮伐期初第一年成功造林一次，以后每隔 u 年造林一次，每次造林支出 C，贴现为前价分别是

$$C, \quad \frac{C}{(1+P)^u}, \quad \frac{C}{(1+P)^{2u}}, \quad \frac{C}{(1+P)^{3u}}, \quad \cdots, \quad \frac{C}{(1+P)^{tu}}$$

在 $t \to \infty$ 的条件下，形成收敛的无穷等比数列。它的首项 $a_1 = C$，公比 $q = \dfrac{1}{(1+P)^u}$，则由无穷等比数列的求和公式

$$S = \frac{a_1}{1-q} = \frac{C}{1 - \dfrac{1}{(1+P)^u}} = \frac{C(1+P)^u}{(1+P)^u - 1}$$

得到造林支出的前价和，即证明了以上公式的第四项。

（4）管理费的支出前价　管理费每年交一次，支出为 V，贴现为前价分别是

$$\frac{V}{1+P}, \quad \frac{V}{(1+P)^2}, \quad \frac{V}{(1+P)^3}, \quad \cdots, \quad \frac{V}{(1+P)^t}$$

在 $t \to \infty$ 的条件下，形成收敛的无穷等比数列。它的首项 $a_1 = \dfrac{V}{1+P}$，公比 $q = \dfrac{1}{1+P}$，则由无穷等比数列的求和公式

$$S = \frac{a_1}{1-q} = \frac{\dfrac{V}{1+P}}{1 - \dfrac{1}{1+P}} = \frac{V}{P}$$

得到造林支出的前价和，即证明了以上公式。

下面用一个吉林省汪清林业局人工落叶松林的实例说明 B_u 的计算过程。表 10-24 是主伐、间伐收入，表 10-25 是 B_u 和林地连年收益计算。

表 10-24　主伐、间伐收入　　　　　　　　（单位：元）

年限/年	15	20	25	30	35	40
主伐收入	10 954	15 463	26 894	37 571	46 472	54 137
间伐收入	736	1 456	2 256	3 057	3 902	4 570

表 10-25　林地期望价和林地纯收益计算（P = 6%）　　　（单位：元）

	年限/年	收入	年限/年					
			15	20	25	30	35	40
	15	—						
间	20	1 456	—	—	1 948	2 607	3 489	4 670
伐	25	2 256	—	—	—	3 019	4 040	5 407
收	30	3 057	—	—	—	—	4 091	5 475
入	35	3 902	—	—	—	—	—	5 222
	40	4 570	—	—	—	—	—	—
间伐收入后价合计			—	—	1 948	5 626	11 620	20 774
主伐收入			10 954	15 463	26 894	37 571	46 472	54 137
主伐、间伐收入合计			10 954	15 463	28 842	43 197	58 092	74 911
造林费（1280元）后价			3 068	4 105	5 494	7 352	9 838	13 166
主伐、间伐收入合计–造林费			7 886	11 358	23 348	35 845	48 254	61 745
（收入合计–造林费）/（1+P）^{u}–1			5 646	5 146	7 093	7 557	7 217	6 649
管理费 V/P（V=320元）			5 333	5 333	5 333	5 333	5 333	5 333
林地期望价 B_u			314	–187	1 760	2 224	1 884	1 316
林地纯收益 $B_u \times P$			19	–11	106	133	113	79

以第 20 年的间伐收入为例说明计算过程。第 20 年间伐收入 1456 元，这一收入在第 25 年时贴现为前价为 1456×（1+0.06）$^{25-20}$=1948（元），在第 30 年时贴现为前价为 1456×（1+0.06）$^{30-20}$=2607（元），在第 35 年时贴现为前价为 1456×（1+0.06）$^{35-20}$=3489（元），在第 40 年时贴现为前价为 1456×（1+0.06）$^{40-20}$=4670（元）。

由表 10-25 可以看出，B_u 最高是在 30 年，林地连年收益（纯收益）为 133 元。

再利用该法按 P=1.8% 计算汪清林业局长白落叶松土地纯收益最多的成熟龄，结果见表 10-26。

表 10-26　土地收益（林地期望价）最多的成熟龄

林龄/年	主伐、间伐收入合计/元	造林费后价/元	主伐、间伐收入减造林费后价/元	（1+P）^{u}–1	第4列/第5列/元	V/P/元	林地期望价/元	林地纯收益/元
15	11 691	1 627	10 019	0.306 8	32 656	17 766	14 890	268.0
20	16 981	1 825	15 153	0.428 7	35 346	17 766	17 580	316.4
25	29 361	1 999	27 361	0.562 0	48 685	17 766	30 919	556.5
30	40 328	2 186	28 142	0.707 8	53 888	17 766	36 122	650.2
35	51 136	2 389	48 747	0.867 1	56 218	17 766	38 452	692.1
40	60 082	2 612	57 471	1.041 3	55 191	17 766	37 452	673.6

从表 10-26 可以看出，当 P = 1.8% 时，土地纯收益最多的成熟龄为 35 年。用同样的方法，当 P = 3.5%、6.0%、7.92% 时的土地纯收益最多的成熟龄分别为 30 年、25 年、15 年。

该法是从无林地开始，以实行永续皆伐作业为前提条件。受假设条件的影响，土地纯收益成熟龄计算出的成熟龄较短，基本都小于数量成熟龄。近年来这种方法的应用日趋减少。

7. 指率式确定的成熟龄　　指率式有多种，包括普雷斯勒（M. Pressler）指率式、海耶（G.

Heyer）指率式、尤代希（F. Judeich）指率式、克拉夫特（G. Kraft）指率式等。本书所述是指率的"一般式"。

指率的本质就是连年收益率，即一年间价值生长量与资本相比的百分数。但实际上不易调整一年间价值生长，故一般按定期价值生长进行计算（这与测树学上调查生长量是一样的）。立木价值生长意味着如不能按预定经济利率运用生产成本，此时立木继续存在，在经济上是不合算的，正因为这种关系，可利用指率从经济上分析立木采伐的合理时期，也就是可以判断经济成熟龄。

设某林分 m 年时的立木价为 A_m，又经营了 n 年，立木价变为 A_{m+n}，则 n 年的价值生长量为

$$A_{m+n}-A_m$$

假定 n 年里的价值生长率为 W，则有关系式：

$$A_{m+n}=A_m\left(1+W\right)^n$$

在 n 年经营中，投入的生产资金是立木价 A_m、地价 B 和管理费 V。要计算出林分的价值生长率 W，则有下列等式：

$$A_{m+n}-A_m=\left(A_m+B+V\right)\left(1+W\right)^n-\left(A_m+B+V\right)$$

$$\left(1+W\right)^n=\frac{A_{m+n}+B+V}{A_m+B+V}$$

$$W=\left(\sqrt[n]{\frac{A_{m+n}+B+V}{A_m+B+V}}-1\right)\times100\%$$

此式称为指率一般式，当 $n=1$ 时，W 就称为价值连年生长率：

$$A_{m+1}-A_m=\left(A_m+B+V\right)\times W$$

$$W=\left(\frac{A_{m+1}-A_m}{A_m+B+V}\right)\times100\%$$

W 的变化规律与材积连年生长量的相似（图10-3），呈抛物线状，一开始小，然后迅速增长，达到最大值后随之下降；当到达一定年龄 u 时，$W=P$（利率），u 年后，W 永远小于 P。当指率 W 等于预定的林业利率 P 时，可判定为已到达林木的经济成熟龄。

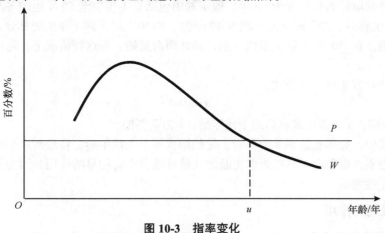

图 10-3　指率变化

用 W 判别森林是否成熟，是用 W 与利率 P 进行比较：当 $W>P$ 时，未达成熟；当 $W=P$ 时，到达成熟；当 $W<P$ 时，已过熟。因为 $W>P$ 时，幼林生长好，价值生长超过利息率，继续经营盈利；当 $W<P$ 时，继续经营则会亏损，应马上采伐；当 $W=P$ 时，是盈利与亏损的临界状态，也是采伐收获决策的阶段。

◆ 第五节 经营周期

在森林经营中，经营周期是一次收获到另一次收获之间的间隔期。它在森林经营中起着重要作用，关系到生产计划、经营措施等一系列生产活动的安排。本节所涉及的经营周期主要是轮伐期和择伐周期（回归年）。它们主要被用于用材林、薪炭林、经济林等林种中。轮伐期被用于同龄林经营中，择伐周期被用于异龄林经营中。

一、轮伐期

（一）轮伐期的概念

轮伐期（rotation）是以森林永续利用为基础的。在同一林种区内，把经营方向和目标相同的小班组织起来，采取系统的经营利用措施，这种组织起来的单位，称作经营类型或作业级。因此，经营类型就是在同一林种区内，由一些在地域上不一定相连，但经营方向和目标相同，采取相同的经营体系的许多小班组合起来的一种经营空间单位。在我国以往的有关论述中将轮伐期定义为：为了实现永续利用，伐尽整个经营单位全部成熟林分之后，到可以再次采伐成熟林分所用的期间。实际上轮伐期是指林分的培育、采伐、更新全过程所用的时间，也就是成熟龄加上更新期。

应当注意，"采伐年龄""伐期龄""主伐年龄"等概念与"轮伐期"的概念是有差异的。所谓采伐年龄，是指在同一经营类型里，树木或林分到达成熟而进行主伐的最低年龄，也称伐期龄或者主伐年龄。主伐年龄只适用于实行皆伐作业的同龄林，按一般规定，主伐年龄以龄级符号表示，如Ⅲ、Ⅳ、Ⅵ、Ⅸ等。而轮伐期则以具体年数表示，如50年、70年、80年、100年、120年等。另外，主伐年龄是指采伐成熟林的年龄，没有考虑更新的年限，而轮伐期则是包括了更新期在内的生产周期。

例如，某经营单位的轮伐期为50年，假定其中包括自1年生至50年生的各龄级的林分。本年度采伐50年生林分，并及时更新。现为49年生、48年生以至到1年生的林分，依次进行采伐更新。以此类推，在50年内轮流采伐一遍，如此周而复始。在这种情况下，轮伐期和主伐年龄是一致的。

轮伐期的计算方法见如下公式：

$$u = a \pm v$$

式中，u 为轮伐期；a 为森林成熟龄或主伐年龄；v 为更新期。

在以上公式中，如果更新期 v 为零时，轮伐期就等于主伐年龄。在经营水平较高时，人工同龄林 v 一般都为零。更新期 v 只在天然更新的同龄林经营中有明显的作用。因为天然更新通常需要几年的时间才能完成。

（二）轮伐期的作用

1. 轮伐期是确定利用率的依据 一般情况下，只有当经营单位（经营类型）内各同龄林分的龄级结构均匀，即从幼龄林、中龄林到成熟林各年龄林分都具备，而且面积相等，各龄级林分生长量相当大时，才有可能使年伐量等于年生长量，以实现该森林经营单位内的森林永续利用。在年龄结构均匀的条件下，其利用率公式为

$$P = \frac{2}{u} \times 100\%$$

式中，P 为利用率；u 为轮伐期。

【例 10-6】　某经营单位的蓄积为 300 000m³，轮伐期为 50 年，则其标准年伐量为多少？

$P = \frac{2}{50} \times 100\% = 4\%$，则其标准年伐量为 300000×4%=12000m³。

从本例可以看出轮伐期与采伐量、生长量和蓄积之间的关系。当轮伐期不同时，利用率也随之变化。例如，轮伐期为 100 年、50 年、40 年、20 年、10 年时，则利用率相应为 2%、4%、5%、10%、20%，相应的年伐量为 6000m³、12 000m³、15 000m³、30 000m³、60 000m³。从本例还可以看出，利用率与轮伐期成反比。轮伐期越长，则利用率越小；反之，轮伐期越短，利用率越大。

当经营单位内林分按龄级分配均匀时，轮伐期越长，它所包括的径级越多，所累积的蓄积也越多。在培育的材种中，大径材所占的比例增大，从而蓄积的质量提高，也就有利于实现永续利用。但是轮伐期延长到一定程度，会降低木材的工艺价值。在成过熟林占优势的原始天然林区，林龄过大，林况恶化，自然腐朽严重，不仅木材质量降低，而且枯损量大，甚至蓄积也会降低。轮伐期长也意味着经营时间长，相应的经营措施就多。例如，抚育间伐的次数多，副林木（间伐的林木）所占比例加大，影响到收入与费用的计算。在这种情况下，需要缩短轮伐期，加大年伐量，以便充分、合理、及时地利用现有森林资源，同时调整后续资源，以利于实现永续利用。

2. 轮伐期是划分龄组的依据　在森林经营中，如果主伐年龄等于轮伐期，即采伐后立即更新，可以利用轮伐期来划分龄组。通常把达到轮伐期的那一个龄级和更高一个龄级的林分划分为成熟林龄组。超过成熟林龄组的林分称为过熟林龄组。比轮伐期低一个龄级的林分为近熟林龄组。其他龄级更低的林分，若龄级数为偶数，则一半为幼龄林，一半为中龄林；若龄级数为奇数，则幼龄林比中龄林多分配一个龄级。成熟林和过熟林构成了利用资源，或称利用蓄积。近熟林以下的则称为经营蓄积。现举例说明如何由轮伐期划分龄组。

【例 10-7】　某林场落叶松林分的主伐年龄为 40 年，10 年为一个龄级，采伐后立即更新。各龄级的面积和蓄积分配情况见表 10-27。

表 10-27　落叶松经营类型各龄级的面积和蓄积分配

龄级	龄组	年龄/年	面积/ha	蓄积/m³
Ⅰ	幼龄林	1～10	88	640
Ⅱ	中龄林	11～20	69	2 073
Ⅲ	近熟林	21～30	101	5 122
Ⅳ	成熟林	31～40	65	4 791
Ⅴ	成熟林	41～50	119	10 215
Ⅵ	过熟林	51～60	76	7 765
Ⅶ及以上	过熟林	61 及以上	70	8 520
合计			588	39 126

因为采伐后立即更新，所以轮伐期等于主伐年龄，即 40 年。各龄组的划分见表 10-27 第二列。

3. 轮伐期是确定间伐的依据　轮伐期不仅对主伐量有直接影响，而且对间伐量也有影响。木材产量主要由主伐量和间伐量两部分构成。轮伐期确定后，明确了经营单位的经营目的和目的材种。这样林分在到达轮伐期以前，可以适当安排几次间伐，结合间伐可以生产部分木材。由此可见，林分间伐次数、生产材种、间伐量比例等都和轮伐期的长短有直接或间接关系（表10-28）。

表10-28 龄级划分后应采取的主要经营措施

龄级	面积/ha	轮伐期为120年		轮伐期为80年	
		龄组	采伐种类	龄组	采伐种类
I	500	幼龄林	透光抚育	幼龄林	透光抚育
II	1200	幼龄林	透光抚育	中龄林	生长抚育
III	800	中龄林	生长抚育	近熟林	生长抚育
IV	900	中龄林	生长抚育	成熟林	卫生伐及主伐
V	1000	近熟林	生长抚育	成熟林	卫生伐及主伐
VI	1200	成熟林	卫生伐及主伐	过熟林	卫生伐及主伐
VII	400	成熟林	卫生伐及主伐	过熟林	卫生伐及主伐
合计	6000				

（三）轮伐期的确定

1. 确定轮伐期的依据 确定轮伐期时，森林成熟是主要的依据。除此之外，还应考虑经营单位的生产力和林况及龄级结构等因素。

1）根据森林成熟龄。轮伐期是林业生产中一个重要的林学技术经济指标，它反映着森林的经营目的和培养目标。各种各样的森林成熟都是不同经营目的在林学技术上的反映。因此，应该根据各种森林在国民经济中的作用不同确定不同的轮伐期。一般来说，轮伐期不应低于数量成熟龄。森林成熟龄有多种，通常按照以下原则确定各个林种的森林成熟龄：①用材林、薪炭林应以经济成熟为主；②防护林以防护成熟和生理成熟为主，其次考虑更新成熟和经济成熟；③经济林的种类繁多，目的产品各异，用统一的物质量衡量较为困难，只能用经济林成熟作为依据。

2）根据经营单位的生产力和林况等。经营单位的林木生产力、林分面积按龄级分配情况和林况等，是确定轮伐期时一个不可忽视的重要自然因素。从充分利用林木生产力方面看，用材林的轮伐期不应低于数量成熟龄。因为低于数量成熟龄时，平均生长量尚未达到最高峰，没有充分发挥林地的生产力。但是数量成熟龄只能作为确定轮伐期的最低年龄。同时还应考虑林分的立地条件好坏，使确定的轮伐期有利于充分发挥林地的生产潜力。如果林况（生长状况和卫生状况）不良，也应降低轮伐期，以便迅速伐去劣质林分，而代之以生产力较高的新林。当病虫害严重时，应考虑适当缩短轮伐期。

3）根据经营单位的龄级结构。经营单位内林分面积按龄级分配情况是确定轮伐期的重要因素之一。如经营单位内中、幼龄比例过大，就应设定较高的轮伐期。当成过熟林过多时，应考虑适当缩短轮伐期。为了避免森林资源遭到不应有的损失，轮伐期不应高于自然成熟龄。当经营单位缺少大龄林木，且根据这些林分的生产条件不可能很快过渡到大径材，而当地又急需木材时，就应设定较短的轮伐期。

2. 确定轮伐期的方法 轮伐期的计算方法已在上面公式中给出。其中，更新期对轮伐期的影响有以下3种情况。

1）采伐后及时更新：如图10-4a所示。此时 $u = a$。如更新期为0，轮伐期则为50年。

2）采伐后更新：如图 10-4b 所示。此时 $u=a+v$。如更新期为 10 年，轮伐期则为 60 年。这种情况多见于采伐后由相邻林分或母树进行的更新。

3）采伐前更新：如图 10-4c 所示。此时 $u=a-v$。如更新期为 10 年，轮伐期则为 40 年。这种情况常见于用渐伐方式进行的采伐更新。

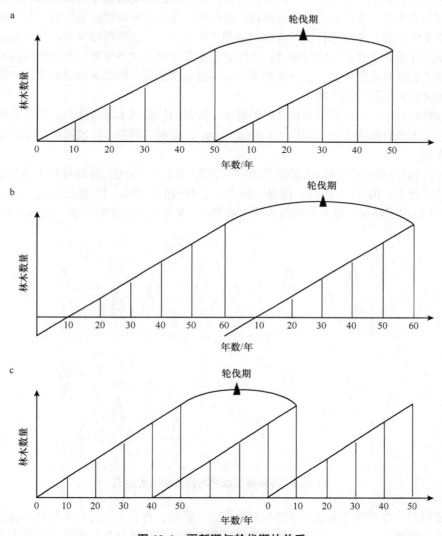

图 10-4　更新期与轮伐期的关系

当前我国大都以林场为轮伐单位，往往要为林场确定综合轮伐期或平均轮伐期。可在各树种或各经营类型确定轮伐期的基础上，以加权平均法计算。其公式如下：

$$\bar{u}=\frac{u_1 s_1+u_2 s_2+\cdots+u_i s_i}{s}$$

式中，$\bar{u}$ 为综合轮伐期；u_i 为第 i 类经营类型的轮伐期；s_i 为第 i 类经营类型的面积；s 为林场的总面积。

二、择伐周期

（一）择伐周期的概念

异龄林的收获适用于择伐。典型的异龄林分，即从幼龄到老龄各年龄的林木和从小到大各径级的林木都有的林分，主伐方式只能用择伐。异龄林，尤其是异龄针阔混交林，与同龄林相比有较高的生物量生产力，并能充分发挥森林的多种功能，一旦失去则很难恢复。现在人工还不能培育出大面积的有商业生产价值的异龄林；天然更新在几十年内也不可能恢复到皆伐前异龄林的状态，可能需要数百年才能恢复，甚至无论多长时间也无法恢复，因此异龄林的主伐只能采用择伐方式，即每次只采伐部分成熟林木。

在异龄林经营中，采伐部分达到成熟的林木，使其余保留林木继续生长，到林分恢复至伐前的状态时，所用的时间称为择伐周期（cutting cycle），也叫回归年。比较简单的定义为 2 次相邻择伐的间隔期。

异龄林的状态与择伐周期的关系见图 10-5。在图 10-5 中，a 图的异龄林有 3 个林层，采伐时只收获上层的林木，第 2、3 层林木保留。20 年后，林分状态恢复到 b 图的状态，又可进行择伐作业了。这个过程周而复始地进行就能做到永续利用，也可以说在林分水平上做到了可持续经营。

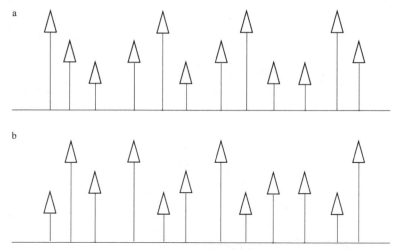

图 10-5　异龄林的状态与择伐周期的关系

上述过程不是绝对的。根据对异龄林择伐作业的研究，有观点认为在典型异龄林择伐中不应该将达到某一径级以上的林木都采伐掉，这样不利于林分结构的恢复，而应该在若干个大径级中确定择伐木，由大到小逐步减少，只有与正常径级分布序列距离较远的大径级林木才全部采伐掉。这种收获方式要求有较高的经营技术水平。

（二）择伐周期的确定方法

确定择伐周期的常用方法主要有以下几种。

1. 用径级择伐确定择伐周期　　所谓径级择伐，是将某一径级以上的林木全部采掉的择伐，此种采伐方式计算择伐周期的方法比较简单，公式如下：

$$A = a \times n$$

式中，A 为择伐周期；a 为所采林木平均生长 1 个径级所需年数；n 为采伐的径级数。

　　例如，有一异龄林分进行择伐作业，计划凡直径大于 30cm 的林木都采伐掉。林分中最大径级的林木为 40cm。在此林分中，30～40cm 的林木每生长 1 个径级（2cm）平均用 4 年。因此择伐周期为 A=4×（40–30）/2=4×5=20（年）。

　　在经营强度更高的情况下，采伐对象不只限于大径级的林木，还要择伐许多不符合经营要求的中、小径木。其所确定的择伐周期，一般为 5～10 年。在经营强度很高的经营类型中，如森林公园内，择伐周期常在 5 年以下。

　　2. 用生长率和采伐强度确定择伐周期　　只要确定了林分蓄积生长率和采伐强度，便可测算出择伐周期。其计算公式如下：

$$A = \frac{-\log(1-s)}{\log(1+p)}$$

式中，A 为择伐周期；s 为择伐强度；p 为蓄积生长率。

　　例如，有一个云杉、冷杉混交林分，蓄积为 200m³/ha，p=3%，s=20%，求择伐周期。将数据代入以上公式有 A= –log（1–0.2）/log1.03 = 7.55 ≈ 8（年）。

　　计算结果可参考表 10-29。根据择伐强度及生长率即可查出回归年。

表 10-29　生长率、采伐率、回归年速查表　　　　　　　　　　（单位：年）

生长率	采伐率						
	10%	20%	30%	40%	50%	60%	70%
1%	12	23	40	52	70	92	121
2%	6	12	19	26	40	46	61
3%	5	8	13	18	24	31	41
4%	4	7	10	14	18	24	31
5%	3	5	8	11	15	19	25
6%	3	5	7	9	12	16	21
7%	3	4	6	8	11	14	18
8%	2	4	5	7	10	12	16
9%	2	3	5	7	9	11	14

　　在现实中使用以上公式求择伐周期时应注意，p 的正确与否是关键，p 应该取择伐后 A 年间的平均值。现实中择伐后的 p 常不知道，一般用伐前几年的平均值代替，这会产生一定的误差，要想解决这个问题，最好的方法是设固定样地长期监测。

　　3. 根据最小径级和最大径级年龄差确定　　择伐首先要预先确定择伐的最小径级和最大径级。最小径级一般根据能销售的材种规格而定，而最大径级则是按林分立地条件下长到某材种工艺成熟的径级为准。如果规定了择伐的最小径级和最大径级，即确定了择伐的直径变动范围，就可以根据最小径级和最大径级之间的年龄差数确定择伐周期。具体方法是：选择最小可伐径级林木 5 株，最大可伐径级林木 3 株，伐倒实测其年龄，各求出其平均年龄，二者相减之差即择伐周期。这种方法在选择树木时要有充分的代表性，研究方法比较粗放。

　　4. 转移矩阵法　　这种方法使用矩阵描述林分的径级分布、各径级林木的生长率等情况，模拟林分各径级林木的生长过程、采伐收获过程，用最优控制理论确定择伐周期。转移矩阵法的主要步骤是：将异龄林分的径级分布株数、进界生长株数、各径阶林木在一定时间（n 年）内生长到更大径阶的株数及保留在原来径阶的株数、采伐的株数等用向量或矩阵方式描述，在限定的约束条件下，提出目标函数，然后求解。于政中等对吉林、黑龙江、甘肃、新疆等省（自治区）的异龄林用转移矩阵法进行了研究，得出东北冷杉林的最优择伐周期为 10 年，新疆云杉林为 10 年，甘肃冷杉林为 15 年。

（三）影响择伐周期的因素

1. 择伐强度　　异龄林的择伐周期长期以来一直是森林经营中的热点问题，讨论的焦点主要是择伐强度的大小。有人认为择伐强度应大一些，每次择伐的收获量较多，作业成本较低；也有人认为择伐强度应该小一些，每次的收获量少一些，虽然作业成本稍高，但能较好地保持林分结构、生态系统稳定和减少环境破坏等。近年来国内外择伐强度的应用趋势小一些。

我国过去曾使用径级择伐、采育择伐、采育兼顾伐等作业方式，采伐强度设计为 40%～60%，加上采伐、集材中损坏的林木，保留林木通常不足 30%～40%，相应的回归年多定为 20～30 年。在这样的采伐强度下，所定回归年内根本"回归"不了，有的林分已变成了其他的森林类型，甚至无法恢复伐前的状态。20 世纪 80 年代中期，我国的《森林采伐更新管理办法》中规定：一般用材林的采伐强度不得大于 40%，伐后郁闭度应在 0.50 以上；容易风倒、枯死的林分，采伐强度不大于 30%，伐后郁闭度应在 0.60 以上。我国东北阔叶红松混交林的采育择伐周期为 20～40 年，主要依据择伐强度和生长速率等因素确定。于政中等对吉林省东部云冷杉林研究的结论是采伐强度为 10%～15%，回归年以 10 年左右为好。在国外，日本用材林择伐作业回归年多为 10～20 年，薪炭林为 10～15 年；在欧洲，欧洲赤松林的回归年常为 6～10 年，欧洲云杉林的回归年常为 6～8 年。

采伐强度较低时，虽然在采伐、集材等生产环节上工效比高强度择伐、皆伐低一些，但它能够较好地保持森林生态系统的稳定性和减少环境的破坏，持续地发挥森林的多种效能；与皆伐相比还能免除造林更新费，即用材林培育中投入最大的一项费用，整体经济效果要更好。

2. 树种特性　　喜光树种的择伐强度可大些，择伐周期相应长些。因为为了给林下幼树生长创造条件，有时需加大择伐强度。耐荫树种的择伐强度应小些，通过多次弱度择伐，使其林下幼树郁闭，因此择伐周期也短些。浅根性树种的抗风倒能力差，择伐周期应短些。在我国东北及其他地区的云冷杉林中都发生过择伐后保留林木大量风倒死亡的情况。

3. 经营水平　　经营水平高时，在采伐、集材等工序中对保留林木的损坏小，择伐周期可短些；林道密度大，交通条件好，劳动效率就高，择伐周期可短些。

4. 立地条件　　立地条件较差时，如土壤贫瘠肥力低，坡度大水土易流失，海拔高气温低，纬度高林木生长缓慢，气候条件恶劣，植被恢复困难等，在这样的地方择伐，强度要小，择伐周期应该短一些。当然，在许多立地条件差的地方，当立地条件差到一定程度时，其森林应该划为防护林而不是用材林，也就不涉及择伐周期的问题了。

◆ 思　考　题

1. 森林成熟具体包括哪些类型？
2. 数量成熟的定义是什么？怎样计算？
3. 工艺成熟与数量成熟的区别是什么？如何用马丁法确定工艺成熟龄？
4. 防护成熟受哪些因素的影响？若要延长防护成熟龄，应当采取什么措施？
5. 什么是内部收益率？如何用它判断森林经营的效果？

6. 简述择伐周期的确定方法。

◆ 主要参考文献

亢新刚. 2011. 森林经理学[M]. 4 版. 北京：中国林业出版社.

李明阳. 2010. 森林规划设计[M]. 北京：中国林业出版社.

刘建国，于政中. 1990. 长白落叶松人工林采伐年龄的研究[J]. 北京林业大学学报，12：31-39.

王巨斌. 2007. 森林资源经营管理[M]. 2 版. 北京：中国林业出版社.

于政中. 1995. 数量森林经理学[M]. 北京：中国林业出版社.

Davis L S, Johnson K N, Bettinger P S, et al. 2000. Forest Management[M]. 4th ed. New York：McGraw-Hill Science/Engineering/Math.

Fang J Y, Chen A P, Peng C H, et al. 2001. Changes in forest biomass carbon storage in China between 1949 and 1998[J]. Science，292：2320-2322.

IPCC. 2003. Good Practice Guidance for Land Use，Land-Use Change and Forestry[C]. Geneva：Institute for Global Environmental Strategies （IGES） for the IPCC.

|第十一章|
森林收获量

◆ 第一节　森林采伐量概述

森林采伐是对森林和林木进行的一项森林经营管理活动，目的是在收获木材的同时通过合理采伐来调整现实森林不合理的结构。确定森林采伐量的理论和技术，历来是森林经营规划设计的核心问题之一。对于一个森林经营单位而言，采伐量的确定是否合理关系到能否实现森林资源的可持续发展。

一、森林采伐量的概念

森林采伐量是指在一定的森林经营单位、一定的行政管辖范围或一定的地理范围内，限定一个具体的时间范围内以各种形式采伐的林木蓄积，一般用年采伐量表示，是指一个经营单位在一年内以各种形式采伐的林木蓄积。由于采伐性质和采伐方式不同，森林采伐量的归类和计算方法也不相同。

采伐性质一般可分为主伐、间伐和补充主伐，一个森林规划设计对象的总年伐量由森林主伐量、间伐量和补充主伐量3部分组成，其中主伐量和间伐量构成整个生产过程中的主要采伐量。主伐是森林培育过程中最主要的也是最终的木材收获方式。间伐是在同龄林未成熟的林分中，定期伐去一部分生长不良的林木，为留存林木创造良好的生长环境条件，促进保留林木的生长发育。通过间伐也能获得一部分有商品和利用价值的中小规格材，增加林业的经济效益。特别是在人工林中，合理进行间伐既是一种森林经营措施，又是获得木材的一种重要手段。补充主伐是对疏林、散生木和采伐迹地上已失去更新下种作用的母树的采伐利用。在森林规划设计中，纳入主伐量计算的均属有林地范围的森林资源，而将疏林、散生木和母树等资源采伐利用，称为补充主伐，生产木材的数量称为补充主伐量。

二、森林采伐量相关政策法规及技术规程

《中华人民共和国森林法》第五十五条对采伐森林、林木进行了规定："（一）公益林只能进行抚育、更新和低质低效林改造性质的采伐。但是，因科研或者实验、防治林业有害生物、建设护林防火设施、营造生物防火隔离带、遭受自然灾害等需要采伐的除外。（二）商品林应当根据不同情况，采取不同采伐方式，严格控制皆伐面积，伐育同步规划实施。（三）自然保护区的林木，禁止采伐。但是，因防治林业有害生物、森林防火、维护主要保护对象生存环境、遭受自然灾害等特殊情况必须采伐的和实验区的竹林除外。省级以上人民政府林业主管部门应当根据前款规定，按照森林分类经营管理、保护优先、注重效率和效益等原则，制定相应的林木采伐技术规程。"

《森林采伐更新管理办法》第八条规定用材林的主伐方式为择伐、皆伐和渐伐。中幼龄树木多的复层异龄林，应当实行择伐。择伐强度不得大于伐前林木蓄积的40%，伐后林分郁闭度应当保留在0.50以上。伐后容易引起林木风倒、自然枯死的林分，择伐强度应当适当降低。两次择伐的间隔期不得少于一个龄级期。成过熟单层林、中幼龄树木少的异龄林，应当实行皆伐。皆伐面积一次不得超过5ha，坡度平缓、土壤肥沃、容易更新的林分，可以扩大到20ha。在采伐带、采伐块之间，应当保留相当于皆伐面积的林带、林块。对保留的林带、林块，待采伐迹地上更新的幼树生长稳定后方可采伐。皆伐后依靠天然更新的，每公顷应当保留适当数量的单株或者群状母树。天然更新能力强的成过熟单层林，应当实行渐伐。全部采伐更新过程不得超过一个龄级期。上层林木的郁闭度较小，林内幼苗、幼树株数已经达到更新标准的，可进行二次渐伐，第一次采伐林木蓄积的50%；上层林木的郁闭度较大，林内幼苗、幼树株数达不到更新标准的，可进行3次渐伐：第一次采伐林木蓄积的30%，第二次采伐保留林木蓄积的50%，第三次采伐应当在林内更新起来的幼树接近或者达到郁闭状态时进行。

毛竹林采伐后每公顷应当保留的健壮母竹，不得少于2000株。

此外，在森林多功能经营技术体系内，根据森林功能区划原则，如多功能可持续性原则、保护生物多样性原则、维持生态系统完整性原则、保护水土资源原则、社区发展原则及国家/省/地方性规程标准等，一般将森林划分为4类经营区，每个经营区的采伐方式和采伐强度不同。I级：特殊生态公益林经营区，具有保护性质的功能区域，如坡度大于45°的水土保持林、自然保护区的核心区、试验林中不进行任何作业的对照林、坡度45°以上的特殊地区国防林等，对该经营区的森林实施严格保护、封山育林的经营模式。II级：一般生态公益林经营区，可进行经营性采伐的生态公益林区域。例如，坡度在45°以下的水土保持林、水源涵养林、国防林、自然保护区的缓冲区和试验区、特殊科学经营试验林区、母树林、护路林、防火林、护岸林等，对该经营区的森林实行抚育性质的采伐。III级：限制性商品林经营区，可进行收获性采伐，但受一定条件和经营措施的限制。例如，坡度在25°以上的用材林、坡度在25°以上的特殊经济林、特殊油料林、一般科学经营实验林区（满足科研需要）等。IV级：一般性商品林经营区，不受特定功能限制的区域为纯用材生产区域，以及不属于其他3类的，无特殊限制的用材林、经济林。本章所涉及的采伐量计算只包括II级、III级和IV级经营区。

三、确定森林采伐量

（一）主要任务

森林规划设计在计算和确定森林采伐量时，有以下几项任务。

1）在进行主伐量和间伐量计算时，计算单位是经营类型（作业级）。根据各经营类型森林结构的特点、采伐方式和森林调整要求，选择适宜公式进行计算。所计算的年伐量，通常用年伐面积（ha）和年伐蓄积（m³）两种指标表示。年伐面积和年伐蓄积都是调整森林结构、编制采伐计划、组织生产作业的重要指标，因此都应加以计算。

2）在各公式计算基础上进行分析论证，统筹考虑经营单位的龄级结构、林况和国民经济需材情况，论证和确定各经营类型在经理期内的年伐量。最后论证确定的标准年伐量按林场和林业局汇总，即全林场或全局的标准年伐量。

3）所计算的年伐量根据所规定的材种出材量表或经验数据，计算经济用材出材量。

4）根据森林资源分布特点和森工采运要求，合理安排伐区，确定采伐顺序。

5）补充主伐的对象是疏林、散生木和母树，因其不属于有林地范围，组织经营时不纳入各经营类型。因此，补充主伐是按各林场可以进行采伐利用的疏林、散生木和母树加以统计，分别计算其采伐量。

（二）主要要求

根据森林永续利用原则和森林调整的要求，计算和论证采伐量要努力做到以下几点。

1）所定的年采伐量应该有利于改善经营单位的年龄结构——同龄林按经营单位内的龄级结构，异龄林则按林分内的径级结构。

2）在成过熟林占优势的原始林，所定的采伐量既要能及时利用现有成过熟林资源，又要能在较长时间内保持采伐量的相对稳定，避免剧烈变动。

3）主伐对象只能是达到成熟阶段，即达到主伐年龄的林分。

4）充分利用可以采伐的疏林、散生木资源，积极扩大间伐利用量。

> 需要说明的是，由于森林资源是一种再生资源，随着林木不断生长和枯损，森林的结构和蓄积在不断变化。如果再加上人为的经营活动和采伐更新，森林资源的动态变化更为复杂。因此，森林规划设计不能确定一个在轮伐期内永远保持不变的年伐量，而是需要根据森林资源和经济条件的变化，不断定期复查森林资源和重新计算采伐量，以达到森林调整和实现永续利用的目的。通常，这种森林规划设计工作每隔10年进行一次，称为经理期。

四、采伐顺序

根据林场或林业局的资源分布特点，按照有利于森林景观结构调整、森林更新、保持森林健康稳定的要求，以及有利于森工采运、降低经营成本的要求，合理安排伐区，确定采伐顺序和伐区配置。

总的来说，采伐优先级依次为：已受病虫害且正在蔓延的林分；枯死木较多的林分；急需进行抚育间伐以促进生长的林分；受病虫害风险较大的老龄林；过熟林；成熟林。同一优先级要进一步根据实际情况进行有序采伐。根据以上优先级排序和资源调查数据，筛选适宜采伐的森林小班，按照林种-森林经营类型和采伐类型进行采伐小班的筛选和组织。所有需要采伐作业的小班按照一定规模组织为不同的伐区，一般在山区按沟系组织伐区，在丘陵和平原区按道路系统组织伐区，同一伐区一般安排在一个年度或季度作业，根据确定的合理年伐量，以伐区为单位进行作业顺序安排，规划各年度的采伐地点、面积和采伐量。

五、森林采伐限额

森林采伐限额是采伐消耗森林、林木蓄积的最大限量，实行森林采伐限额管理是《中华人民共和国森林法》确定的一项重要法律制度，是控制森林资源过量消耗的核心措施和加强森林可持续经营的关键手段。实施采伐限额管理对保障我国森林资源持续增长和生态环境不断改善发挥了重要作用。

除《中华人民共和国森林法》规定的禁伐林分和林木外，森林采伐限额包括所有林种的森林和林木的主伐、补充主伐、抚育伐、卫生伐、林分改造等各种采伐消耗的资源总额。经国家批准下达的森林采伐限额，是各单位每年以各种采伐方式对森林资源采伐消耗的最大限额。它是国家对森林资源实行限额消耗的法定控制指标。森林采伐限额是指消耗活立木蓄积,而不是伐倒木材积。

森林采伐限额每隔 5 年编制一次。各省（自治区、直辖市）的林业主管部门在编制各单位采伐限额后,经同级人民政府审定后上报国务院。最后经国务院审定批准的年采伐限额是国家对森林资源实行限额消耗的法定控制指标。确定采伐限额必须按照采伐量低于生长量的原则。为了保持和发挥森林的生态效益和经济效益,森林采伐量低于森林生长量是当今许多国家公认的经营利用森林资源的一条原则。我国从 19 世纪 80 年代开始按照用材林消耗量不大于生长量的原则,实行森林采伐限额管理制度,森林年采伐限额远远小于同期年生长量。制定年森林采伐限额时,以经批准的森林经营方案所定合理年采伐量为依据。未编制森林经营方案的林区,要按照林业主管部门提出的对森林资源数据的要求,测算年采伐限额。

重点林区"十四五"期间年森林采伐限额是重点林区每年采伐林地上森林、消耗林木蓄积的最大限量,国家林业和草原局与各有关单位必须严格执行,不得突破。采伐限额要分解落实到限额编制单位。因重大自然灾害等特殊情况需要采伐林木且在采伐限额内无法解决的,应上报国务院批准。国家林业和草原局要进一步细化年森林采伐限额管理措施,严格落实凭证采伐制度,定期开展森林督查和专项检查,依法打击乱砍滥伐等破坏森林资源行为,确保重点林区森林资源总量持续增长、质量不断提高、生态功能稳步增强。

森林关系到国家生态安全,国家依法实行森林采伐限额制度,严格控制森林年采伐量。国家林业和草原局要依法加强指导和监督,督促各省（自治区、直辖市）林业主管部门科学编制本行政区域年森林采伐限额,严格执行、不得突破,对造成森林资源破坏的要依法依规追究责任,进一步加强森林资源保护和管理,加快推进生态文明和美丽中国建设。

下面分别按照采伐性质和方式介绍采伐量的不同计算方法。

◆ 第二节　主伐采伐量

森林主伐是对成熟林分的采伐利用。主伐方式分为皆伐、渐伐和择伐三大类。根据不同的森林结构调整要求,主伐方式不同,所依据的采伐量计算公式也不相同。同龄林一般采用皆伐或渐伐作业方式,异龄林一般采用择伐作业方式。在计算年伐量时,按作业方式的不同分别计算采伐量。

一、同龄林主伐采伐量计算

针对同龄林主伐量的计算从技术方法上可以分为面积控制法、材积控制法和生长量法 3 类。

（一）面积控制法

同龄林各龄级的面积分配反映了林分的年龄结构,为了实现森林的永续利用,要求同龄林轮伐期内各龄级的林分面积相等,因此针对不合理的龄级面积分配问题,需要对现实林分进行调整。在生产实践中,面积控制法是森林规划设计确定采伐量最常用的方法,其主要思想就是按照面积控制年伐量,首先计算和确定年伐面积,再根据年伐面积计算年伐蓄积。

1. 按面积轮伐公式计算年伐量　　面积轮伐法的目标是经过一个轮伐期将林分调整为能够实现永续利用的森林面积结构,其计算公式为

$$年伐面积=经营单位总面积/轮伐期$$

$$年伐蓄积=年伐面积×成过熟林平均每公顷蓄积$$

使用该方法计算年伐量的目的是使一个经营单位内所有林分在一个轮伐期内都要被采伐一遍。面积轮伐公式的特点就是计算方法简单，经过一个轮伐期内的调整，各龄级的森林面积保持相等，满足实现永续利用的前提条件。这里所提到的永续利用要保证轮伐期内面积均衡只是一种理想状态，在现实的一个经营单位内，有林地面积有限，要实现永续利用，年伐面积必然会受到经营单位面积的限制。但经过这种方法的调整后，年伐面积相对均衡，保证了年伐蓄积的相对稳定性。

按面积轮伐公式计算年伐量比较适用于成过熟林占优势的原始天然林。实际操作时应该注意经营单位在一个轮伐期内实现按面积采伐的相对均衡。只要现有成过熟林到轮伐期的末期仍未超过自然成熟龄，那么按面积轮伐公式的计算值就是合理的年伐量。如在轮伐期内现有成过熟林将超过自然成熟龄，则在安排伐区时优先考虑采伐过熟林，以便在达到自然成熟龄前伐完过熟林。

按面积轮伐公式计算年伐量不适用于幼中龄林占优势的经营单位。如缺少成熟林时，按此公式计算结果进行采伐，可能会在经理期内采伐未成熟的林分。

按面积轮伐公式计算年伐量的缺点是只考虑经营面积，按面积来控制采伐量。它没有考虑具体龄级结构，在龄级结构极端不均匀时，难以用此法在一个轮伐期内将现实林调整为理想的森林结构，也就是在轮伐期内实现一次调整，会造成生长量和蓄积的大量损失。因为一次调整的结果，往往要采伐未达成熟龄的幼中龄林或使现有成过熟林到采伐时超过自然成熟龄。此外，这个公式也没有考虑林况和立地条件不同而引起单位面积蓄积的变化。因此，按面积计算和控制采伐量的结果，必然会引起年伐蓄积的不平衡。为了克服上述缺点，避免年伐蓄积的波动，应结合按蓄积和按龄级分配来调整年伐面积和年伐蓄量。如在经营单位内包含有不同立地条件的小班，立地条件好则单产高，立地条件差则单产低。即使年伐面积相等，年伐蓄积也可能相差甚大。在此情况下计算年伐量，需进行面积改位换算。

2. 按成熟度公式计算年伐量　　这个方法的出发点是在一个龄级期间采伐完现有的成过熟林资源。其计算公式如下：

$$年伐面积=成过熟林面积/一个龄级期的年数$$
$$年伐蓄积=年伐面积×成过熟林平均每公顷蓄积$$

按成熟度公式计算的年伐量说明在一个龄级期限内每年采伐成熟林的数量。这个公式考虑的范围较窄，它只考虑现有的成过熟林资源的及时利用，没有顾及成熟林以下后备资源的多少。对于龄级结构比较均匀的经营单位，在一个龄级期间采完成熟林后，将有相应面积（也可能略大或略小）的近熟林进入成熟林，到下一龄级期又有成熟林可采，这样可以保持年伐量的相对稳定。

在另一种情况下，当经营单位的龄级结构不均匀时，如按成熟度公式计算值进行采伐，将使轮伐期内年伐量有很大的波动。例如，当成过熟林占优势时，应用成熟度公式计算的年伐量，将在10年或20年内采伐去占比例很大的成过熟林资源。这虽可及时利用成过熟林资源，但如果缺少后备资源，将造成下一龄级期间采伐量骤降。相反，如果经营单位内的近熟林比例较大，则在下一个龄级期的采伐量将大大增加。这种采伐量的急剧变化都不符合合理经营的要求。

3. 按林龄公式计算年伐量　　按林龄公式计算年伐量是按面积调整龄级结构的一个重要方法。它在计算年伐量时，除了将成过熟林纳入计算范围外，还考虑了近熟林，甚至中龄林的一部分。其目的是在2～3个龄级期间，使采伐量保持相对稳定。

林龄公式的计算期是2～3个龄级期，根据计算期的长短，还区分为第一林龄公式和第二林龄公式两种方法。

1）第一林龄公式是将成过熟林和近熟林面积与2个龄级期相除，用面积表示的年伐量公式为

年伐面积=（成过熟林面积+近熟林面积）/2 个龄级期的年数

这个公式的计算数值表示年伐量在两个龄级期间按面积保持均衡，它不是按整个轮伐期调整龄级结构的方法。

现有的近熟林经过 1 个龄级期后将全部成为成熟林，而现实的采伐对象只能是成熟林。

在计算年伐蓄积时应将由近熟林过渡到成熟林这段时间的生长量考虑进去，故第一林龄公式的年伐蓄积应按下式计算：

年伐蓄积=年伐面积×成过熟林平均每公顷蓄积

在经营单位内成过熟林和近熟林的面积相差悬殊的情况下，利用第一林龄公式计算采伐量不可避免要出现以下缺点：当成熟林少，而近熟林多时，在经理期内成熟林资源不够采伐，就会使一部分近熟林过早地被采伐掉。另一种情况，当成过熟林所占比例相当大，而近熟林较少时，为了达到调整龄级结构的目的，按第一林龄公式计算的年伐量进行采伐，就要延长现有成过熟林的采伐年限。但只要在达到自然成熟龄之前，采完现有成过熟林，就可以认为是合理的。如果在两个龄级期的末年，现有过熟林届时将超过自然成熟龄，这就会造成森林资源腐朽引起的损失。

2）第二林龄公式是将中龄林、近熟林和成过熟林总面积与 3 个龄级期相除，用面积表示的年伐量如下式：

年伐面积=（中龄林面积+近熟林面积+成过熟林面积）/3 个龄级期的年数

如果式中的中龄林包括两个以上龄级时，只取其靠近近熟林的一个龄级纳入计算范围。

年伐蓄积=年伐面积×成过熟林平均每公顷蓄积

第二林龄公式的目的是在更长的时间内使采伐量保持稳定。如果以 20 年为 1 个龄级期，则将保持在 60 年内采伐量实现相对稳定，并把计算期延长至 3 个龄级期。

4. 按林况计算年伐量　　按林况计算年伐量是一种特殊形式。列入按林况计算的采伐对象，并不考虑是否达到主伐年龄。它是按森林经营的要求，及时采伐那些生长不良的林分。列入按林况计算采伐量的小班包括：林分平均年龄已超过自然成熟龄的过熟林；小班内林木已遭严重病虫害并防治无效，需要及时采伐利用；林木遭受乱砍滥伐，林相残破，生长量低。在小班调查时，应在小班调查卡片中注明"按林况采伐"。内业汇总时，根据大部分小班的卫生状况确定 1 个采伐期限。其计算公式如下：

$$年伐面积 = \sum f/a$$
$$年伐蓄积 = \sum M/a$$

式中，$\sum f$ 为按林况需要进行采伐的小班面积之和；$\sum M$ 为按林况需要进行采伐的小班蓄积之和；a 为采伐期限。

在过熟林或正遭受大面积病虫害侵袭的林区，为了能正确判断按林况需要采伐的小班，在外业调查开始时需要有统一的标准。

（二）材积控制法

应用材积控制法计算年伐量可以弥补面积控制法中年伐蓄积不稳定的缺点。它的主要特点是期望在轮伐期间有等量的年伐材积，并用材积（蓄积或生长量）来控制采伐量。采用材积控制法时，影响年伐量计算的主要因子是现实林的蓄积、生长量和期望理想、结构的法正蓄积量。材积控制法的调整目的是把现实林蓄积调整为具有最高产量的法正蓄积状态。

法正蓄积法是以现实林分蓄积的生长量作为收获的基础，以法正蓄积量作为调整目标的采伐量计算方法。其基本思路是将现实林经营单位中各林分的总蓄积与相应面积的法正蓄积量进行比较，通过计算，把现实林调整为符合森林永续利用条件的法正蓄积量。属于这一类调整方法的计算公式很多，现选择有代表性的公式介绍如下。

1. 较差法　这个公式最早出现于奥地利，最初被称为卡美拉尔塔克斯（Kameraltaxe）法，即奥地利评价法，后经海耶（G. Heyer）修改，所以又称海耶公式。年伐蓄积（E_W）由下式求得：

$$E_W = Z_W + (V_W - V_n)/a$$

式中，Z_W 为现实林连年生长量；V_W 为现实林蓄积；V_n 为法正蓄积量；a 为调整期。

这个公式的基本思路是经过一定的调整期 a，将经营单位现实林蓄积调整为法正蓄积量，使 $V_W = V_n$。

为达到调整目的，年伐量是以现实林的生长量为基础来确定的。因现实林蓄积与法正蓄积量相比有一定的差数。为使现实林蓄积导向法正蓄积量，要使年伐量在现实林连年生长量基础上，再加上或减去 $(V_W - V_n)/a$ 的数值来进行调整。当 $V_W > V_n$ 时，$(V_W - V_n)/a$ 为正值，即当现实林以成过熟林占优势时，现实林蓄积就大于法正蓄积量。此时年伐量应大于现实林生长量，为此需将数值为 $V_W - V_n$ 的这部分蓄积于调整期 a 年间平均分配采伐，使现实林蓄积导向法正蓄积量。

相反，如果在现实林中以幼中龄林占优势，则 $V_W < V_n$ 时，使年伐量小于现实林生长量，目的是使现实林积累蓄积，逐步将现实林导向法正蓄积量。

海耶公式虽然简单，但它说明了森林经营单位内采伐量和生长量、蓄积之间的相互关系。海耶公式不仅适用于皆伐作业的同龄林，也能用于择伐作业的异龄林采伐量的计算。

2. 利用率法

1）洪德斯哈根公式。1787 年由保尔森（C. Paulsen）提出，并在实际中应用。1821 年德国学者洪德斯哈根（J. C. Hundeshagen）在不知已有此公式的情况下也提出了这个公式，并将其命名为利用率法。所以，利用率法也称为 Paulsen-Hundeshagen 公式。

$$E_W = V_W \times E_n / V_n$$

式中，E_W 为年伐蓄积；V_W 为现实林蓄积；V_n 为法正蓄积量；E_n 为法正收获量。

V_W 是从现实林中测定计算而得的。法正蓄积量 V_n 可从收获量表中查得。E_n 用收获量表中伐期林分材积，也等于法正林各龄级林分连年生长量之和。

洪德斯哈根把 E_n/V_n 称为利用率（采伐比）。在法正林条件下，利用率等于法正生长率。用生长率乘以经营单位森林蓄积即该经营单位的生长量。此公式的实质是经营单位的年伐量用生长量来控制，所以利用率法也是一种间接的生长量法。

此公式的应用价值体现在：如果经营单位中龄级结构均匀，接近法正状态，则应用此公式计算年伐量较为适宜，此时年伐量由现实林蓄积乘以利用率即得。如经营单位的龄级结构不均匀分配，利用此公式就会产生较大的偏差。

2）曼特尔公式。根据法正林理论，经营单位的法正蓄积量为

$$V_n = u \times Z_u / 2$$

式中，u 为轮伐期；Z_u 为经营单位内达到轮伐期时的林分蓄积，也就是该经营单位的年生长量。

在法正林条件下，年伐量等于年生长量。在整个轮伐期间所获得的全部采伐量为 $u \times Z_u$，也就是等于法正蓄积量的两倍，即 $2V_n$。由此得法正年伐量 E_n：

$$E_n = 2V_n / u$$

德国学者曼特尔（V. Mantel）把上式中的法正蓄积量 V_n 用现实蓄积 V_w 代替，得下述公式，即 Mantel 公式：

$$年伐蓄积 \ E_W = 2V_W / u$$
$$年伐面积 \ S_W = E_W / m$$

式中，m 为成过熟林平均每公顷蓄积。

在曼特尔公式中把 $2/u$ 看成利用率，所以它被看成法正蓄积法中的一种利用率公式。因为该公式是根据法正林理论推导而来的，所以当经营单位内龄级结构均匀分配时，采用该公式较合适。由于公式计算简单，常作粗略计算年伐量之用。总之，法正蓄积法是依据蓄积和生长的关系来确定年伐量，并谋求年伐蓄积的永续均衡利用，所以适用于龄级分配比较均匀的经营单位。对于成过熟林占优势或幼中龄林占优势的经营类型，采用法正蓄积公式会导致成过熟林分的积压或产生采伐未成熟林的情况。

3. 数式平分法 本方法最初由日本的和田国次郎提出，故又称和田公式，1975 年前在日本国有林中曾广泛应用。其公式如下：

$$E_W = V_W / u + Z_W / 2$$

式中，E_W 为年伐蓄积；V_W 为经营单位总蓄积；Z_W 为各龄级平均生长量之和；u 为轮伐期。

用该公式计算年伐蓄积时，既考虑到现有林蓄积，也考虑到经营单位的平均生长量，所以属于蓄积结合生长量公式。该公式适用于龄级结构相对均匀或成过熟林比例较大的经营单位，不适用于幼中龄林占优势的经营单位。当一个经营单位内成过熟林占优势时，其拥有较多的利用蓄积，而其生长量已趋下降阶段。但正常情况下，在成过熟林到达自然成熟龄之前，仍会有一定数量的生长量。因此年伐量除了有 V_W/u 这项之外，还需要在公式中加上生长量 $Z_W/2$ 这项。在老龄林占优势时采用此公式，目的是在一个轮伐期内尽量延长利用蓄积的采伐年限，以实现森林永续利用。

（三）生长量法

此法最初是由德国学者马丁（K. L. Martin）在 1832 年提出，故也称马丁法。其理论根据也是法正林理论。在经营单位内龄级结构调整到均匀分配的法正状态时，使收获量等于各林分的连年生长量，用生长量来控制收获量，以实现经营单位内的永续利用。由于在实际工作中对大面积的森林难以测定其连年生长量，马丁提出用各龄级平均生长量之和代替各林分的连年生长量之和，以求其近似值。其公式如下：

$$年伐蓄积 = Z_1 + Z_2 + Z_3 + \cdots + Z_n = m_1/a_1 + m_2/a_2 + m_3/a_3 + \cdots + m_n/a_n$$

式中，Z_1, Z_2, Z_3, $\cdots$, Z_n 为各龄级平均生长量；m_1, m_2, m_3, $\cdots$, m_n 为各龄级的蓄积；a_1, a_2, a_3, $\cdots$, a_n 为各龄级年龄中值。

按生长量控制收获量原理所计算的年伐蓄积，实际应包括经营单位内间伐和主伐两种消耗量。在只考虑主伐时，采伐对象只是成过熟龄林分。相当于平均生长量总和的年伐蓄积只能从采伐成熟林以上的林分中取得，所以要根据成过熟林平均每公顷蓄积计算出按平均生长量控制的年伐面积，公式如下：

$$年伐面积 = 年伐蓄积 / 成过熟林平均每公顷蓄积$$

值得注意的是，当经营单位龄级分配不均匀时，按平均生长量来控制采伐量就不能满足经营要求。例如，当经营单位中是以成过熟林占优势时，按经营利用要求应当及时采伐利用这些成过熟林资源。当成过熟林占优势时，平均生长量和连年生长量都处于下降趋势。因此，如按数值不大的平均生长量来确定年伐量，就会引起成过熟林资源继续积压，从而造成自然枯损量和病腐率增加。显然，在这种情况下采伐量应大于平均生长量。反之，如果在经营单位中缺少成过熟林而幼中龄林占优势时，由于幼中龄林生长旺盛而使平均生长量数值相当高，但因缺少成熟林，如按平均生长量确定年伐量，就会在短期内采伐完目前仅有的少量成熟林。很明显，在这种情况下年伐量应低于平均生长量。综上所述，利用平均生长量计算年伐量，并不是在任何情况下都可以作为确定采伐量的依据。

经过长期努力，调整经营单位的龄级结构之后，按生长量确定采伐量可以保证实现森林的永续利用，所以它是国内外常用的一种确定采伐量方法。国外很多国家如德国、芬兰、日本等为保存本国森林资源，按生长量来控制国内采伐量，但国内需材量超过采伐量，不足之数就通过进口木材解决。可见在各国的森林规划设计中，用生长量来控制采伐量是一种重要的方法。

同龄林的龄级结构状态是由各龄级的面积分配来反映的。所以，同龄林的森林调整主要是通过面积控制法来实现。但面积控制法的最大缺点是容易造成经理期内各年度的采伐蓄积有大幅度的变动。材积控制法的主要优点是能满足经营者在经理期间有稳定的年伐蓄积，能按采伐蓄积完成生产计划。但是只利用蓄积控制年伐量，对同龄林的经营单位很难实现龄级结构的调整。所以，从同龄林的森林调整要求来看，材积控制法不如面积控制法的效果明显。材积控制法更适用于异龄林的森林调整。异龄林按材积控制年采伐量，用以调节利用量、蓄积、生长量之间的比例。因此，对同龄林的经营单位，单独使用面积控制法或材积控制法，都不能使森林调整得到最优解。在生产实践中，常把两种方法结合起来使用，才能取得满意的结果。其基本思路是在面积控制法有关公式计算的基础上，结合材积控制法适宜公式的计算，用所计算的年伐蓄积，在按年度落实伐区时，用以检查、调整和控制年伐面积和年伐蓄积。这就是在实际应用中，在面积控制的同时再采用蓄积和生长量限制，而材积控制法要用面积来限制和调节。如能很好地把这两种方法结合起来运用，其调整效果要比单一方法好。

二、异龄林采伐量计算

在异龄林中一般采用择伐作业，择伐作业又可分为粗放择伐与集约择伐，两者采用不同的作业方式，其经济意义、林学技术措施和经营要求都有较大的差异，因此这两种作业方式在年伐量的计算上也不相同。粗放择伐只是采伐伐区内具有一定径级大小的林木，又称径级择伐。集约择伐在经营强度较高的用材林或防护林中采用。

（一）粗放择伐年伐量计算

根据经营条件的不同，粗放择伐年伐量计算方法有以下两种。

1. 按择伐周期和平均每公顷择伐量计算　径级择伐只是采伐符合经营目的要求的一定径级范围内的林木，其择伐量的多少取决于择伐的胸径范围内的株数，同一林地再次出现择伐径级范围的择伐周期，以及实行择伐作业的面积和带状标准地每木调查材料等。这种年伐量以林木株数代替面积，以径级代替年龄。相关公式如下：

采伐株数=择伐起始胸径以上株数之和/择伐周期×粗放择伐作业的林地面积

采伐蓄积=平均每公顷择伐蓄积/择伐周期×粗放择伐作业的林地面积

采伐面积=采伐蓄积/平均每公顷择伐蓄积=粗放择伐作业的林地面积/择伐周期

此方法的优点是计算方法比较简单，但缺点是没有考虑择伐周期内各采伐径级林木生长量、自然枯损量和小径级木进入采伐径级的株数，因此缩小了采伐量，同时平均每公顷择伐蓄积是一个平均数，由于各小班的立地条件和林相不同，如按年伐面积进行采伐，则实际采伐蓄积和年伐面积很难一致，所以这种方法是粗放的。

2. 按小班法计算粗放择伐蓄积　该方法的计算首先需要从调查簿中选出可以列入择伐的成过熟林与近熟林小班，对每个择伐小班按林况、坡度、疏密度、水土保持作用、年龄结构、蓄积等分别确定择伐强度和择伐量，则

年伐面积=经营单位择伐小班面积合计/择伐周期

年伐蓄积=经营单位择伐小班蓄积合计/择伐周期

为了便于提高工效，可事先编制各树种的不同年龄、疏密度、坡度级的择伐强度和择伐蓄积的辅助用表。

（二）集约择伐年伐量计算

集约择伐包括单株择伐、经营择伐或群状择伐，适用于复层异龄林，采伐后仍形成异龄林。这种择伐有利于天然更新，以及保留木的生长和材质的提高，并能改善林况和树种组成。它不受林木的直径和年龄大小的限制，计算方法有以下两种。

1. 检查法　检查法（control method）的基本思路是在异龄林通过择伐作业，使林木各径级之间按蓄积保持一定比例关系，以获得目的树种最大生长量和优良树种。为达此目的，采用经营单位的材积定期平均生长量来控制和调节择伐量。

这种方法是要定期对全林进行每木调查，测定各径级株数和材积，根据前后两次调查结果和统计两次调查期间的择伐量，计算林分定期平均生长量，其公式如下：

$$Z = (M_2 - M_1 + C)/a$$

式中，Z 为经营单位定期平均生长量；M_2 为本次调查的全林蓄积；M_1 为上次调查的全林蓄积；C 为调查间隔期内的择伐量；a 为调查间隔期。

所计算的定期平均生长量 Z 作为调节下一间隔期间每年择伐量的尺度。但根据各径级现有蓄积比例和调整蓄积结构的要求，确定下一间隔期间平均择伐量可大于、小于或等于定期平均生长量。通过多次复查和调整，使蓄积、生长量和择伐量之间的关系趋于最理想状态。

最早提出检查法的是法国林学家 Gurnaud，他在 1863～1875 年在朱罗（Jura）的村有林中进行检查法实验。后来瑞士林学家 Biolley 在瑞士纳沙泰尔州的特拉韦尔峡谷的公有林中，应用了检查法。Biolley 的检查法具体为：①把森林区划为面积较小的林班，面积为 12～15ha。②测定起测径级以上的全部林木，根据塔里夫材积表求算材积。经理期年限视林木生长情况而定，通常为 5～7 年，最长为 10 年。③设经理期开始时的蓄积为 M_1，经理期末的蓄积为 M_2，如果这期间内择伐掉的立木材积为 C，则此期间（5～10 年）的生长量 $Z=(M_2-M_1+C)$。由此，把这个经理期内的定期生长量作为下一经理期间预定的择伐量。在实施时可以根据具体林分特征，对所定择伐量进行适当的增加或减少。对择伐量的增减调整，取决于各林木的生长发育和择伐施业技术是否合理。而合理的标准则是通过对森林的择伐作业能形成理想异龄结构的森林。

Biolley 把云杉和冷杉混交林划分为 3 个径级组。各径级组的蓄积比例为：①小径木（20～30cm）的蓄积占 20%；②中径木（35～50cm）的蓄积占 30%；③大径木（55cm 以上）的蓄积占 50%。Biolley 根据试验，认为这 3 个径级组的蓄积比例为 2∶3∶5 时，能保持林分最高的生产力。Biolley 还认为，在瑞士高地位级的云冷杉混交异龄林基本蓄积每公顷为 300～400m³，生长量与生长率都为最高。

检查法的收获调整法属于按胸径测定连年生长量的生长量法。它的主要特点是定期进行每木调查，用所测定的生长量作为确定择伐量的依据。在实施过程中，还要根据实际林分情况调整择伐量。检查法在实施时也存在以下一些问题，影响其推广：首先，生长量调查要花费大量的人力、财力和时间；其次，测定生长量技术比较复杂，不易获得较精确的生长量数据；此外，预定的择伐量在实施时，要根据林分生长发育实际情况进行调节，因此要求执行者具有熟练的技术。随着调查技术的不断进步，在大面积森林资源调查中已广泛采用抽样调查方法和固定样地连续清查体系，测定连年生长量的方法相对成熟，这类计算方法逐渐得到广泛应用。

2. 施奈德公式　本法是用生长率计算连年生长量，并用此数据来确定异龄林的择伐收获量。实质上它是针对异龄林的一种生长量法。因采用施奈德（Schneider）公式计算生长率，也称为施奈德公式。本法概要如下。

1）用每木调查或标准地法调查蓄积。

2）在标准地内分别按树种和径级选取平均标准木，其胸径为 D。

3）用生长锥在标准木胸径处钻取木芯，计算去皮直径 1cm 内的年轮数 n。

4）用下列公式计算材积生长率 P_v：

$$P_v = K / nD$$

式中，K 为树高生长能力强弱的系数，一般 K 值为 $400\sim800$。

5）由上式计算得到的 P_v，扣除枯损率，得净生长率 P。

现实林蓄积 V_W 乘以 P 得到现实林连年生长量。设年伐蓄积等于连年生长量，则年伐量为

$$E_W = V_W \times P$$

本法是按标准木查定全林的生长率。因此，在林分结构复杂的异龄林中选择适当的标准木是有困难的。此外，P 的精度取决于 K 值的确定，否则材积生长率将有较大的偏差。总的来讲，用施奈德的生长率公式计算的数据往往偏差较大。

◆ 第三节　补充主伐采伐量

补充主伐是指疏林、散生木和采伐迹地上已失去作用的母树的采伐利用。在本章第二节和第三节中纳入采伐量计算的林木只是属于有林地的面积和蓄积，并且不包括疏林、散生木、母树等资源。根据第九次全国森林资源清查（2014～2018 年）结果，我国疏林蓄积为 10 027 万立方米，散生木蓄积为 87 803.41 万立方米，分别占全国活立木总蓄积 1 850 509.8 万立方米的 0.54%和 4.75%。为提高森林生产力，应该将这部分疏林进行合理采伐利用，并合理更新营造幼林。对这部分资源的采伐利用称为补充主伐。补充主伐是否可以结合其他经营措施来进行，则视森林经营水平和其他条件而定。补充主伐采伐量计算方法较为简单，现分述于下。

一、疏林

疏林地是指疏密度小于 0.2 的中龄林和成过熟林。疏林地因疏密度低，不能充分利用地力，为提高森林生产力，对已达成熟的疏林需要及时采伐利用，伐后重新造林。

疏林年伐量（面积或材积）=需要采伐的疏林（面积或材积）/采伐期限

采伐期限的长短不必与经理期相等，可根据具体经营条件，在若干年内采完。对于风景林、卫生疗养林、防护林和尚能起到天然下种能力的疏林不宜列入采伐对象。

二、散生木

散生于幼中龄林中的过熟木，呈单株或群状分布，影响周围幼中龄林的生长，故也称为"霸王树"或"老狼木"。因大部分散生木属过熟木，如等到周围幼中龄林成熟时一起采伐，容易引起病腐和影响幼中龄林生长。所以在有条件时，应该将这些散生木列入采伐计划。采伐散生木时，也会损伤周围未成熟林木，应权衡其得失，以确定采伐散生木的工作量。在经理期内列为补充主伐的散生木，应在外业调查时，调查每公顷株数、平均单株材积和蓄积，并注明是否应予采伐。散生木的年伐量计算，是将指定采伐的各小班内散生木蓄积之和与一定的采伐期限相除，即得散生木年伐量。

三、母树

采伐迹地上留作天然更新的母树，在下列情况下应该予以采伐：①已完成天然下种作用；②所留母树没有起到预定的更新作用，并发生风倒或其他原因而接近枯死；③伐区上被其他树种更替，使保留母树不能发挥作用。

采伐迹地上的母树是否应该采伐，应在外业调查时确定，并调查其每公顷株数和蓄积。其年伐量计算方法与散生木相同。

◆◆ 第四节　间伐采伐量

皆伐作业的经营单位在主伐前进行的抚育性质的采伐利用称为间伐利用。抚育采伐是一种森林经营措施，主要目的是通过间伐来提高保留林木的生长量和材种质量。但间伐也是利用木材的一种重要手段，通过间伐可以增加林分中的木材总利用量。在主伐前进行合理间伐，其间伐量可以达到林分总产量的 50%～60%。在林分生长发育过程中，由于林木分化和自然稀疏，必然有一部分林木逐渐衰弱而成为枯立木。间伐利用就是及时利用这一部分中小径材。只要合理控制间伐强度，就完全能增加单位面积上的木材总利用量。一些林业先进的国家都非常重视间伐利用。例如，瑞典和芬兰的间伐量占总采伐量的 40%～50%，英国占 70%，这些国家一般都在主伐（皆伐作业）前进行 1～3 次间伐，这样既能使森林保持适宜密度以改善林木生长条件，同时又能增加利用量和林业收入。

一、抚育伐采伐量

计算抚育伐的采伐量，要先确定以下 4 个因子：①需要进行各种抚育采伐的面积；②间伐开始期；③每次间伐强度；④采伐间隔期。

抚育采伐一般分为透光伐、除伐、疏伐和生长伐 4 种。在同龄林中，通过疏伐和生长伐，可获得中小径材。为确定各种抚育伐的面积，将幼龄林、中龄林、近熟林中郁闭度大的小班，按经营单位分别统计不同抚育种类的面积。

关于间伐开始期的确定，从林学观点出发，间伐开始期宜早。例如，在我国东北林区，针叶树、硬阔叶树在林龄 11～20 年进行，软阔叶树在林龄 6～10 年进行。森林抚育的主要目的是调整林木组成，为保留木创造适宜的营养面积。间伐开始期的确定，要根据树种特性、林分生长情况、间伐木的利用价值综合考虑。

从林分生长情况来看，当幼林的材积连年生长量有明显下降时，即应开始间伐。从经济条件来看，间伐所得到的小径材能得到充分利用的林区，可早些开始间伐。如间伐后所得木材缺乏销路或经济收益不能抵偿开支，则可推迟进行。

抚育采伐间隔期（重复期）是指两次间伐相隔的年数。间隔期的长短取决于间伐后林分郁闭度增长的快慢。在间伐后若干年，如林木树冠开始互相干扰、影响树木生长时，即应再进行间伐。影响间伐期长短的因素，主要有树种的耐荫喜光程度、间伐强度、不同年龄阶段的生长速度。疏伐的间隔期一般为 5～7 年，生长伐的间隔期为 10～15 年。

抚育伐的采伐强度可按郁闭度、株数或蓄积控制。在计算采伐量时，采伐强度一般是以蓄积为计算因子，它是用采伐林木的材积占伐前林分蓄积的百分比表示采伐强度的大小。采伐强度的大小直接影响林分总产量，对抚育采伐是否能提高林分总产量仍有争论。多数学者认为，即使采伐强度控制得很好，抚育采伐也只不过是充分利用自然枯损的那一部分林木，它不能增加林分总产量。如采伐强度过大，抚育采伐的后果肯定是要降低林分总产量，因此，为了保证林分在单位面积上能获得最高木材产量，每次间伐量不应大于采伐间隔期内的林分总生长量。例如，某经营单位每公顷平均生长量为 5m³，间隔期为 5 年，最大间伐量不应超过 25m³/ha。实际应用时，间伐量还应稍低于生长量，按生长量的 70% 或 80% 计算间伐量。此外，确定间伐量还要考虑多方面因素，如树种特点、立地条件、林况、上次的间伐强度和经济因素等。不同林区各树种的合理间伐强度应通过科学研究加以确定。

按各种抚育采伐种类确定了上述 4 项因子之后，即可按以下公式计算：

$$抚育年伐量面积 = 需要进行抚育采伐的面积/抚育伐间隔期$$
$$年伐蓄积 = 年伐面积 \times 平均每公顷蓄积 \times 间伐强度$$

上述计算分别按所设计的抚育种类进行，汇总后即得某经营单位的抚育年伐量。

二、卫生伐采伐量

卫生采伐的对象是指在一定年限内应及时伐除的那些因遭森林火灾或受病虫害严重危害的枯死木、损伤木和被害木。这些林木如不及时伐除，不但要损失相当一部分蓄积，而且将危害邻近生长正常的林分。在集约经营的林区，经常不断地进行卫生伐是不断改善林况的一项重要经营措施。在经营粗放的林区，对因发生大面积森林火灾或病虫害的森林，也需要及时采取措施，组织人力及时清理现场、采伐利用，不让其继续蔓延。凡是在主伐范围内已纳入按林况公式计算或已列入抚育采伐对象的，都不应再包括在卫生伐的计算范围内，以免重复计算。对于需要进行卫生伐的对象，应在森林资源调查时根据当地林分卫生情况和经营条件提出调查要求，然后根据要求，调整并统计其需要进行卫生伐的面积和应伐除林木的总蓄积。根据具体林况和经营条件，规定采伐年限（一般为 1~5 年）。

卫生伐的年伐量用下式表示：

$$年伐面积 = 需要进行卫生伐的总面积/采伐年限$$
$$年伐蓄积 = 需要伐除的枯死木、受害木总蓄积/采伐年限$$

◆◆ 第五节　更新采伐年伐量

更新采伐的对象是各种防护林和需要采伐的一些经济林、特种用途林。更新采伐的任务是改善林况，增强防护作用和充分发挥森林的多种效益。需要进行更新采伐的林分，根据林种和经营目的的不同，可以按照防护成熟龄、更新成熟龄、自然成熟龄等确定采伐年龄。

更新采伐量可按下列方法计算：一是按照调查记载，统计有"采伐"字样的林分面积和蓄积，分别除以采伐年限，即得年伐面积和蓄积。二是成过熟林分的面积、蓄积除以采伐年限。要从防护成熟的观点出发，凡是年龄很高、防护性能已明显减弱或开始丧失的林分，应及时采伐。三是按林分的平均生长量计算年伐量。更新采伐一般采用择伐方式。为了更替树种或在不破坏防护作用的前提下，也可采用其他采伐方式。但必须明确，计算更新采伐年伐量不是为了满足对木材的需要，而是为了使林分发挥更大的森林防护作用。

◆ 第六节　低产林改造采伐量

林分改造的目的是将劣质低产的林分改变成为低质高产的林分。林分改造需要根据林分的特点和当地经济条件来确定。

通常被列为改造对象的林分为：树种组成不符合经营要求的林分；郁闭度在 0.20 以下的疏林地；经过多次破坏性采伐，无培养前途的残林；生产衰退的多代萌生林；遭受严重火灾、风灾、雪灾及病虫等自然灾害的林分；生产力过低的林分。

其年伐量的计算方法为

年伐面积=需要进行林分改造采伐的总面积/采伐年限

年伐蓄积=需要进行林分改造采伐的总蓄积/采伐年限

◆ 第七节　竹林采伐量

中国是世界竹类资源最丰富的国家，竹种资源、竹林面积和蓄积均居世界前列，竹林在中国有"第二森林"之称。竹林在我国分布很广，遍及全国 16 省（自治区）。竹林的采伐方式主要是择伐，可分为隔年单株择伐、连年单株择伐和窄带状择伐 3 种。计算竹林采伐量除了考虑采伐方式外，主要考虑竹林的合理留养度数、立竹度和采伐年龄。一个大小年的周期通常为两年，竹农称为一度。根据群众的经验，理想的毛竹应留养的度数应保持在三度以上，其中一、二、三度的株数应各占 25%，四度以上合占 25%。采伐量按"三度填空"原则确定，即保留一至三度的幼壮竹子，第四度以上的老竹一般都应砍伐，但在空当处仍应留养，故称为填空。单位面积的留养株数也有严格要求。

立竹度是指单位面积的株数。由于林分平均胸径大小不同，单位面积株数也有不同要求。直径小的，每亩株数要高，直径大的则反之。大量调查材料表明，立竹度在 1.0 以内的毛竹林，其新竹平均产量总的趋势都是随着密度的增加而增加。在确定竹林采伐量时主要根据留养度数，立竹度可以作为辅助因子应用。计算竹林采伐量的方法如下。

一、留养度法

在集约经营的毛竹产区，每年都要清点当年所发新竹，并在竹竿上写明发生年份。根据历年的调查数据，就可以推算当年及以后几年可能采伐的株数。这种计算方法相当于林木按连年生长量计算年伐量，每年发出的新竹就是连年生长量，这种方法比较合理。

二、立竹度法

竹林立竹度大小与竹林的新竹产量有密切关系。如竹林立竹度过小，就不能充分利用太阳能进行光合作用，因而新竹产量低；如竹林立竹度过大，势必老竹过多，也不能提高竹林产量。只有经常保持合理立竹度的竹林，才能稳产高产。

按立竹度计算年伐量的方法如下：

$$L(n) = N - n$$

式中，$L(n)$ 为年伐量（以株数表示）；N 为林分实际株数；n 为应保留的合理株数。

三、采伐年龄法

对于粗放经营的竹林并不进行新竹的清查工作，故年伐量只能以竹林总株数除以采伐年龄计算得出。其计算公式如下：

$$L(n) = N \times T / a$$

式中，T 为采伐间隔期（隔年择伐 $T=2$，连年择伐 $T=1$）；a 为采伐年龄。

计算竹林采伐量的基本单位是小班，把各小班的采伐量累计后，即可得林场或乡村的采伐量。当缺乏全林实测的数据时，可采用抽样调查的方法，推算每公顷竹林的留养度数和每公顷株数，以此数据来计算竹林采伐量。

◆ 第八节　采伐量计算技术发展

由于不同森林经营单位的森林资源条件差异较大，因此在计算采伐量时不可能只利用一种公式或企图找出一个通用公式。本书所介绍的一些采伐量计算公式，也都只适用于某一特定条件下的森林经营单位。所以，需要对初学者特别指出，某一种计算采伐量公式都只是在一定条件下适用，而不是应用于各种森林结构的通用公式，事实上也不可能找出或设计出一种能普遍应用的通用公式。通常，在计算和确定森林采伐量时，要先根据森林经营单位的森林资源特点和林业生产条件，选用几个适用公式分别计算，得出几种不同数值的年伐量。在此基础上，对这些不同方案的年伐量数值进行分析、比较和论证，最后确定一个合理的年伐量方案。这种年伐量又称标准年伐量。由于各个公式的出发点不同，得出的结果也必然大小不一，甚至差异甚大。所以在最后分析论证时，要根据森林永续利用的原则，以及森林调整和合理经营的要求，统筹考虑当前需要和长远利益，结合具体经济条件、需材情况和森林资源特点加以论证，最后所确定的标准年伐量，只是经理期内的平均年伐量，而不是整个轮伐期内的平均年伐量，这是因为经过一个经理期后，需要重新复查森林资源和重新计算、调整下一个经理期的森林采伐量。

前文所介绍的各种类型的森林采伐量计算方法虽然简单，但是每一个公式都有其局限性。现实林分的复杂多样化使得针对特定林分很难选择一个完美的采伐量计算公式。同时多数公式都是基于同龄林建立起来的，对于异龄林的适用性不强。此外，公式没有关注森林的动态变化，无法将采伐作业对森林生态系统的影响考虑在内。

随着现代森林经营理论和计算机技术的发展，在采伐过程中收获调整方式的选择和采伐量的确定问题上，许多国家开始采用线性规划的方法，主要包括目标规划、动态规划、混合整数规划、整数规划、启发式算法、综合分期平衡法及其他计算机模拟方法等。

线性规划是森林经营管理中最常用的优化算法，其最终的目的是尽最大可能合理分配资源。目标规划是线性规划的特例，Field 等在 1973 年首次将其引入林业问题中，它是一种用来进行含有单目标和多目标的决策分析的数学规划方法，在线性规划的基础上发展起来，能够处理单个目标规划中的目标不是单一目标而是多目标的情况，既有主要目标又有次要目标。制定目标时要注意衡量各个次要目标的权重，各个次要目标必须在主要目标完成后才能给予考虑，通过寻求目标与预计成果的最小差距来解决问题。陈增丰（1994）同时考虑了木材收获、材种出材量及净现收入 3 个方面，建立了多目标数学规划模型，利用线性规划和目标规划二步优化法对松溪县的杉木、马尾松、阔叶林用材林进行了收获调整。

动态规划是运筹学的一个分支，是解决多阶段决策过程最优化的一种数学方法。动态规划技术应用于林业始于 1958 年，日本学者首先将它用于研究商品林的间伐问题，目的在于取得最大的收获量。启发式算法是使用逻辑和经验的方法来得到复杂规划问题的可行解和有效解。作为一种规划工具，其主要处理定量关系不易通过线性方程来表述的问题。有许多启发式算法在自然资源管理领域应用，如蒙特卡洛模拟、模拟退火、门槛接受、禁忌搜索、遗传算法、人工神经网络、蚁群算法等。董灵波等（2020）以大兴安岭塔河林业局盘古林场为研究对象，以规划周期内木材生产和地上乔木层碳增量的经济收益为经营目标，以规划期内木材均衡收获、期末碳储量及择伐措施时空分布为主要约束，最后采用模拟退火算法建立经营单位尺度森林多目标空间经营规划模型；基于该模型，在我国当前碳贸易和木材市场的双重约束下，确定了盘古林场 50 年规划期内最优森林经营方案。

随着研究的不断发展，越来越多的先进技术被应用到具体规划中，但是在使用的过程中应注意不同技术对具体问题的适用性。

◆ 思 考 题

1. 简述森林采伐量的概念。
2. 简述主伐采伐量的计算公式及适用条件。
3. 制定采伐限额的标准和意义是什么？
4. 列举采伐量计算的最新技术。

◆ 主要参考文献

陈增丰. 1994. 目标规划和线性规划两步优化法在森林收获调整中的应用[J]. 福建林学院学报，14（4）：329-338.

董灵波，蔺雪莹，刘兆刚. 2020. 大兴安岭盘古林场森林碳汇木材复合经营规划[J]. 北京林业大学学报，42（8）：1-11.

亢新刚. 2011. 森林经理学[M]. 4 版. 北京：中国林业出版社.

李明阳. 2010. 森林规划设计[M]. 北京：中国林业出版社.

戎建涛，雷相东，张会儒，等. 2012. 兼顾碳贮量和木材生产目标的森林经营规划研究[J]. 西北林学院学报，27（2）：155-162.

孙云霞，刘兆刚，董灵波. 2019. 基于模拟退火算法逆转搜索的森林空间经营规划[J]. 林业科学，55（11）：52-62.

王巨斌. 2007. 森林资源经营管理[M]. 北京：中国林业出版社.

谢阳生，陆元昌，刘宪钊，等. 2019. 多功能森林经营方案编制技术及案例[M]. 北京：中国林业出版社.

Baskent E Z, Keleş S. 2009. Developing alternative forest management planning strategies incorporating timber, water and carbon values: an examination of their interactions[J]. Environmental Modeling & Assessment, 14（4）: 467-480.

Dong L B, Lu W, Liu Z G. 2018. Developing alternative forest spatial management plans when carbon and timber values are considered: a real case from northeastern China[J]. Ecological Modelling, 385: 45-57.

|第十二章|

森林经营规划及经营方案编制

◆ 第一节 基本概念

一、森林经营规划

森林经营规划是各级林业主管部门为了更好地经营管理所在区域森林和林地，充分发挥森林生态、经济和社会效益，根据区域森林状况和经营状况，遵循区域社会经济发展规律及其对林业和森林的需求，将所在林区划分为不同森林经营分区，明确各个分区林业发展方向和森林经营策略，因地制宜地确定区域中长期林业发展规划和森林经营区划、经营方向、经营策略、经营目标和经营任务，通过编制全国、省、县 3 级森林经营规划，明确各级区域森林经营策略和森林经营目标，规范引导全国、省、县森林经营工作。

县级森林经营规划是所在区域国有林场、集体林场、森林公园、自然保护区、股份制林场和森林经营联合体等各类森林经营主体编制森林经营方案的依据，森林经营规划是森林质量精准提升的前提条件。

二、森林经营方案

森林经营方案是森林经营主体根据国民经济社会发展要求和国家林业方针政策编制的森林资源培育、保护和利用的中长期规划，以及对生产顺序和经营利用措施的规划设计。

森林经营方案是森林经营主体经营森林和林业管理部门管理森林的重要依据，编制和实施森林经营方案是《中华人民共和国森林法》和《中华人民共和国森林法实施条例》规定的法定性工作。森林经营主体要依据森林经营方案组织森林经营活动。林业管理部门要依据森林经营方案的经营目标，检查和评定森林经营活动和经营效果等，森林经营方案确定的造林、抚育、采伐等任务通过年度作业设计具体执行，非木质资源经营、森林健康与保护、森林经营基础设施建设与维护等任务通过相应林业工程项目作业设计或实施方案具体执行，森林经营方案是森林质量精准提升的具体抓手，是提升森林生态系统多样性、稳定性、持续性的重要保障，是夯实生态文明建设的根基。

森林经营方案具有法律效力，2019 年 12 月 28 日第十三届全国人民代表大会常务委员会第十五次会议新修订的《中华人民共和国森林法》总则第一条："为了践行绿水青山就是金山银山理念，保护、培育和合理利用森林资源，加快国土绿化，保障森林生态安全，建设生态文明，实现人与自然和谐共生，制定本法。"第三条明确规定："保护、培育、利用森林资源应当尊重自然、顺应自然，坚持生态优先、保护优先、保育结合、可持续发展的原则。"第五十三条规定："国有林业企业事业单位应当编制森林经营方案，明确森林培育和管护的经营措施，报县级以上人民政府林业主管部门批准后实施。重点林区的森林经营方案由国务院林业主管部门批准后实施。"

三、森林经营规划与森林经营方案的联系和区别

我国森林经营规划设计体系由国家、省、县 3 级的森林经营规划、森林经营方案和作业设计构成，各级行政区域要求编制和执行森林经营规划，各经营主体要求编制和实施森林经营方案。

森林经营规划与森林经营方案都是为提高森林质量而编制的森林经营技术性指导文件。规划是各级政府及林业主管部门的森林经营指导依据，方案是森林经营主体的森林经营指导依据。两者的联系和区别如表 12-1 所示。

表 12-1　森林经营规划、森林经营方案与作业设计的联系和区别

内容	森林经营规划			森林经营方案	作业设计
	全国森林经营规划	省级森林经营规划	县级森林经营规划		
层次	国家	省、自治区、直辖市	县、市	森林经营主体	森林经营主体
性质	宏观战略规划	宏观战略规划	宏观战略规划	微观战术计划	微观战术方案
定位	指导和规范全国森林经营行为	指导和规范省级森林经营行为	指导和规范县级森林经营行为	指导和规范森林经营主体森林经营行为	指导和规范森林经营主体森林经营行为
时间范围	长期（30～50 年）	长期（30～50 年）	长期（30～50 年）	中短期（5～10 年）	短期（1～2 年）
空间范围	全国林地	省、自治区、直辖市林地	县、市林地	森林经营主体	作业地块
支撑数据	森林资源连续清查数据	森林经理调查数据	森林经理调查数据	森林经理调查数据	作业设计调查数据
森林功能	明确	明确	明确	实施	实施
经营方针	有	有	有	有	无
经营目标	有	有	有	有	无
经营策略	有	有	无	无	无
经营区	有	有	有	无	无
经营类型	无	有	有	有	有
作业法	无	有	有	有	有
作业法落实小班	无	无	无	有	有
财政支持	—	—	—	有方案则支持	有设计则支持

◆ 第二节　森林经营规划设计

一、我国森林经营规划体系

（一）全国森林经营规划

全国森林经营规划规范和引导了全国森林经营工作，是宏观的战略性文件，为省级、县级森

林经营规划的编制提供了指导。规划研究提出了全国森林经营的指导思想、基本原则、目标任务、经营布局、经营策略、技术体系和建设规模，提出了保障规划实施的主要政策和措施。

（二）省级森林经营规划

作为我国森林经营规划体系的重要组成部分，省级森林经营规划需衔接国家、县级森林经营规划，落实全国森林经营规划的总体要求、目标和任务，统筹省级行政辖区内森林经营工作，并指导县级森林经营规划的编制。

（三）县级森林经营规划

县级森林经营规划主要是落实省级森林经营规划确定的目标和任务，统筹和合理布局主要森林经营活动，结合县级森林经营实际，提出未来森林经营工作的指导思想、目标任务，开展森林经营分区、分类、森林作业法的划分，全面推动森林经营长期持续开展。

二、全国森林经营规划

《全国森林经营规划（2016—2050 年）》充分借鉴吸纳林业发达国家的成功经验，结合我国森林经营历史和林业实际，对新时期我国森林经营技术体系进行了详细阐述，确定了多功能、全周期的森林经营理念，以培育健康、稳定、优质、高效的森林生态系统为核心目标。

（一）森林分类经营

根据我国的"两类林"（公益林和商品林）分类管理政策，按照严格保护、多功能经营、集约经营 3 种不同经营强度，可将森林经营类型分为严格保育的公益林、多功能经营的兼用林和集约经营的商品林 3 类。兼用林包含以生态服务为主和以林产品生产为主的两种兼用林，确保了森林多功能经营策略与不同等级公益林及各类商品林衔接。

（二）森林类型划分

针对不同森林类型采取有区别的经营措施，有利于促进因林施策、科学经营。森林类型划分以森林起源为依据，按森林的近自然程度将我国森林划分为原始林、天然过伐林、天然次生林、退化次生林、近天然人工林、人工混交林、人工阔叶纯林、人工针叶纯林。将天然林类型进行细分，可针对不同的演替进程、发育阶段，实施科学合理的天然林保护培育措施；将人工林类型进行细分，可提高人工林生态系统的稳定性和健康程度，精准提升人工林经营水平。

（三）森林作业法

森林作业法是根据经营目标和林分特征，从森林的建立、培育到采伐利用全部生产过程所采用的一系列技术措施的综合，每一经营类型都有相应于其经营目的的森林作业法，森林作业法是森林经理学中最重要和实践性最强的内容。全国森林经营规划针对各种森林类型、森林经营类型，根据其立地条件、主导功能、林分特征和经营目标，组合一系列森林经营活动如造林、抚育、采伐、改造、更新等需要的技术措施，由高到低对经营对象和作业强度进行排序，以主导的森林采伐利用方式命名，划分出了各种森林作业法，使森林经营过程有一个系统的作业指导，树立全周期森林经营理念。

（四）经营分区

我国地貌多样、气候与土壤条件复杂，形成了各具特色的森林资源分布格局。因此，各地生态和环境的差异也较大。为体现分区施策管理，科学进行森林经营工作，将全国划分为大兴安岭寒温带针叶林经营区、东北中温带针阔混交林经营区、华北暖温带落叶阔叶林经营区、南方亚热带常绿阔叶林和针阔混交林经营区、南方热带季雨林和雨林经营区、云贵高原亚热带针叶林经营区、青藏高原暗针叶林经营区、内蒙古及西北草原荒漠温带针叶林和落叶阔叶林经营区 8 个经营区。针对每个经营区，在分析基本情况和突出问题的基础上，明确了森林经营方向和策略，提出了经营目标。

三、省级森林经营规划

（一）编制原则

省级森林经营规划的编制原则是依据国家、省级的相关法律法规、政策规定和有关标准，以提高森林质量为核心，认真总结区域森林资源特点和经营实践经验，领会全国森林经营规划的理念和技术体系，划分适用于本区域资源特点的经营分区、分类，森林类型作业法设计遵循多功能、全周期、差异化，科学测算造林和更新造林、森林抚育、退化林修复、森林采伐等各项建设规模，完成近期投资估算，指导县级森林经营规划的编制与实施。

（二）技术要点

省级森林经营规划的技术要点是从森林结构、林分状况、森林资源质量、功能、潜力等方面分析森林经营存在的问题，以及从经营意识、基础设施、资金投入、体制机制、科技支撑等方面分析制约因素。参考各省（自治区、直辖市）已划分的林业发展区划，统筹考虑全省（自治区、直辖市）森林资源状况、地理区位、气候条件、经营状况和发展方向，在国家经营分区控制下，进行各省（自治区、直辖市）经营区划分。按照经营目的不同，将森林进行分类和空间定位，进行森林经营分类，并采用相应的技术措施实施经营管理，最大限度地取得经营效益。森林作业法设计主要包括 3 个技术要素：森林发育进程的各阶段林分特征或目标林相；针对林分初始条件（现状）的作业措施设计；森林经营全周期的措施设计。在考虑森林树种组成的基础上，综合分析森林建群、竞争生长、质量选择、近自然林和恒续林 5 个发育阶段，以及森林受干扰程度、发挥的功能等，进行森林作业法的组织。

四、县级森林经营规划

作为县级人民政府经营管理森林资源的依据，县级森林经营规划可使经营活动更科学、合理、有序地进行，也可指导县域所有森林经营主体进行森林经营决策、保护和经营利用森林资源，同时也是指导县级经营单位开展森林可持续经营的中长期规划。

（一）编制原则

县级森林经营规划的编制原则是以提升森林质量为核心，科学规划布局，进行森林类型、森林经营类型、经营区划分，根据林分现状、规划布局分别按近、中、远期合理安排经营措施。突出县域特色，重视大径级和珍贵树种、景观林培育，对县域主要优势树种分布面积及比例进行规划，描绘县级林业未来发展蓝图。重点营造混交林，逐年将低质低效的纯林改造为混交林，推行营建多树种混交、复层异龄林。

（二）主要内容

1）县级森林经营规划是国家森林经营规划体系的重要组成部分，是衔接国家、省、设区市森林经营规划及森林经营方案的重要环节，是确定县域森林采伐限额的主要依据。因此要按照可持续经营的原则与要求，规定一定时期内森林经营开展的活动、地点、时间、原因、完成者等要素。

2）区划森林功能，如生态功能区、社会功能区、经济功能区，同时进行森林分类，分别区划出公益林和商品林。

3）分类区划森林经营管理，如严格保护、重点保护、一般保护和集约经营等。

4）规划期要求为 10 年，确定宏观控制约束性指标和指导性指标，以及将林业建设各项目标分解到具体经营单位和业主。

5）将森林资源培育、开发和利用等森林经营措施落实到山头地块，逐步实现自主经营。

（三）规划组织与成果

1. 规划组织　　一是由县级林业主管部门组织编制：成立编制小组；收集有关资料；总结森林经营管理成效和经验；分析森林经营环境、森林资源现状和经营需求；在系统分析的基础上，提出森林经营区划、布局和森林经营规划设计。二是要重视与不同管理部门、经营单位和其他利益相关方进行沟通交流，充分吸收相关意见。三是论证和送审：根据各方面的意见修改后，提请上级林业主管部门组织论证。上级林业主管部门应及时审批规划，规划期内因社会经济等条件发生重大变化时，可征得审批部门同意后对规划进行调整修订。

2. 规划成果　　规划成果应包括规划文本和附件。附件包括附图、附表、专题报告和相关文件等。规划文本包括基本情况、指导思想和目标、经营区划、经营类型组织与设计、森林培育、资源利用、森林健康、效益分析、政策和保障措施等内容。附表主要包括土地面积统计表、林种结构统计表、林地控制规划表、林地结构规划表、林种结构规划表和林地保护等级规划表等。附图包括森林分布现状图、林地区域布局图和林地保护规划图等。并根据森林资源和林业经营的主特点，编制 1 或 2 个专题报告。

◆ 第三节　森林经营方案

一、我国森林经营方案发展历史

我国森林经营编案工作启蒙于 20 世纪 30 年代，当时主要受日本、德国的影响。最早编制森林经营方案始于 1951 年编制长白山林区森林施业案。20 世纪 50 年代编制的这些森林施业案（即森林经营方案）主要是在东北国有林区和福建等部分南方林区。这些经营方案是为适应大规模的林业建设需要，按照苏联的模式编制的。60 年代初将森林施业案和总体设计内容合并，称为森林经营利用设计方案。为贯彻《中华人民共和国森林法》中有关经营方案的规定，1986 年初林业部制订与下发了《国营林业局、国营林场编制森林经营方案原则规定（试行）》；1991 年林业部资源司又下发了《集体林区森林经营方案编制原则意见（试行）》；1996 年林业部制订与下发了《国有林森林经营方案编制技术原则规定，国有林森林经营方案执行情况检查及实施效益评价办法》（试行）。

直到 20 世纪 80 年代，我国林业调查、规划设计工作仍未摆脱苏联的模式。但总的来看，经营方案指导思想与内容的变化是随着森林经理思想的变化而变化的：从以木材生产为中心、木材经济收益的永续经营到兼顾森林的经济与生态效益的森林多功能多效益的经营，再到环境和发展矛盾问题下的可持续森林经营。在森林可持续经营已成为国际社会普遍共识的环境下，随着我国林业建设从以木材生产为主向以生态建设为主的重心转移和以林业分类经营为核心的林业经营体制改革不断深入，为全面推进我国森林可持续经营工作，2006 年国家林业局出台了《森林经营方案编制与实施纲要》（试行）；2012 年国家林业局调查规划院和森林资源管理司制定了行业标准《森林经营方案编制与实施规范》（LY/T 2007—2012）。2018 年发布了《国家林业和草原局关于加快推进森林经营方案编制工作的通知》。森林经营方案制度既是深入学习贯彻习近平生态文明思想的务实举措，也是贯彻落实党的二十大精神的具体行动。

二、目的与原则

（一）目的

森林经营方案的编制要牢固树立尊重自然、顺应自然、保护自然的理念，应当尊重林学规律，努力提高科学性、有效性和可操作性。要以保护发展森林资源、改善生态环境、推进生态文明、建设美丽中国为宗旨，以森林可持续经营理论和县级森林经营规划为依据，以培育健康、稳定、高效的森林生态系统和提供更多、更好的优质林产品为目标，通过严格保护、积极发展、科学经营、持续利用森林资源，不断提升森林资源的数量和质量，稳步增强森林生态系统的整体功能，充分发挥森林资源的多种效益，实现林业可持续发展。

（二）原则

森林经营方案编制与实施要坚持节约优先、保护优先、自然修复为主，严守生态红线；坚持所有者、经营者和管理者的责、权、利统一；坚持与分区施策、分类管理、全面停止天然林商业性采伐政策衔接；坚持资源、环境和经济社会协调发展。

三、编案单位及森林经理期

（一）编案单位的概念

编案单位是指拥有森林资源资产的所有权或经营权、处置权，经营界线明确，产权明晰，有一定经营规模和相对稳定的经营期限，能自主决策和实施森林经营，为满足森林经营需求而直接参与经济活动的经营单位、经济实体。

（二）编案单位的类型

依据编案单位性质、规模等因素将编案单位分为以下三类。
一类单位为国有林业局、国有林场、国有森林经营公司、国有林采育场、自然保护区、森林公园等国有林经营单位。
二类单位为达到一定规模的集体林组织、非公有经营主体。
三类单位为其他集体林组织、个体或非公有经营主体。

（三）森林经理期

森林经理期是指森林经营主体为实现其阶段目标任务，在一定时段内按照既定的经营方针、目标与任务对所属森林资源进行资源调整、配置的最佳时间间隔期。

经理期一般为 10 年，以工业原料林为主要经营对象的编案单位经理期可以为 5 年。

四、编案程序

森林经营方案编制应采用以下工作程序。

（一）编案准备

编案准备包括组织准备、基础资料收集及编案相关调查、确定技术经济指标、编写工作方案和技术方案。

（二）系统评价

对上一经理期森林经营方案执行情况进行总结，对本经理期的经营环境、森林资源现状、经营需求趋势和经营管理要求等进行系统分析，明确经营目标、编案深度与广度，以及森林经营方案应该和可以解决的主要问题（或重点内容）。

（三）经营决策

在系统分析的基础上，分别针对不同侧重点提出若干个优选备用方案，对每个备选方案进行长周期的投入产出分析、生态与社会影响评估，选出最佳方案。

（四）公众参与

广泛征求管理部门、经营单位和其他利益相关方的意见，以征求意见后的最佳方案作为规划设计的依据。

（五）规划设计

在最佳方案的控制下，进行各项森林经营规划设计及编写经营方案文本。

（六）评审修改

按照森林经营方案管理的相关要求进行成果送审，并根据评审意见进行修改、定稿。

五、编案内容与深度

（一）编案内容

根据不同编案单位的类型确定编案内容。

一类单位编制完整森林经营方案，内容一般包括：森林资源与经营评价，森林经营方针与经营目标，森林功能区划、森林分类与经营类型，森林经营，非木质资源经营，森林健康与森林保护，生态与生物多样性保护，森林经营基础设施建设与维护，投资估算与效益分析，森林经营生态与社会影响评估，实施保障措施等主要内容。

二类单位根据单位性质与需要选择编案内容，一般包括：森林资源与经营评价，森林经营目标与布局，森林培育，森林采伐利用，森林保护，生态保护，基础设施维护，投资与效益分析等内容。

三类单位应在区域森林经营规划的指导与控制下，编制简明森林经营方案。

（二）编案深度

经营方案的编制深度依据编案单位的类型、经营性质与经营目标确定。

森林经营方案应将经理期前 3～5 年的所有森林经营任务和指标按森林经营类型分解到年度，并挑选适宜的作业小班进行作业进度排序；后期经营规划指标分解到年度。在方案实施时按时段（2～3 年）滚动式地落实作业小班。

简明森林经营方案应将森林采伐和更新任务分解到年度，规划到小班（地块）并进行作业进度排序，其他经营规划任务落实到年度。

森林经营表应按小班明确森林经营类型、经营措施类型、作业年度或顺序、保护措施及投入产出测算。

六、森林经营分析与评价

（一）基础数据

编制经营方案应使用翔实、准确、时效性强，并经主管部门认可的森林资源数据，包括及时更新的森林资源档案、近期森林资源二类调查成果、专业技术档案等。编案前 2 年内完成的森林资源二类调查，应对森林资源档案进行核实，更新到编案实施年度；编案前 3～5 年完成的森林资源二类调查，需根据森林经营档案，组织补充调查并更新资源数据；未进行资源调查或调查时效超过 5 年的编案单位，应重新进行森林资源调查。

（二）经营成效评价

经营方案编制应全面进行森林生态系统分析与森林可持续经营评价，评价重点应包括：①森林资源数量、质量、分布、结构及其动态变化趋势；②森林生态系统完整性、森林健康与生物多样性；③森林提供木质与非木质林产品的能力；④森林保持水土、涵养水源、游憩服务、劳动就业等生态与社会服务功能；⑤森林经营的优势、潜力和问题；⑥编案单位的经营管理能力、机制，经营基础设施等条件。

（三）经营需求分析

经营方案编制应全面分析国家、区域和社区对森林经营的经济、社会和生态需求，找出外部环境影响森林经营管理的有利、潜力和不利因素，以及森林经营对外部环境的影响程度。重点分析相关森林经营政策、林业管理制度的约束与要求，利益相关方包括当地居民生活与就业对森林经营的需求或依赖程度，生态安全与森林健康对森林多目标经营的要求与限制等，以效益最大化兼顾区域生态、经济、社会发展的经营理念确定经营战略。

七、编案技术要求

（一）经营方针

编案单位应根据国家和地方有关法律法规和政策，结合现有森林资源及其保护利用现状、经营特点、技术与基础条件等，确定经理期的森林经营方针，作为特定阶段森林可持续经营和林业建设的行动指南。经营方针应有时代性、针对性、方向性和简明性，统筹好当前与长远、局部与整体、经营主体与社区的利益，协调好森林多功能与森林经营多目标的关系，充分发挥森林资源的生态、经济和社会等多种效益。

（二）经营目标

经营方案应确定本经理期内通过努力可望达到的经营目标。经营目标应在森林经营方针指导下，根据上一期森林经营方案实施情况、森林经营需求分析和现有森林资源、生产潜力、经营能力分析情况等综合确定，要求以下几点。

1）将森林经营目标作为当地国民经济或经营单位发展目标的一部分。

2）经理期的经营目标应是森林可持续经营和林业发展战略目标的阶段性指标，与国家、区域森林可持续经营标准和指标体系相衔接。

3）经营目标应有森林功能目标、产品目标、效益目标、结构目标等，应依据充分、直观明确、切实可行、便于评估。

（三）森林经营组织

1. 森林经营区划　　一类编案单位应根据经营需求分析结果，以区域为单元进行森林功能区划，其他类型的编案单位根据情况需要确定。区划应考虑《全国森林资源经营管理分区施策导则》对当地森林经营的功能要求。功能区一般包括森林集水区、生态景观区、生物多样性重点保护区、自然或人文遗产保护区、森林游憩区、森林重点火险区、有害生物防控区等。具有下列一种或多种属性的高保护价值森林集中区域应优先考虑。

1）具有全球、区域或国家意义的生物多样性价值（如地方特有种、濒危种、残遗种）显著富集的森林区域。

2）拥有全球、区域或国家意义的大片景观水平的森林区域，其内部存活的全部或大部分物种保持分布和丰度的自然格局。

3）包含珍稀、受威胁或濒危生态系统或者位于其内部的森林区域。

4）在某些重要情形下提供生态服务功能（如集水区保护、土壤侵蚀控制）的森林区域。

5）从根本上满足当地社区的基本需求（如生存、健康）的森林区域。

6）对当地社区的传统文化特性具有重要意义的森林区域（通过与当地社区合作确定森林所具有的文化、生态、经济或宗教意义）。

2. 森林经营类型组织　　编案单位在森林分类和功能区划的基础上，以小班为单元组织森林经营类型。在综合考虑生态区位及其重要性、林权（所有权、使用权、经营权）经营目标一致性等的基础上，将经营目的、经营周期、经营管理水平、立地质量和技术特征相同或相似的小班组成一类经营类型，作为基本规划设计单元。

（四）森林经营规划设计

1. 公益林经营

1）以小班为单元，按照森林分类经营的要求，区划界定生态公益林，国家级公益林应按照《国家级公益林区划界定办法》的要求进行区划界定。已经划定的生态公益林不应变动，如确需变动的，可以在编案前根据国家、地方相关规划和业主意愿进行适当调整。

2）依据《全国森林资源经营管理分区施策导则》，明确编案单位内严格保护、重点保护和保护经营的公益林小班。根据森林功能区经营目标的不同分别确定经营技术与培育、管护措施，包括造林更新、抚育间伐、低效林改造和更新采伐措施。

3）生态公益林要因地制宜，分别采取集中管护、分片承包或个人自护措施，制订管护方案。

2. 商品林经营

1）根据立地质量评价、森林结构调整目标、市场需求与风险分析，以及森林资源经济评估等成果综合确定不同森林经营类型的培育任务。

2）分别以造林更新（宜林地造林、迹地更新）、抚育间伐、低产林（低产林分、疏林、灌木林）改造3个主要经营措施类型组进行规划设计。培育任务按林种—森林经营类型—经营措施类型（组）进行组织，各项规划任务落实到每个森林经营类型。

3）经济林规划应根据种植传统，因地制宜地选择果树林、食用原料林、林化工业原料林、药用林或其他经济林，按照"名、特、优、新"的原则选择优先发展的经济林种类与规模。

4）林木生物质能源林经营可分为木质能源林和油料能源林两种类型。油料能源林经营应与国家、区域生物质能源林发展规划相衔接，充分考虑就近加工的条件和能力，因地制宜地选择可商业性开发的树种，规划经营规模。木质能源林经营应重点考虑当地居民生活能源的需求及发展趋势，也可根据当地生物质电能源生产的原料需求发展木质能源林培育基地。

3. 森林采伐工艺设计

1）森林采伐不仅考虑木材市场和区域经济发展的需求，更重要的是通过采伐作业措施的科学应用，提升森林资源的保护价值，建设和培育稳定、健康与高效的森林生态系统，保持森林长期、稳定地提供物质产品和生态、文化服务的能力。

2）建立以生态采伐为核心的经营管理体系，有条件的区域推进梯度经营体制，作业区配置应具有可操作性，在一些易发生水土流失的区域保持一定距离，设定一定宽度的缓冲带（区），将采伐对生态破坏或环境的影响减少到最小程度。

3）基于时间和空间分析，应将造林任务量和采伐量按小班落实到山头地块。

4. 种苗生产　根据森林经营任务和现有种子园、母树林、苗圃和采穗圃供应状况测算种子、苗木的需求与种苗余缺，安排采种与育苗生产任务。应创造条件建立以乡土树种为主的良种繁育基地，根据引种试验成果繁育和推广林木良种，大力研究和推广生物制剂、稀土、菌根等先进育苗技术，积极利用生物工程等新技术培育新品种。

（五）非木质资源经营与森林游憩规划

1. 非木质资源经营　应以现有成熟技术为依托，以市场为导向，分析非木质产品原料自给率及来源、产品竞争能力、市场占有率，规划利用方式、程度、产品种类和规模。在保护和利用野生资源的同时，发展人工定向培育，提高产品产量与质量，创导培育技术密集型的非木质资源利用产业，延长产业链、增加林产品附加值。

2. 森林游憩规划　可按照功能区或森林旅游地类型进行规划，充分利用林区地文、水文、天象、生物等自然景观和历史古迹、古今建筑、社会风情等人文景观资源，开展游览、登山、探险、疗养、野营、避暑、滑雪、狩猎、垂钓、漂流等森林游憩活动。以利用自然景观为主，适度点缀人造景观，因地制宜地确定环境容量，规划景区、景点、游憩项目和开发规模。

（六）森林健康与生物多样性保护

1. 森林防火　应针对森林火灾突发性强、蔓延速度快的特点，重点进行森林火险区划，制定森林防火布控与森林防火应急预案，规划森林扑火装备、专业防火队伍、防火基础设施等。有条件的林区可以规划林火利用方案，利用控制火烧技术减少林下可燃物，以达到控制火灾蔓延的目的。

2. 林业有害生物防控　应体现预防为主、防治结合的方针，将林业有害生物防控纳入森林经营体系，与营造林措施紧密结合，通过营林措施辅以必要的生物防治、抗性育种等措施，降低和控制林内有害生物的危害，提高森林的免疫力。主要内容包括林木有害生物预测预报系统和监测预警体系建设、防治检疫站与检疫体系建设、林业有害生物防控预案及外来有害生物和疫源疫病防控方案制订等。

3. 林地生产力维护　　应与营造林措施紧密结合，将维护措施贯穿于森林经营的全过程。在森林经营类型设计时，应考虑有利于地力维护的培育技术、采伐要求、培肥技术、化学制剂应用及防污染措施、保护对策等。提倡培育混交林和阔叶林，速生丰产林培育应考虑轮作、休歇、间作种植等措施。水土流失严重地区应在造林、采伐规划时，制订土壤水肥保持措施。

4. 森林集水区经营管理　　应根据河流、溪流、沼泽等级将经营区按流域分为不同层次或类型的集水区，因地制宜地确定森林经营策略，将采伐、造林、修路等森林经营活动导致的非点源污染降到最小，规划内容主要有以下几类。

1）溪流两岸缓冲区（带）管理：邻接多年性河流、间歇性河流或其他水体（湖泊、池塘、水库、沼泽等）的缓冲性条形地带，应按照《森林采伐作业规程》的要求划出缓冲带，采取特殊的以保护水质为主的管理措施，这些管理措施在培育和采伐更新规划前需要明确。

2）敏感区域管理：坡度大、土层浅薄林地，以及山脊森林、湿生森林、沼生森林等，应划为防护林等公益林，按照公益林的要求进行管理。

3）经营限制指标：每类集水区应按照相关经营规程要求，确定容许一次性采伐更新、整地造林、集材道的面积/长度、分布等指标，作为经营决策时的主要限定因素。

5. 生物多样性保护　　应充分考虑生物资源类型与主要保护对象特点，制约因素及影响程度，法律与政策保护制度等。规划时应突出以下几点。

1）注重对景观、生态系统、物种和遗传基因等不同层次多样性的系统保护规划，以生态系统保护途径为主线，通过生态系统和栖息地的保护有效维护物种、遗传基因多样性。

2）将高保护价值森林区域作为生物多样性保护规划重点，在规划前明确高保护价值区域范围、类型与保护特点，因地制宜地提出保护措施。严格保护自然保护区、自然保护小区的森林、林木，保留地带性典型森林群落和原始林。

3）植被类型、年龄结构与时空配置在景观层次上对生物多样性有重要影响。经营决策时应以林班或小流域为单位，保持物种组成的异质性、空间结构的异质性和年龄结构的异质性。以指示型物种确定适宜的树种比例、森林类型比例和龄组结构，作为经营决策的主要约束条件。

4）采伐、造林等森林经营规划设计应注重保护珍稀濒危物种和关键树种的林木、幼树和幼苗，在成熟的森林群落之间保留森林廊道。

5）对于某些特定物种或生态系统可以规划控制火烧、栖息地改造等措施，满足濒危野生动植物物种特定的栖息地要求。

（七）基础设施与经营能力建设

1. 林道规划　　林道规划应根据森林经营的需要，确定林道布局、林道等级，明确经理期的建设和维护任务量等。

1）林道密度以满足森林经营的最低要求为原则，数量、长度和宽度最小化，既能够进行有成效的经营活动以节约经营成本，又使土壤和水质方面的影响降到最低程度。

2）新建林道应尽可能沿等高线布设，有利于保持土壤、坡面的稳定性。同时，尽量与防火阻隔道、巡护路网等建设相结合。

3）道路选址尽量避开高保护价值森林区域、缓冲带和敏感地区，跨越河流设施数量应最少，以减少沉积物进入水系，改变溪流的流动格局，使鱼类和水生生物的生境变坏。

2. 其他设施　　林产品储保设施规划应根据林产品生产布局、销储运条件及发展前景等进行。主要内容有：林产品生产加工市场、销售及储运能力、储运需求与必要性分析，建设任务、工程量及施工年度，选址及土建工程设计与技术要求，保储技术与产品质量检验等。

森林保护、林地水利、产品加工、科研、生活及其他营林配套基础设施应因需规划、量力而行。充分考虑国家、地方相关基础建设与生产建设对经营性基础设施规划的影响，以利用和维护已有基础设施为主，并考虑设施的多途利用。

3. 经营队伍与管理机构　　森林经营队伍与管理机构应依据森林经营单位的经营目标、经营任务及规模、生产及管理工作量、劳动定额及岗位设置、季节性临时用工等进行规划，有利于形成专业化的森林培育、采伐更新管理队伍和较固定的经营技术人员体系，以及合理的用人用工机制和竞争激励机制，不断提高森林经营单位的经营管理能力。

4. 经营档案　　森林经营档案包括森林资源档案、森林经营技术档案、生产管理档案、生产作业和验收等管理档案，以及经营决策和评价文献等与森林经营相关的数据、图表、文本或电子材料等。档案建设规划应充分利用现代技术，以分类、准确、及时、便捷为建档原则，规划档案管理设施设备、技术开发与更新、人员岗位设置及技术培训、档案管理制度建设等内容。

八、编案方法与公众参与

（一）编案方法

1. 技术方法　　森林经营方案编制应以生态系统经营理论为指导，在对前期经营方案执行情况分析评价的基础上，借鉴成功案例，应用运筹学、经济学、生态学、森林经理学、森林培育学、计算机技术、信息技术等软科学方法和技术手段进行系统分析、决策优化、综合评价和规划设计，以提高森林经营方案的科学性、先进性和可行性。

2. 决策方法　　森林经营决策应针对森林的经营周期长、功能多样、受外部环境影响大等特点，按不同侧重点对林业内部结构调整和森林经营规模提出若干个优选备用方案，进行森林经营多方案比对。

1）每个备选方案一般测算一个半经营周期，分别针对不同阶段（一个经理期，后期可以延长）提出一系列木材生产、非木质资源生产、社会与生态服务，以及投入与效益指标。

2）对照森林经营目标，以经营收益最大化与生态社会服务功能最完善作为方案评选依据。

3. 影响评估　　在进行森林经营决策时，应对不同方案进行至少一个半经营周期的生态与社会影响评估，分别评估不同备选方案将会带来的短期、中期、长期社会与生态影响，评估内容应考虑以下几点。

1）水土资源保持、生物多样性与重要栖息地保护、碳汇平衡、地力保持与维护、森林健康与维护、森林生态文化与宗教价值等生态影响。

2）社区劳动就业、基础设施条件改善、游憩服务、对地方经济发展贡献、促进生态道德建设、社区发展、传统文化传承等社会影响。

（二）公众参与

经营方案编制应采取参与式规划方式，建立公众参与机制，在不同层面上充分考虑森林所在地的居民和所有利益相关方生存与发展需求，切实赋予其在森林经营管理中的参与权、受益权和知情权，逐步建立森林资源民主分权管理制度框架，将公众参与式管理制度化和组织化，以保证公平和有效地利用自然资源。

九、成果要求

（一）成果组成

森林经营方案成果形式包括文本文件、图表文件、档案文件、管理系统（各类数据库及更新说明）等。每个编案单位一般应提交：①完整的森林经营方案文本；②能在时间、空间上体现方案的图件；③附件，一类编案单位一般编写数据收集、处理与分析报告，森林经营多方案比选分析报告，森林经营生态与社会影响评估报告。

（二）成果论证

森林经营方案编制成果由设计部门签署意见后经编案单位向审批部门提出论证申请，一类编案单位由林权所有者组织论证，二类编案单位申请由属地林业主管部门组织论证，三类编案单位由上一级林业主管部门组织论证，论证要求：①森林经营方案论证可采用会议或函审的方式，由指定的专业委员会或专家小组执行；②参与论证人员应有技术专家、管理者代表、业主代表、相关部门和利益相关方代表等；③专家委员会或专家小组的技术专家要事先取得有关资格或证书。

十、方案实施要求

（一）方案实施监测

编案单位依据经营方案中设计的各项年度任务量制订年度生产计划，编制作业设计，组织各项营林活动。每年或每个阶段经营活动结束后，森林经营单位应进行自查，依据年度计划和有关标准、规定，验收经营作业成果，检查森林经营方案执行情况，建立系统的森林经营成效监测体系。

（二）方案实施评估

森林经营单位定期根据监测情况，评价森林经营方案执行和实施效果。依据国家、区域森林可持续经营标准与指标体系，进行可持续经营状态评估。

（三）方案调整

森林经营单位一般在经理期中期依据监测、评估结果对森林经营方案进行一次调整。针对经营目标、森林分类区划、采伐利用规划等进行的重大调整，应由规划设计部门形成补充修改意见。

◆ 第四节　新型森林经营方案编制与实施

一、森林景观恢复的概念

世界自然保护联盟（IUCN）、世界自然基金会（WWF）、国际热带木材组织（ITTO）及其他一些非政府组织，在 2001 年首先提出了森林景观恢复（forest landscape restoration，FLR）的概念。森林景观恢复是指在被砍伐或发生退化的森林景观中，利用前瞻性的、动态调整的方法，有计划地重新恢复生态完整性、增强人类福祉的过程。森林景观恢复的目标不仅仅在于种植树木，更在于恢复整个景观的功能、提供多种效益、促进当地生态保护和经济社会发展，以满足当前和未来在自然生态和社会发展方面的多重需求。

二、森林景观恢复的基本特征

（一）森林景观恢复具有过程性

森林景观恢复是一个动态的过程，而非仅仅是一个在"大面积"实施的措施。这也意味着对森林景观恢复的过程管理至关重要。

首先，森林景观恢复的过程具有参与性。森林、产品和服务对于不同人群的重要性是不同的，森林变化对他们产生的影响也是不同的。因此，森林景观恢复要考虑所有利益相关方的需求。实施森林景观恢复的第一步就是确定利益相关方及其利益。传统的恢复项目往往由政府部门包办，缺乏足够的参与、协商过程，给森林景观恢复成效带来隐患。森林景观恢复建立在公众参与的基础上，需要利益相关方积极参与景观恢复的决策过程。在森林景观恢复中应用利益相关方的方法，识别、了解及解决主要利益相关方的利益和关注重点至关重要。

其次，森林景观恢复基于适应性管理方法（adaptive management）。这是一种解决众多复杂系统的管理方法。该方法涉及系统地尝试不同的管理方法以实现期望的目标结果，以及对预测和监测结果之间的比较评估。适应也包括按照监测获得的信息来改变干预措施。因此，要想使适应性管理方法行之有效，就必须有一个监测计划，以及一个适当的评估和学习框架，以确保从管理经验中吸取教训。在森林景观恢复过程中应用适应性管理主要包括了解森林景观恢复的自然、社会背景，协调和权衡森林景观恢复的目标和产出，制订恢复计划并实施，进行影响评估。这是一个持续、循环的过程。

（二）致力于恢复生态完整性

生态完整性（ecological integrity）可定义为"维持生态系统的多样性和质量，并增强其适应变化和满足子孙后代需求的能力"。Lamb 等指出，生态完整性应包括生态的原真性（如生态自然性、活力、健康状况）及恢复过程的功能有效性（如恢复关键生态过程的程度）。专家学者对生态完整性的定义各有不同，但在森林景观恢复中应用生态完整性的概念，一般理解为将森林的结构和功能恢复到更自然的状态。

如果关键目标是维持森林生态系统的多样性和适应能力，那么生态完整性将取决于影响这些特性的生态过程，这些过程可能包括扩散、定殖、更新、生长、竞争和演替等。尽管其中有些过程在实践中很难衡量，但生态系统的结构合理性和系统稳定性经常在实践中作为评价生态完整性的首选指标。例如，有人选取生物多样性、物种分布、特征和地形地貌等作为指标，也有人选取丰度、斑块面积百分比等作为指标。恢复生态完整性的具体方法取决于森林景观恢复的总体目标和当地景观的实际情况。

（三）谋求增进人类福祉

人类福祉（human well-being）是有关人类学、经济学、心理学、社会学和其他社会科学的概念，是一种人们正在享受的有价值的体验。生态系统提供了几乎所有的人类福祉要素，千年生态系统评估将生态系统服务分为供给、调节、文化和支持共 4 类 20 项服务，将生态系统服务的提供与人类福祉的实现联系起来，反映了生态系统变化对人类福祉的影响。

森林景观恢复一方面通过恢复生态系统服务所依赖的生态过程和功能来提升生态系统服务的作用，从而提升人类福祉；另一方面，森林景观恢复也可通过直接提升当地人的福祉，减少当地人生计对森林资源的压力，从而改善生态系统服务功能。

用人类发展指数、国家福祉指数等客观指标来评价人类福祉，可以反映当前客观条件下对人们需求供给的状态；用生活满意度等主观指标则可以描述个人的幸福度、快乐程度及与此相似的感受程度。森林景观恢复谋求增进人类福祉应基于当地的生态和社会目标，而非脱离实际情况。Maginnis 等提出，"在景观尺度上"提高生态完整性和人类福祉的一致目标不能相互冲突和取舍，但"在立地水平上"很难实现人类福祉与生态系统状况之间的"双赢"，仍需要在二者之间进行平衡或取舍。

（四）在景观尺度上实施

景观是由相互作用的生态系统组成的，是以相似的形式重复出现、具有高度空间异质性的区域。景观是一个比生态系统高一级、比生态区（ecoregion）低一级的层次。在景观尺度上做出立地水平的恢复决策是森林景观恢复的重要特征。森林景观恢复的重点是恢复景观尺度上的森林功能，而不仅仅是种树以增加森林面积。各种景观要素并非简单地相加，而是为了实现更加多样化的景观目标。

森林景观恢复的实施一般包含了森林景观要素分类、景观格局与动态分析的内容。森林景观要素不同，对森林景观恢复目标的作用也不同。景观要素一般可分为原始林、退化原始林、次生林、退化林地、农用地等主要类型。分析景观的格局可以比较不同景观的空间格局及其效应。而景观格局的动态变化分析则可以进一步揭示森林景观格局变化的驱动因素，从而找到导致森林丧失和退化的根源。

三、森林景观恢复的应用原则

（一）注重景观

注重景观是森林景观恢复的核心，强调在景观层面上为森林恢复制定目标。从景观尺度，森林恢复通常需要解决社会和生态需求，考虑和恢复整体景观而不是几个孤立的点。这需要在整体景观内平衡这些斑块状相对独立的区域，如森林保护区、人工林、生态廊道、农林复合系统、经济林和防护林等。

如果仅从生态系统尺度上考虑恢复，则忽视了生态系统与周围环境的关系，很多失败的恢复项目都可归因于此。只有在景观尺度上实现空间镶嵌稳定，才能实现土地利用的稳定性。

注重景观并不代表森林景观恢复只能在大尺度上实施，而是需要满足景观水平的目标。

（二）恢复生态功能

生态功能即生态系统服务，是指生态系统在维持生命的物质循环和能量转换过程中为人类提供的惠益。生态系统服务是"人们从生态系统中获得的效益"，包括：①供给服务，如木材、食物、水、燃料；②调节服务，如调节气候和洪水等自然灾害；③支持服务，如光合释氧、维持生物多样性等；④文化服务，如休闲、旅游等。生态系统服务功能的增强或削弱将会导致以其为基础的人类福祉的变化。

森林景观恢复强调恢复生态功能，而非恢复"原始"状态。这通常意味着要将森林的结构和生态特性恢复到更自然的状态，而非恢复原始的植被。生态功能的恢复程度一般通过对生态系统服务的价值评估进行衡量。

（三）多重效益并重

生态、社会、经济等多重效益并重意味着森林景观恢复活动应该满足多种需求。利益相关方对森林景观恢复的需求是各不相同的，甚至常常是互相排斥的。因此多重效益需要在景观尺度上考虑，而非在特定的立地上。

多重效益并重在森林景观恢复中的最直接体现就是不同土地利用方式的权衡和取舍。例如，在一些区域通过农田防护林建设，增加农产品的产量，减少侵蚀，适当遮阴，增加薪柴来源。而在另外一些区域增加森林郁闭度以增加碳汇，保护地下水并为野生动物提供良好的栖息地。但需要注意的是，每一种恢复模式都有其独特性，森林景观恢复并没有绝对的标准答案。

（四）多种技术措施平衡

在整个景观中强调各种技术措施的融合运用，而不是依靠某种特定类型的干预措施。在景观中恢复森林应尽可能考虑多种切实可行的技术措施，从天然更新到人工造林都要考虑。在不同的背景条件下应选择不同的技术措施，这取决于对立地水平上生物物理、社会因素及经济成本的评估。

森林景观的恢复措施一般包括封育保护、天然更新、补植、人工造林、农林复合经营等。一般应选择那些干扰最小的方法，一方面是因为这是最接近于自然的恢复过程，另一方面是因为干预越主动，成本可能越高。同时也应考虑，这些措施兼顾了利益相关方的长期利益和短期利益。

（五）利益相关方参与

利益相关方即直接或间接地影响森林景观恢复行动或被森林景观恢复行动影响的个人、团体或组织。利益相关方参与是森林景观恢复理念的核心，是参与式理论在森林资源管理中的实际应用。通过识别主要的利益相关方，并邀请其参与制订恢复目标、恢复措施及权衡利弊，可最终制订出一个统一的森林景观恢复计划。"参与"贯穿于森林景观恢复的整个过程。

考虑到不同利益相关方之间目的、利益、关注点各不相同，不同土地利用方式、空间配置、所占比例等都需要在森林景观恢复决策中进行权衡和取舍，在利益相关方参与过程中的沟通、协商至关重要。这也是森林恢复后续成效持久性的重要保证。

（六）因地制宜

森林景观恢复具有高度个性化的特征，因此需要根据每种景观自身的社会、生态特点量身定制恢复方案。森林景观恢复的各项措施要充分考虑当地社会经济条件和生态现状，没有一个通用方案适合所有地区。森林景观恢复项目的实施应基于对当地状况的准确评估，这种基线评估应考虑森林丧失和退化带来的影响、导致变化的主要因素、当地社区生计面临的风险、恢复项目的预期成本效益等。

森林景观恢复要求立地水平的恢复措施必须是因地制宜的。这需要考虑当地的生态因素，如物种丰富程度和结构特征、当地社区对森林资源的利用情况、不同修复方法的有效性、森林恢复的方式和速度、政策背景、当地不同生态系统服务的价值及利益相关方的知识水平等。

（七）避免减少天然林

天然林是重要的种质资源基因库，对于生物多样性保护具有重要意义，是恢复重建的自然参照体系。在森林景观恢复过程中应阻止天然林的进一步退化和减少。

对于退化的原始林，一般采用"被动恢复"的模式，即依靠群落的自我修复机制和天然更新能力，在排除外界干扰的条件下迅速恢复其结构和功能。对于天然次生林，在保护的同时，通过采用补植目的树种、抚育、间伐、清除杂灌草等适度人工辅助措施，实现天然恢复。

（八）循序渐进

森林景观恢复是一个长期的过程。恢复景观层面的复杂生态系统、利益相关方的竞争性需求、大量未知因素都决定了这一过程必须是循序渐进的。

在实施森林景观恢复的几年甚至十几年之后，很可能会出现前期没有预测到的结果或环境的变化，但这并不意味着恢复的失败，而应将此作为景观尺度上恢复复杂生态系统的正常过程。应该基于适应性管理的理念，随时根据社会、环境、经济条件的变化及时调整森林景观恢复规划，并在实施过程中进行监测、评价和调整。

四、新型森林经营方案的概念与内涵

（一）新型森林经营方案的概念

新型森林经营方案就是以森林景观恢复为理念，以提升生态系统服务为目标的森林经营方案。新型森林经营方案是在传统森林经营方案的基础上，注重树立森林景观恢复理念，注重提升森林经营单位的生态系统服务。

（二）新型森林经营方案的基本内涵

1. 强调树立森林景观恢复理念　编制新型森林经营方案必须牢固树立森林景观恢复理念，遵循森林景观恢复的基本原则和要求。按照森林景观恢复的内容与方法框架（图 12-1），尽可能多地将相关内容和要求融入森林经营方案编制的过程中：对利益相关方进行分析；分析景观镶嵌体及其动态；让公众充分参与；高度重视周边社区的民生诉求，兼顾经济和社会发展目标，满足人民群众对优美生态环境的需求等。总之，要在充分考虑森林景观恢复相关要求的基础上，确定森林经营措施。

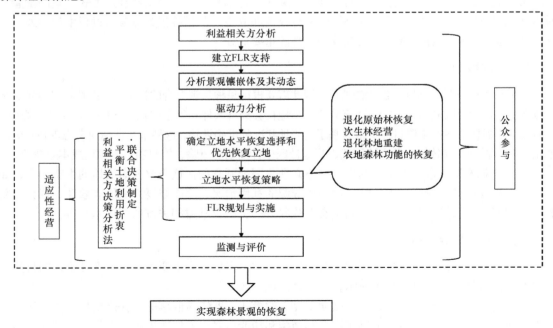

图 12-1　森林景观恢复的内容与方法框架

2. 注重提升森林生态系统服务　　生态系统服务是指生态系统与生态过程所形成及所维持的人类赖以生存的自然环境条件与效用，包括各类生态系统为人类和动植物生存所提供的物质，维持地球运转的各种生命支持系统的总和。健康的生态系统是经济和社会可持续发展的基础，因此生态系统服务的分类和价值核算逐渐成为国际研究的热点。联合国在 2000 年启动了千年生态系统评估（Millennium Ecosystem Assessment）计划，首次在全球范围内，开拓性地对生态系统及其对人类福利的影响进行多尺度、综合性的评估（图 12-2）。新型森林经营方案中生态系统服务分为供给服务、调节服务、文化服务和支持服务。

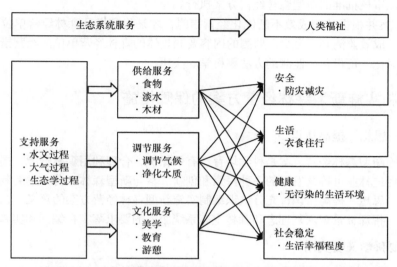

图 12-2　生态系统服务的分类及其对人类福祉影响示意图

与传统森林经营方案相比，新型森林经营方案更加注重提升国有林场的生态系统服务。因此，新型森林经营方案的经营目标将以生态系统服务提升作为主要目标，根据各森林经营单位的实际情况，在全面分析其森林资源状况和森林景观恢复需求的基础上，确定各森林经营单位的主要经营指标、特殊指标等。围绕上述经营指标，安排落实森林经营措施。

五、编制实施新型森林经营方案的技术路线

（一）制定新型森林经营方案大纲和编制指南

新型森林经营方案大纲包括基本情况分析、经营目标和措施、综合效益评价 3 个主要部分，要求从森林景观恢复理念出发，综合分析森林资源、森林景观、生态系统和经营需求，以此确定经营目标和经营指标，根据经营目标，因地制宜地确定经营措施。在新型经营方案大纲的基础上，编制的指南将详细阐述森林经营方案编制的技术要点和注意事项。

（二）明确经营目标、开展补充调查

由新型森林经营方案编制人员、森林经营单位相关人员组成的调研小组，在实地调研森林经营单位森林资源现状的基础上，分析森林经营单位的发展目标，梳理目前面临的困难和挑战，共同确定森林经营单位的经营目标。

与传统经营方案不同，新型森林经营方案将提升生态系统服务定位为核心目标。在大多数情况下，森林经营单位不掌握当前生态系统服务相关的各类基础数据。因此，在启动编制之前，需

根据森林经营单位的实际情况开展补充调查。补充调查的意义在于查漏补缺，需要根据每个森林经营单位的具体情况合理制定补充调查的内容和方法。

（三）对编制并实施的新型森林经营方案开展成效监测

1）在明确经营目标和指标，并且充分掌握森林经营单位基本情况的基础上，编制人员需全盘统筹具体经营措施，分区域、有步骤地安排经营活动，完成新型森林经营方案编制。

2）编制完成的新型森林经营方案需经专家论证评审、有关主管部门审核批准。森林经营单位要严格按照经审核批准的新型森林经营方案执行。

3）实施方案并根据监测成效不断优化经营措施，才是稳定提升森林经营单位生态系统服务的关键。因此，成效监测必不可少。监测的内容要同具体的森林经营单位的经营措施相一致，监测的指标要能对比、可量化，监测的方法要科学、实用。

六、编制实施新型森林经营方案的保障措施

（一）统一思想、提高认识

编制和实施新型森林经营方案是科学培育、有效保护、合理利用森林资源，提升森林资源生态系统服务，促进林业可持续发展的一种探索和创新。参与新型森林经营方案编制和实施的人员与单位应当统一思想、提高认识，充分认识编制实施新型森林经营方案的意义，在传统森林经营方案的基础上，将森林景观恢复理念和森林生态系统服务的要求落实在编制和实施的全过程中。

（二）既要科学又要实用

编制和实施新型森林经营方案要立足于林场自身的实际情况，从经营目标确定到经营措施的安排，从监测样地的布设到监测方法的选用，都要将科学性放在第一位。与此同时，要充分考虑每个经营措施的可操作性。

（三）整合相关资源、确保成效

编制并实施好新型森林经营方案需要整合方方面面的资源，尤其是资金和技术资源。森林经营是一种需要巨大投入的保护培育森林的活动，其资金应予充分保证。森林经营单位应该积极主动争取资金，长期、稳定地实施新型经营方案，并在实践中不断改进完善。新型森林经营方案的技术含量高，要求具备一定资质并熟悉森林景观恢复、森林经营、生态系统服务等方面的技术人员参与其中。

◆ 思 考 题

1. 简述森林经营规划和森林经营方案的概念。
2. 简述我国森林经营规划体系。
3. 森林经营方案的编案目的与原则是什么？
4. 简述森林经营方案的编案单位、编案程序、内容与深度、技术要求。
5. 森林景观恢复的概念和基本特征分别是什么？
6. 简述森林景观恢复的应用原则。

7. 新型森林经营方案的概念与内涵分别是什么?
8. 简述编制实施新型森林经营方案的技术路线。

◆ 主要参考文献

胡中洋,刘锐之,刘萍.2020. 建立森林经营规划与森林经营方案编制体系的思考[J]. 林业资源管理,(3):11-14,71.

刘静.2020. 新型森林经营方案编制与实施[J]. 林业资源管理,(2):6-10.

韦希勤.2007. 我国森林经营方案问题研究评述[J]. 林业调查规划,32(5):105-108.

于成文,秦绪栋,王明祥,等.2013. 我国森林可持续经营规划原则方法及存在问题[J]. 中国林副特产,6:95-97.

张光坤.2011. 科学编制县级森林经营规划,为森林可持续经营提供依据[J]. 华东森林经理,25(4):17-18,21.

张璐,黄国胜,杨英,等.2019. 森林经营规划编制体系的探讨[J]. 内蒙古林业调查设计,42(2):6-8.

赵劼,付博,丁晓纲,等.2020. 森林景观恢复的基本特征与应用原则探讨[J]. 世界林业研究,33(6):22-26.

国家林业局调查规划设计院,国家林业局森林资源管理司. 森林经营方案编制与实施规范:LY/T 2007—2012[S]. 北京:中国标准出版社.

|第十三章|

森 林 认 证

◆ 第一节 森林认证的背景与意义

一、森林认证的背景

20 世纪 80 年代，英国掀起了"绿色消费者运动"并席卷欧美各国。随着产业革命的产生与发展，人们感受到与现代文明不相协调的严重环境污染问题、健康隐患与生存危机，并由此发生了一浪高过一浪的示威抗议运动、环境保护运动，以及追求人与自然和谐共处的"绿色运动"。由于对政府推动进程感到不满，非政府组织开始采取一系列的行动抵制木材贸易，包括各种宣传活动、向贸易商和零售商示威、倡议全面禁止使用热带木材（赵劼，2015）。对木材及纸产品来源的毫无了解所带来的大量消费成为对环境和社会造成不利影响的重要原因。因此，部分商家看到了森林认证的价值，这为森林经营认证和相关产品标签的出现奠定了基础（Ruth and Markku，2010）。

20 世纪 90 年代初，森林认证发展成为一种非国家市场驱动的应对失败的措施，要求政府停止砍伐森林和采取措施防止森林退化（di Girolami and Arts，2022）。1992 年在里约热内卢举行的地球峰会未能达成停止砍伐毁林的协议。一群坚定的企业、环保主义者和社区领袖联合起来，创造了一个革命性的概念——森林认证，这是一种自愿的、基于市场的方法，将用于改善世界各地的林业实践，这标志着森林管理委员会的诞生。1993 年非政府保护组织成立了森林管理委员会（FSC）。1994年 FSC 通过了原则和标准，开始授权认证机构根据此原则和标准进行森林认证。这些国家和地区也开始了自己的认证进程。从此，森林认证在世界范围内逐渐开展起来。

二、森林认证的意义

森林认证的独特之处在于它以市场为基础，并依靠贸易和国际市场来运作。森林认证可提高森林经营水平，促进森林可持续经营进程和增强林产品竞争能力，促进市场准入和保护森林资源和各利益方参与；提高森林经营相关人员的可持续经营意识和管理能力；加强国际交流和合作；提高企业形象，营造良好投资环境；构建环境友好型和资源节约型社会（赵劼，2015）。

◆ 第二节 森林认证的基本知识

一、森林认证的概念

森林认证（forest certification）是一种运用市场机制来促进森林可持续经营，实现生态、社会和经济目标的工具，其通过审核和评估森林经营单位的森林经营活动，以证明是否实现了森林可持续经营。

二、森林认证的类型

（一）根据认证对象处于供应链的不同阶段分类

根据认证对象处于供应链的不同阶段，森林认证可分为森林经营认证和产销监管链认证。

1. 森林经营认证　　森林经营认证（森林可持续经营认证）是由独立的第三方，根据既定的标准和程序对森林经营单位的森林经营水平进行评估并发放证书，以证明森林是否实现了良好经营的过程。森林经营认证是建立在森林经营对社会、环境和经济方面的影响评估基础上对森林经营单位的认证。森林经营认证面向森林的经营者，对原料源头进行了约束，证明其符合了可持续性、合法性或特定环境服务功能、特定森林经营需求的要求，向消费者说明生产木材的森林是否实现了可持续经营。

2. 产销监管链认证　　产销监管链认证是对林产品生产销售企业的各个环节，即从加工、制造、运输、储存、销售直至最终消费者的整个监管链进行审核和评估，以证明林产品的原料来源（陆文明，2001；Ruth and Markku，2010）。产销监管链认证的目的就是追踪原材料加工的整个过程，向消费者提供这种保证。因此，产销监管链认证是对生产加工销售林产品的企业进行认证，跟踪加工产品的原材料从森林到消费者的整个过程。产销监管链认证要求林产品的生产和销售过程具有透明度，通过查询林产品整个流通过程的记录，人们就可以了解原材料的来源。经产销监管链认证后，林产品使用可以申请和持有认证标识，向消费者和木材购买商证明了他们购买的林产品来自可持续经营的森林。

（二）按照森林经营者参与森林认证的方式分类

按照森林经营者参与森林认证的方式，可将森林认证分为独立认证、联合认证、资源管理者认证和区域认证（赵劼，2015）。

1. 独立认证　　独立认证是指对独立经营者经营的森林进行认证。这里的森林经营者可以是国家、集体、企业，也可以是私有林主，他们拥有的森林面积各异，从上百万公顷到数公顷。其优点是，由于森林经营者的经营活动是独立的，其森林类型、经营方案和社会状况等条件相对较一致，开展森林认证较容易。独立认证一般适用于森林面积比较大的森林经营单位。

2. 联合认证　　联合认证即将多个森林经营者拥有的分散的、相互独立的小片森林联合在一起，组成一个联合经营实体来开展认证，联合经营实体经确保联合体内的所有会员，不论是森林经营者还是小规模生产加工企业，都能够理解和实施认证标准的要求。联合经营实体可以是个人、组织、公司、协会或其他法律实体，负责组织整个认证进程。联合认证具有两个明显的优势：联合体经理承担了理解认证标准的职责，帮助了联合体内部成员实施标准要求；联合体达到了一定的经济规模。因此，联合认证是中小林业企业获得认证的一个不错的选择。

3. 资源管理者认证　　资源管理者认证是由若干个林主将其拥有的森林委托给资源管理者（可以是一个组织，也可以是个人）经营管理，由资源管理者来负责这些森林的认证。这实际上也是小林主联合起来认证的一种方式，只不过资源管理者拥有经营权，而联合认证的经营权仍在小林主手中。资源管理者必须具有一定的森林经营管理能力，按照森林认证原则与标准来经营森林，使其管理的森林达到良好经营状态，能够通过森林认证。这种方式具有前两种认证类型的优点，其特点是由资源管理者负责若干小林主所有的森林的认证工作。与联合认证相比，同样是将小片森林联合起来认证，但资源管理者认证省去了由小林主成立联合认证协会带来的一系列组织工作，同样达到了简化手续、节省费用的目的。

4. 区域认证　　区域认证可以对一个区域内的全部森林进行认证。区域认证的申请者必须是一个法律实体，并且必须代表在该区域经营了一定比例森林面积的林主或经营者。申请者负责让所有的参与者满足认证要求，保证认证参与者和认证森林面积的可信性，并实施区域森林认证条例。林主或森林经营者可以在自愿的基础上参加区域认证，具体方式可以是单独签署的承诺协议，也可以服从代表该地区林主的林主协会的多数决定。

三、森林认证的要素

森林认证是一种自愿的、全面激励经营者提高森林经营水平的手段，包含标准、认证和认可三大要素，并以此为基础而成立机构、制定规则、开展相应的活动，继而组成一个完整的森林认证体系（图 13-1）。其中，标准是开展认证评估时必须被满足和遵从的要求，由标准制定机构制定；验证标准是否得到满足的认证过程，通常由认证机构来执行；认可是确保执行认证的机构是合格的，具有相关的审核能力，能够得到可信的、一致的结果，通常由认可机构来执行。在实际运作过程中，标准制定机构和认可机构可以为同一机构，共同作为认证体系的管理机构。另外，管理机构通常还包括了对认证或验证声明及标签的管理。

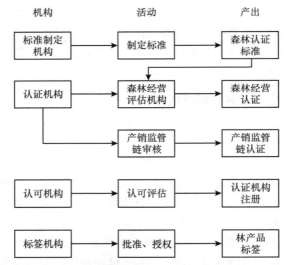

图 13-1　认证体系要素及关系（Ruth and Markku，2010）

四、森林认证的费用

森林认证是根据相关的标准对森林经营单位或生产企业进行评估的过程，是一项耗费较大的审核活动。认证的费用包括直接费用（认证费用本身）和间接费用（为实现认证需要进行的结构调整费用）。

（一）直接费用

直接费用包括森林评估和审计费用及年度审计费用。费用的高低因认证机构评估的可行性及实施的难易程度和规模而异，同时也受到基层森林经营单位是否建立了有效的、透明的管理体制的影响。有效的管理体制减少了外业评估和确认的要求，从而降低了认证的费用。森林的管理体制中好的环境管理也是一个很重要的因素。有些费用还取决于基层森林经营单位的大小和结构、森林生物多样性的丰富程度、社会环境的多样性及有关活动记录的清晰程度。

　　表 13-1 为依据国家发展计划委员会（现国家发展和改革委员会）、国家质量技术监督局（现被整合入国家市场监督管理总局）（计价格〔1999〕212 号）文件与《认证机构认可收费管理规则》（CNAS-RC04：2022）相关标准，国家林业和草原局调查规划设计院（AFIP）制定的森林认证活动的经济技术指标及收费标准。

表 13-1　收费项目及标准一览表

序号	收费项目	收费标准	备注
1	申请费	500 元	复评与扩大申请不收申请费
2	审核费	3000 元/(人·日)	根据行业规定，按实际工作人·日计算
3	审定与注册费（含证书费）	150 元（首张）	每加印一张收 50 元（最多加印 10 张）
4	年金（含标志使用费）	阶梯计取	管理体系和产品年金分别在低于 50 万元（含 50 万元）的部分，按实际发生额缴纳；在 50 万（不含 50 万元）～200 万元（含 200 万元）的部分，按 80%缴纳；高于 200 万元部分，按 70%缴纳。证书有效期内每年缴纳一次
5	监督审核费	审核费的 1/3	认证注册的有效期为 5 年，在有效期内，每年要进行监督审核，第一次监督在初次认证 12 个月内进行，两次监督审核的间隔期不超过一年
6	复评审核费	审核费的 2/3	证书有效期满三个月内缴纳，是初次审核费的 2/3。注册费、申请费不变；对审核中不符合项的纠正措施的现场验证不再另外收取费用，对审核中没有通过现场审核而重新提出认证申请时，免收申请费，审核费按原费用 60%收取，其他费用不变

资料来源：整理自国家林业和草原局政府网

（二）间接费用

　　间接费用是指申请认证的森林经营单位，为了使经营水平达到森林认证标准所做工作的费用，又称可变费用。间接费用可以较少，也可能很高，与其经营状况直接相关。经营状况良好的森林经营单位，其经营水平达到或基本达到认证标准，所用的间接费用较少；而经营状况较差的森林经营单位，为使其经营水平达到认证的标准，就必须对现有的森林经营长远规划、森林作业操作规程做大的调整，增加对职工进行能力建设（包括生产技术、操作安全和管理方面的培训）、改善经营状况等方面的投入，因此间接费用较高。而且经营状况越差的森林经营单位费用就越高，甚至远远高于直接费用。

五、森林认证的原则

　　森林认证标准是森林认证的唯一依据，深刻了解其内容、要求及原则是做好森林认证的基础和前提。以下为森林认证标准的 9 项原则（徐斌，2014）。

（一）国家法律法规和国际公约

　　1. 遵守国家相关法律法规　　森林经营单位备有现行的国家相关法律法规文本，包括《中华人民共和国森林法》《中华人民共和国森林法实施条例》《中华人民共和国民族区域自治法》等。

森林经营符合国家相关法律法规的要求。森林经营单位的管理人员和作业人员了解国家和地方相关法律法规的要求。曾有违法行为的森林经营单位应依法采取措施及时纠正，并记录在案。

2. 依法缴纳税费　　森林经营单位相关人员了解所需缴纳的税费。森林经营单位依据《中华人民共和国税收征收管理法》《中华人民共和国企业所得税法》及其他相关法律法规的要求，按时缴纳税费。

3. 依法保护林地、严禁非法转变林地用途　　森林经营单位采取有效措施，防止非法采伐、在林区内非法定居及其他未经许可的行为。占用、征用林地和改变林地用途应符合国家相关法律法规的规定，并取得林业主管部门的审核或审批文件。改变林地用途要确保没有破坏森林生态系统的完整性或导致森林破碎化。

4. 遵守国家签署的相关国际公约　　森林经营单位备有国家签署的、与森林经营相关的国际公约。森林经营应符合国家签署的、与森林经营相关的国际公约的要求。

（二）森林权属

1. 森林权属明确　　森林经营单位具有县级以上人民政府或国务院林业主管部门核发的林权证。承包者或租赁者有相关的合法证明，如承包合同或租赁合同等。森林经营单位有明确的边界，并标记在地图上。

2. 依法解决有关森林、林木和林地所有权及使用权方面的争议　　森林经营单位在处理有关森林、林木和林地所有权及使用权的争议时，应符合《林木林地权属争议处理办法》的要求。现有的争议和冲突未对森林经营造成严重的负面影响。森林权属争议或利益争端对森林经营产生重大影响的森林经营单位不能通过森林认证。

（三）当地社区和劳动者权利

1. 为林区及周边地区的居民提供就业、培训与其他社会服务的机会　　森林经营单位为林区及周边地区的居民（尤其是少数民族）提供就业、培训与其他社会服务的机会。帮助林区及周边地区（尤其是少数民族地区）进行必要的交通和通讯等基础设施建设。

2. 遵守有关职工劳动与安全方面的规定，确保职工的健康与安全　　森林经营单位按照《中华人民共和国劳动法》《中华人民共和国安全生产法》和其他相关法律法规的要求，保障职工的健康与安全。按照国家相关法律法规的规定，支付劳动者工资和提供其他福利待遇，如社会保障、退休金和医疗保障等。保障从事森林经营活动的劳动者的作业安全，配备必要的服装和安全保护装备，提供应急医疗处理并进行必要的安全培训。

遵守中国签署的所有国际劳工组织公约的相关规定。

3. 保障职工权益，鼓励职工参与森林经营决策　　森林经营单位通过职工大会、职工代表大会或工会等形式，保障职工的合法权益。采取多种形式，鼓励职工参与森林经营决策。

4. 不得侵犯当地居民对林木和其他资源所享有的法定权利　　森林经营单位承认当地社区依法拥有使用和经营土地或资源的权利。采取适当措施，防止森林经营直接或间接地破坏当地居民（尤其是少数民族）的林木及其他资源，以及影响其对这些资源的使用权。当地居民自愿把资源经营权委托给森林经营单位时，双方应签订明确的协议或合同。

5. 具有特定文化、生态、经济或宗教意义的林地的划定　　在需要划定对当地居民（尤其是少数民族）具有特定文化、生态、经济或宗教意义的林地时，森林经营单位应与当地居民协商并达成共识。采取措施对上述林地进行保护。

6. 尊重和维护当地居民传统的或经许可进入和利用森林的权利　　在不影响森林生态系统

的完整性和森林经营目标的前提下，森林经营单位应尊重和维护当地居民（尤其是少数民族）传统的或经许可进入和利用森林的权利，如非木质林产品的采集、森林游憩、通行、环境教育等。对某些只能在特殊情况下或特定时间内才可以进入和利用的森林，森林经营单位应做出明确规定并公布于众（尤其是在少数民族地区）。

7. 合理赔偿当地居民经营造成的损失　　在森林经营对当地居民的法定权利、财产、资源和生活造成损失或危害时，森林经营单位应与当地居民协商解决，采取适当措施，防止森林经营对当地居民（尤其是少数民族）的权利、财产、资源和生活造成损失或危害。在造成损失时，主动与当地居民（尤其是少数民族）协商，依法给予合理的赔偿。

8. 尊重和有偿使用当地居民的传统知识　　森林经营单位在森林经营中尊重和合理利用当地居民（尤其是少数民族）的传统知识，适当保障当地居民（尤其是少数民族）能够参与森林经营规划的权利。

9. 建立协商机制　　根据社会影响评估结果调整森林经营活动，在森林经营方案和作业计划中考虑社会影响的评估结果，建立与当地社区和有关各方（尤其是少数民族）沟通与协商的机制。

（四）森林经营方案

根据上级林业主管部门制定的林业长期规划及当地条件，编制森林经营方案。

1. 森林经营单位具有适时、有效、科学的森林经营方案　　在编制森林经营方案过程中应广泛征求管理部门、经营单位、当地社区和其他利益方的意见。森林经营方案的编制建立在翔实、准确的森林资源信息基础上，包括及时更新的森林资源档案、有效的森林资源二类调查成果和专业技术档案等信息。同时，也要吸纳最新科研成果，确保其具有科学性。森林经营方案内容应符合森林经营方案编制的有关规定，包括以下内容：自然社会经济状况，包括森林资源、环境限制因素、土地利用及所有权状况、社会经济条件、社会发展与主导需求、森林经营沿革等；森林资源经营评价；森林经营方针与经营目标；森林功能区划、森林分类与经营类型；森林培育和营林，包括种苗生产、更新造林、抚育间伐、林分改造等；森林采伐和更新，包括年采伐面积、采伐量、采伐强度、出材量、采伐方式、伐区配置和更新作业等；非木质资源经营；森林健康和森林保护，包括林业有害生物防控、森林防火、林地生产力维护、森林集水区管理、生物多样性保护等；野生动植物保护，特别是珍贵、稀有、濒危物种的保护；森林经营基础设施建设与维护；投资估算和效益分析；森林经营的生态与社会影响评估；方案实施的保障措施；与森林经营活动有关的必要图表。

在信息许可的前提下，向当地社区或上一级行政区的利益方公告森林经营方案的主要内容，包括森林经营的范围和规模、主要的森林经营措施等信息。

2. 根据森林经营方案开展森林经营活动　　森林经营单位应明确并实施森林经营方案的职责分工要求。根据森林经营方案，制订年度作业计划。积极开展科研活动或者支持其他机构开展科学研究。

3. 适时修订森林经营方案　　森林经营单位应及时了解与森林经营相关的林业科技动态及政策信息。根据森林资源的监测结果、最新科技动态及政策信息（包括与木材、非木质林产品和森林服务有关的最新的市场和经济活动），以及环境、社会和经济条件的变化，适时（不超过10年）修订森林经营方案。

4. 对林业职工进行必要的培训和指导，使其具备正确实施作业的能力　　森林经营单位应制定林业职工培训制度。林业职工受到良好培训，了解并掌握作业要求。林业职工在野外作业时，专业技术人员对其提供必要的技术指导。

（五）森林资源培育和利用

1. 按作业设计开展森林经营活动　森林经营单位根据经营方案和年度作业计划,编制作业设计,按批准的作业设计开展作业活动。在保证经营活动更有利于实现经营目标和确保森林生态系统完整性的前提下,可对作业设计进行适当调整。作业设计的调整内容要备案。

2. 森林经营活动要有明确的资金投入,并确保投入的规模与经营需求相适应　森林经营单位应充分考虑经营成本和管理运行成本的承受能力。保证对森林可持续经营的合理投资规模和投资结构。

3. 开展林区多种经营,促进当地经济发展　森林经营单位应积极开展林区多种经营,可持续利用多种木材和非木质林产品,如林果、油料、食品、饮料、药材和化工原料等。制定主要非木质林产品的经营规划,包括培育、保护和利用的措施。在适宜立地条件下,鼓励发展能形成特定生态系统的传统经营模式,如萌芽林或矮林经营。

4. 遵守国家和地方相关法律法规的要求,保证种子和苗木的质量　森林经营单位对林木种子和苗木的引进、生产及经营符合国家和地方相关法律法规的要求。从事林木种苗生产、经营的单位,应持有县级以上林业行政主管部门核发的林木种子生产许可证和林木种子经营许可证,并按许可证的规定进行生产和经营。在种苗调拨和出圃前,按国家或地方有关标准进行质量检验,并填写种子、苗木质量检验检疫证书。从国外引进林木种子、苗木及其他繁殖材料时,应具有林业行政主管部门进口审批文件和检疫文件。

5. 按照经营目标因地制宜地选择造林树种,优先考虑乡土树种、慎用外来树种　森林经营单位根据经营目标和适地适树的原则选择造林树种。优先选择乡土树种造林,且尽量减少营造纯林。根据需要,可引进不具入侵性、不影响当地植物生长,并能带来环境、经济效益的外来树种。用外来树种造林后,应认真监测其造林生长情况及其生态影响。不得使用转基因树种。

6. 无林地造林设计和作业符合当地立地条件和经营目标　无林地(包括无立木林地和宜林地)的造林设计和作业符合当地立地条件和经营目标,并有利于提高森林的效益和稳定性。森林经营单位造林设计和作业的编制应符合国家和地方相关技术标准和规定。造林设计符合经营目标的要求,并制订合理的造林、抚育、间伐、主伐和更新计划。采取措施,促进林分结构多样化和增强林分的稳定性。根据森林经营的规模和野生动物的迁徙规律,建立野生动物走廊。造林布局和规划有利于维持与提高自然景观的价值和特性,保持生态连贯性。应考虑促进荒废土地和无立木林地向有林地的转化。

7. 依法进行森林采伐和更新,木材和非木质林产品消耗率不得高于资源的再生能力　森林经营单位根据森林资源消耗量低于生长量、合理经营和可持续利用的原则,确定年度采伐量。采伐林木具有林木采伐许可证,按许可证的规定进行采伐。保存年度木材采伐量和采伐地点的记录。森林采伐和更新符合《森林采伐更新管理办法》和《森林采伐作业规程》的要求。木材和非木质林产品的利用未超过其可持续利用所允许的水平。

8. 森林经营应有利于天然林的保护与更新　森林经营单位采取有效措施促进天然林的恢复和保护。

除非满足以下条件,否则不得将森林转化为其他土地使用类型(包括由天然林转化为人工林)。①符合国家和当地有关土地利用及森林经营的法律法规和政策,得到政府部门批准,并与有关利益方进行直接协商。②转化的比例很小。③不对下述方面造成负面影响:受威胁的森林生态系统;具有文化及社会重要意义的区域;受威胁物种的重要分布区;其他受保护区域。④有利于实现长期的生态、经济和社会效益,如低产次生林的改造。在遭到破坏的天然林(含天然次生林）林地上营造的人工林，根据其规模和经营目标，划出一定面积的林地使其逐步向天然林转化。在天然林毗邻地区营造的以生态功能为主的人工林，积极诱导其景观和结构向天然林转化，有利于天然林的保护。

9. 森林经营应减少对资源的浪费和负面影响 森林经营单位采用对环境影响小的森林经营作业方式，以减少对森林资源和环境的负面影响，最大限度地降低森林生态系统退化的风险。避免林木采伐和造材过程中的木材浪费与木材等级下降。

10. 鼓励木材和非木质林产品的最佳利用与深加工 森林经营单位制定并执行各种促进木材和非木质林产品最佳利用的措施。鼓励对木材和非木质林产品进行深加工，提高产品的附加值。

11. 规划、建立和维护足够的基础设施，最大限度地减少对环境的负面影响 森林经营单位应规划、建立充足的基础设施，如林道、集材道、桥梁、排水设施等，并维护这些设施的有效性。基础设施的设计、建立和维护对环境的负面影响最小。

（六）生物多样性保护

1. 建立与森林经营范围和规模及所保护资源特性相适应的保护区域 存在珍贵、稀有、濒危动植物种时，应建立与森林经营范围和规模及所保护资源特性相适应的保护区域，并制定相应的保护措施。森林经营单位备有相关的参考文件，如《濒危野生动植物种国际贸易公约》附录Ⅰ、Ⅱ、Ⅲ和《国家重点保护野生植物名录》《国家重点保护野生动物名录》等。确定本地区需要保护的珍贵、稀有、濒危动植物种及其分布区，并在地图上标注。根据具体情况，划出一定的保护区域和生物走廊带，作为珍贵、稀有、濒危动植物种的分布区。不能明确划出保护区域或生物走廊带时，则在每种森林类型中保留足够的面积。同时，上述区域的划分要考虑野生动物在森林中的迁徙。制定针对保护区、保护物种及其生境的具体保护措施，并在森林经营活动中得到有效实施。不开发和利用国家与地方相关法律法规或相关国际公约明令禁止的物种。

2. 限制未经许可的狩猎、诱捕及采集活动 森林经营单位的狩猎、诱捕和采集活动符合有关野生动植物保护方面的法规，依法申请狩猎证和采集证。狩猎、诱捕和采集应符合国家有关猎捕量和非木质林产品采集量的限额管理政策。

3. 保护典型、稀有、脆弱的森林生态系统，保持其自然状态 森林经营单位通过调查确定其经营范围内典型、稀有、脆弱的森林生态系统。制定保护典型、稀有、脆弱的森林生态系统的措施。实施保护措施，维持和提高典型、稀有、脆弱的生态系统的自然状态。识别典型、稀有、脆弱的森林生态系统时，应考虑全球、区域、国家水平上具有重要意义的物种自然分布区和景观区域。

4. 森林经营应采取措施恢复、保持和提高森林生物多样性

1）森林经营单位应考虑采取下列措施保持和提高森林生物多样性：采用可降低负面影响的作业方式；森林经营体系有利于维持和提高当地森林生态系统的结构、功能和多样性；保持和提高森林的天然特性。

2）考虑对森林健康和稳定性及对周边生态系统的潜在影响，应尽可能保留一定数量且分布合理的枯立木、枯倒木、空心树、老龄树及稀有树种，以维持生物多样性。

（七）环境影响

1. 考虑森林经营作业对森林生态环境的影响 森林经营单位根据森林经营的规模、强度及资源特性，分析森林经营活动对环境的潜在影响。根据分析结果，采用特定方式或方法，调整或改进森林作业方式，减少森林经营活动（包括使用化肥）对环境的影响，避免导致森林生态系统的退化和破坏。对改进的经营措施进行记录和监测，以确保改进效果。

2. 应维护林地的自然特性，保护水资源，防止地力衰退　　森林经营单位在森林经营中，应采取有效措施最大限度地减少整地、造林、抚育、采伐、更新和道路建设等人为活动对林地的破坏，维护森林土壤的自然特性及其长期生产力。减少森林经营对水资源质量、数量的不良影响，控制水土流失，避免对森林集水区造成重大破坏。在溪河两侧和水体周围，建立足够宽的缓冲区，并在林相图或森林作业设计图中予以标注。减少化肥使用，利用有机肥和生物肥料，增加土壤肥力。通过营林或其他方法，恢复退化的森林生态系统。

3. 严格控制使用化学品，最大限度地减少因使用化学品造成的环境影响　　森林经营单位应列出所有化学品（杀虫剂、除草剂、灭菌剂、灭鼠剂等）的最新清单和文件，内容包括品名、有效成分、使用方法等。除非没有替代选择，否则禁止使用世界卫生组织规定的1A类和1B类杀虫剂，以及国家相关法律法规禁止的其他高剧毒杀虫剂。禁止使用氯化烃类化学品，以及其他可能在食物链中残留生物活性和沉积的其他杀虫剂。保存安全使用化学品的过程记录，并遵循化学品安全使用指南，采用恰当的设备并进行培训。备有化学品的运输、储存、使用及事故性溢出后的应急处理程序。应确保以环境无害的方式处理无机垃圾和不可循环利用的垃圾。提供适当的装备和技术培训，最大限度地减少由使用化学品而导致的环境污染和对人类健康的危害。采用符合环保要求的方法及时处理化学品的废弃物和容器。开展森林经营活动时，应严格避免在林地上的漏油现象。

4. 严格控制和监测外来物种的引进，防止外来入侵物种造成不良的生态后果　　森林经营单位应对外来物种严格检疫并评估其对生态环境的负面影响，在确保对环境和生物多样性不造成破坏的前提下，才能引进外来物种。对外来物种的使用进行记录，并监测其生态影响。制定并执行控制有害外来入侵物种的措施。

5. 维护和提高森林的环境服务功能　　森林经营单位了解并确定经营区内森林的环境服务功能。采取措施维护和提高这些森林的环境服务功能。

6. 尽可能减少动物种群和放牧对森林的影响　　森林经营单位应采取措施尽可能减少动物种群对森林更新、生长和生物多样性的影响。采取措施尽可能减少过度放牧对森林更新、生长和生物多样性的影响。

（八）森林保护

1. 建立林业有害生物综合防治计划　　制定林业有害生物防治计划，应以营林措施为基础，采取有利于环境的生物、化学和物理措施，进行森林经营单位的林业有害生物防治，应符合《森林病虫害防治条例》的要求。开展林业有害生物的预测预报，评估潜在的林业有害生物的影响，制定相应的防治计划。采取以营林措施为主，生物、化学和物理防治相结合的林业有害生物综合治理措施。采取有效措施，保护森林内的各种有益生物，提高森林自身抵御林业有害生物的能力。

2. 建立健全森林防火制度，制定并实施防火措施　　根据《森林防火条例》，森林经营单位应建立森林防火制度。划定森林火险等级区，建立火灾预警机制。制定和实施森林火情监测和防火措施。建设森林防火设施，建立防火组织，制定防火预案，组织本单位的森林防火和扑救工作。进行森林火灾统计，建立火灾档案。林区内避免使用除生产性用火以外的一切明火。

3. 建立健全自然灾害应急措施　　根据当地自然和气候条件，森林经营单位应制定自然灾害应急预案。采取有效措施，最大限度地减少自然灾害的影响。

（九）森林监测和档案管理

1. 建立森林监测体系，对森林资源进行适时监测　　根据上级林业主管部门的统一安排，开展森林资源调查，森林经营单位应建立森林资源档案制度。根据森林经营活动的规模和强度及当地条件，确定森林监测的内容和指标，建立适宜的监测制度和监测程序，确定森林监测的方式、频度和强度。在信息许可的前提下，定期向公众公布森林监测结果概要。在编制或修订森林经营方案和作业计划中体现森林监测的结果。

2. 森林监测应包括资源状况、森林经营及其社会和环境影响等内容 森林经营单位的森林监测，宜关注：主要林产品的储量、产量和资源消耗量；森林结构、生长、更新及健康状况；动植物（特别是珍贵、稀有、受威胁和濒危的物种）的种类及其数量变化趋势；林业有害生物和林火的发生动态和趋势；森林采伐及其他经营活动对环境和社会的影响；森林经营的成本和效益；气候因素和空气污染对林木生长的影响；人类活动情况，如过度放牧或过度畜养；年度作业计划的执行情况。按照监测制度连续或定期地开展各项监测活动，并保存监测记录。对监测结果进行比较、分析和评估。

3. 建立档案管理系统，保存相关记录 森林经营单位应建立森林资源档案管理系统、森林经营活动档案系统和木材跟踪管理系统，对木材从采伐、运输、加工到销售整个过程进行跟踪、记录和标识，确保能追溯到林产品的源头。

六、森林认证的效益

森林认证影响的领域包括了森林可持续经营的 3 个核心价值或要素，即环境、经济和社会，以下对森林认证在经济、环境、社会方面的潜在影响和效益进行分析（徐斌，2014）。

（一）经济效益

经济方面的影响对于参与认证的企业尤其重要。它不仅表现在直接的经济利润上，而且表现在潜在的市场机会和其他商业利益上。森林认证对于企业的作用主要包括改进企业经营管理与获取市场和非直接市场利益两个方面。在改进企业经营管理方面具体表现为确保木材的长期供应，提高森林生产力，加强同森林管理者的联系及获得优先经营权。在获取市场和非直接市场利益方面，表现为保持或增加市场份额，做到产品区分，认证产品溢价，促进收入多元化，同时改善企业形象，提高企业产品在国际市场上的竞争力和信誉，以及获取更多的财政和技术支持，降低投资者的风险。

（二）环境效益

认证是由环境非政府组织推动的，其主要目的是保护环境，其宗旨是创造一种体系使每个参与木材贸易的人为保护森林、人类和野生动植物做出贡献，而不是去毁灭它们。认证可以获得的环境利益包括：保护生物多样性和高保护价值森林，促进森林经营单位对森林中存在的珍稀、受威胁和濒危物种及典型生态系统进行保护，建立相应的保留地、保护区和其他保护措施；保护国际公约和国家名录中禁止利用的树种，限制和管理林区的狩猎和林中采集活动；保护林区内的高保护价值森林等；建立必要的缓冲区，最大限度地减少采伐作业、道路建设及所有其他机械干扰活动对土壤和水资源的破坏，控制土壤侵蚀，有效地保护土壤和水资源；维持森林的生态功能和生态系统的完整性，经森林认证的社区与开放获取森林和国家森林保护区相比，森林在树木数量、断面积和面积方面具有最佳的森林结构，树木物种丰富度、多样性和密度显著较高，对生物多样性保护有积极影响；开展环境影响评估，企业采取对环境影响小的作业方式，减少了采伐、修路、造林、集材等作业对环境的影响；严格控制化学药品的使用，减少环境污染。

（三）社会效益

评估森林的可持续经营时，社会标准同经济和生态标准同样重要，应考虑到当地社区、小型林主、林业职工、普通居民和其他利益方的权益（表 13-2）。因为森林除了提供经济价值外，还提供娱乐、文化和其他社会价值。认证的社会效益主要是确保各方的权利得到尊重和实现。社会权利和责任包括各种民主权利如集会自由，当地社区的就业和其他服务的机会，当地居民进入森林采集水果、薪材、建筑材料和药用植物的传统权利和利用资源的法定权利，以及职工的健康、安全、平等和参与权等。森林可持续经营需要居住在森林内及其周围的居民共同努力，并共同承担责任，当然也要让他们分享必要的利益。在森林认证中，需要森林经营单位对这些权利进行确认和保护。主要利益方对认证标准制定的参与也是一个实现森林经营社会价值的重要途径。

表 13-2　中国森林认证效益评价指标（徐斌，2014）

效益影响范围	效益评价指标
宏观社会政治效益	提高各方对森林认证和森林可持续经营的认识与能力
	促进中国林业政策和有关法律法规的实施
	作为一种有效的林业管理工具
	促进各方对林业政策的讨论与参与
	促进中国相关林业标准和政策的制定
	推动中国国家森林认证体系的发展
	促进林业科研的发展和相关技术体系的建立
森林经营管理	提高了企业和员工森林可持续经营的意识
	规范或提高了森林经营管理能力
	森林经营方案的制定与实施
	森林的监测与评估体系的建立和实施
	认证木材的管理与流通
社会效益	为当地居民提供就业和其他服务
	保障当地居民的传统权利和法定权利
	改善社区关系，缓解社区矛盾，解决与当地社区的争议
	保护对当地居民有特别文化、生态、经济或历史意义的场所
	改善林区职工的健康与安全
	保障职工权益
	开展社会影响评估和利益方咨询，促进各方对林业的参与
环境效益	开展环境影响评估，减少各种营林活动对环境的负面影响
	保持和提高森林的生态与环境服务功能
	化学药品的使用与管理
	林区垃圾和废弃物的处理
	外来物种的管理
	转基因树种/物种的使用
	森林和林地的转化
经济效益	保障森林的所有权、使用权或经营权
	促进市场准入，稳定市场份额
	提高认证木材和林产品的价格

续表

效益影响范围	效益评价指标
经济效益	改善或提高企业形象
	获取非政府环保组织或金融组织的资金和技术支持
	促进林区多种经营和收入的多元化

◆ 第三节 森林认证程序

一、森林经营认证

从目前开展森林认证的国家和机构来看，由于认证体系不同，其认证程序也不完全一样，每个认证体系都有一套完整的认证程序，但主要步骤是相同的，一般包括如下步骤。

（一）申请

经营单位在申请认证之前，首先需了解什么是森林认证，为什么要开展森林认证，认证能带来哪些效益，认证的费用等；然后要明确选择哪种证书和认证体系；再考虑能够提供合适服务的认证机构；最后对照认证标准进行内部评估；如上述准备工作基本充分，则可提出正式申请。

（二）实地考察（预评估）

认证机构收到认证申请后，将委派评估专家对要求认证的森林进行实地考察，与利益相关方进行座谈，目的是使双方相互沟通和了解，以确定认证程序、认证范围、文件审核，以及林区的自然地理概况等。评估专家还将检查经营单位提供的文件是否符合认证标准要求，对于不符合项目，专家将提出限期整改意见。

（三）正式评估（主评估）

正式评估一般由一个审核小组完成：主任审核员 1 名，当地林业专家 2 名。实际审核过程中，将分为经济、社会、环境 3 个方面，对照标准逐一进行检查和审核，审核的内容涉及森林生态系统经营的各个方面，包括现地抽样查看。外部指标还包括只接受经营活动影响的外部利益相关方的意见，同时对经营单位的文件管理系统进行抽查，以此检查野外调查结果与文件记载是否相一致。实地评估结束后，评估组将起草一份评估报告，并说明是否授予认证证书。

（四）确认评估结果

评估报告经过同行专家评议后，将反馈给申请单位对认证结果进行确认。

（五）颁发证书

复查小组批准评估建议后，可以为经营单位颁发证书。取得认证证书的经营单位要承诺其经营活动将有益于改善环境和社会发展，并尽快完成建议改进的经营活动。如果在规定时间内，经营单位没有按规定的程序改善经营活动，或在外宣传中有不规范行为，认证机构将吊销证书。颁发的证书有效期为 5 年。

（六）年度检查或复查

定期审查的范围由评估报告中提出的改善经营活动的数量来决定。定期审查的目的是提醒经营单位注意某些需要改正的问题。一般年度检查每 6 个月 1 次，如不合格，则吊销颁发的证书。

二、森林产销监管链认证

森林产销监管链（CoC）认证是对木材加工企业的各个生产环节，包括从原木的运输、加工到流通整个链条进行鉴定，以确保最终产品源自经过认证的经营良好的森林。CoC 认证证明认证过的木材产品均来自 FM 认证过的有效管理的森林。CoC 认证一般包括如下步骤。

（一）申请

根据要求，木材加工企业申请认证，选择认证机构来实现认证。依据公司资质和资料，认证机构可以判断认证是否能通过。

（二）签订合同

经过初评，如果可以满足认证需要，双方签订合同。这个合同一般签订期限为 5 年，这也是森林认证有效期的时间。

（三）评估

主要进行产品鉴定、产品分类、档案建立（包括记录培训和人员信息）、标识的使用等。

（四）认证报告

在评估的基础上，认证机构形成一份报告。内容为评估是否合格，提出需要努力改进的不足等，报告最终送给认证决策委员会以便作最后的评估。

（五）发证和注册

如果认证通过，将发放森林认证证书。利用 CoC 认证证书在市场的活动及注册的 FSC 标识标记的作用将被严格控制。

（六）评估管理

一年一次的监督检查和审核，记录材料和产品的进出控制，以及 FSC 标记的使用。整个认证过程需要 2~3 个月。这主要取决于需要改进的不足之处的数量。评估本身一般仅为 1~2d，取决于企业规模和复杂程度及产品的数量和产地。

如果获得相关认证证书，企业可以通过产销监管链为从森林到最终产品而追溯设定要求以确保产品中所含的木材来源自认证森林。产销监管链认证同时也为贸易商及零售商提供重要优势，通过推广源自可持续来源的木材及非木质林产品提高其运营资质及企业形象。

◆ 第四节　森林认证标准与主要认证体系

一、森林认证标准

（一）标准的类型

在森林认证体系中，标准是核心的要素和基础。按照国际标准化组织（ISO）的定义，标准是由一个公认的机构制定和批准的文件，以规定活动或活动结果的规则、准则或特征值。文件为通用文件，且可反复使用，其目的是实现在既定领域中的最佳秩序和效益。森林认证标准经过多方参与协商一致制定，在当地条件下森林经营单位满足森林可持续经营要求的准则，是森林认证机构开展认证审核的依据和基础。森林认证的标准分为绩效标准和进程标准（赵劼，2015）。

1. 绩效标准　　绩效标准（performance standard）规定了森林经营现状和经营措施满足认证要求的定性和定量的目标或指标。绩效标准明确规定认证森林必须达到的绩效水平，但没有硬性要求机构制定和建立特定的管理体系实现绩效水平。因此，绩效标准是产品标识的基础。但由于任何一个绩效标准都不能完全反映全球不同地区、不同森林类型和不同经营条件下的情况，在其应用上有一定的局限性。因此，在实际审核时，必须制定更详细的区域性或地方性的森林认证标准。例如，FSC 为全球认证体系制定了全球统一的《FSC 原则与标准》。但是，在实际应用中，为了其适用性，FSC 允许各个国家和地区制定 FSC 的地区标准、国家标准或针对某种森林类型和某种产品的认证标准。

2. 进程标准　　进程标准（procedure standard，process standard）又称为管理体系标准，它规定了管理体系的性质，即在组织内部利用文件管理系统确保所管理的质量、环境及社会表现的一致性。进程标准强调的是通过管理体系达到森林生产经营单位设定的绩效目标。这意味着即使两个森林企业通过了同样的进程标准认证，其绩效水平也可能完全不同。基于这一点，进程标准不允许在产品上使用标识。进程标准在适用性和持续改进方面具有较突出的优势。第一，进程标准可广泛适用于各部门、各行业。例如，ISO14001 不但可以适用于森林经营企业，还能适用于锯材厂、家具厂等下游加工企业。第二，进程标准提供了机构改进的承诺，即使承诺是在改进过程中，但不影响进程标准的相关工具系统有效地帮助机构跟进其管理，保证持续改进。此外，由于进程标准是通用标准，不是具体的绩效要求，因此各种类型和规模的林业生产经营机构都可以采用进程标准（Ruth and Markku，2010）。

综上，这两种标准在概念和适用范围上存在明显的差别，绩效标准适用于一个森林经营单位及其管理质量，而体系标准适用于一个森林组织（即森林经营公司、林场主等）。但是二者在应用上又有一定的联系，可以组成一套标准。因此，森林认证标准的制定要综合考虑这两种标准类型的特点和自身要求。

（二）标准制定的要求

《ISO/IEC（全球性标准化文件）指南 59》提出了标准制定的原则和要求，即标准制定应保证制定过程的程序性、透明性、参与性和公正性，从而保证标准的可信性和应用性。由于标准内容决定了认证体系传递的信息，因此在制定森林认证标准时需要考虑两个主要因素或要求，即标准目的和要求及标准制定的程序要求。

1. 标准目的和要求　　ITTO 将森林可持续经营定义为一个经营永久林地以达到一个或多个明确经营目标的过程，在持续不断地生产林产品和服务的同时，保持其固有价值和未来生产力，且不会对社会环境造成实质性的影响。因此，必须围绕着森林可持续经营这个总目标制定森林认证标准。

根据这些国际进程的要求，将良好经营森林的主要指标概括起来，可持续森林经营标准要求主要体现在以下 4 个方面。

（1）法律要求　　包括清晰的资源权利、森林作业符合相关法律、对非法行为的控制等。

（2）技术要求　　针对森林经营和森林作业的要求，包括制定经营方案、开展森林清查和资源评估、经济投入和产出、更新造林、森林作业和作业计划、森林经营状况和效果的监测、培训和能力建设、森林保护措施及其监测、化学药品的控制、天然林保护等。

（3）环境要求　　包括环境保护、环境影响评估及垃圾的处理。

（4）社会要求　　包括工人权利、工人的健康和安全、社会影响评估、利益相关方咨询、争端处理机制、尊重第三方使用森林的权利及支持当地社区和居民的发展等。

2. 标准制定的程序要求　　根据 ISO 的标准制定过程和基于绩效的森林认证标准需要考虑的问题，制定森林认证标准要求具有适当合理的标准制定程序和广泛吸纳利益相关方参与标准制定。具体体现在以下 3 个方面。

（1）标准的制定者　　标准由标准制定小组或技术委员会来制定，小组成员为从受到标准影响的直接或间接利益方中遴选的专家。专家范围越广泛，所有相关信息进入标准制定过程中的可能性就越大。

（2）标准的制定和咨询程序　　在标准制定过程中，各个机构的工作方式会影响标准的最终内容，因此建立一套清晰的文档化操作规则是非常重要的，可以保证标准制定的公平性、透明性和公正性。

（3）对标准进行决策　　决策过程对确定标准的内容尤为重要。它可以由一个单独的利益方完成，也可以在多方达成共识的基础上进行。对于林业认证标准，现在人们已经开始意识到多利益方的重要性，目前普遍采用的是投票和达成共识。

（三）标准制定的程序

1. 启动标准制定的评估　　成立标准启动工作组，采用利益相关方评估方法广泛询问潜在利益相关方及如何开展标准制定过程。评估过程不仅是信息收集的过程，也是建立信任和达成共识的过程，包括以下步骤。

（1）决定开展评估　　标准启动工作组开始评估时，应聘请有资质且可信的评估员。评估员要求具备公正性和独立性，并有交流和分析能力。工作组应与评估员签订委托协议，对评估期限、评估成果、预期费用和评估报告的交付日期做出具体规定。保证评估员能独立开展评估，不受外界的影响。

（2）启动评估工作、收集相关信息　　评估员利用标准制定工作组提供的潜在利益相关方名单及相关背景信息拟定利益相关方访谈清单，与利益相关方面谈。通过访谈，评估员收集相关信息，对标准制定过程的设计形成初步的想法，并通过后期对高层次的利益相关方访谈来修订这些想法。

（3）分析访谈结果　　当访谈工作结束之后，评估员对主要利益相关方及其关心的问题有了明确的认识。通过对这些信息进行系统性的分析整理，形成一个完整的报告。在报告中，评估员必须总结访谈发现，确定达成共识和还有分歧的领域，评估继续制定标准的可行性。如果分析结果认为有可能对森林认证标准达成共识，评估员还应推荐标准制定过程的设计方案。报告初稿应发送给利益相关方，征求他们的意见。在报告的最后交付日期，评估员根据这些意见修改完成最终报告。

2. 成立标准制定委员会　　标准制定委员会应尽可能地吸纳利益相关方代表及相关领域的专家，承担设立明确的目标、确定基本工作原则及明确决策程序的任务。

（1）设立明确的目标　　通过定义共同目标，并对目标声明达成共识，可以让标准制定委员会判断所制定的标准是否与目标一致。目标应反映标准制定的总指导原则，也反映委员会成员的主要利益。

（2）确定基本工作原则　　由于标准制定委员会成员来自不同领域和不同利益相关方，确定基本的工作原则有助于界定成员及其参与者（协调员、主办方等）的职责和角色，保证相关会议和讨论的开展、相关工作的交流和建立冲突解决机制。基本工作原则包括：委员会目标声明、委员会与其他参与者的关系、委员会成员的资格条件、成员的职责、委员会会议的组织、讨论和协商的机制、争议解决和决策原则、与媒体和公众的交流、资金来源及其使用等方面。

（3）明确决策程序　　标准制定过程的目标是得到国家的支持或认可组织的认可，因此，必须遵从特定的决策程序。从程序上讲，标准制定委员会应在做出决定时尽可能寻求共识。但如果某些时候不能达成共识，还需要建立几个替代方案做出决定，如投票表决、独立第三方评议等。

3. 制定标准　　使用独立协调员、联合实地调查和达成一致是标准制定中最重要的程序。

（1）使用独立协调员　　一个熟练的协调员能极大地增加对标准制定的共识。一般情况下，聘请标准制定过程的评估员担任独立协调员。有时也由标准制定委员会成员在多个候选人之间确定一位协调员。协调员将在鼓励利益相关方有效参与过程和发挥作用、在会议的工作计划和日程制定、后勤保障、帮助成员和标准制定小组解决种类冲突和问题方面发挥重要作用。

（2）联合实地调查　　这是帮助利益相关方解决技术问题及其对政策的影响达成一致的过程，有利于解决技术方法、数据、研究成果等方面的争议。联合实地调查通常是为了解决各方对某一问题不能达成共识而提出的解决方法。在联合实地调查过程中，利益相关方应定义需要回答的技术问题并确定和挑选合适的人员协助标准制定小组，与这些人员提出需要调查的问题、制定技术研究范围、监督或参与研究过程、对结果进行评估或解释。

（3）达成一致　　在制定标准过程中，利益相关方之间会存在利益冲突。要想最终通过标准，应采取互利的方法使利益相关方实现共同利益机会的最大化，并促进不同利益相关方的合作和创造力。通常，经过充分的准备，采用会谈的方式可使各利益相关方把注意力集中在立场上，为达到一致创造条件，以最终达成共同利益公平分配的协议。

二、世界森林认证体系概览

森林认证是具有积极环境外部性的全球环境治理方案（Overdevest and Rickenbach，2006），促进全球森林的可持续管理（Savilaakso et al.，2017）。森林认证作为一种国际公益物，逐渐得到了欧洲和北美洲发达国家，以及亚洲和非洲发展中国家政府的支持（Franklin et al.，2018）。目前世界森林认证体系大致可以分为全球认证体系、区域体系和国家体系，其中森林管理委员会（FSC）和森林认证认可计划体系（program for the endorsement of forest certification scheme，PEFC）占主导地位。

（一）全球认证体系

1. 森林管理委员会　　FSC体系是由非政府组织发起的，成立于1993年。它制定了全球统一的《FSC原则与标准》，通过其认可的认证机构认证森林，并提供全球统一的FSC认证标志。FSC体系得到了非政府组织、贸易组织和消费者的广泛认可，在国际市场的认可度较高，是目前世界上最为严格和可靠的认证体系之一（徐斌等，2005）。

2. 国际标准化组织　　该组织提供质量和环境保证体系，包括ISO14004：1996环境治理体系；没有特别针对森林经营的标准，而是对以业绩标准为基础的认证体系的补充。适用于组织的治理和特定的森林区域。

（二）区域体系

区域体系包括泛欧森林认证体系（The Pan-Euro Forest Certification Council，PEFC）和泛非森林认证体系（PAFC）。

1. 泛欧森林认证体系　　泛欧森林认证体系是由欧洲私有林场主协会于 1999 年 6 月发起成立的，总部设在卢森堡。PEFC 原名泛欧森林认证体系，2003 年根据在全球开展森林认证工作的需要改为现名，由一个区域性森林认证体系发展成为全球性、自愿性森林认证体系。PEFC 根据其《技术文件：共同要素与要求》来认可国家认证体系，发展了各国认证体系的相互认可的框架。它通过各个国家认可的认证机构来认证森林，并提供统一的 PEFC 产品认证标志。到 2013 年 6 月，PEFC 接纳了来自欧洲、北美洲、南美洲、亚洲和大洋洲的 35 个国家的会员体系，批准了其中 23 个国家认证体系和认证标准。其认证面积超过 2 亿公顷，并为市场供应上百万吨的认证木材，使 PEFC 成为世界上最大的认证体系。

2. 泛非森林认证体系　　该体系由 13 个成员国组成的泛非木材贸易组织非洲木材组织发起，制定森林可持续经营的标准，可作为认证的基础；包括原则、标准和指标的森林可持续经营标准，在喀麦隆、科特迪瓦及加蓬进行实地测试。目前认证体系不完整，还不包括认证进程和相应的治理措施。

（三）国家体系

马来西亚、印度尼西亚、美国、加拿大、智利、巴西、澳大利亚、中国等发展了国家森林认证体系。国家体系与国际体系的接轨是世界森林认证的发展趋势。各国认证体系在发展过程中都在积极地寻求国际或区域体系的认可和合作。绝大部分国家认证体系都已成为 PEFC 的会员，部分已得到其认可，而部分国家体系也在寻求与 FSC 的合作，如马来西亚和印度尼西亚。马来西亚原木材认证委员会（MTCC）是由政府发起的独立第三方认证体系。其是由各利益方代表组成"托治理事会"治理的非营利性组织，与 FSC 合作，确保马来西亚的标准和指标符合《FSC 原则与标准》。《FSC 原则与标准》适用于马来西亚的标准化、认证、产销监管链及产品标签；根据以 ITTO 标准和指标为基础的马来西亚森林经营标准和指标评估森林经营业绩，适用于森林经营单位水平。

◆ 第五节　森林认证国内外发展现状

一、世界森林认证发展现状与趋势

（一）发展现状

1. 森林认证体系多元化与趋同化并存　　在国际范围内，已初步形成了 FSC 和 PEFC 两大阵营的竞争与对立。随着时间的推移，很多国家还在继续发展自己的认证体系，也会寻求国际体系的认可或批准。森林认证体系多元化与趋同化的趋势并存。森林认证体系的发展都强调多方参与，但发起者与推动者各不相同。发起者包括环保组织、私有林主、行业协会或工业集团、政府等，可由一方或多方共同发起成立。从总体上说，FSC 是由非政府环保组织倡导成立的体系，强调环境、经济和社会效益的平衡，而 PEFC 等体系主要是由林业部门发起成立的，更注重企业的经济效益。

2. 认证面积增长趋缓、分布不均　　森林认证面积经历了从发展初期的缓慢增长到快速增长的发展过程，但 2007 年以后，认证面积的增长速度趋缓（图 13-2）。至 2019 年，全球已有约 123 个国家的近 369 229 000ha 森林通过了各种森林认证体系的认证，约占全球森林面积的 9.6%。约有 960 万公顷的森林得到两种体系的双重认证。根据 2020 年中期的数据，其中持有 FSC 和 PEFC 认证的森林面积约为 9500 万公顷。

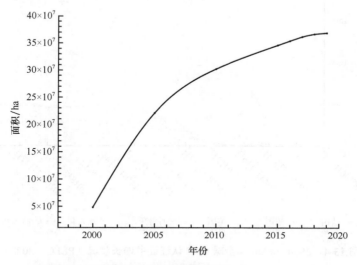

图 13-2　全球森林认证面积增长图（INForest，2022）

认证的森林分布不均：约 96% 分布在北半球；北美洲约占 51%，欧洲约占 37%，大洋洲约占 5%，亚洲约占 4%，中南美洲约占 3%（图 13-3）。这主要是因为发达国家主要分布于北半球，森林经营水平相对较高，市场对森林认证产品也有较高的需求，促进了森林认证的发展；而南半球主要是发展中国家，经济和林业发展水平相对较低，由于缺乏知识、能力、资金、机制等，森林认证起步较晚，发展缓慢。

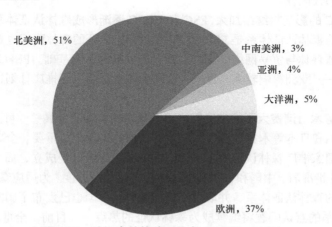

图 13-3　认证森林的地理分布（PEFC，2022）

3. 林产品监管链认证快速发展　　CoC 认证证书的急速增长是衡量市场对认证林产品需求进展的标杆。截至 2022 年 1 月，全球有 138 个国家的 50 519 家企业得到了 FSC 监管链认证，70

个国家超过 20 000 家企业得到了 PEFC 认证（图 13-4）。

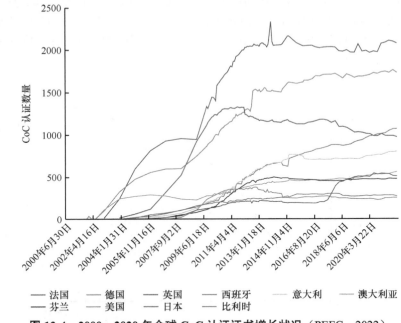

彩图

| —— 法国 | —— 德国 | —— 英国 | —— 西班牙 | —— 意大利 | —— 澳大利亚 |
| —— 芬兰 | —— 美国 | —— 日本 | —— 比利时 | | |

图 13-4　2000～2020 年全球 CoC 认证证书增长状况（PEFC，2022）

（二）发展趋势

1. 森林认证面积增长将趋缓，认证林产品市场在一些地区将持续扩大　　自 1998 年以后，世界森林认证面积处于快速增长期。近几年由于发达国家大多数大规模的工业林和国有林都已经通过认证，森林认证面积增长速度将趋缓。森林认证将逐步向具有挑战性的地区和森林发展，其中包括缺乏森林认证能力、资源和充分激励的发展中国家，以及在很多国家占有相当大比例的小规模非工业私有林和社区林。

2. FSC 和 PEFC 的影响将继续加大，FSC 和 PEFC 逐渐形成森林认证体系的两大阵营　　目前在全球最有影响的森林认证体系是 FSC 和 PEFC，它们认证的森林面积也是最多的。FSC 得到了购买者集团和全球森林与贸易网络的支持，具有较可靠的市场基础。PEFC 目前在世界上最大的认证林产品市场——欧洲影响较大。近来，这两大体系都制定了推广计划，以加强在全球森林认证领域的影响。

3. 中国、日本等木材消费大国的态度影响着全球森林认证的发展　　目前，森林认证的推动者已经意识到，中国和日本等木材消费大国对森林认证的态度至关重要。全球各认证体系也加快了在中国和日本等国家推广森林认证的步伐，FSC 中国工作组已经成立，而 PEFC 也在中国建立了办公室。从目前的情况看，中国和日本对森林认证都持积极态度。为适应森林认证的国际潮流，日本已创建了自己的森林认证体系，并取得了快速发展。中国也已发布了国家森林认证体系。

4. 森林认证体系的互认问题将继续成为森林认证的热点　　目前，全世界有 40 多个森林认证体系（包括 PEFC 认可的国家体系），它们之间的相互认可已成为国际森林认证的热点问题。目前 PEFC 已发展了国家体系相互认可的框架，国家体系加入 PEFC 并得到其认可后，即可实现互认。但两大体系 FSC 和 PEFC 之间还缺乏互认的机制和动力，而 FSC 目前还缺乏认可其他认证体系的机制，只能在遵循《FSC 原则与标准》的框架下实现对标准的认可。

二、中国森林认证概况

（一）国家森林认证进程

目前在中国国家层次上也启动了森林认证进程，一是由政府启动发展中国的森林认证体系，二是国际体系 FSC 和 PEFC 都在中国设立了办公室。

1. 政府启动发展中国森林认证体系　在世界森林认证蓬勃发展的同时，中国政府也开始关注森林认证，并着手建设中国的森林认证体系（表 13-3）。中国森林认证体系从引进理念到如今的全面建立分为起步阶段、建设阶段和发展阶段（徐斌，2014）。

表 13-3　中国森林认证标准建设进程

时间	建设内容	备注
2002	国家林业局开始组织研究和制定中国森林认证标准	
2007-09	国家林业局发布林业行业标准：《中国森林认证　森林经营》（LY/T 1714—2007）、《中国森林认证　产销监管链》（LY/T 1715—2007）	2007-10-01 正式实施，现均废止
2008-04	"全国森林可持续经营与森林认证标准化技术委员会"的申请得到国家标准化技术委员会的批准	
2008-06	国家认证认可监督管理委员会与国家林业局联合发布《关于开展森林认证工作的意见》	
2009-03	国家认证认可监督管理委员会发布《中国森林认证实施规则》（试行）	2009-03-01 正式实施
2010	发布了《国家林业局关于加快推进森林认证工作的指导意见》	进一步明确了森林认证工作的指导思想、基本原则、发展目标和主要任务
2010-02-09	国家林业局发布行业标准：《森林经营认证审核导则》（LY/T 1878—2010）	2010-06-01 正式实施，现被替代
2012-11-20	中华人民共和国国家质量监督检验检疫总局、国家标准化管理委员会发布国家标准：《中国森林认证　森林经营》（GB/T 28951—2012）《中国森林认证　产销监管链》（GB/T 28952—2012）	2012-12-01 正式实施，现被替代
2013-10-17	国家林业局发布林业行业标准：《中国森林认证　森林生态环境服务　自然保护区》（LY/T 2239—2013）《中国森林认证　森林生态环境服务　自然保护区审核导则》（LY/T 2240—2013）	2014-01-01 正式实施，现行
2014-08-21	国家林业局发布林业行业标准：《中国森林认证　森林经营认证审核导则》（LY/T 1878—2014）《中国森林认证　人工林经营》（LY/T 2272—2014）《中国森林认证　非木质林产品经营》（LY/T 2273—2014）《中国森林认证　非木质林产品认证审核导则》（LY/T 2274—2014）《中国森林认证　竹林经营》（LY/T 2275—2014）《中国森林认证　竹林经营认证审核导则》（LY/T 2276—2014）《中国森林认证　森林公园生态环境服务》（LY/T 2277—2014）《中国森林认证　森林公园生态环境服务审核导则》（LY/T 2278—2014）《中国森林认证　生产经营性珍贵濒危野生动物　饲养管理》（LY/T 2279—2014）	2014-12-01 正式实施，除 LY/T 2279—2014 被废止，LY/T 2275—2014、LY/T 2280—2014 被替代外，其余均现行

续表

时间	建设内容	备注
2014-08-21	《中国森林认证 森林经营操作指南》（LY/T 2280—2014） 《中国森林认证 产销监管链认证审核导则》（LY/T 2281—2014） 《中国森林认证 产销监管链操作指南》（LY/T 2282—2014）	
2015-10-19	国家林业局发布林业行业标准： 《中国森林认证 联合认证审核导则》（LY/T 2512—2015） 《中国森林认证 联合认证操作指南》（LY/T 2513—2015） 《中国森林认证 非木质林产品经营认证操作指南》（LY/T 2514—2015） 《中国森林认证 竹林经营认证操作指南》（LY/T 2515—2015）	2016-01-01 正式实施，均现行
2016-01-18	国家林业局发布林业行业标准： 《中国森林认证 生产经营性珍贵濒危野生动物饲养管理 审核导则》（LY/T 2601—2016） 《中国森林认证 生产经营性珍稀濒危植物经营》（LY/T 2602—2016） 《中国森林认证 生产经营性珍稀濒危植物经营审核导则》（LY/T 2603—2016） 《中国森林认证 森林生态环境服务 自然保护区操作指南》（LY/T 2604—2016） 《中国森林认证 森林公园生态环境服务操作指南》（LY/T 2605—2016）	2016-06-01 正式实施，均现行
2018-07-13	国家市场监督管理总局、国家标准化管理委员会发布国家标准： 《中国森林认证 产销监管链》（GB/T 28952—2018）	2019-02-01 正式实施，均现行
2018-12-29	国家林业局发布林业行业标准： 《中国森林认证 野生动物饲养管理 操作指南》（LY/T 2999—2018）	2019-05-01 正式实施，现行
2019-10-23	国家林业局发布林业行业标准： 《中国森林认证 森林消防队建设》（LY/T 3117—2019） 《中国森林认证 标识》（LY/T 3118—2019） 《中国森林认证 碳中和产品》（LY/T 3116—2019） 《中国森林认证 野生动物饲养管理》（LY/T 2279—2019）	2020-04-01 正式实施，均现行
2020-11-19	国家市场监督管理总局、国家标准化管理委员会发布国家标准： 《中国森林认证 非木质林产品经营》（GB/T 39358—2020）	2021-06-01 正式实施，现行
2020-12-29	国家林业局发布林业行业标准： 《中国森林认证 产品编码及标识使用》（LY/T 3244—2020） 《中国森林认证 自然保护地森林康养》（LY/T 3245—2020） 《中国森林认证 自然保护地生态旅游》（LY/T 3246—2020） 《中国森林认证 竹林经营》（LY/T 2275—2020）	2021-06-01 正式实施，均现行
2021-05-21	国家市场监督管理总局、国家标准化管理委员会发布国家标准： 《中国森林认证 森林经营》（GB/T 28951—2021）	2021-12-01 正式实施，现行

（1）起步阶段（2001～2008 年）　　2001 年，中国森林认证体系建设工作正式启动，"中国森林认证工作组"成立，国家林业局科技发展中心设立森林认证处，负责构建中国森林认证体系，规划、制定和管理森林认证相关活动。2002 年，启动森林认证标准制定和能力建设工作。2003年，《中共中央国务院关于加快林业发展的决定》明确提出"积极开展森林认证工作，尽快与国际接轨"。2005 年，启动森林认证试点工作。2006 年，在吉林、黑龙江、浙江、福建、广东和四川 6 省开展第一批森林认证试点工作。2007 年，颁布森林经营认证标准和产销监管链认证行业

标准——这也是我国森林认证领域首次制定和发布标准。2008 年，国家认证认可监督管理委员会与国家林业局联合发布《关于开展森林认证工作的意见》，同时成立全国森林可持续经营与森林认证标准化技术委员会。

（2）建设阶段（2009～2014 年）　2009 年颁布了《中国森林认证实施规则》（试行）；中国国内第一家具有森林认证资质的认证机构——北京中林天合认证中心正式成立。2010 年，成立国家林业局森林认证工作领导小组，成立中国森林认证委员会，举办第一期森林认证审核员培训班。2011 年，中国森林认证委员会正式成为 PEFC 国家会员，开展集体林认证试点工作，开通中国森林认证体系网站。2012 年，发布森林经营认证和产销监管链认证国家标准，编写中国森林认证标识使用指南，正式向 PEFC 秘书处提交体系互认申请，提交互认材料。2013 年，举办森林认证利益方论坛第一次会议。2014 年，中国森林认证体系与森林认证认可计划体系（PEFC）实现互认，森林认证制度试点正式启动。

（3）发展阶段（2015 年至今）　2015 年，中国境内经批准的森林认证机构增加至 12 家；森林认证规则、森林认证机构认可方案、审核员注册准则发布，森林认证总体制度框架形成。2016 年，召开了建立统一的森林认证制度以来首次森林认证机构座谈会，中国森林认证委员会（CFCC）参与森林认证国际研讨会并参展。2017 年，CFCC 第十次会议决定成立中国森林认证华东地区推广部、华南地区推广中心；首批中国木竹产业"中国森林认证——产销监管链示范（试点）"正式启动；国家认监委与国家林业局联合发布关于将"生产经营性珍稀濒危植物经营"认证纳入《森林认证规则》的公告；绿色产品评价系列标准发布，家具、人造板和木地板的绿色产品评价指标中明确纳入了森林认证的要求。

2. FSC 中国进程　森林认证最初是由非政府组织发起的，它在认证发展中也起到了非常重要的推动作用。一些国际非政府组织，如 WWF 在中国积极推动了森林认证的发展。2001 年 5 月由 WWF 中国项目倡议成立了中国森林认证工作组。2005 年底，在 WWF 和中国林业科学院等组织的推动下，FSC 中国工作组进程正式启动。2006 年 3 月，FSC 中国工作组在北京成立，并于 2007 年 6 月得到 FSC 的认可。工作组共有近 200 名会员，分为环境、经济和社会 3 个议事组。工作组秘书处挂靠在中国林业科学院。工作组还选举产生了由 28 名代表组成的工作组理事会，由 6 名代表组成的常务理事会。中国工作组的目标是制定 FSC 中国森林认证标准；为中国的 FSC 会员提供服务；与政府机关、研究机构、环保组织等合作，共同促进中国森林资源的良好经营。为推动 FSC 在中国的发展，FSC 于 2007 年成立了中国代表处，设于北京。FSC 中国代表处在中国代表 FSC 国际中心，负责其项目管理；为利益相关方提供咨询服务；推动认证及提供 FSC 产品信息；管理非证书持有者的 FSC 商标使用；并为工作组提供支持。而后，FSC 中国工作组的职责逐步由 FSC 中国代表处承担。

3. PEFC 中国进程　在 FSC 中国快速发展的同时，另一国际体系 PEFC 也加快了在中国的发展进程。为携手中国政府、业界和非政府组织推动森林认证认可工作，PEFC 于 2007 年 10 月在北京正式成立了办事机构 PEFC 中国办公室。PEFC 中国办公室加强了与国家体系的合作，力争使国家体系尽快得到国际认可。2018 年，PEFC 修订了可持续森林经营要求——"Sustainable Forest Management-Requirements"（PEFC ST 1003：2018）和 PEFC 联合森林经营要求——"Group Forest Management-Requirements"（PEFC ST 1002：2018）；2020 年，PEFC 修订了林产品产销监管链要求——"Chain of Custody of Forest and Tree Based Products-Requirements"（PEFC ST 2002：2020）；2022 年 1 月 15 日，发布《中国森林认证 森林经营》标准（CFCC-2001：2021）、《中国森林认证联合森林经营要求》（CFCC-2002：2021）和《中国森林认证产销监管链》（CFCC-2003：2021）。上述 3 项标准从 2022 年 1 月 15 日起实施，过渡期到 2022 年 7 月 15 日（徐斌，2014）。

（二）发展现状

中国同大多数国家一样，森林认证发展的主要推动力是国际市场的压力，大多数企业是为了保证和开拓林产品出口市场而开始认识并重视森林认证的。由于市场需求，中国林业企业和加工企业主要寻求的是 FSC 认证（表 13-4），部分加工企业开展了 CFCC 认证（表 13-5），而国家森林认证体系也已起步。

表 13-4　2022 年 FSC 中国森林认证数量统计（FSC，2022）

认证国家	统计指标	统计值
中国	CoC 认证企业	14 373
中国	认证企业	95
中国	森林经营认证面积/ha	1 329 420

表 13-5　2022 年 CFCC 中国森林认证数量统计（FSC，2022）

认证国家	统计指标	统计值
中国	森林经营认证面积/ha	5 818 292.623
中国	CoC 认证企业数量	359
中国	认证机构数量	11
中国	WL 认证企业数量	15
中国	非木质林产品/家	70
中国	生产经营性珍稀濒危植物/家	7
中国	森林生态环境服务/家	2

注：WL 表示生产经营性珍贵濒危野生动物饲养管理

1. 森林经营认证　　由于进口的认证原材料较贵，很多通过产销监管链认证的企业把目光投向了国内市场，使得森林认证引起了越来越多的森林经营单位的关注与兴趣。至 2022 年 1 月，中国已有 5 818 292.623ha 森林开展了国家体系 CFCC 的认证。另外，还有 95 个森林经营单位的 1 329 420ha 的森林通过了国际体系 FSC 的认证，认证单位数在世界位于俄罗斯、巴西、乌克兰、墨西哥之后的第 5 位，位列亚太区第 1 位（表 13-6）；认证森林面积位列世界第 24 位，亚太地区第 2 位（表 13-7）。从中国森林认证的发展趋势来看，中国的森林认证面积还将持续快速增长。东北国有林区的天然林是认证的主体，而南方以工业原料基地为主的人工林正快速发展（徐斌，2014）。

表 13-6　2022 年 FSC 认证森林经营单位数量世界排名（FSC，2022）

排名	FSC 认证国家	森林认证数量
1	俄罗斯（Russia）	263
2	巴西（Brazil）	145
3	乌克兰（Ukraine）	120
4	墨西哥（Mexico）	102
5	中国（China）	95

表 13-7　2022 年 FSC 认证森林面积世界排名（FSC，2022）

排名	FSC 认证国家	森林认证面积/ha
1	俄罗斯（Russia）	61 871 859
2	加拿大（Canada）	50 296 794
3	瑞典（Sweden）	19 693 008
4	美国（United States）	14 603 322
5	白俄罗斯（Belarus）	9 290 561
6	巴西（Brazil）	7 960 948
7	土耳其（Turkey）	6 667 143
8	波兰（Poland）	6 628 735
9	乌克兰（Ukraine）	3 750 190
10	印度尼西亚（Indonesia）	3 149 677
11	刚果共和国（Republic of the Congo）	2 989 168
12	罗马尼亚（Romania）	2 849 347
13	保加利亚共和国（Bulgaria）	2 375 606
14	智利（Chile）	2 329 712
15	芬兰（Finland）	2 096 288
16	加蓬（Gabon）	2 061 190
17	克罗地亚（Croatia）	2 036 009
18	波斯尼亚和黑塞哥维那（Bosnia and Herzegovina）	1 816 103
19	纳米比亚（Namibia）	1 811 795
20	英国（United Kingdom）	1 634 559
21	德国（Germany）	1 421 457
22	南非（South Africa）	1 403 598
23	墨西哥（Mexico）	1 351 547
24	中国（China）	1 329 420

2. 林产品产销监管链认证　截至 2022 年 1 月，中国共有 14 947 家（包括中国香港的 574 家）企业通过了 FSC 的产销监管链（CoC）认证，约占 FSC 认证数量（50 175 家）的 30%，居世界第一位，远高于第二位的意大利（3181 家），发展速度非常快。这些企业大部分为外向型木材加工企业，分布于经济比较发达的香港、广东、福建、山东、浙江等地。认证产品的原材料大部分来自国外，产品销往美国、欧洲等国际市场。另外，还有 359 家企业通过了 PEFC 的 CoC 认证，与 2012 年（185 家）相比增长 94%。

3. 认证机构　目前，中国的 FSC 认证都是由 FSC 认可的国际认证机构或其中国的合作伙伴来开展的，包括必维国际检验集团（认证服务部）、上海挪华威认证有限公司、广东泛标认证服务有限公司、华信创（北京）认证中心有限公司、华赛天成管理技术（北京）有限公司、中标合信北京认证有限公司（原雨林联盟 RA-cert）等 11 家机构。中国国家体系的认证由国家认证认可监督管理委员会批准的中林天合认证中心开展，具有开展国家体系 CFCC 的认证资质。

4. 认证林产品市场　　中国市场上对认证木材和林产品的需求主要来自国际市场的压力。中国是木材产品进口大国，出口量很少。近年来，随着林产工业的发展和外商投资的不断增加，纸张和家具等深加工产品的出口量与日俱增。在此背景下，中国的外向型家具企业和木材加工企业首先感受到了国际市场对认证林产品需求的压力，开始重视并寻求产销监管链认证，走在了中国森林认证的前列。因此，中国目前对认证材料和市场的需求主要来自这些外向型木材加工企业和国际市场的需求。在世界森林认证的发展过程中，购买者集团（包括零售商和批发商）起了非常重要的推动作用，他们承诺优先购买经过认证的木材产品。中国国内还没有形成类似的集团，但进入中国市场的一些国外的大型家居零售商已经开始把森林认证产品引进中国市场。虽然这几年国内消费者的环境保护意识大大提高，但从总体上来看还不高。由于宣传力度和其他因素，国内商家和终端消费者对森林认证和认证林产品市场了解不多，对认证成品的需求很少，也没有相关行动或计划。国内市场对 FSC 成品的要求基本上处于初级阶段，但受国际市场需求的驱使，国内加工企业对认证半成品和木材的需求量正在逐步增加。所以，总体上中国认证林产品的市场很有限。

（三）发展趋势

未来，我国森林认证的发展呈现森林认证面积和数量均快速增长的趋势，但由于缺乏国内市场的支持，森林认证的面积和数量占整个森林的比例仍将较小。同时，随着国家体系的运作，我国将有更多的森林寻求国家体系的认证，实现多种认证体系共同协调发展。我国未来森林经营认证的主体仍是森林经营基础相对较为完善的国有林，包括国家森工企业和国有林场，而以工业原料林为基础的营林公司对市场反应迅速，也会积极寻求和开展森林认证。

◆ 第六节　森林认证在森林可持续中的作用

森林是天然的生态系统大碳库，也是迄今为止最大的陆地碳库，在全球碳循环中发挥着不可替代的作用，在我国森林面积和森林蓄积连续 30 多年保持双增长的背景下，森林碳汇支持实现碳中和目标的能力也在持续提升。作为生态系统的主体和林业产业的基础（Houghton et al.，2009），根据联合国粮食及农业组织的数据，超过 25%的世界人口从中获益，对人类社会的可持续发展具有重要意义（Lucas et al.，2015）。但是，作为固碳"主力军"，如果无法良好经营，森林反而可能成为碳排放大户。全球目前因森林退化和森林砍伐产生的温室气体排放就占年总排放量的 12%左右，这一数据意味着，加强森林可持续管理对于实现碳减排来说具有双倍的效应（Chen et al.，2020）。森林认证在全球合法、可持续采伐木材贸易中发挥着重要作用，因此在森林可持续发展中也发挥着至关重要的作用。

一、森林认证为监督森林的可持续经营提供了新途径

在我国的森林资源中，国有林场占据了较大比例，但由于在长期经营中存在管理粗放、规则僵化的问题，森林抚育不到位、森林质量不高现象在过去屡见不鲜。森林认证的引入和推进相当于是在政府之外增加了一个监督手段，第三方的监管可以对现行管理体制进行有效补充，进而促进国有林场提高管理能力和森林经营水平，保障森林可持续运营。对于在日常经营中长期缺乏有效的管理和监督手段的集体和个人经营的森林来说，申请森林认证也可以打造并保障良好森林经

营者的品牌声誉，这有助于更多森林经营者走向可持续经营之路（李小勇和张砚，2021）。

二、森林认证为企业带来更多潜在的经济效益

在林产品贸易方面，随着全球采购企业和消费市场对木制品原料来源越来越重视，认证产品在工程招标中愈发受到欢迎，甚至逐渐成为硬性要求，以及国内企业进行产品国际出口的必需品。因此，推动中国森林认证体系的知名度和认可度的提升，将鼓励企业主动在不破坏环境的基础上提高对森林资源的合理利用水平，从而借助资质互认，跨越贸易壁垒，进入国际市场。此外，我国除 PEFC 通用认证类目（森林运营认证、产销监管链认证）之外，还开发了其他颇具特色的认证项目，如非木质林产品认证、森林生态环境服务认证，这些项目可以全方位助力认证森林经营者提升经济收益，通过经济效益促进生态效益和绿色发展能力的增长。

三、森林认证能更好地助力中国实现碳中和目标

首先，从自然保护的层面来说，以认证体系监督森林运营和鼓励企业使用可持续森林原料，可以减少森林破坏、增加森林恢复、鼓励人工林发展、避免森林火灾，帮助维持森林的面积和生态功能，使森林的固碳能力保持在合理水平。其次，产销监管链认证对木质林产品原料来源的可持续性进行了限定，从而对林产品生命周期的碳排放进行了限制。目前对木质林产品固碳和碳排放的计算是依据产品的寿命和年衰减率进行的，一般认为，在一定年限内木质林产品的碳储量和排放量等同。森林认证可以佐证木材原料的来源林是否具有较好的碳汇效应，从而在一定程度上论证认证产品自身是否符合碳中和要求。此外，我国的森林认证体系包含碳汇林认证，通过在碳交易平台出售碳汇或者企业认购碳汇林经营权的方式，可以有效平衡其他企业的碳排放与吸收数量，助力碳中和的目标达成。同时，对于以可持续的方式利用森林资源的林区来说，认证碳汇林几乎不需增加管理成本，还能够增加森林附加值，这就自然削弱了森林经营者砍伐森林的经济动机。

四、林产品绿色政府采购促进绿色供应链建设

林产品绿色政府采购（green procurement policy for forest product）是政府在购买商品、服务、工程过程中重视生态平衡和环境保护的体现，选择那些符合国家绿色认证标准的产品和服务进行采购，其发展与森林认证的关系密切（王毅和顾佰和，2021）。在英国、大多数欧盟国家和美洲国家，FSC 和 PEFC 都是通用的认定林产品属于绿色政府采购范围的 A 类证据，认可度最高、最普适（李小勇等，2015）。从较早开启林产品绿色政府采购政策的英国来看，据其木材贸易联合会（Timber Trade Federation，TTF）统计，绿色政府采购政策在各部门广泛执行后，极大地推动了全国范围内认证林产品供应量的上升。因为，尽管公共部门占林产品的市场份额较小，但会极大促进在大型建筑中使用认证林产品，大部分承接政府采购项目的大型企业也会更倾向于直接提供 A 类证据。

综上所述，在我国，政府的林产品绿色采购能对行业内绿色供应链的建立起到较强的带动作用。在行业逐步发展、规模企业逐渐增多的情况下，企业为应对市场和贸易的需求，也有一定的主动性进行森林认证和绿色供应链管理。两种效应叠加，能够有效地减少非法采伐、提升森林管理能力，从而有助于我国森林发挥其应有的生态价值，助力碳中和目标的实现。

◆ 思　考　题

1. 森林认证的起源是什么？
2. 请根据认证对象和森林经营者参与方式来阐述一下森林认证的类型。
3. 森林认证要素有哪些？
4. 森林认证的原则是什么？
5. 森林认证原则中如何考虑生物多样性保护？
6. 森林认证过程中森林监测具体包括哪些内容？
7. 森林经营认证的主要步骤是什么？
8. 森林认证标准的类型及其制定要求是什么？
9. 简述中国森林认证现状及其发展趋势。
10. 森林认证在森林可持续中的作用有哪些？

◆ 主要参考文献

李小勇, 张砚. 2021. 大力发展中国森林认证, 助力碳中和目标[J]. 可持续发展经济导刊, （9）: 31-33.

李小勇, 张砚, 王磊, 等. 2015. 英国林产品政府绿色采购政策市场影响评估[J]. 世界林业研究, 28（6）: 80-83.

陆文明. 2001. 森林认证与生态良好[J]. 世界林业研究, （6）: 54-62.

王毅, 顾佰和. 2021. 中国可持续发展新进程: 探索迈向碳中和之路[J]. 可持续发展经济导刊, （Z2）: 15-20.

徐斌, 赵劼, 陆文明. 2005. 我国森林认证发展道路之探讨[J]. 绿色中国, （10）: 25-28.

徐斌. 2014. 森林认证对森林可持续经营的影响研究[M]. 北京: 中国林业出版社.

赵劼. 2015. 森林认证: 理论与实践[M]. 北京: 中国林业出版社.

Ruth N, Markku S. 2010. 森林认证手册. 2版. 北京: 中国林业出版社.

CFCC. 2022a. Forest Management Requirements[EB/OL]. https://forests.org/forestmanagementstandard[2023-07-20].

CFCC. 2022b. Group Forest Management Requirements[EB/OL]. https://cdn.pefc.org/pefc.org[2023-07-20].

Chen J L, Wang L, Li J, et al. 2020. Effect of forest certification on international trade in forest products[J]. Forests, 11（12）: 1270.

di Girolami E, Arts B. 2022. Environmental impacts of forest certifications[EB/OL]. https://www.wur.nl/en/show/ Environmental-impacts-of-forest- certifications.htm[2023-07-20].

Franklin J F, Johnson K N, Johnson D L. 2018. Ecological Forest Management[M]. Long Grove, IL: Waveland Press.

FSC. 2022. Forest Stewardship Council[EB/OL]. https://fsc.org/en/facts-figures[2023-07-20].

Houghton R A, Hall F, Goetz S J. 2009. Importance of biomass in the global carbon cycle[J]. Journal of Geophysical Research: Biogeosciences, 114（G2）: GOOE03.

INForest. 2022. Forests in the UNECE region[EB/OL]. https://forest-data.unece.org/Indicators/12[2023-07-20].

Lucas R M，Mitchell A L，Armston J. 2015. Measurement of forest above-ground biomass using active and passive remote sensing at large（subnational to global）scales[J]. Curr Forestry Rep，1（3）：162-177.

Overdevest C，Rickenbach M G. 2006. Forest certification and institutional governance: an empirical study of forest stewardship council certificate holders in the United States[J]. Forest Policy and Economics，9（1）：93-102.

PEFC. 2022. Facts and Figures[EB/OL]. https://www.pefc.org/discover-pefc/facts-and-figures[2023-07-20].

Savilaakso S，Cerutti P O，Montoya Zumaeta J G，et al. 2017. Timber certification as a catalyst for change in forest governance in Cameroon, Indonesia, and Peru[J]. International Journal of Biodiversity Science, Ecosystem Services & Management，13（1）：116-133.

Zhao J，Xie D，Wang D，et al. 2011. Current status and problems in certification of sustainable forest management in China[J]. Environ Manage，48（6）：1086-1094.